全国高等职业教育暨培训教材

建筑工程造价软件应用
——鲁班系列软件

丁亚男　刘可人　杨　冰　杨国春　主编
　　　　王永刚　周岩岩　赵　伟　主审

U0391716

中国建筑工业出版社

图书在版编目（CIP）数据

建筑工程造价软件应用——鲁班系列软件/丁亚男等主编. —北京：中国建筑工业出版社，2015.4
全国高等职业教育暨培训教材
ISBN 978-7-112-17969-5

Ⅰ.①建…　Ⅱ.①丁…　Ⅲ.①建筑工程-工程造价-应用软件-高等职业教育-教材　Ⅳ.①TU723.3-39

中国版本图书馆 CIP 数据核字（2015）第 060697 号

本书主要围绕"工程量计算和计价的软件应用"这一主题展开，以目前市场上应用较广的"鲁班软件"为实例，介绍利用软件进行工程量的计算和工程量清单计价的编制。本书共分为 5 篇 36 章，前三篇主要介绍鲁班土建、钢筋、安装算量软件的使用，并以实际工程为案例，对软件建模进行整体剖析，通过这些部分的学习，使读者能够完全了解软件计算工程量的思路，掌握软件应用操作；同时还有对软件特有的云功能应用的介绍。第四篇为鲁班造价计价软件的介绍，"鲁班造价"是一套全新的建筑工程造价全过程管理软件，是国内首款面向全国各地以及兼容建筑行业各专业的造价软件。第五篇是有关鲁班 BIM 技术与应用的介绍。

本书主要作为高职高专层次工程造价专业学生学习预算软件应用的教学用书，也可作为高职高专建筑工程技术专业、建筑工程监理专业、建筑经济管理专业的选用教材。

责任编辑：范业庶
责任设计：董建平
责任校对：陈晶晶　刘　钰

全国高等职业教育暨培训教材
建筑工程造价软件应用
——鲁班系列软件
丁亚男　刘可人　杨　冰　杨国春　主编
王永刚　周岩岩　赵　伟　主审
*
中国建筑工业出版社出版、发行（北京西郊百万庄）
各地新华书店、建筑书店经销
北京科地亚盟排版公司制版
北京富生印刷厂印刷
*
开本：787×1092毫米　1/16　印张：37¼　插页：14　字数：970千字
2015年6月第一版　　2015年6月第一次印刷
定价：88.00 元
ISBN 978-7-112-17969-5
（27200）

本书编委会

主　　审：王永刚　周岩岩　赵　伟

主　　编：丁亚男　刘可人　杨　冰　杨国春

参编人员：朱天龙　王立平　叶丹丹　张振华

　　　　　郭启丽　王　震　叶念兵

前　言

工程量计算耗用的工作量，约占全部预算编制工作量的 70％以上。工程量计算的快慢，直接影响和决定工程预算书的编制速度。所以，工程量的快速计算应作为研究的重点。本教材通过软件与实例的结合，减轻了用户繁杂的工作量，即少看（减少翻图、看图和翻阅其他预算资料的时间）、少算（避免重复计算），以达到工程量的快速计算。

在手算过程中，有的人在动手计算预算工程量前，像现场施工人员一样，花费很大的精力和很长的时间去看图，其实是不必要的。也有的人在预算工程量计算前不看图，提笔就开算，这种做法势必在工程量计算过程中，随时去翻阅有关图纸，造成工作混乱，降低了工作效率，并且容易发生差错，也是不可取的。

这些年来，为了适应工程量算量电算化的发展和 BIM 应用在实际工程中应用的增多，为了帮助从事工程造价工作人员更好地理解和掌握工程量计算计价软件，正确运用工程量计算软件快速建模及工程造价软件的出价，我们特此修编写此教材。

本教材围绕"工程量计算与计价的软件应用"主题展开，共分为 5 篇 36 章，前三篇主要介绍鲁班土建、钢筋、安装算量软件的使用以及以实际工程为案例，对软件建模进行整体剖析，通过这些部分的学习，使读者能够完全了解软件计算工程量的思路，掌握软件应用操作。同时，其中还有对我们软件特有的云功能应用的介绍，该功能暂时只有 VIP 用户才能进行使用。第四篇为鲁班造价计价软件的介绍，"鲁班造价"是一套全新的建筑工程造价全过程管理软件，是国内首款面向全国各地以及兼容建筑行业各专业的造价软件。如果在全行业推广，只需学一套造价，就可以做全国造价。第五篇则是有关鲁班 BIM 技术与应用的介绍。

总之，对于算量、计价软件的应用，要做到熟练、真正地为己所用，专业是基础，多练是保障，相信广大读者在本教材的帮助下，能取得事半功倍的效果。

祝大家能通过对本教材的学习，掌握软件有如一把利剑在手，所向披靡。

目　　录

第一篇　土建算量软件

第三篇　安装算量软件

第四篇　造价软件

第五篇　BIM

第一篇　土建算量软件

第1章　软件安装与运行

1.1　软件运行环境

软件运行环境见表 1.1-1。

软件运行环境　　　　　　　　　　　　　　　　　　　表 1.1-1

硬件与软件	最低配置	推荐配置
操作系统	Microsoft WindowsXP 简体中文版（必须有超级管理权限）	Microsoft Windows 7 旗舰版或以上（必须有超级管理权限）
CAD 图形软件	AutoCAD2006 简体中文版	AutoCAD2006/2012 简体中文版
. NET Framework	. NET Framework 版本 1.1	. NET Framework 版本 4.0
处理器	Intel PentiumⅢ 1.0GHz	Intel Core i7-4700MQ 2.40GHz 或以上
内存	2GB RAM	8GB RAM 及以上
硬盘	500MB 磁盘空间	1GB 磁盘空间或以上（推荐固态硬盘）
光驱	任意速度（仅用于安装）	52 倍速 CD-ROM 或以上（仅用于安装）
显示器	1024＊768 真彩色	1920＊1080 分辨率或以上
鼠标、键盘	标准两键鼠标＋PC 标准键盘	标准三键＋滚轮鼠标＋PC 标准键盘
网络	无防火墙、可链接外网	10M 光纤宽带或以上

1.2　软件安装方法

安装"鲁班土建算量软件"的方法：

鲁班土建算量软件的正式商品在鲁班官方网站可自行下载。在安装鲁班土建算量软件前，要确认计算机上已安装了 AutoCAD2006 或者 AutoCAD2012 软件，并且能够正常运行。运行鲁班土建 2014V25.2.0 中的安装文件"lbtj2014V25.2.0 _ 32＼64.exe"，首先出现安装提示框，如图 1.2-1 所示。

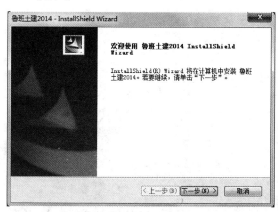

图 1.2-1

单击"下一步"，出现许可证协议对话框，如图 1.2-2 所示。

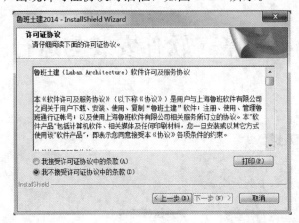

图 1.2-2

选择"我接受许可证协议中的条款"，并单击"下一步"，出现安装路径对话框，如图 1.2-3 所示。

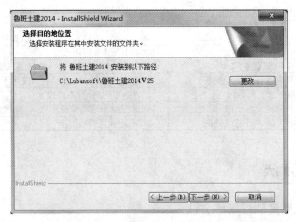

图 1.2-3

默认安装路径为"C:\Lubansoft \ 鲁班土建 2014V25"，如果需要将软件安装到其他路径，请单击"更改"按钮，设置好安装路径后，单击"下一步"按钮，出现选择程序图标的文件夹的对话框，如图 1.2-4 所示。

图 1.2-4

选择好后，单击"下一步"按钮，出现安装提示对话框，如图 1.2-5 所示。

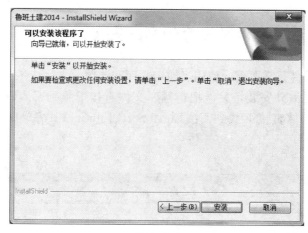

图 1.2-5

单击"安装"按钮，软件开始安装程序，如图 1.2-6 所示。

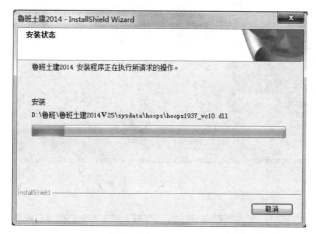

图 1.2-6

安装完成后，出现安装完成对话框，如图 1.2-7 所示。

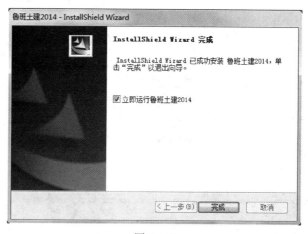

图 1.2-7

单击"完成"按钮，鲁班土建算量软件安装完毕。

1.3 定额库、清单库以及计算规则的安装

鲁班土建算量软件是需要配合使用当地定额库和清单库来完成工程量计算的。定额库和清单库文件不需要另外安装，只需把定额库文件直接下载到 C:\LubanSoft\Library\1 目录下，把清单库文件直接下载到 C:\LubanSoft\Library\1 清单库目录下即可，如图 1.3-1、图 1.3-2 所示。

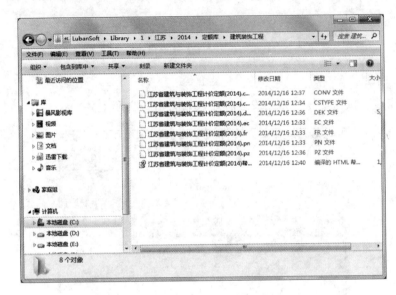

图 1.3-1

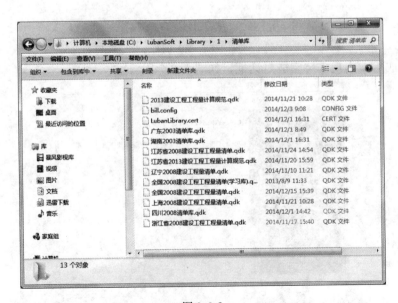

图 1.3-2

1.4　卸载方法

　　单击 Windows "开始"命令按钮，在图 1.4-1 中选择"所有程序"→"鲁班软件"→"鲁班土建"→"卸载鲁班土建 2014"，按照提示即可完成卸载工作。

图 1.4-1

1.5　启动方法

　　左键双击桌面上的"鲁班土建 2014V25"图标（图 1.5-1），进入到鲁班算量的欢迎界面（图 1.5-2）。

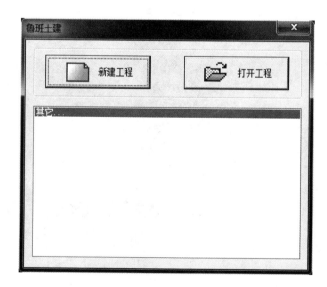

图 1.5-1　　　　　　　　　　　　　图 1.5-2

　　单击"新建工程"按钮，用户界面如图 1.5-3 所示。

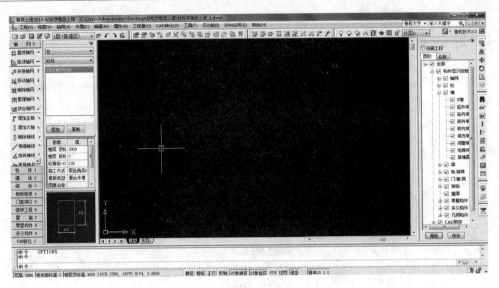

图 1.5-3

提示：如何新建工程，我们将在"新建工程"中作详细介绍。

1.6 退出方法

如果想退出软件，可选择【工程】下拉菜单中的【退出】命令（图 1.6-1），也可以直接点击关闭窗口按钮，即可退出。

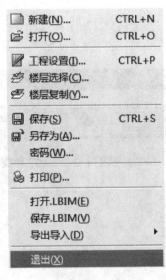

图 1.6-1

1.7 CAD 平台切换

新版本通过在线升级可以支持 AutoCAD2012 平台配置，并保留 AutoCAD2006 平台。

可以在图 1.4-1 中选择"所有程序"→"鲁班软件"
→"鲁班土建"→"鲁班土建 2014 平台配置",如图
1.7-1 所示,选择需要的 CAD 版本,单击"确定"即
可完成平台配置。

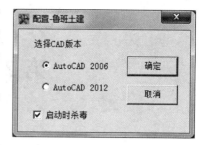

　　注意:(1)若只安装了一个 CAD 的版本,则"请
选择 CAD 版本"中将只有该 CAD 版本可供选择。

　　(2)如果不想每次打开软件都杀毒的话,可以把
"启动时杀毒"前面的"√"去掉。

图 1.7-1

1.8　更新方法

　　当电脑可以连接互联网的情况下,打开软件,左键单击菜单栏内的"云功能(I)"
(如图 1.8-1 所示对话框),在其中选择检查更新,软件会自动搜索更新升级补丁。如果软
件已经是最高版本,软件会提示现在软件是最新版本,如图 1.8-2 所示对话框。

图 1.8-1　　　　　　　　　　　图 1.8-2

第2章 概　　述

2.1　本教材格式与术语规定

2.1.1　教材中的术语、字体和排印格式均采用统一约定

按键名称：

（1）在介绍软件功能时，提到按键盘上的某个按键，教材以<按键名>这样的格式表示按键的名称。

（2）在文中以<回车>表示"Return"键或"Enter"键。

（3）控制键以<Fn>表示，n 为 1 到 12。

F1 键—帮助文件的切换键；

F2 键—屏幕的图形显示与文本显示的切换键；

F3 键—绘图中的自动捕捉功能启动与关闭的切换键；

F8 键—屏幕的光标正交状态的切换键；

F9 键—屏幕的捕捉开关键；

F10 键—极轴的开关键；

F11 键—cad 界面切换键。

2.1.2　交互术语规定

在进行交互操作时，使用下列术语进行操作的描述，见表 2.1-1。

交互术语规定　　　　　　　　　　　　　　　　　　表 2.1-1

交互术语	涵义
拾取框	取图形中构件时所使用的方框状光标
选取	用方形拾取框选取目标
点取	十字光标在屏幕任何位置点击
正向框选	将拾取框放在要选择目标的左下方，按住鼠标左键向目标的右上方拖动，拾取框变为实线且变大，将目标框选
反向框选	将拾取框放在要选择目标的右下方，按住鼠标左键向目标的左上方拖动，拾取框变为虚线且变大，将目标框选
十字光标	图形中取点用的十字线
单击左键	单击鼠标左键一次
单击右键	在绘图区内单击鼠标右键一次
夹点	构件都由线条组成，线条端点或线条间的交点为夹点
拖放	在绘图区点取构件时，构件出现夹点，将光标放到夹点上，按住鼠标左键不放，同时移动鼠标到目标后放开

2.1.3　鲁班算量命令名称与格式

鲁班算量软件定义的命令均以中文名称或快捷图标表示。

每个命令有相应的快捷图标，菜单栏中有菜单选项，用以下格式来描述，例如，布置轴网。

图标：**轴**　　**网**→井直线轴网。

菜单位置：【轴网】→【直线轴网】。

功能：生成直线轴网。

2.2　系统配置

鲁班土建 2014（预算版）软件完全基于优秀的计算机辅助设计软件 AutoCAD 开发，支持 AutoCAD2006/AutoCAD2012 的图形平台，因为计算要消耗大量 CPU 及内存资源，因此机器配置越高，操作与计算的速度将会越快。系统配置见表 2.2-1。

系统配置　　　　　　　　　　　　　　　　　　　　　　　　表 2.2-1

硬件与软件	最低配置	推荐配置
操作系统	Microsoft WindowsXP 简体中文版（必须有超级管理权限）	Microsoft Windows 7 旗舰版或以上（必须有超级管理权限）
CAD 图形软件	AutoCAD2006 简体中文版	AutoCAD2006/2012 简体中文版
. NET Framework	. NET Framework 版本 1.1	. NET Framework 版本 4.0
处理器	Intel PentiumⅢ 1.0GHz	Intel Core i7-4700MQ 2.40GHz 或以上
内存	1GB RAM	8GB RAM 及以上
硬盘	500MB 磁盘空间	1 GB 磁盘空间 或以上（推荐固态硬盘）
光驱	任意速度（仅用于安装）	52 倍速 CD-ROM 或以上（仅用于安装）
显示器	1024 * 768 真彩色	1920 * 1080 分辨率或以上
鼠标、键盘	标准两键鼠标＋PC 标准键盘	标准三键＋滚轮鼠标＋PC 标准键盘

第3章　初识鲁班土建算量软件

3.1　软件界面及功能介绍

在正式进行图形输入前，我们有必要先熟悉一下本软件的操作界面（图 3.1-1）。使用软件一定要对软件的操作界面及功能按钮的位置熟悉，熟悉的操作才会带来工作效率的提高。

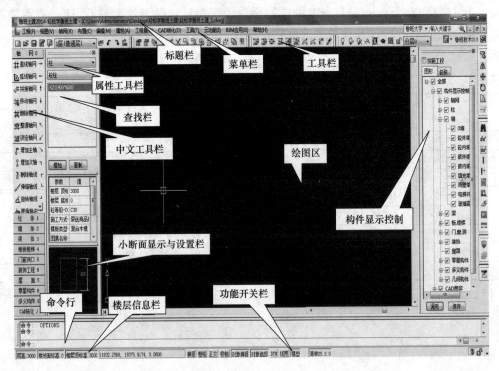

图 3.1-1

标题栏：显示软件的名称，版本号，当前的楼层号，当前操作的平面图名称。

菜单栏：菜单栏是 Windows 应用程序标准的菜单形式，包括【工程】、【视图】、【轴网】、【布置】、【编辑】、【属性】、【工程量】、【CAD 转化】、【工具】、【云功能】、【BIM 应用】、【帮助】。

工具栏：这种形象而又直观的图标形式，让我们只需单击相应的图标就可以执行相应的操作，从而提高绘图效率，在实际绘图中非常有用。

属性工具栏：在此界面上可以直接复制、增加构件，并修改构件的各个属性，如标高、断面尺寸、混凝土等级等。

中文工具栏：此处中文命令与工具栏中图标命令作用一致，用中文显示出来，更便于快速操作。例如，左键单击【轴网】，会出现所有与轴网有关的命令。

小断面显示与设置栏：矩形和圆形规则断面尺寸可直接在此修改，无需进入属性定义。

命令行：是屏幕下端的文本窗口。包括两部分：第一部分是命令行，用于接收从键盘输入的命令和命令参数，显示命令运行状态，CAD 中的绝大部分命令均可在此输入，如画线等；第二部分是命令历史纪录，记录着曾经执行的命令和运行情况，它可以通过滚动条上下滚动，以显示更多的历史纪录。

技巧：如果命令行显示的命令执行结果行数过多，可以通过 F2 功能键激活命令文本窗口的方法，来帮助用户查找更多的信息。再次按 F2 功能键，命令文本窗口即关闭。

状态栏：在执行【构件名称更换】、【构件删除】等命令时，状态栏中的坐标变为如下状态：

> 已选0个构件->移除〈按TAB键切换(增加/移除)状态；按S键选择相同名称的构件；按F键使用过滤器〉

提示：按键名 TAB，在增加与删除间切换，按键名 S，可以选择相同名称的构件，按键名 F，可以筛选相同名称的构件。

功能开关栏：在图形绘制或编辑时，状态栏显示光标处的三维坐标和代表"捕捉"（SNAP）、"正交"（ORTHO）等功能开关按钮。按钮凹下去表示开关已打开，正在执行该命令；按钮凸出来表示开关已关闭，退出该命令。

3.2　鲁班土建算量软件的工作原理

3.2.1　算量平面图与构件属性介绍

（1）算量平面图：

算量平面图是指使用鲁班土建算量软件计算建筑工程的工程量时，要求在鲁班土建算量软件界面中建立的一个工程模型图。它不仅包括建筑施工图上的内容，如所有的墙体、门窗、装饰，所用材料甚至施工做法，还包括结构施工图上的内容，如柱、梁、板、基础的精确尺寸以及标高的所有信息。

平面图能够最有效地表达建筑物及其构件，精确的图形才能表达精确的工程模型，才能得到精确的工程量计算结果。如图 3.2-1 所示，左侧所示图形绘制的墙体未能正确相交，将造成外墙面装饰的计算误差；右侧所示图形绘制出了正确相交的墙体，按照此模型计算外墙装饰，将会得到正确的计算结果。

"鲁班土建算量软件"遵循工程的特点和习惯，把构件分成三类：

1）骨架构件：需精确定位。骨架构件的精确定位是工程量准确计算的保证。即骨架构件的不正确定位，会导致附属构件、区域型构件的计算不准确，如柱、墙、梁等。

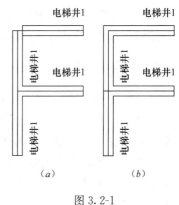

图 3.2-1

2）寄生构件：需在骨架构件绘制完成的情况下，才能绘制，如门窗、过梁、圈梁、墙柱面装饰等。

3）区域型构件：软件可以根据骨架构件自动找出其边界，从而自动形成这些构件。例如，楼板是由墙体或梁围成的封闭形区域，当墙体或梁精确定位以后，楼板的位置和形状也就确定了。同样，房间、天棚、楼地面、墙面装饰也是由墙体围成的封闭区域，建立起了墙体，等于自动建立起了楼板、房间等"区域型"构件。

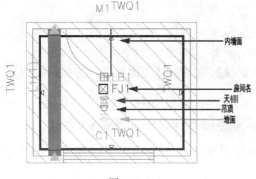

图 3.2-2

为了编辑方便，在图形中"区域型"构件用形象的符号来表示。图 3.2-2 所示是一张鲁班土建算量软件平面图的局部，图中除了墙、梁等与施工图中相同的构件以外，还有施工图中所没有的符号，我们用这些符号作为"区域型"构件的形象表示。几种符号分别代表：房间、天棚、楼地面、现浇板、预制板、墙面装饰。写在线条、符号旁边的字符是它们所代表构件的属性名称。这张图我们称作"算量平面图"。

（2）构件属性：

在创建的算量平面图中，我们是以构件作为组织对象的，因而每一个构件都必须具有自己的属性。

构件属性就是指构件在算量平面图上不易表达的、工程量计算时又必需的构件信息。

构件属性主要分为四类：

1）物理属性：主要是构件的标识信息，如构件名称、材质等。

2）几何属性：主要指与构件本身几何尺寸有关的数据信息，如长度、高度、面积、体积、断面形状等。

3）扩展几何属性：是指由于构件的空间位置关系而产生的数据信息，如工程量的调整值等。

4）清单（定额）属性：主要记录着该构件的工程做法，即套用的相关清单（定额）信息，实际上也就是计算规则的选择。

构件的属性赋予后，并不是不可变的，用户可以通过"属性工具栏"或"构件属性定义"按钮，对相关属性进行编辑和重定义。

3.2.2 算量平面图与楼层的关系

楼层包含的内容：

一张"鲁班土建算量软件"平面图即表示一个楼层中的建筑、结构构件，如果是几个标准层，则表示几个楼层中的建筑、结构构件。

一张算量平面图中究竟表达了哪些构件呢？如图 3.2-3 中的上、中、下三图，它们分别表示了顶层算量平面图、中间某层算量平面图、基础算量平面图中所表达的构件及其在空间的位置。

楼层的划分原则与楼层编号：

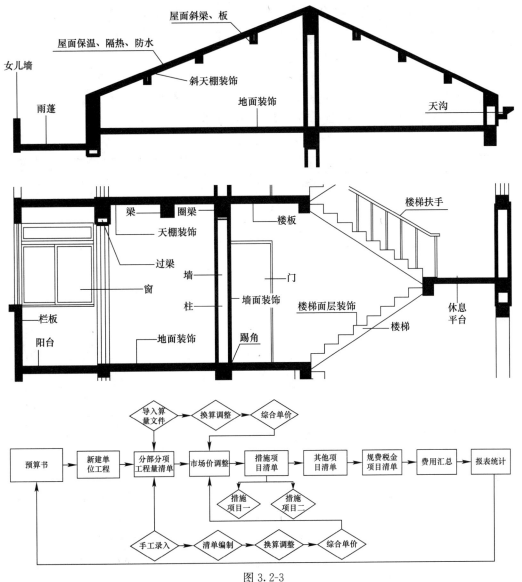

图 3.2-3

对于一个实际工程，需要按照以下原则划分出不同的楼层，以分别建立起对应的算量平面图，楼层用编号表示：

1）0：表示基础层。

2）1：表示地上的第一层。

3）2～99：表示地上除第一层之外的楼层。此范围之内的楼层，如果是标准层，图形可以合并成一层，如"2，5"表示从第 2 层到第 5 层是标准层。6/8/10 表示隔层是标准层。

4）−3，−2，−1：表示地下层。

（1）算量平面图中构件名称说明：

从前面的图 3.2-2 中可以看到，在算量平面图中，每一个构件都有一个名称。

从鲁班土建算量软件 2006 开始，构件进行了细化，如表 3.2-1 中"墙体"，就分为电梯井墙等 8 种墙体。构件编号是由软件自动命名，命名方法见表 3.2-1。构件的名称也可

15

由用户自己命名，但须注意，在细化的构件中，例如"电梯井墙"，不允许出现相同的名称，例如两个都叫"电梯井墙1"。算量平面图中构件名称显示用户自定义的名称，如果没有自定义的名称，则显示软件自动命名的编号。

特殊名称"Q0"：在构件属性表或属性工具栏中，总是存在一个墙体名称"Q0"，它的厚度为5mm。不管您赋予给它何种属性，"Q0"总被系统当作"虚墙"看待，即不参与工程量计算。"Q0"的作用是打断及闭合墙体、划分楼板、楼地面等。

软件构件名称表 表 3.2-1

构件		属性命名规则	构件		属性命名规则
墙体	电梯井墙	DTQ+序号	装饰工程	房间	FJ+序号
	混凝土外墙	TWQ+序号		楼地面	LM+序号
	混凝土内墙	TNQ+序号		吊顶	DD+序号
	砖外墙	ZWQ+序号		天棚	PD+序号
	砖内墙	ZNQ+序号		踢脚线	QTJ+序号
	填充墙	TCQ+序号		墙裙	QQ+序号
	间壁墙	JBQ+序号		外墙面	WQM+序号
	玻璃幕墙	MQ+序号		内墙面	NQM+序号
梁体	框架梁	KL+序号		柱踢脚	ZTJ+序号
	次梁	CL+序号		柱裙	ZQ+序号
	独立梁	DL+序号		柱面	ZM+序号
	圈梁	QL+序号		屋面	WM+序号
	过梁	GL+序号		立面装饰	外墙+序号
	窗台	CTL+序号		立面洞口	D+序号
柱体	混凝土柱	TZ+序号		保温层	QBW+序号
	暗柱	AZ+序号	基础工程	满堂基础	MJ+序号
	构造柱	GZ+序号		独立基	DJ+序号
	砖柱	ZZ+序号		柱状独立基	CT+序号
门窗洞口	门	M+序号		砖石条基	ZTJ+序号
	窗	C+序号		混凝土条基	TTJ+序号
	飘窗	PC+序号		集水井	JSJ+序号
	转角飘窗	ZPC+序号		实体集水井	J+序号
	墙洞	QD+序号		井坑	JK+序号
	老虎窗	LHC+序号		基础梁	JL+序号
	壁龛	BK+序号		其他桩	ZH+序号
	带形窗	C+序号		人工挖孔桩	ZH+序号
零星构件	阳台	YT+序号		土方	TF+序号
	雨篷	YP+序号	多义构件	点实体	DGJ+序号
	排水沟	PSG+序号		面实体	MGJ+序号
	散水	SS+序号		线实体	XGJ+序号
	自定义线性构件	ZDYX+序号		实体	TGJ+序号
	主体后浇带	HJD+序号	楼板楼梯	现浇板	XB+序号
	基础后浇带	JCHJD+序号		预制板	YB+序号
	建筑面积	主体面积+序号		拱形板	GB+序号
	坡道	PD+序号		楼梯	LT+序号
	台阶	TJ+序号		螺旋版	LXB+序号
	施工段	施工段+序号		板洞	BD+序号

（2）算量软件工程量计算规则说明：

工程量计算规则说明如图 3.2-4 所示。

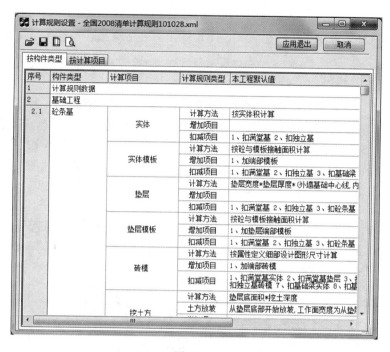

图 3.2-4

在这个表中，可以对所有构件的计算规则进行一次性的调整，对于单个构件计算规则的调整可在属性定义中进行。

提示：对于初学者，建议对各计算项目的计算规则查看一遍，从而做到心中有数。

（3）算量平面图中的寄生构件说明：

在实际工程中，如果没有墙体，不可能存在门窗，门窗就是寄生在墙体上的构件，"鲁班土建算量软件"遵循这种寄生原则。表 3.2-2 列出寄生构件与寄生构件所依附的主体构件之间的关系。

寄生构件与主体构件关系

表 3.2-2

骨架构件	寄生构件
墙体	墙面装饰、门、窗、壁龛
柱体	柱面装饰
门窗洞口	过梁 窗台
斜板	老虎窗

注意：寄生构件具有以下性质：

（1）主体构件不存在的时候，无法建立寄生构件。

（2）删除了主体构件，寄生构件将同时被删除。

（3）寄生构件可以随主体构件一同移动。

3.3　算量软件结果的输出

软件提供三种计算结果的输出方式：图形输出、表格输出、预算接口文件。

3.3.1　图形输出

以算量平面图为基础，在构件附近标注上构件与定额子目对应的工程量值，这是一种直观的表达方式。图形输出可以按照不同的构件类型、不同的材质、施工工艺分别标注。除了便于校对以外，"工程量标注图"在施工安排、监理过程中的指导作用，是"鲁班土建算量软件"提供给用户的一项强大功能，如其中的"砌筑工程量标注图"、"现浇混凝土工程量标注图"等，如图 3.3-1 所示。

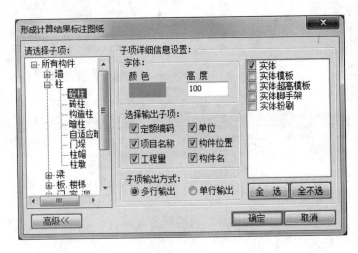

图 3.3-1

3.3.2　表格输出

表格输出是传统的输出方式，例如，鲁班土建算量软件 2014 提供以下七种表格：

（1）汇总表；（2）计算书；（3）面积表；（4）门窗表；（5）房间表；（6）构件表；（7）量指标。

提供的表格中既可以有构件的总量，也可以有构件的详细的计算公式，如图 3.3-2 所示。

3.3.3　预算接口文件

单击计算报表中的预览，软件提供 Excel 格式、RTF 格式、PDF 格式、HTML 格式、CSV 格式文件及文本文件、图像文件、报表文档文件的输出数据，可供鲁班及其他套价软件使用。

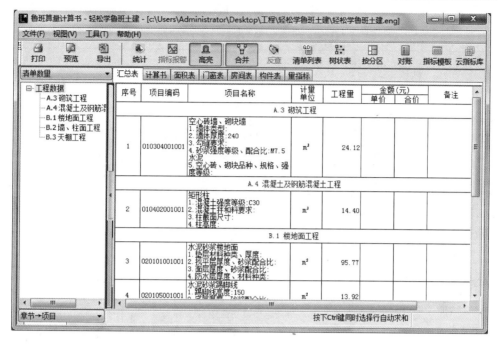

图 3.3-2

3.4　"鲁班土建算量软件"的工程量计算项目

"鲁班土建算量软件"按照构件的"计算项目"来计算工程量。

从工程量计算的角度，一种构件可以包含多种计算项目，每一个计算项目都可以对应具体的计算规则和计算公式。例如，墙体作为一种构件，可以计算的项目有实体、实体模板、实体超高模板、实体脚手架、附墙、压顶六项。表 3.4-1 是鲁班土建算量软件 2014 部分构件能计算的计算项目（具体可以到软件中查看）。

3.4.1　建模包含内容

"建模"包括两个方面的内容：

（1）绘制算量平面图：主要是确定墙体、梁、柱、门窗、过梁、基础等骨架构件及寄生构件的平面位置，其他的构件由软件自动确定。

（2）定义每种构件的属性：构件类别不同，具体的属性不同，其中相同的是清单查套机制，可以灵活运用。

3.4.2　建模的顺序

（1）根据自己的喜好，可以按照以下三种顺序，完成建模工作：

首先绘制算量平面图，再定义构件属性。

首先定义构件属性，再绘制算量平面图。

在绘制算量平面图的过程中，同时定义构件的属性。

工程量计算项目 表 3.4-1

构件名称	计算项目	构件名称	计算项目	构件名称	计算项目
电梯井墙 混凝土外墙 混凝土内墙	实体	转角飘窗	实体	主体后浇带	板后浇带实体
	实体模板		上挑板实体		板后浇带模板
	实体超高模板		下挑板实体		梁后浇带实体
			左侧板实体		
	实体脚手架		右侧板实体		梁后浇带模板
			上挑板上表面粉刷		
	附墙		上挑板下表面粉刷		墙后浇带实体
	压顶		下挑板上表面粉刷		墙后浇带模板
砖外墙 砖内墙	实体		下挑板下表面粉刷		墙后浇带加强部分
	实体脚手架		上、下挑板侧面粉刷		墙后浇带保护墙
	附墙		墙洞壁粉刷		墙后浇带伸缩缝
	压顶		窗帘盒		钢丝网片
	钢丝网片		筒子板		止水带
填充墙	实体		侧板外表面粉刷		防水卷材
	钢丝网片		侧板内表面粉刷	基础后浇带	满基后浇带实体
间壁墙	实体		窗内部墙面粉刷		满基后浇带加强部分
混凝土柱	实体		侧板实体		满基后浇带模板
	实体模板	带形窗	实体		满基后浇带伸缩缝
	实体超高模板		门窗内侧粉刷		基础梁后浇带实体
	实体脚手架		门窗外侧粉刷		基础梁后浇带模板
	实体粉刷		窗帘盒		钢丝网片
暗柱	实体		筒子板		止水带
	实体模板	井坑	底面		防水卷材
	实体超高模板		侧壁	楼梯	实体模板
	实体粉刷	独立基 柱状独立基	实体		楼梯展开面层装饰
构造柱	实体		实体模板		实体
	实体模板		垫层		靠墙扶手
	实体超高模板		垫层模板		踢脚
砖柱	实体		挖土方		楼梯底面粉刷
			回填土		楼梯井侧壁粉刷
	实体脚手架		土方支护		栏杆
			砖胎膜	实体集水井	实体
	实体粉刷		防水层		实体模板
			原土打夯		防水层
框架梁 次梁 独立梁	实体	满堂基础	实体		挖土方
	实体模板		实体模板		砖胎模
	实体粉刷		垫层		垫层
	实体脚手架		垫层模板		
	实体超高模板		挖土方	现浇板 拱形板	实体
圈梁	实体		土方支护		实体模板
	实体模板		砖胎膜		实体超高模板
	实体超高模板		原土打夯	预制板 螺旋板	实体
过梁	实体		防水层		实体模板
	实体模板		满堂脚手架		

（2）技巧：对于门窗、梁、墙等构件较多的工程，在熟悉完图纸后，一次性的将这些构件的尺寸在【属性定义】中加以定义。这样将提高绘制速度，同时也能保证不遗漏构件。

3.4.3 建模的原则

（1）需要用图形法计算工程量的构件，必须绘制到算量平面图中。

"鲁班土建算量软件"在计算工程量时，算量平面图中找不到的构件就不会计算，尽管用户可能已经定义了它的属性名称和具体的属性内容。

（2）绘制算量平面图上的构件，必须有属性名称及完整的属性内容（特别为套用的清单）。

软件在找到计算对象以后，要从属性中提取计算所需要的内容，如断面尺寸、套用清单等，如果没有套用相应的清单，则得不到计算结果，如果属性不完善，可能得不到正确的计算结果。

（3）确认所要计算的项目。

套好清单后，鲁班土建算量软件会将有关此构件全部计算项目列出，确认需要计算后套相关清单即可。

（4）准备计算之前，请使用"合法性检查与修复"。

"合法性检查与修复"将自动提示出建模中模型中的一些错误提示。

（5）灵活掌握，合理运用。

"鲁班土建算量软件"提供"网状"的构件绘制命令，达到同一个目的可以使用不同的命令，具体选择哪一种更为合适，将随用户的熟练程度与操作习惯而定。例如，绘制墙的命令有"绘制墙"、"轴网变墙"、"线段变墙"、"轴段变墙"、"口式布墙"五种命令，各有其方便之处，其中奥妙等待各位的细细品味。

3.5 蓝图与鲁班土建算量软件的关系

3.5.1 理解并适应"鲁班土建算量软件"计算工程量的特点

设计单位提供的施工蓝图是计算工程量的依据，手工计算工程量时，一般要经过熟悉图纸、列项、计算等几个步骤。在这几个过程中，蓝图的使用是比较频繁的，要反复查看所有的施工图，以找到所需要的信息。

在使用鲁班土建算量软件计算工程量时，蓝图的使用频率直接影响着工作的效率和舒适程度，这也是为什么把"蓝图的使用"当作一个问题加以说明的原因。

在使用软件工作之前，不需要单独熟悉图纸，拿到图纸直接上机即可。这是因为：建立算量模型的过程，就是您熟悉图纸的过程。

3.5.2 蓝图使用与使用本软件建模进度的对应关系

在建立模型的过程中，可以依据单张蓝图进行工作，特别是在绘制算量平面图时，暂时用不到的图形不必理会。表 3.5-1 是所需蓝图与工作进度的关系：

蓝图与工作进度的关系　　　　　　　　　　　　表 3.5-1

序号	蓝图内容	软件操作	备注
1	建施：典型剖面图一张	工程管理、系统设置、楼层层高设置	可能需要结构总说明，设置混凝土、砂浆的强度
2	建施：底层平面图	绘制轴网、墙体、阳台、雨篷	配合使用剖面图、墙身节点详图、其他节点详图
3	结施：二层结构平面图	梁、柱、圈梁、板。	布置梁时，可考虑按纵向、横向布置，这样不易遗漏构件
4	建施：门窗表	属性定义：抄写门窗尺寸	为下一步布置门窗作准备
5	建施：底层平面图、设计说明	在平面图上布置门窗、过梁	由于门窗的尺寸直接影响平面图的外观，在抄写完门窗尺寸以后，再布置到平面图中比较恰当
6	建施：说明、剖面图	设置房间装饰，包括墙面、柱面	
7	建筑剖面、结构详图	调整构件的高度	与当前楼层高度、缺省设置高度不相符的构件高度

　　完成了表 3.5-1 中的步骤以后，第一个算量平面图的建模工作就算完成了。按照这样的顺序完成全部楼层的算量平面图以后，对图纸的了解就比较全面了，各种构件的工程量应该如何计算，已经心中有数，为下一步的计算奠定了基础。

　　注意：正如表 3.5-1 所示，实际的工程图纸中结构图关于楼层的称呼与鲁班土建算量软件中关于楼层的称呼有些不一致。如算量平面中，要布置某工程第一层的楼板与梁，在实际工程图纸中这一层的梁板是被放在"二层结构平面图或二层梁布置图"中的。

第4章　CAD入门操作

4.1　CAD界面简介

启动鲁班土建算量软件后，单击"📷"图标，就可以切换到CAD的界面，在此界面上执行各个命令。当然，如果您熟悉了CAD的各个命令后，可以在鲁班算量界面的命令行中直接输入CAD的各个操作命令。切换到CAD的界面如图4.1-1所示。CAD设置好以后再单击"📷"图标，就可以切换回鲁班算量的界面。

图 4.1-1

在这里我们只介绍一些有助于您提高绘图速度的CAD命令，如果您对CAD感兴趣的话，其他具体的CAD操作，可参见CAD的帮助命令。

4.2　图层（Layer）

图层相当于图纸绘图中使用的重叠的图纸。它们是AutoCAD中的主要组织工具，可以使用它们按功能编组信息以及执行线型、颜色和其他标准。通过图层控制，显示或隐藏对象的数量，可以降低图形视觉上的复杂程度并提高显示性能。也可以锁定图层，以防止意外选定和修改该图层上的对象。

选择［格式→图层］，如图4.2-1所示。

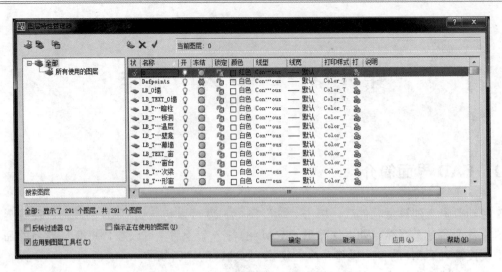

图 4.2-1

4.3 基础绘图方法

4.3.1 直线 (LINE)

命令行可以输入简写字母"L"。

（1）选择菜单［绘图→直线］；

（2）指定起点，可以使用定点设备，如捕捉中心点、交点等，也可在命令行上输入坐标；

（3）指定端点以完成第一条线段；

（4）要在使用 LINE 命令时撤销前面绘制的线段，请输入 u 或者从工具栏上选择"撤销"；

（5）指定其他所有线段的端点；

（6）按 ENTER 键结束或按 c 键闭合一系列线段。

提示：绘制直线主要是为了确定辅助点，或与线变墙、梁有关，且经常与第 4.3.2 条临时捕捉方式的设置一起使用。

4.3.2 多段线 (PLINE)

命令行可以输入简写字母"PL"。

多段线是作为单个对象创建的相互连接的序列线段。可以创建直线段、弧线段或两者的组合线段。

（1）绘制由直线段组成的多段线的步骤：

1）选择菜单［绘图→多段线］；

2）指定多段线的起点；

3）指定第一条多段线线段的端点；

4）根据需要继续指定线段端点；

5）按 ENTER 键结束，或者输入 c 闭合多段线。

（2）绘制直线和圆弧组合多段线的步骤：

1）选择菜单［绘图→多段线］；

2）指定多段线线段的起点；

3）指定多段线线段的端点；

4）在命令行上输入 A（圆弧）切换到"圆弧"模式；

5）输入"s"，指定圆弧上的某一点，再指定圆弧的端点；

6）输入 L（直线）返回到"直线"模式；

7）根据需要指定其他多段线线段；

8）按 ENTER 键结束或按 c 键闭合多段线。

4.3.3　圆（CIRCLE）

命令行可以输入简写字母"C"。

1）选择菜单［绘图→圆］，"圆心、半径"或"圆心、直径"；

2）指定圆心；

3）指定半径或直径；

提示：绘制圆主要目的确定辅助点（如圆弧状的墙、梁等需要定位时）。

4.3.4　圆弧（ARC）

命令行可以输入简写字母"A"。

1）选择菜单［绘图→圆］，选择"起点、端点、半径"；

2）指定起点；

3）指定端点；

4）输入圆弧半径。

提示：工程中，一般都是以这种方式生成圆弧。圆弧主要用在"线变墙梁"等功能中图形基本编辑方法。

4.4　图形基本编辑方法

4.4.1　复制（COPY）

命令行可以输入简写字母"Co"。

1）选择菜单［修改→复制］；

2）选择要复制的对象；

3）需要复制多个对象，输入 m（多个），回车确认；

4）指定基点；

5）指定位移的第二点；

6）指定下一个位移点。继续插入副本，或按 ENTER 键结束命令。

4.4.2　镜像（MIRROR）

命令行可以输入简写字母"MI"。

1）选择菜单［修改→镜像］；

2）选择要创建镜像的对象；

3）指定镜像直线的第一点；

4）指定第二点；

5）按 ENTER 键保留原始对象，或者按 y 将其删除。

4.4.3　移动（MOVE）

命令行可以输入简写字母"M"。

1）选择菜单［修改→移动］；

2）选择要移动的对象；

3）指定移动基点；

4）指定第二点，即位移点。

4.4.4　缩放（SCALE）

命令行可以输入简写字母"SC"。

1）选择菜单［修改→缩放］；

2）选择要缩放的对象；

3）指定基点；

4）输入比例因子。

提示：有的 DWG 电子文档中图形的比例并不是 1∶1，因此需要调整一下图形的比例。

4.4.5　偏移（OFFSET）

命令行可以输入简写字母"O"。

1）选择菜单［修改→偏移］；

2）输入偏移距离；

3）选择要偏移的对象；

4）指定要放置新对象的一侧上的一点；

5）选择另一个要偏移的对象，或按 ENTER 键结束命令。

4.4.6　修剪（TRIM）

命令行可以输入简写字母"TR"。

1）选择菜单［修改→修剪］；

2）选择作为剪切边的对象（一般为线段）；

3）选择要修剪的对象。

提示：修剪命令多于绘制直线、线变墙梁等有关。

4.4.7　延伸（EXTEND）

命令行可以输入简写字母"EX"。

1）选择菜单［修改→延伸］；

2）选择作为边界边的对象；

3）选择要延伸的对象。

提示：使用此命令，能保证要延伸的对象按原来的方向进行延伸。

4.4.8　分解（EXPLODE）

命令行可以输入简写字母"X"。

1）选择菜单［修改→分解］；

2）选择要分解的对象。

提示：此命令经常在"电子文档转化"、"描图"过程中使用，用以分解图中的块。如在转化墙时，钢筋混凝土墙一般是用填充色填充的，并与墙边线合为一个块，因此要填充色与墙边线分解开。

以上简单地介绍了一下 CAD 的一部分命令，这部分的命令灵活运用，对您在以后的工程建模过程中，提高您的操作速度有很大帮助，希望您能仔细体会，加以琢磨。

第5章 软件常用基本命令

熟悉了软件界面和 CAD 入门操作之后，就正式进入到软件的基本命令操作阶段。本章主要针对软件各个命令的操作步骤进行了详细的讲解。

提示：自 22.2.1 版本后所有构件都支持在三维状态下绘制。

5.1 工程设置

5.1.1 新建/打开工程

打开软件之后会弹出"新建工程"和"打开工程"界面，如图 5.1-1 所示。

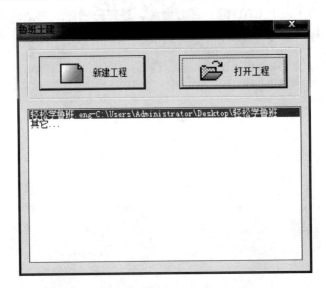

图 5.1-1

如果是新做一个工程，就选择"新建工程"这一项，然后单击"进入"。

如果是打开以前做过的或想要接着做的工程，可以选择"打开工程"这一项，然后单击"进入"。

如果之前我们做过了一部分的工程，中途保存关闭后再次打开软件，软件默认会选择"上一次工程"，并显示工程名称。这时我们只需要单击"打开工程"自动打开我们之前做了一部分的工程。

选择"新建工程"，就会弹出工程保存界面，如图 5.1-2 所示。

首先单击"保存在"选择框边上的 ▾ 按钮，选择工程需要保存的位置，然后在"文件名"中输入保存的工程名称，如"小别墅"（" * "要删掉），最后单击"保存"按钮。这个时候，在我们保存的路径下就会生成这个工程的文件包。

图 5.1-2

选择"其他"，单击"打开工程"，弹出打开工程界面，如图 5.1-3 所示。

图 5.1-3

在"查找范围"中单击 ⁻ 按钮，选择文件保存的位置，找到工程文件夹（如"小别墅"），再打开列表中的 ENG 文件（如"小别墅.eng"），就可以进入我们要打开的工程中。

5.1.2　用户模板

新建工程设置好文件保存路径之后，会弹出"用户模板"界面，如图 5.1-4 所示。

该功能主要用于在建立一个新工程时可以选择过去我们做好的工程模板，以便我们直接调用以前工程的构件属性，从而加快建模速度。如果是第一次做工程或者以前的工程没有另存为模板的话，"列表"中就只有"软件默认的属性模板"供我们选择。

选择好需要的属性模板，单击"确定"按钮，就完成了用户模板的设置。

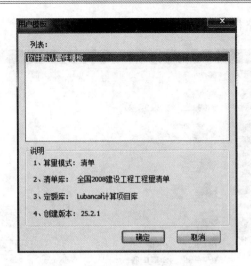

图 5.1-4

5.1.3 工程概况

当我们设置完用户模板之后，软件会自动弹出"工程概况"编辑框。也可以在软件工具条中单击 ☑ 按钮，弹出该对话框，如图 5.1-5 所示。

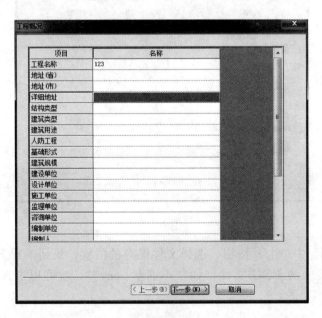

图 5.1-5

在这里我们可以根据工程实际情况对相关的"项目"进行填写。

"编制时间"一项，我们可以直接点击上面的日期，弹出"日期选择"框，如图 5.1-6 所示。

选择好编制日期，单击"确定"按钮即可。

图 5.1-6

5.1.4　算量模式

设置好"工程概况"后单击"下一步",软件自动进入到算量模式的选择框。也可以在软件工具条中单击▨按钮,弹出该对话框,如图 5.1-7 所示。

图 5.1-7

"模式"中,我们可以根据实际工程需要选择"清单"或者"定额"模式。当选择"定额"模式时,"清单"和"清单计算规则"会变成灰色,表示不可设置,如图 5.1-8所示。

当我们需要更换"定额"和"定额计算规则"时,分别单击旁边的▭按钮,就会弹出定额或者计算规则选择框,如图 5.1-9 所示。

在里面选择好我们需要的定额和相应的计算规则,单击"确定"即可。最后单击"下一步"按钮完成设置。

图 5.1-8

图 5.1-9

5.1.5　楼层设置

设置完"算量模式",单击"下一步"就会进入到楼层设置界面。也可以在软件工具条中单击▓按钮弹出该对话框,如图 5.1-10 所示。

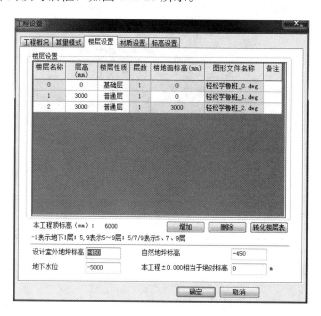

图 5.1-10

1) 在"楼层设置"中,黄色的部位是不可以修改的,我们只要在白色的区域修改参数就可以联动修改黄色区域的数据。

2) "楼层名称"中"0"表示基础层,"1"对应地上一层,"2"对应地上二层。如果需要增加一层,我们点击右下方的"增加"就会在列表中多出一行,名称也自动取为"3"。如果我们要设置地下室,就把楼层名称改成"－1",就表示地下一层,改成"－2"就表示地下二层。如果一个工程当中有标准层,如 5~9 层是标准层,那么我们只要把楼层名称在英文输入法状态下改成"5,9"就表示 5 层到 9 层。

需要说明的是,0 层基础层永远是最底下的一层。"0"只是名称,不表示数学符号。

3) 在"层高"一栏中,我们点击相应楼层的层高数字"3000"就可以更改需要的高度。需要注意的是,基础层层高一般我们就定义"0",不用修改。

4) "室外设计地坪标高"和"自然地坪标高"主要是和实际工程中室外装饰高度与室外挖土深度有关的参数设置。一般根据图纸中给出的数据进行填写就可以了。

5.1.6　材质设置

"材质设置"可以编辑实际工程当中构件的材料强度等级。如果我们需要修改某项数值,比如 0 层"柱"的混凝土等级 C30 要换成 C25,那么单击"C30"后再输入或选择"C25"就可以了。并且颜色会变成红色,表示非默认设置。我们需要修改哪一层就去点击相应的"楼层名称"即可,如图 5.1-11 所示。

如果要恢复默认就点击右下方的"恢复默认"。

定义好楼层设置以及材质设置后，单击"下一步"，结束设置。

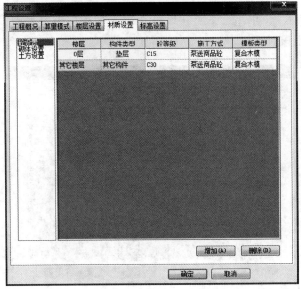

图 5.1-11

5.1.7 标高设置

定义好"楼层设置后"，单击"下一步"按钮，软件会进入到标高设置界面。也可以在软件工具条中单击 按钮，弹出该对话框，如图 5.1-12 所示。

图 5.1-12

软件默认基础构件（如独立基、满堂基、基础梁）都是工程标高，不能做修改。

楼层标高：每一层构件的标高都是相对于该层楼地面的标高。如二楼的窗台标高相对二层地面的高度是 900mm，这个 900（mm）就是楼层标高的表达数值。

工程标高：等同于工程标高。如二楼的窗台标高是 3900mm，相对于一层地面 ±0.000 的高度。这个 3900（mm）就是工程标高的表达数值。

因此，我们可以根据工程实际情况对构件选择相应的标高表达形式，来方便我们准确定位构件位置。

如果我们要修改某一层的构件标高形式（基础层除外），如 1 层的柱换成"楼层标高"，只要选择 1 层点击构件名称旁的"标高形式"里"楼层标高"字，下拉换成"楼层标高"即可，如图 5.1-13 所示。

该设置一般是在工程建模中遇到需要更换标高形式的构件时再进行调整的，因此新建工程可以暂时不用调整。最后单击"完成"按钮，结束工程设置。

电梯井壁	楼层标高
玻璃幕墙	楼层标高
柱	工程标高 ▼
砼柱	工程标高
砖柱	工程标高
构造柱	工程标高
暗柱	工程标高
梁	楼层标高
框架梁	楼层标高

图 5.1-13

5.2　轴网

5.2.1　直线轴网

在中文工具栏中单击 ┋┋直线轴网 →○ 命令，弹出如图 5.2-1 的对话框。直线轴网介绍见表 5.2-1。

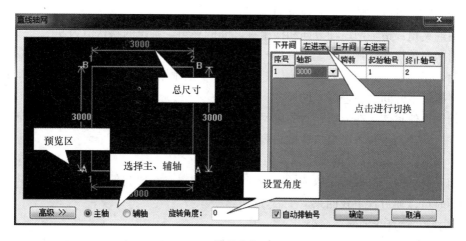

图 5.2-1

直线轴网介绍　　　　　　　　　　　　　　　表 5.2-1

预览区	显示直线轴网，随输入数据的改变而改变，"所见即所得"
上开间	图纸上方标注轴线的开间尺寸
下开间	图纸下方标注轴线的开间尺寸
左进深	图纸左方标注轴线的进深尺寸
右进深	图纸右方标注轴线的进深尺寸

自动排轴号	根据起始轴号的名称，自动排列其他轴号的名称。例如：上开间起始轴号为 S1，上开间其他轴号依次为 S2、S3……
高级	轴网布置进一步操作的相关命令
主轴、辅轴	主轴，对每一楼层都起作用；辅轴，只对当前楼层起作用，在前层布置辅轴，其他楼层不会出现这个辅轴
轴网旋转角度	输入正值，轴网以下开间与左进深第一条轴线交点逆时针旋转； 输入负值，轴网以下开间与左进深第一条轴线交点顺时针旋转
确定	各个参数输入完成后可以点击确定退出直线轴网设置界面
取消	取消直线轴网设置命令，退出该界面

注：将"自动排轴号"前面的"√"去掉，软件将不会自动排列轴号名称，您可以任意定义轴的名称，并支持输入特殊符号。

单击 [高级 >>] 按钮，选项如下，如图 5.2-2 所示。

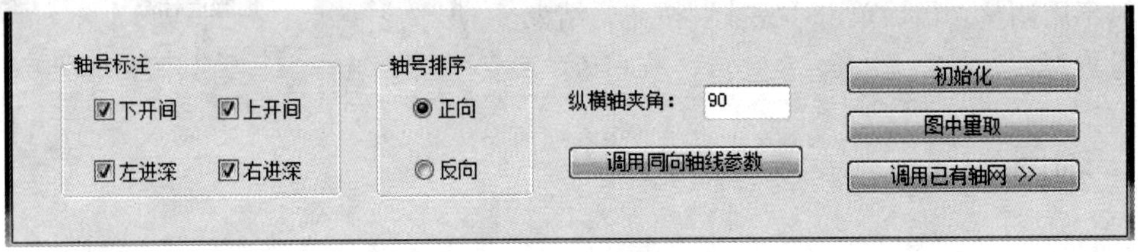

图 5.2-2

轴号标注：四个选项，如果不需要某一部分的标注，用鼠标左键将其前面的"√"去掉即可。

轴号排序：可以使轴号正向或反向排序。

纵横轴夹角：指轴网纵轴方向和横坐标之间的夹角，系统的默认值为 90°。

调用同向轴线参数：如果上下开间（左右进深）的尺寸相同，输入下开间（左进深）的尺寸后，切换到上开间（右进深），左键单击"调用同向轴线参数"，上开间（右进深）的尺寸将拷贝下开间（左进深）的尺寸。

初始化：使目前正在进行设置的轴网操作重新开始，相当于删除本次设置的轴网。执行该命令后，轴网绘制图形窗口中的内容全部清空。

图中量取：量取 CAD 图形中轴线的尺寸。

调用已有轴网：可以调用以前的轴网，进行再编辑。一般我们如果画好的轴网在图形中被删掉时可以通过这里找回来。

1）执行"建直线轴网"命令。

2）光标会自动落在下开间"轴距"上，按以上尺寸输入下开间尺寸，输入完一跨，按回车键，会自动增加一行，光标仍落在"轴距"上，依次输入各个数据。

3）单击"左进深"按钮，同 1）的方法。

4）单击"上开间"按钮，同 1）的方法。

5）单击"右进深"按钮，同 1）的方法。

提示：

（1）输入上、下开间或左、右进深的尺寸时，要确保第一根轴线从同一位置开始，例如，同时从Ⓐ轴或①轴开始，有时这要人工计算一下。

（2）输入尺寸时，最后一行结束时如果多按了一下回车键，会再出现一行，鼠标左键点击一下那一行的序号，单击鼠标右键，在出现的菜单中选"删除"即可。

轴网各个尺寸输入完成后，如图 5.2-3 所示，单击"确定"按钮，回到软件主界面。

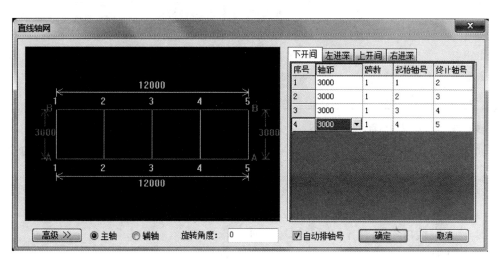

图 5.2-3

命令行提示：请确定位置，在"绘图区"中选择一个点作为定位点的位置，如果回车确定，定位点可以确定在 0，0，0，即原点上。

5.2.2　弧线轴网

在中文工具栏中单击 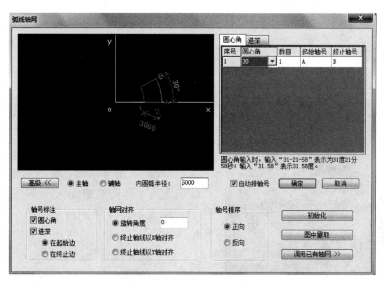命令，弹出如图 5.2-4 的对话框。弧线轴网介绍见表 5.2-2。

图 5.2-4

弧线轴网介绍 表 5.2-2

预览区	显示弧线轴网，随输入数据的改变而改变，"所见即所得"
圆心角	图纸上某两条轴线的夹角
进深	图纸上某两条轴线的距离
高级	轴网布置进一步操作的相关命令
主轴、辅轴	同新建轴网
内圆弧半径	坐标 X 与 Y 的交点 0 与从左向右遇到的第一条轴线的距离
确定	各个参数输入完成后可以点击确定退出弧线轴网设置界面
取消	取消弧线轴网设置命令，退出该界面

展开【高级《】选项如下：

轴号标注：两个选项，如果不需要某一部分的标注，用鼠标左键将其前面的"√"去掉。

轴网对齐：

1）轴网旋转角度，以坐标 X 与 Y 的交点 0 为中心，按起始边Ⓐ轴旋转；

2）终止轴线以 X 轴对齐，即Ⓑ轴与 X 轴对齐；

3）终止轴线以 Y 轴对齐，即Ⓑ轴与 Y 轴对齐。

轴号排序：可以使轴号正向或反向排序。

初始化：使目前正在进行设置的轴网操作重新开始，相当于删除本次设置的轴网。执行该命令后，轴网绘制图形窗口中的内容全部清空。

图中量取：量取 CAD 图形中轴线的尺寸。

调用已有轴网：操作步骤与直线轴网相同。

5.2.3 删除轴网

单击左边中文工具栏中 删除轴网 图标。用于删除轴网。

用左键单击选取轴网中的一条轴线或轴线标注，系统将找到整组轴网将其删除。

5.2.4 增加主轴

单击左边中文工具栏中 增加主轴 图标。

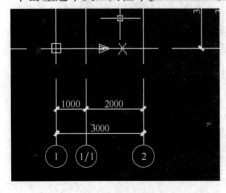

图 5.2-5

1）选择一根参考轴线，用左键选取一条参考轴线，参考轴线与插入的目标轴线相互平行。

2）输入偏移距离，输入目标轴线与参考轴线的距离，单击右键确认，如图 5.2-5 所示。

注意：请注意正负号，"＋"表示新增的轴线在原来轴线的右方或上方，"－"则反之。

3）输入新轴线的编号"<*/*>："，此时可以输入新轴线编号，再回车确认；也可以使用软件右键确认默认的轴线编号。

5.2.5　更换轴名

单击左边中文工具栏中 更换轴名 图标。

1) 选择目标轴网的一条轴线。

2) 输入新轴线的编号，回车确认。

提示：更换轴名只能一次修改一根轴线，因此对于有上、下开间或左、右进深的，需要依次的修改，不要遗漏。建议在刚生成轴网时，就按图纸修改相应的轴线名称。

5.2.6　增加次轴

1) 单击左边中文工具栏中 增加次轴 图标。

2) 命令行提示：指定起点〔R-选择参考点 A-弧形辅轴〕。如果绘制弧形的轴线，在命令行输入 A（和 cad 中绘制弧线相似）；如果绘制直形轴线，那么直接点击第一点，再点击第二点，输入新轴名，然后再确定轴号标注于轴线哪侧（标注于起点，直接回车；标注于终点，输入 Z；标注于两端，输入 L）。

5.3　墙

5.3.1　绘制墙

单击左边中文工具栏中 绘制墙 图标。墙的详细定义参见墙属性定义。

注意：平面上，同一位置只能布置一道墙体，若在已有墙体的位置上再布置一道墙体，新布置的墙体将会替代原有的墙体。

命令行提示："第一点〔R-选参考点〕"，同时弹出一个浮动式对话框，如图 5.3-1 所示。

数标放在图 5.3-1 中的"左边、居中、右边"时，会提示相应的图例，如图 5.3-2 所示。

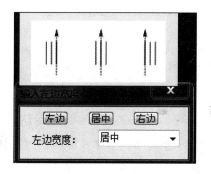

图 5.3-1　　　　　　　　　　　图 5.3-2

左键点取左边"属性工具栏"（如图 5.3-3 所示）中要布置的墙的种类（也可以绘制好墙体后再到属性工具栏中点取要布置的墙的名称），此时要注意墙的种类要选择正确，不然计算结果可能有误！

提示：

（1）双击绘图区内的构件名称或图形，可以直接进入到"构件私有属性定义"。所有构件都通用。

（2）在绘图区域内，左键依次选取墙体的第一点、第二点等；也可以用光标控制方向，用数字控制长度的方法来绘制墙体。

（3）在绘制过程中，发现前面长度或位置错了，则可以在命令行中输入U，回车，退回至上一步，或左键单击"撤销"按钮，退回至上一步。

（4）绘制完一段墙体后，命令不退出，可以再重复（2）～（4）的步骤。

（5）将原来的靠左靠右改成符合多数人习惯的靠绘制方向的左边/右边，并修改相应图例。

技巧：绘制墙时，有些点不好捕捉，可以将墙多绘制一点，在墙相交处，软件会自动将墙分段，只需将多余的墙删除即可。墙体绘制技巧见表5.3-1，墙体绘制命令见表5.3-2。

墙体绘制技巧　　　　　　　　　　　　　　　　表5.3-1

构件种类—柱体、墙体、梁体、楼板楼梯、门窗洞口、装饰工程、基础工程、零星构件、多义构件	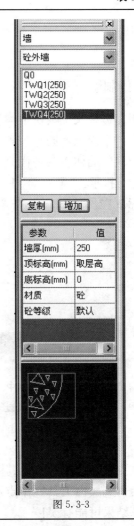
细化构件—例如墙划分为电梯井墙、混凝土外墙、混凝土内墙、砖外墙、砖内墙、填充墙、间壁墙、玻璃幕墙	
构件列表—每一种不同属性的细化构件的列表	
复制—复制某一个构件，其属性与拷贝构件完全相同，再修改 增加—增加一个构件，属性为软件默认，没有定额	
属性参数—不同种类的构件，出现不同的属性，可以直接修改	
构件断面—修改不同构件断面的尺寸	图5.3-3

墙体绘制辅助命令　　　　　　　　　　　　　　　　　表 5.3-2

R-选参考点	适用于没有交点，但知道与某点距离的墙体。方法：按键名 R，回车确认，左键选取一个参考点，光标控制方向，键盘中输入数值控制长度，回车确认
C-闭合 A-圆弧	C：绘制两点以上时，按键名 C，回车确认，形成闭合区域 A：按键名 A，回车确认，左键选取弧形墙中线上的某一点，绘制弧形墙体
左边宽度	墙体如果是偏心的，绘制过程中可以输入左边宽度，完成偏心过程。要想一次布置多段偏心墙体，绘制方向必须保持一致，即同为顺时针或逆时针

5.3.2　轴网变墙

单击左边中文工具栏中 轴网变墙 图标。此命令适用于至少有纵横各两根轴线组成的轴网。

（1）正向框选或反向框选轴网，选中的轴线会变虚，选好后回车确认；在左边属性工具栏中选择墙体名称。

（2）确定裁减区域〈回车不裁减〉。如需要，可直接用鼠标左键反向框选剔除不需要形成墙的红色线段，可以多次选择，选中线段变虚（如果选错，按住 Shift；再用鼠标左键反向框选错选的线）。选择完毕回车确认；如图 5.3-4 所示，为轴网变墙。

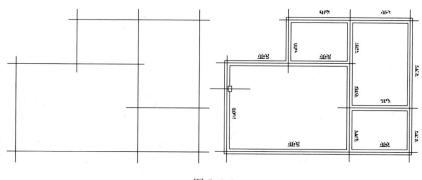

图 5.3-4

5.3.3　轴段变墙

单击左边中文工具栏中 轴段变墙 图标。此命令适用于至少有纵横各两根轴线组成的轴网。

在左边属性工具栏中选择墙体名称，然后点选某一轴端，选中的轴线会变色，选好后回车确认。

5.3.4　线段变墙

单击左边中文工具栏中 线段变墙 图标，此命令就是将直线、弧线变成墙体，这些线应该是事先使用 AutoCAD 命令绘制出来的。

（1）鼠标左键框选目标或选取目标，必须是直线或弧线，可以是一根或多根线，目标选择好后，在左边属性工具栏中选择墙体名称，回车确认。

（2）命令不结束，重复（1）步骤，完毕后，回车退出命令，如图 5.3-5 所示。

技巧：使用这种方法要变成墙的线应该位于墙的中心上，这样就不用再偏移墙了。

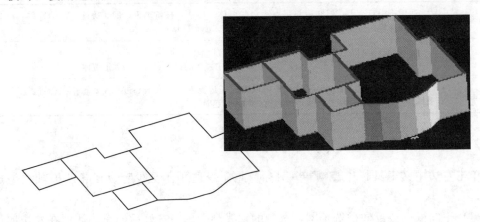

图 5.3-5

提示：当我们把轴网都建模好以后，只需要点击 墙锁定轴网 命令来锁定或者解除锁定轴网。锁定后的轴网不能做任何修改。

5.3.5　设置山墙

新版本中取消了之前设置山墙的命令 可以用构件变斜和增加折点命令来处理。

方法一：单击上排图标工具栏中 图标（变斜构件命令）。先设置一半侧山墙，然后用镜像命令复制过去。如图 5.3-6 所示。

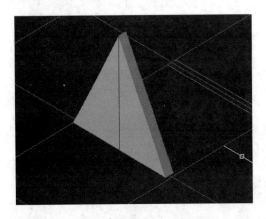

图 5.3-6

图 5.3-7

方法二：单击上排图标工具栏中 图标（增加折点命令）。然后选择一段墙体确定一个折点后对其设置标高，一段墙两侧高度随墙的折点进行变斜形成山墙，如图 5.3-7 所示。

5.3.6　形成外边

单击左边中文工具栏中 形成外边 图标。

启动此命令后，软件会自动寻找本层外墙的外边线（图 5.3-8 所示），并将其变成绿色（图 5.3-9 所示），从而形成本层建筑的外边线。

图 5.3-8

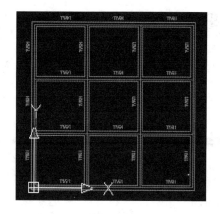

图 5.3-9

注意：

（1）此命令针对所有外墙（包括 0 墙），所有内墙边线均不会变绿。

（2）此命令对间壁墙形成的封闭区域无效。

（3）该命令主要是形成建筑面积，布置外墙装饰，形成板的前置命令。我们会在后面详细提到。

5.3.7　布填充体

单击左边中文工具栏中 ▨ 布填充墙 图标。

（1）左键选取选择加构件的墙体的名称；

（2）输入填充墙离墙体一端的距离；

（3）输入填充墙离墙体另一端的距离；

（4）在左边的属性工具栏中调整填充墙的顶标高与底标高及相关属性；

（5）命令不结束，重复（2）~（4）步骤，布置完毕后，回车退出命令。

提示：卫生间、厨房间部分的素混凝土防水墙可以用填充墙绘制。

5.4　柱

5.4.1　点击布柱

单击左边中文工具栏中 ▮ 点击布柱 命令图标。

（1）系统自动跳出一个"偏心转角"的对话框，如图 5.4-1 所示。此处可以输入柱子的旋转角度（默认转角为 0°，输入正值柱子逆时针旋转，输入负值柱子顺时针旋转）。

（2）输入角度后，鼠标光标离开转角输入对话框并点击左键，对话框变灰，如图 5.4-2 所示。在图上选择需要布置柱子的插入点，点击插入柱子。若无更改，则此转角值保持不变，可连续布置此种转角的柱子。

（3）此方法布置的柱子如图 5.4-3 所示。

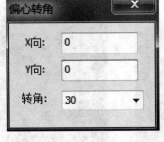

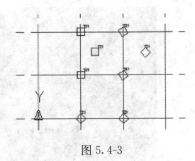

图 5.4-1　　　　　　　　图 5.4-2　　　　　　　　图 5.4-3

5.4.2　梁墙轴柱

单击左边中文工具栏中 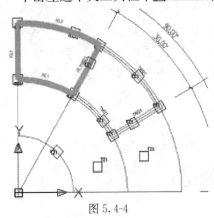 梁墙轴柱命令图标。

（1）命令行提示"请选择柱子基点"。

（2）在图上选择需要布置柱子的插入点，点击插入柱子：

1）点选柱子基点位于墙中线或梁中线或轴线上，则柱子布置在墙中线或梁中线或轴线上（如有重合则优先级别：梁＞墙＞柱），并且随该墙或梁或轴自动转角对齐布置。

2）点选柱子基点位于非墙中线或梁中线或轴线上，则柱子自动水平布置。

（3）此方法布置的柱子如图 5.4-4 所示。

图 5.4-4

5.4.3　墙交点柱

单击左边中文工具栏中 墙交点柱 命令图标。

（1）命令行提示"请选择第一点"，单击确定第一点，命令行提示"请选择对角点"，再选择对角点以框选需要布置柱子的范围。

（2）在所框选范围内的所有墙交点处自动布置上柱子，且柱子随该处墙体自动转角对齐布置。

（3）此方法布置的柱子如图 5.4-5 所示。

梁交点布柱和轴交点布柱方法与墙交点布柱操作方法一致。

5.4.4　自适应柱

单击左边中文工具栏中 自适应柱 图标。

（1）在图中鼠标左键框选墙体的交点，选取暗柱的位置，最少要包含一个墙体交点，如图 5.4-6所示。

（2）被框中墙体有一段变虚，输入该墙上暗柱的长度，回车确认，再输入其余各段墙体上暗

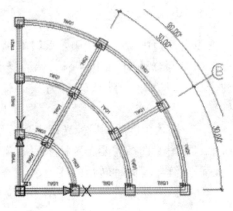

图 5.4-5

柱的长度，输入完成后回车确认，如图 5.4-7 所示。

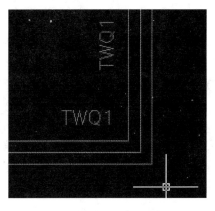
图 5.4-6

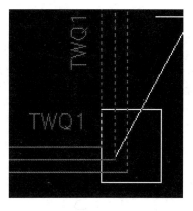
图 5.4-7

提示：该交点有多少段墙体，就连续地有多少个此命令。

（3）重复（1）、（2）步骤，可以输入多个暗柱。

5.4.5　构件对齐

提示：构件对齐在 22.0 版本前等同于中文工具栏—柱体下面的墙柱梁齐命令，构件对齐直接加入到工具栏中，单击上边快捷命令栏中 图标。

可以指定柱、墙、梁边线为基准线，将符合条件（不能重合）的柱、墙、梁构件与此基准线对齐。

（1）命令行提示"请选择构件边线"，点选柱、墙、梁边线确定基准线，此时右下角出现如图 5.4-8 所示对话框，可以输入构件离该基准线的距离。输入正值，构件往基准线偏移正距离；输入负值，构件往基准线偏移负距离。

（2）命令行提示"请选择构件边线"，点选需要与此基准线对齐的柱、墙、梁构件。

（3）点选中的柱、墙、梁构件自动根据偏移距离与此基准线对齐。

图 5.4-8

（4）命令循环，可以选择多个构件与此基准线对齐，按 Esc 退出命令。

5.4.6　转角设置

提示：22.2.1 之后的版本中已经把设置斜梁命令整合到图标工具栏中的"设置转角"命令中。

单击图标工具栏中 图标。

（1）左键选取要旋转柱子，相同一个方向转动，可以选择多个柱子；

（2）输入柱子的转角，"90"，单位是角度（负值顺时针旋转，正值逆时针旋转），柱子将与其自身的中心为轴旋转。

注意：该命令也适用于独基。

5.4.7　批量偏心

单击左边中文工具栏中 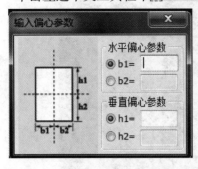 批量偏心图标。

图 5.4-9

（1）软件弹出"输入偏心参数"对话框，如图 5.4-9 所示。

（2）输入柱子偏心设置的 b1（或 b2）数值和 h1（或 h2）数值（不输入数值则默认该方向上不偏心），输入后鼠标光标离开偏心参数输入对话框并点击左键，对话框变灰；在图上选择需要偏心设置的柱子，点击该柱子，则该柱自动按所输入偏心参数调整至偏心位置；可框选多个柱子，同时对它们进行偏心设置。

注意：该命令也适用于矩形独基与矩形桩基。

5.4.8　设置斜柱

单击左边中文工具栏中 设置斜柱 图标。

左键选取需要变斜的柱子，右键确定。

在弹出对话框内进行数据的设置，如图 5.4-10 所示。

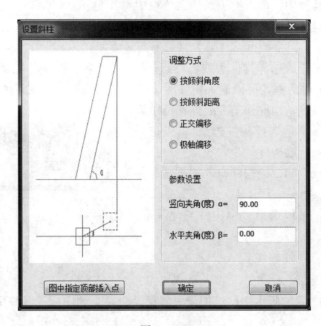

图 5.4-10

设置斜柱支持多种调整方式进行调整，通过不同的角度和距离，可以做出不同偏向的斜柱；并且可以批量的对柱子进行变斜调整。

注：设置斜柱窗口下方的"途中指定顶部插入点"只针对单个柱子的调整。

5.5　梁

5.5.1　绘制梁

布梁、轴网变梁、线变梁与墙的操作方法完全相同。可参照第 5.3 节墙内容。

单击左边中文工具栏中绘制梁图标。梁的详细定义参见属性定义——梁。

注意：平面上，同一位置上只能布置一道梁，若在已有梁的位置上再布置相同名称一道梁，新布置的梁将会替代原有的梁。

（1）命令行提示："第一点［R-选参考点］"，同时弹出一个浮动式对话框，如图 5.5-1 所示。

鼠标放在图 5.5-1 中的"左边、居中、右边"时，会提示相应的图例，如图 5.5-2 所示。

（2）左键点取左边"属性工具栏"中要布置的梁的种类（也可以布置好梁后再到属性工具栏中点取要布置的梁）。

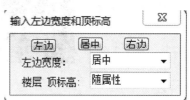

图 5.5-1

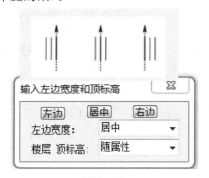

图 5.5-2

（3）在绘图区域内，左键依次选取梁的第一点、第二点等；也可以用光标控制方向，用数字控制长度的方法来绘制梁。

（4）在绘制过程中，发现前面长度或位置错了，则可以在命令行中输入 U，回车，退回至上一步，或左键单击"撤销"按钮，退回至上一步。

（5）绘制完一段梁后，命令不退出，可以再重复（2）～（4）的步骤。

（6）布置完毕后，按 Esc 键退出命令。

梁绘制辅助命令见表 5.5-1。

梁绘制辅助命令

表 5.5-1

R-选参考点	适用于没有交点，但知道与某点距离的梁。方法：按键名 R，回车确认，左键选取一个参考点，光标控制方向，键盘中输入数值控制长度，回车确认
C-闭合 A-圆弧	C：绘制两点以上时，按键名 C，回车确认，形成闭合区域 A：按键名 A，回车确认，左键选取弧形梁中线上的某一点，绘制弧形梁
左边宽度	梁如果是偏心的，绘制过程中可以输入左边宽度，完成偏心过程。要想一次布置多段偏心梁，绘制方向必须保持一致，即同为顺时针或逆时针

5.5.2　布圈梁

圈梁要布置在墙体上，因此必须有墙体存在。

单击左边中文工具栏中布圈梁图标。

在左边属性工具栏中选择圈梁名称，左键选取设置圈梁的墙的名称，也可以鼠标左键框选需布置圈梁的墙体，选中的墙体会变虚，回车确认。

提示：（1）圈梁断面增加了"随墙厚矩形断面"，可自动评定圈梁宽度。

（2）新版本中圈梁在平面状态的样式有所改变，如图 5.5-3 所示。

图 5.5-3

5.5.3　布过梁

过梁布置在门窗洞口上，因此必须有门窗洞口存在。

单击左边中文工具栏中 布 过 梁 图标。软件提示两种布置方式，如图 5.5-4 所示。

图 5.5-4

选择"自动生成"，则软件会根据门窗洞口宽度范围自动布置过梁功能，弹出对话框，如图 5.5-5 所示。

再选择"添加"，进行宽度等参数的设置。

点击"确定"后，即可实现批量过梁的布置。

若选择"手动生成"，则：

（1）左键选取门窗名称，选中的门或窗或洞口变虚，在左边属性工具栏中选择过梁名称，回车确认。

图 5.5-5

（2）命令不结束，重复（1）步骤，完毕后，回车退出命令，如图 5.5-6 所示。

提示：过梁断面采用"随墙厚矩形断面"，可自动设定过梁宽度。

注意：

如果门窗删除，则软件会自动删除该门窗上的过梁。

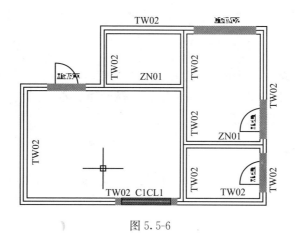

图 5.5-6

5.5.4　设置斜梁

提示：22.2.1 之后的版本中已经把设置斜梁命令整合到工具栏中的"变斜构件"命令中。

单击上排快捷工具栏中图标。

（1）鼠标左键选取两端高度不同的梁，可以是多段梁（梁的名称可以不同，但梁端部要相连），回车表示确认。

（2）输入第一点的梁顶标高，回车表示确认。

（3）输入第二点的梁顶标高，回车表示确认，如图 5.5-7 所示。

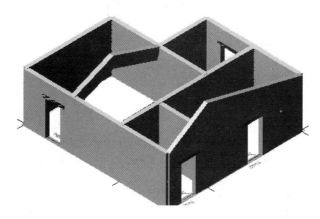

图 5.5-7

提示：变斜构件支持：满堂基础/基础梁/梁/楼板/天棚/吊顶/屋面/自定义线性构件/墙面/保温层/墙。

5.5.5　设置拱梁

单击左边中文工具栏中设置拱梁图标。

鼠标左键选取需要进行拱形设置的梁，在命令行中有"输入拱高"的提示，输入想设置的拱高，回车确认。

注：拱高应小于或等于梁长的一半。

5.5.6　单梁打断

在 22.2.1 之后的版本中把单梁打断的命令合并到工具栏中的"构件分割"命令中。

单击上排快捷工具栏 ☎ 构件分割命令后，选择梁体后右键再左键选择分割点（可多点），然后再右击即可完成梁体的打断。

5.5.7　区域断梁

此命令可以将区域内相交的梁互相自动打断，左键单击 ⊟ 区域断梁 图标。

命令行提示"请选择要打断的梁"；框选或点选要打断的梁，右键确定，选择相交的梁互相自动打断。

注意：不相交的梁体不会自动打断。

5.6　板、楼梯

5.6.1　形成楼板

形成楼板前，可以在左边的属性工具栏中定义好不同属性的楼板。

单击左边中文工具栏中 ♨ 形成楼板 图标。

（1）自动弹出"自动形成板选项"的对话框，板可以按墙、梁形成。不同的生成方式如图 5.6-1、图 5.6-2 所示。

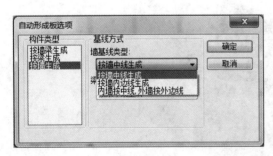　　　

图 5.6-1　　　　　　　　　　　　图 5.6-2

（2）选择好构件类型与基线方式后，单击"确定"按钮。算量平面图中会按照所选的形成方式形成现浇楼板。

5.6.2　绘制楼板

布置楼板前，可以在左边的属性工具栏中定义好不同属性的楼板。

单击左边中文工具栏中 ♨ 绘制楼板 图标。

含义：按照形成楼板的各个边界点依次绘制楼板。

方法：命令行提示"请选择板的第一点［R-选择参考点］"，左键选取一点，命令行提示"下一点［A-弧线，U-退回］＜回车闭合＞"，依次选取下一点，最后一点可以回车表示闭合。

点选生成	含义：寻找某个封闭的区域，按此区域生成楼板
	方法：命令行提示"请选择隐藏不需要的线条"，回车确认；命令行提示"请点击边界内某点，确定构件边界"，在要布置楼板的封闭的区域内部左键点击一下

提示：R-选参考点、A-圆弧、U-退回的含义与布置墙时的含义完全相同。

5.6.3　框选布板

布置楼板前可以在左边的属性工具栏中定义好不同属性的楼板。

单击左边中文工具栏中 框选布板 图标。

含义：寻找框选范围的最大封闭区域，按此区域生成楼板。

方法：命令行提示"请选择要框选生成的区域，回车确认"，框选范围，按照此范围的最大封闭区域形成板。

提示：R-选参考点、A-圆弧、U-退回的含义与布置墙时的含义完全相同。

5.6.4　矩形布板

布置楼板前可以在左边的属性工具栏中定义好不同属性的楼板，参见属性定义——楼板。

单击左边中文工具栏中 框选布板 图标。

方法：鼠标左键选择第一角点，鼠标左键选择对角点。

5.6.5　布预制板

单击左边中文工具栏中 布预制板 图标，在左边的属性工具栏中选取要布置的预制板。

（1）选择参考边界（墙/梁），如果预制板从墙或梁的边开始布板，且板的搁置长度为墙、梁的中心线时，用鼠标左键选取目标墙或梁的名称（选取的墙或梁应与板平行）。

（2）如果有别于上述情况，按键名"2"，鼠标左键选取边界的第一点及第二点（两点的连线平行于板边）。

（3）输入板的块数，回车确认。

（4）图形中会出现一个箭头及方形框，左键选取布板方向，如图 5.6-3 所示。

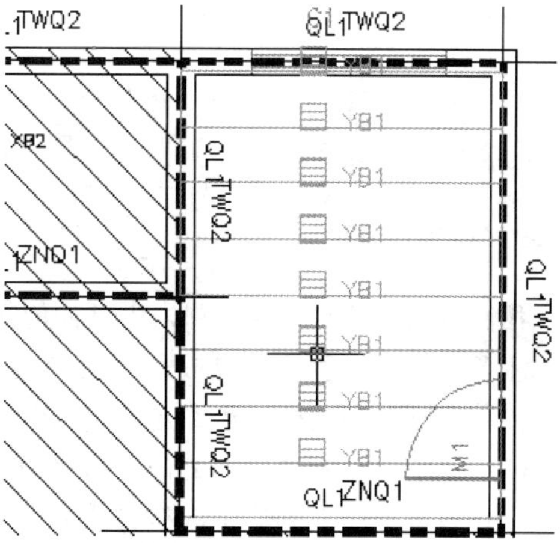

图 5.6-3

5.6.6　布拱形板

单击左边中文工具栏中 布拱形板 图标。

选择第一点或（R-选参考点），指定下一点，命令完成、退出。

5.6.7 布螺旋板

单击左边中文工具栏中 布螺旋板图标。

（1）首先指定螺旋板圆心点。

（2）然后根据提示在起始边上点击确定螺旋板半径。

（3）最后点击"确定"，定终止边位置或直接输入螺旋角度，螺旋板绘制完毕（旋转超过 360°的螺旋板只能采用直接输入角度的方式绘制）。

图 5.6-4

5.6.8 布板洞

单击左边中文工具栏中 布 板 洞图标。

（1）自动弹出"请选择洞口的种类"对话框，如图 5.6-4 所示。

（2）选择一种方式布置洞口，见表 5.6-1。

板洞布置方式 表 5.6-1

矩形绘制	方法：左键选取矩形洞口的第一个角点，直接左键确定尺寸或者输入"D"确定尺寸，定义旋转角度输入"R"来确定
点选生成	方法：首先命令提示隐藏不需要的边界，点击封闭区域自动在这区域形成板洞
自由绘制	方法：左键选取第一点，依次选取其他的点，与自由绘制楼板方法相同

提示：R-选参考点、A-圆弧、U-退回的含义与自由绘制楼板时的含义完全相同。

注意：

（1）洞口的图形必须闭合。

（2）楼板、楼地面、天棚位置图中虽然有洞口，但楼板、楼地面、天棚是否扣除洞口，与楼板、楼地面、天棚所套定额的计算规则定义中是否扣洞口有关。

5.6.9 设置斜板

我们以图 5.6-5 所示为例，讲解如何布置斜板。

注意，带有颜色的三块板，其余的楼板使用"自动形成板"生成。首先使用"直线"命令将带有颜色的楼板的边确定好。

（1）使用"绘制楼板"的命令将带有颜色的三块楼板绘制出来；

（2）单击上边工具栏中 构件变斜命令的图标。

1）命令行提示"请选择要设置为斜面的构件"，左键选取上图中红色的楼板，回车确认；

2）自动弹出"请选择设置斜面方式"对话框，如图 5.6-6 所示。

变斜构件的方式见表 5.6-2。

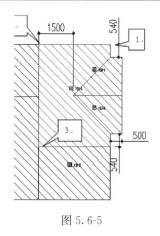

图 5.6-5　　　　　　　　　　　　　　　　　　　　　图 5.6-6

变斜构件的方式　　　　　　　　　　　　　　　　　**表 5.6-2**

三点确定	含义：通过楼板上的三个不同位置的点的绝对标高来控制楼板的倾斜程度。 方法：1. 左键依次选取楼板上的三个点，输入各自的标高。 2. P-提取标高，可以提取相邻楼板的已知标高，选取相应楼板，再选取楼板上的某个提取点，如果认为不正确，按键名 R，回车，重新提取
基线角度确定	含义：通过基线以及斜板角度来控制楼板的倾斜程度。 方法：左键依次选取楼板上基线的起、终点，输入基线的标高，回车确认，输入楼板的倾斜角度，范围为−90°/+90°，回车确认。同时支持 1、1∶1、1/2 和 2%共 4 种坡度格式

这里选择"三点确定"左键单击"确定"按钮。

（3）命令行提示：

"请选择要设置标高的第 1 支撑点："，左键选取有"1"标志的点，回车确认；

"请确定该点标高〔P-提取标高〕<P>："，输入 3000（mm）（绝对标高），回车确认；

"请选择要设置标高的第 2 支撑点："，左键选取有"2"标志的点，回车确认；

"请确定该点标高〔P-提取标高〕<P>："，输入 4500（mm）（绝对标高），回车确认；

"请选择要设置标高的第 3 支撑点："，左键选取有"3"标志的点，回车确认；

"请确定该点标高〔P-提取标高〕<P>："，输入 4500（mm）（绝对标高），回车确认。

（4）这样红颜色的楼板高度就调整好了，重复（2）和（3），将余下楼板高度调整好，如图 5.6-7 所示。

图 5.6-7

提示：平面图中已经调整为斜板的楼板的颜色变为深蓝色。

5.6.10　构件分割

单击上排快捷图标工具栏中 图标。

（1）命令行提示："选择需要分割的"，选择要进行分割的现浇板（允许多选），确定。

（2）命令行提示："绘制分割线（分割线不能自交）"，根据需要绘制能将板分割的多段线，右键确定，软件根据分割线划分的区域，自动将所选板分割成相应的多块小板。

5.6.11 合并板

单击上排快捷图标工具栏中 图标。

（1）命令行提示："选择需要合并的板"，选择要进行合并的现浇板，右键确定。

（2）区域有重叠的同名同高度现浇板合并成一块整板，命令行提示："合并板完成"。

注意：斜板暂时不支持合并。

5.6.12 布楼梯

单击左边中文工具栏中 布楼梯 图标。

（1）命令行提示："输入插入点（中心点）："，左键选取图中一个点作为插入点。

（2）命令行提示："指定旋转角度或［参照（R）］:"

1）指定旋转角度：输入正值，楼梯逆时针旋转，输入负值，楼梯顺时针旋转。

2）参照（R）：例如输入 10，回车确认，表示以逆时针的10°作为参考，再输入 90，回车确认，即楼梯只旋转了80°（90°-10°）。

可以在楼板的区域内布置楼梯，楼梯各个参数在属性定义对话框中完成，楼板会自动扣减楼梯的。

5.7 门、窗、洞

5.7.1 布门

单击左边中文工具栏中 布 门 图标 ，可以在左边的属性工具栏中选择要布置的门或窗。

左键选取加构件的一段墙体的名称，命令行提示："指定定位距离或［参考点（R）/插入基点（I）］:"。门窗布置的辅助命令见表5.7-1。

门窗布置的辅助命令

表 5.7-1

随意定位	用鼠标左键在相应位置拾取一点
参考点	输入"R"，回车确认，改变定位箭头的起始点
输入尺寸定位	鼠标移动确定好方向，直接在命令行输入尺寸

注意：

（1）通常情况下，用户可以随意定位门或窗。

（2）参考点只在墙中线上选择，如果不在中心线上，命令行提示"请在墙中线上选择参考点"。

注意：墙洞还有壁龛的布置方法与门相同。

5.7.2　布窗

布窗：单击左边中文工具栏中 田布　窗 图标，方法与"布置门"完全相同。

注意：有时窗的底标高可能会与软件默认的高度不同，需要在"属性工具栏中"调整一下，C1 的底标高调整为 600mm。

带形窗：单击左边中文工具栏中 田布带形窗 图标，然后在墙上确定范围，窗自动会随墙的形状生成。

5.7.3　布角飘窗

单击左边中文工具栏中 布角飘窗 图标，可以布置转角飘窗。

（1）选择两道外墙的交角，内边线、中线、外边线的交角均可；

（2）输入一端转角洞口尺寸；

（3）输入另一端转角洞口尺寸；

（4）命令不结束，可以再布置其他的转角飘窗，回车结束命令。

布置好的飘窗、转角飘窗如图 5.7-1 所示。

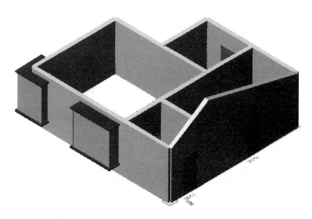

图 5.7-1

5.7.4　布老虎窗

单击左边中文工具栏中 布老虎窗 图标，左键点取左边"属性工具栏"中要布置的老虎窗的类型，根据命令行提示，选择相应的斜板，指定插入点（插入点默认为老虎窗下墙的中点）。

注意：

（1）老虎窗的布置一定是要用斜板。

（2）插入点定位一定要准，后期操作不会随板调整斜度，如图 5.7-2 所示。

图 5.7-2

5.7.5 窗随梁高

单击左边中文工具栏中 窗随梁高 r9 图标，框选图形中需要进行调整的窗，以及对应的梁，回车确定之后，软件便会自动对窗高进行调整。

5.8 装饰

5.8.1 单房装饰

单击左边中文工具栏中 单房装饰 图标。

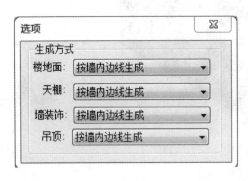

图 5.8-1

（1）软件右下弹出浮动对话框如图 5.8-1所示，选择楼地面、天棚、墙装饰和吊顶的生成方式。

（2）命令行提示：请点击房间区域内一点，这时在需要布置装饰的房间区域内部点击任意一点，软件自动在该房间生成装饰。

（3）可连续布置多个房间，右键退出命令。

注意：

（1）位于房间的中部的洋红色的框形符号 ☒ FJ1为房间的装饰符号，▽表示天棚，▽表示吊顶，▽表示楼地面。指向墙边线的空心三角符号 从下至上依次表示墙面、墙裙、墙踢脚，位于内墙线的内侧。

（2）若要修改已布置好的房间装饰，可使用"名称更换"命令，按图纸用已经定义好的房间替换刚生成的房间。

5.8.2 外墙装饰

单击左边中文工具栏中 外墙装饰图标，如图 5.8-2 所示。

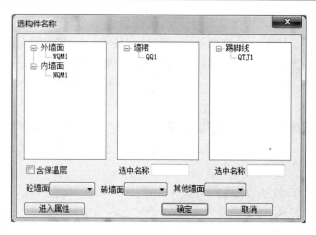

图 5.8-2

在这里选择外墙装饰的墙面、墙裙和踢脚的名称即可，单击〔进入属性〕按钮，可进入属性定义界面修改装饰的属性定义。

单击"确定"按钮，软件自动搜索外墙外边线并生成外墙装饰。

生成的外墙装饰表示为指向墙边线的空心三角符号 WQM1，名称为所选择的外墙装饰名称。

注意：

（1）生成外墙装饰的操作必须在形成或绘制完外墙外边线后才能进行。

（2）外墙面与内墙面的计算规则是不一样的，外墙装饰应该选用外墙面的内容。

5.8.3　墙面装饰

在属性工具栏选择好要布置的墙装饰名称，单击中文工具栏中 墙面装饰 图标，界面右下角弹出浮动对话框如图 5.8-3 所示，下拉选择墙裙、踢脚线类型。

命令行提示"选择对象:"，左键点选需要布置装饰的墙边线，软件会在该墙线上自动生成所选择的装饰，命令重复，可多次选取墙边线布置，按 Esc 键退出命令。

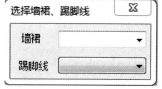

图 5.8-3

5.8.4　柱面装饰

在属性工具栏选择好要布置的柱装饰名称，单击中文工具栏中 柱面装饰 图标，界面右下角弹出浮动对话框，如图 5.8-4 所示，下拉选择柱裙、柱踢脚类型。

图 5.8-4　　　　　　　　　　　图 5.8-5

命令行提示"选择需要装饰的柱子:",左键点选或者框选需要装饰的柱子,右键确定,软件自动生成柱子装饰,命令循环可多次选取柱子,按 Esc 键退出命令。

布置生成的柱装饰表示为指向柱边线的洋红色三角符号,如图 5.8-5 所示。

5.8.5　绘制装饰

在属性工具栏选择好要绘制的装饰,单击左边中文工具栏中  图标。

命令行提示"第一点 [R-选参考点]:",这时点选输入需要绘制装饰的起点(或输入 R 选择参考点)。

命令行提示"确定下一点 [A-圆弧,U-退回] <回车结束>",点选绘制装饰的下一点,(或输入 A 绘制圆弧,此时命令行提示"确定圆弧中间一点:",点选圆弧中间一点,再点选圆弧终点),命令提示循环,可连续绘制多段装饰。

自由绘制的墙体现在分为两种情况:

(1)装饰边线处没有可依附墙体,装饰读取楼层信息,图标全实心,如图 5.8-6 所示。

图 5.8-6

(2)装饰边线处有可依附墙体,则刷新墙面与墙体依附关系,读取墙体信息,图标空心,如图 5.8-7 所示。

图 5.8-7

5.8.6　布楼地面

单击左边中文工具栏中 布楼地面 图标,弹出对话框如图 5.8-8 所示。

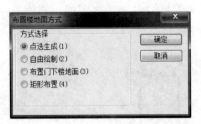

图 5.8-8

(1)点选生成:按照提示,首先选择隐藏不需要的线条,然后点击房间边界内某点,以确定楼地面边界。

(2)自由绘制:操作步骤与 [自由绘板] 完全相同,适用于没有生成房间的楼地面也需要布置装饰的情况。

(3)布置门下楼地面:按照提示,选择需要布置的门,右键确定,在其下自动生成一块自由绘制的楼地面,该楼地面长度等于门宽,宽度等于墙厚,适用于需要加算门下楼地面装饰的情况。

（4）矩形布置：操作方式同"矩形布板"。

自由布置的楼地面装饰符号为向下指向的实心三角形 ▼ LM1，名称为所选择布置的楼地面装饰名称。

5.8.7　布天棚

单击左边中文工具栏中 布天棚 图标，弹出对话框如图 5.8-9 所示。

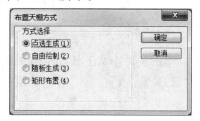

图 5.8-9

（1）点选生成：按照提示，首先选择隐藏不需要的线条，然后点击房间边界内某点，以确定天棚边界。

（2）自由绘制：操作步骤与［绘制楼板］完全相同，适用于没有生成房间的天棚也需要布置装饰的情况。

（3）随板生成：按照提示，首先选择相关的板，命令行提示"是否按外墙外边线分割 Y/N：＜N＞"。根据需要输入 Y 或 N。

注意：在此操作前须先形成外墙外边线，否则无法分割成几块天棚。

（4）矩形布置：操作方式同"矩形布板"。

5.8.8　变斜天棚

单击上边快捷工具栏中的变斜构件命令 ，可以参考斜板的布置。

5.8.9　删除房间

软件 22.2.1 之后的版本后要删除房间装饰可以直接用构件删除命令删除。

（1）单击上边快捷工具栏中构件删除 ✕ 图标，鼠标左键选取（可框选）需要删除的房间装饰。

（2）鼠标右键确定，软件自动删除选中的房间装饰，操作完成。

5.8.10　布保温层

单击左边中文工具栏装饰中的 布保温层 图标，布置方法同"墙装饰"。

布置后，墙面保温层显示为 QBW1，名称为所选择的保温层名称。

5.8.11　外墙保温

单击左边中文工具栏装饰命令中的 外墙保温 图标，布置方式同"外墙装饰"。

注：保温层可以读取墙的属性，随墙布置，另外可以在保温层上再布其他装饰。

5.8.12　绘制保温

单击左边中文工具栏装饰命令中的 绘保温层 图标，方法同"绘制装饰"。

5.9　屋面

5.9.1　形成轮廓

单击左边中文工具栏中 形成轮廓 图标。

（1）命令行提示"请选择包围成屋面轮廓线的墙"，框选包围形成屋面轮廓线的墙体，右键确定；

（2）命令行提示"屋面轮廓线的向外偏移量＜0＞"，输入屋面轮廓线相对墙外边线的外扩量（软件会自动记录上一次形成屋面轮廓线时输入的偏移尺寸，具体体现在命令行中），右键确定，形成坡屋面轮廓线命令结束。

注意：包围形成屋面轮廓线的墙体必须封闭。

5.9.2　绘制轮廓

单击左边中文工具栏中 绘制轮廓 图标。

（1）命令行提示"请选择第一点［R-选择参考点］"，左键选取起始点。

（2）命令行提示"下一点［A-弧线，U-退回]＜回车闭合＞"，依次选取下一点，绘制完毕回车闭合，绘制坡屋面轮廓线结束。

5.9.3　单坡屋面

单击左边中文工具栏中 单坡屋板 图标。

图 5.9-1

（1）命令行提示"请选择坡屋面轮廓线"，左键选取一段需要设置的坡屋面轮廓线，右键确定。

（2）命令行提示"输入高度"，输入屋面板高度，右键确定。

（3）命令行提示"输入坡度角：［I-坡度]"，输入屋面板坡度角（输入 I 确定，切换输入坡度），右键确定，软件自动生成单坡屋面板，如图 5.9-1 所示。

5.9.4　双坡屋面

单击左边中文工具栏中 双坡屋板 图标。

（1）命令行提示"请选择坡屋面轮廓线"，左键选取第一段需要设置的坡屋面轮廓线，右键确定。

（2）命令行提示"输入高度"，输入该屋面板高度，右键确定。

（3）命令行提示"输入坡度角：［I-坡度]"，输入该屋面板坡度角（输入 I 确定，切换输入坡度），右键确定。

（4）命令行提示"请选择坡屋面轮廓线"，左键选取另外一段需要设置的坡屋面轮廓线，右键确定。

（5）命令行提示"输入高度"，输入该屋面板高度，右键确定。

（6）命令行提示"输入坡度角：［I-坡度]"，输入该屋面板坡度角（输入 I 确定，切换输入坡度），右键确定，软件自动生成双坡屋面板，如图 5.9-2 所示。

5.9.5　多坡屋面

单击左边中文工具栏中 双坡屋板 图标。

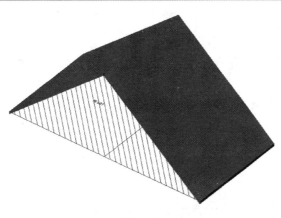

图 5.9-2

（1）命令行提示 "选择对象："，左键选取需要设置成多坡屋面板的坡屋面轮廓线，弹出 "坡屋面板边线设置" 对话框，如图 5.9-3 所示。

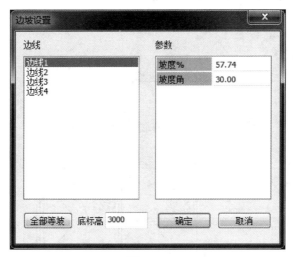

图 5.9-3

（2）设置好每个边的坡度和坡度角，单击 "确定" 按钮，软件自动生成多坡屋面板，如图 5.9-4 所示。

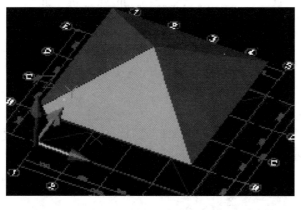

图 5.9-4

5.9.6 布屋面

这里的屋面主要是指屋面的构造层，屋面的结构层可以使用"自动形成板"、"绘制楼板"等命令生成。

单击左边工具栏中的 🛏 布 屋 面命令，弹出如图5.9-5所示对话框。

若选择随板生成方式，命令行提示选择板，选择斜板，则生成相应的自动随斜板变斜的屋面，如图5.9-6所示。

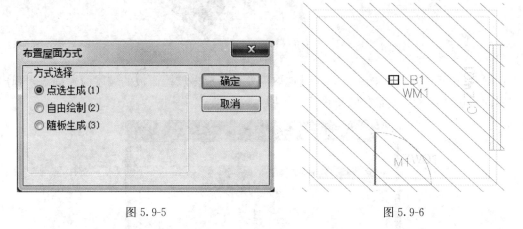

图5.9-5   图5.9-6

若选择"自由绘制"，则我们可以依次按墙的边线绘制出屋面，如图5.9-7所示。

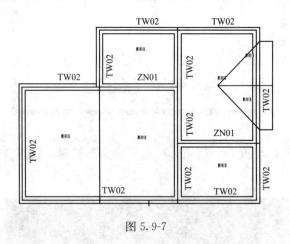

图5.9-7

5.9.7 设置翻边

单击左边中文工具栏中 📋设置翻边 图标。

（1）命令行提示"请选择设置起卷高度的构件"，算量平面图形中只显示屋面，其余构件被隐藏，左键选取要设置起卷高度的屋面，被选中屋面的边线变为红色。

（2）命令行提示"请选择要设置起卷高度的边"左键框选此屋面要起卷的边，可以多选，选好后回车确认。

（3）命令行提示"请输入起卷高度或点选两点获得距离"在命令行输入此边起卷的新

的高度值，回车确认。

（4）命令不结束，命令行依然提示"请选择要设置起卷高度的边"可以继续选择其他屋面要起卷的边，如不需再选择，直接回车退出设置起卷高度的命令。

（5）设置卷起高度的屋面的边上有相应的起卷高度值，如图 5.9-8 所示。

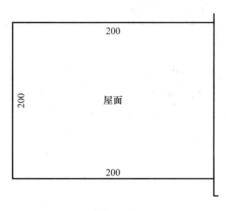

图 5.9-8

5.10　零星构件

5.10.1　绘制挑件

本命令支持在图上直接绘制出挑件，单击左边中文工具栏中 挑件 图标。

（1）命令行提示"请选择插入点："，点击确定出挑件的插入点。

（2）命令行提示"确定下一点［A-圆弧，U-退回］＜回车闭合＞："，连续绘制出挑件的边线，右键确定自动闭合。

（3）命令行提示"请设置靠墙边："点选或框选靠墙边，右键确定。

（4）命令行提示"指定旋转角度，或［复制（C）/参照（R）］＜0＞："，输入旋转角度，确定，自由布置出挑件完毕。

5.10.2　散水

（1）布散水

单击左边中文工具栏中 布散水 图标。

1）弹出"请选择布置散水方式"对话框，如图 5.10-1 所示，选择"自动生成"，确定。

2）软件自动寻找外形成最大封闭区域的外墙外边线并沿其自动生成散水。

（2）自由绘制散水

单击左边中文工具栏中 布散水 图标。

（1）弹出"请选择布置散水方式"对话框，如图 5.10-2 所示，选择"自由绘制"，确定。

图 5.10-1　　　　　　　　　　　　　图 5.10-2

（2）命令行提示"请选择第一点［R-选择参考点］："，点选绘制散水起点。

（3）命令行提示"下一点［A-弧线，U-退回］："，按照图纸绘制散水。

（4）右键确定，软件自动沿绘制路径生成散水，命令循环，按 ESC 键退出。

注意：自动生成或自由绘制的散水是一个整体，因此删除其中的某一段，整个散水将被删除。如果自动生成或自由绘制的散水不符合图纸，可以使用 br 命令打断散水。

5.10.3　布地沟

单击左边中文工具栏中 布 地 沟图标，此命令主要用于布置地面排水用的排水沟，方法与"布置散水"完全相同。

注意：连续选取各个点生成的排水沟是一个整体，因此删除其中的某一段，整个排水沟将被删除。

5.10.4　布檐沟

单击左边中文工具栏中 布 檐 沟图标，此命令主要用于布置屋面处的天沟或檐口，方法与"自由绘制散水"完全相同，如图 5.10-3 所示，定义好线性构件的断面。

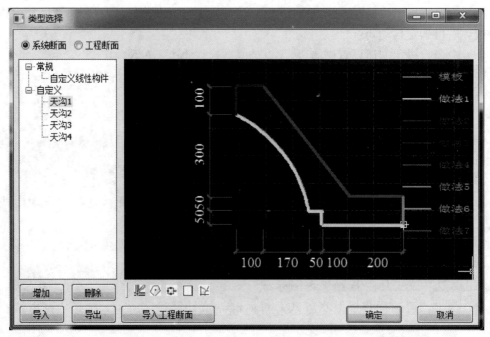

图 5.10-3

按实际图纸，规定每一边的不同做法，如图 5.10-4 所示。

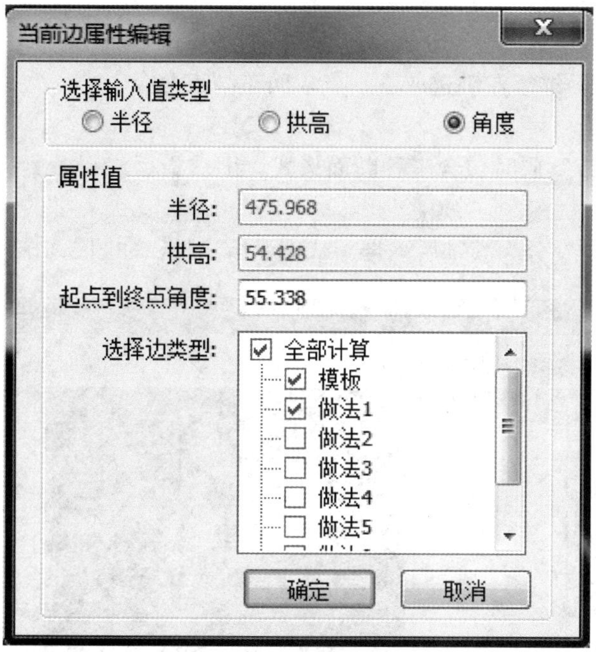

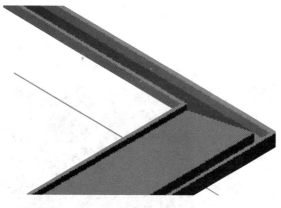

图 5.10-4

线性构件的三维图如图 5.10-5 所示。

图 5.10-5

注意：

（1）连续选取各个点生成的自定义线性构件是一个整体，因此删除其中的某一段，整个自定义线性构件将被删除。

（2）自定义线性构件的每一边可以在"属性定义－自定义线性构件"及"自定义断面"中规定具体的做法。

5.10.5　布后浇带

单击左边中文工具栏中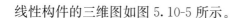图标，此命令主要用于布置主体后浇带和基础后浇带。

（1）命令行提示"指定第一点（R-选择参考点）"。

（2）左键选取第一点。

（3）左键选取下一点。

（4）命令不结束，继续左键选取下一点，回车结束命令。

注意：

（1）"主体后浇带"同时包含三种断面形式，即"板后浇带、梁后浇带、墙后浇带"，如图 5.10-6 所示。

（2）"基础后浇带"分为满基后浇带、基础梁后浇带，如图 5.10-7 所示。

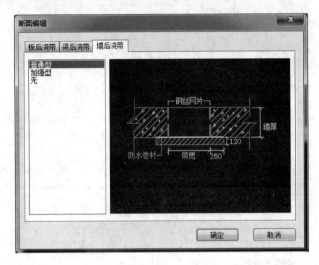

图 5.10-6

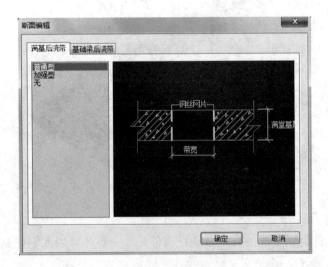

图 5.10-7

5.10.6　布天井

单击左边中文工具栏中 布 天 井 图标，此命令用于屋面有天井或开洞口或扣建筑面积时。方法与"板上开洞"相同。

5.10.7 布坡道

单击零星构件里面的 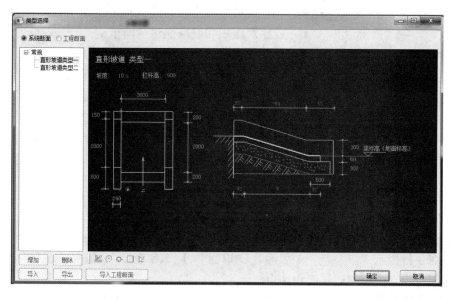 布 坡 道图标，选择插入点，方法类似于布楼梯。坡道断面如图 5.10-8 所示。

图 5.10-8

5.10.8 布台阶

单击左边中文工具栏"零星构件"中 布 台 阶图标，布置方法与"布置楼梯"完全相同，如图 5.10-9 所示。

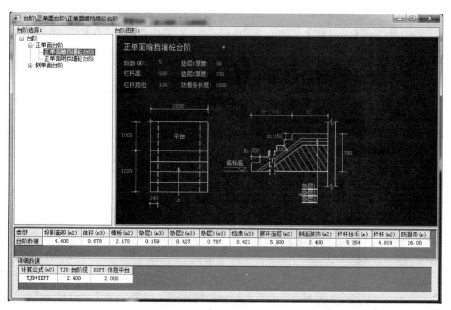

图 5.10-9

5.10.9　形成面积

单击左边中文工具栏中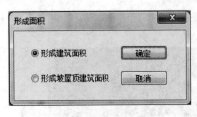图标，软件会自动弹出"形成面积"选择窗口，如图 5.10-10所示。

图 5.10-10

通过选择不同的建筑面积形成方式，可以分别形成建筑面积和坡屋面建筑面积。

注意：

（1）此命令主要是为简便计算建筑面积而设置的，计算建筑面积之前均要形成墙外包线。

（2）通过鼠标拖动夹点后，软件将其视为非软件自动形成的建筑面积，再次使用该命令后，将会重新生成另一块建筑面积。

5.10.10　绘制面积

单击左边中文工具栏中绘制面积图标。

（1）命令行提示"请选择建筑面积的第一点〔R-选择参考点〕:"，左键选取起始点。

（2）命令行提示"下一点〔A-弧线，U-退回〕＜回车闭合＞"，依次选取下一点，绘制完毕回车闭合，自由绘制建筑面积结束。

注意：此建筑面积非软件自动形成的建筑面积，使用形成建筑面积命令后，将会重新生成另一块建筑面积。

5.10.11　标准构件

"标准构件"命令可以将任意构件组合成一个标准构件，并且可以在任一层布置已定义好的标准构件。

在零星构件下单击"标准构件"命令，弹出如图 5.10-11 对话框，单击"新增"按钮，定义标准构件的名称，然后点击提取图形，框选要提取为标准构件的图形即可，如图 5.10-12所示。

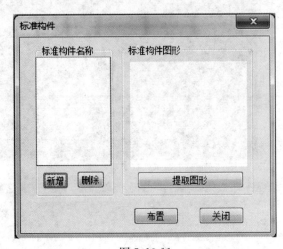

图 5.10-11

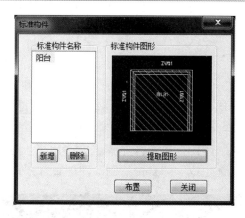

图 5.10-12

　　提取完之后，如果在任一层要布置该标准构件，那么点击标准构件命令，弹出图 5.10-12 对话框，单击"布置"按钮即可布置该标准构件。

5.11　多义构件

5.11.1　布点构件

　　单击左边中文工具栏中 **布点构件** 图标，主要用于计算个数。
　　（1）左键选取实体点的插入点。
　　（2）命令不结束，继续选择，回车结束命令。

5.11.2　布线构件

　　单击左边中文工具栏中 布线构件 图标，主要用于计算水平方向的长度，方法与布置散水完全相同。

5.11.3　变线构件

　　单击左边中文工具栏中 变线构件 图标，可将 cad 图形中的线（直线、弧线、多段线）直接变成线构件，方法与线变墙完全相同。

5.11.4　布面构件

　　单击左边中文工具栏中 布面构件 图标，主要用于计算形成封闭区域的面积，方法与布置板——自由绘制完全相同。

5.11.5　变面构件

　　单击左边中文工具栏中 变面构件 图标，可通过点选的方式快速形成面构件，方法与楼地面—点选生成相同。

5.11.6　体构件

　　单击左边中文工具栏中 布体构件 图标，主要用于计算体积，方法与"布点构件"完全相同。

5.12　基础

5.12.1　独立土方构件

（1）单击基础工程 土 方图标，选择布置土方，用于土方大开挖，目前支持"矩形布置"、"随满基布置"、"点选生成"、"自由绘制"四种布置方式，如图 5.12-1 所示。

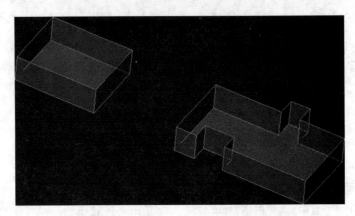

图 5.12-1

（2）新增"土方边坡设置 土方边坡 "功能，可对土方实体构件的边坡进行多级放坡、支护设置，最多可达 5 级，充分满足多样化边坡形式组合，如图 5.12-2（属性设置）和图 5.12-3（放坡效果）所示。

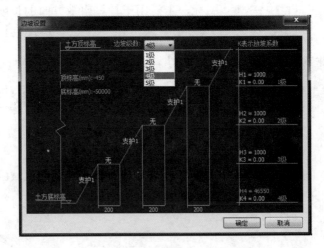

图 5.12-2

5.12.2　砖石条基

单击左边中文工具栏中 条形基础 图标，然后在属性栏中找到砖石条基，如图 5.12-4 所示。

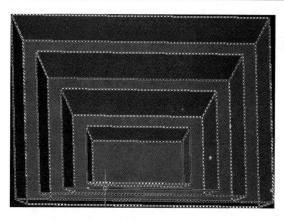

图 5.12-3

22.2.1 之后的版本中支持自由绘制，自由绘制的方法同绘制梁，如图 5.12-5 所示。

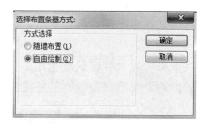

图 5.12-4　　　　　　　　　　　　　图 5.12-5

随墙生成：

（1）左键选取布置砖基的墙的名称，也可以左键框选，选中的墙体变虚，回车确认。

（2）砖基会自动布置在墙体上，再根据实际情况，使用［名称更换］命令更换不同的砖基。

（3）布置的砖基（青色）的三维图形如图 5.12-6 所示。

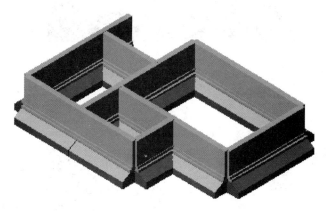

图 5.12-6

5.12.3　混凝土条形基础

单击左边中文工具栏中条形基础图标，然后属性栏中找到混凝土条形基础进行绘制，方法同"砖石条基"。

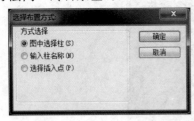

图 5.12-7

5.12.4　独立基础

单击左边中文工具栏中独立基础图标，用于绘制独立基础、承台。

（1）自动弹出"选择布置方式"对话框，如图 5.12-7 所示。独立基础布置方式见表 5.12-1。

独立基础布置方式 表 5.12-1

图中选择柱	独立基础、承台上有柱，可以在图中选相关的柱
输入柱名称	输入要布置的独立基础、承台上的柱的名称，软件会自动布置上独立基础、承台
选择插入点	如果要布置的独立基础、承台上没有柱，直接由相应的点来确定其位置

（2）软件默认为"图中选择柱"，单击"确定"按钮，选择图中相应的柱，可以选择一个柱，也可以选择多个柱，选择好后，回车确认，软件自动布置好独立基础。

注意：

（1）暗柱上布置独立基础只能选用"选择插入点"的方式。

（2）布置的独立基础（灰色）的三维图形如图 5.12-8 所示。

图 5.12-8

5.12.5　其他桩

单击左边中文工具栏中桩基础图标，然后在属性栏中下拉找到其他桩，如图 5.12-9 所示，方法与布置独立基础完全相同。

5.12.6　挖孔桩

单击左边中文工具栏中桩基础图标，然后在属性栏中下拉找到人工挖孔桩，方法同"其他桩"。

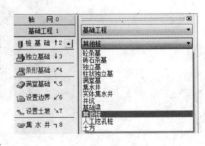

图 5.12-9

5.12.7 满堂基础

单击左边中文工具栏中  图标。

（1）自动弹出"请选择布置满基方式"对话框，如图 5.12-10 所示。满堂基础布置方式见表 5.12-2。

图 5.12-10

满堂基础布置方式 表 5.12-2

自动形成	含义：从墙体的中心线向外偏移一定距离后自动形成满堂基础。 方法：软件提示"请选择包围成满基的墙"时，回车确认； 软件提示"满堂基础的向外偏移量<120>"时，输入数值，回车确认
自由绘制	按照确定的满堂基础各个边界点，依次绘制。方法：与布置板——自由绘制方法完全相同
点选生成	按提示，首先选择隐藏不需要的线条，然后点击封闭区域内某点，满基按封闭区域自动边线生成
矩形布置	鼠标左击确定一点，再点击另一对角点形成矩形，来确定满基位置及大小

图 5.12-11

（2）选择"自由绘制"方式，依次捕捉交点，最后点回车闭合。

布置的满堂基础（粉色）的三维图形如图 5.12-11 所示。

5.12.8 设置边界

单击左边中文工具栏中  图标，主要是针对有些满堂基础的边界成梯形或三角形状，或相邻的满堂基础有高差而需要底边变大放坡。

（1）图形中除满堂基础外，其他构件被隐藏掉，左键选取要设置放坡的满基。

（2）被选择的满堂基础变为红色，左键选取要设置放坡的边，可以选择多条边，回车确认。

（3）弹出"定义满基边界形式"对话框，如图 5.12-12 所示。

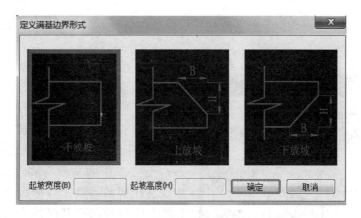

图 5.12-12

（4）选择"放坡"形式，输入 B、H 值，如图 5.12-13 所示。

（5）设置好的满堂基础放坡的三维图形，如图 5.12-14 所示。

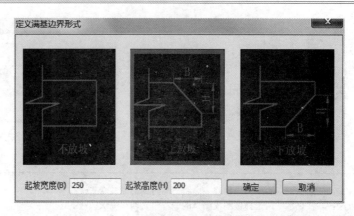

图 5.12-13

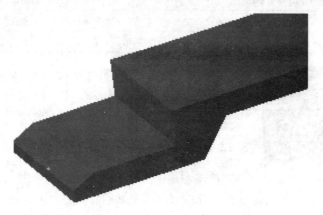

图 5.12-14

5.12.9　设置土坡

单击左边中文工具栏中 _{*}设置土坡 图标。

（1）图形中除满堂基础以外的其他构件被隐藏，只显示满堂基础，左键选择要设置土方放坡的满堂基础。

（2）被选择的满堂基础变为红色，左键选择要设置放坡的边，可选择多条边，回车确认。

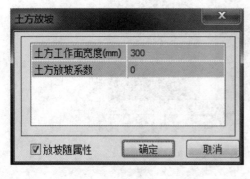

图 5.12-15

（3）弹出"土方放坡"对话框，如图 5.12-15 所示，将 ☑放坡随属性 的钩去掉，就可在"土方工作面宽度"和"土方放坡系数"中设置相应的参数了。那么之前没有选择的边的土方放坡随满基属性定义挖土方附件尺寸中的设置。

该命令可以对满堂基础设置土方放坡。当遇到满堂基础土方放坡系数不同或者只有几条边需要设置土方放坡时，可以单独对其进行设置。

注意：该命令只能用于满堂基的土方放坡。

5.12.10　集水井

单击左边中文工具栏中  图标，用于绘制集水井、电梯井等。

（1）命令行提示"输入插入点（中心点）："，直接用鼠标左键选取井的插入点。

（2）命令行提示"输入旋转角度："，直接输入角度，回车确认即可。

注意：构件"集水井"是不能三维显示的。

5.12.11　布置井坑

（1）在属性定义中设置坑深，单击 布置井坑 图标，出现如图 5.12-16 所示的选择坑类型对话框，选择"异形"可以自由绘制。

（2）根据 CAP 图形自由绘制集水井坑构件，该构件可生成三维实体，如图 5.12-17 所示 。井坑的顶标高自动根据所在满基的顶标高确定。当井坑在斜满基或多个满基上时，取标高最高点为其顶标高。

图 5.12-16

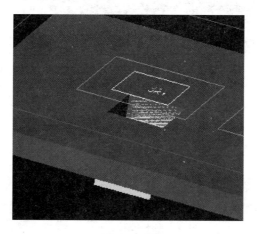

图 5.12-17

注意：当井坑不在满基范围内时，不形成井坑实体。

5.12.12　形成井

在绘制完井坑构件后，可以根据集水井的剖面图，来设置集水井。

单击 形成井 图标，左键选择需形成集水井的井坑，出现如图 5.12-18 所示的边坡设置对话框。

选择相应的边线，图中井坑对应的边线高亮显示，并可以设置其参数值，如图 5.12-19 所示 。

形成集水井效果如图 5.12-20 所示。

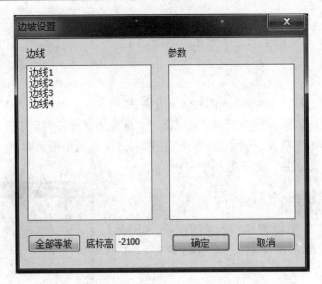

图 5.12-18

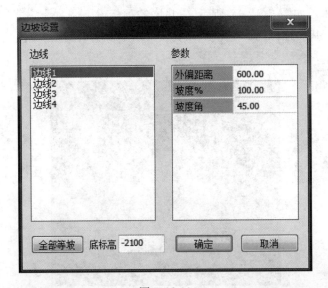

图 5.12-19

图 5.12-20

5. 12. 13　绘制井

　　除了以上自动形成井外还可以自由绘制井，单击 绘制井 图标，可根据集水井剖面图进行自由绘制，绘制完成后，同样出现如图 5.12-21 对话框，操作同"形成井"。

图 5.12-21

5.12.14　合并井

该命令可将几个集水井合并成一整个集水井。单击 合并井 命令，根据命令行提示，选择需合并的几个集水井，点击确认即可，如图 5.12-22 所示 。

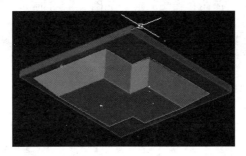

图 5.12-22

注意：合并后名称取第一个选择的井。

5.12.15　拆分井

与合并井相对，可再次将之前合并的井拆分开来。单击 拆分井 命令，左键选择要拆分的合并集水井即可，如图 5.12-23 所示。

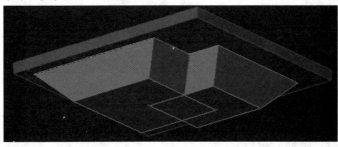

图 5.12-23

5.12.16　设置偏向

单击上边快捷工具栏中  图标设置偏向，用于改变不对称条基的左右方向，如图 5.12-24、图 5.12-25 所示。

图 5.12-24　　　　　　　　图 5.12-25

5.13　基础梁

基础梁的布置方式与梁的布置方式完全相同，请参考第 5.5 节梁。

5.13.1　梁随满基

单击左边中文工具栏中 随满基高 图标。

（1）命令行提示"选择要提取满基高度的基础梁"，点选或者框选基础梁，此时可以在浮动显示框中选择随满基顶还是随满基底，如图 5.13-1 所示。

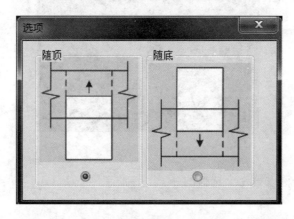

图 5.13-1

（2）命令行提示"选择相关的满基"，点选满堂基础，软件自动调整基础梁标高（支持随斜满堂基调整高度变斜）。

5.14　其他常用编辑栏

5.14.1　楼层选择

单击下拉菜单【工程】→［楼层选择］命令，弹出选择楼层对话框界面，点选需要切换到的目标楼层，按"确定"按钮，就可以切换到需要的楼层了，如图 5.14-1 所示。

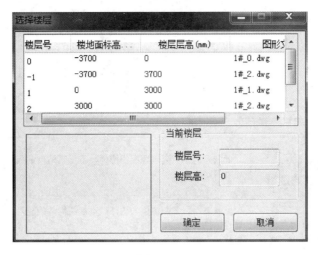

图 5.14-1

也可以在软件界面常用工具栏里楼层选择下拉框中，直接选择目标楼层切换就可以了，如图 5.14-2 所示。

5.14.2　楼层复制

单击下拉菜单【工程】→【复制楼层】命令，弹出楼层复制对话框界面，如图 5.14-3 所示。楼层复制说明见表 5.14-1。

图 5.14-2

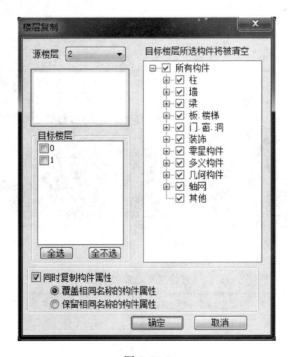

图 5.14-3

楼层复制说明 表 5.14-1

源层	原始层，即要将那一层进行拷贝
目标层	要将源层拷贝到的楼层
图形预览区	楼层中有图形的，将在图形预览区中显示出来
所选构件目标层清空	含义：被选中的构件进行覆盖拷贝。例如，"可选构件"中选了"框架梁"，即使目标层中有框架梁，也将被清空，并由源层中的框架梁取代
可选构件	选择要拷贝到目标层的构件
☐同时复制构件属性 ◉覆盖相同名称的构件属性 ○保留相同名称的构件属性	此状态时，只复制源层的构件，不复制构件的属性，拷贝到目标层构件的属性要重新定义
☑同时复制构件属性 ◉覆盖相同名称的构件属性 ○保留相同名称的构件属性	此状态时，复制源层的构件，也复制构件的属性；如果目标层中构件已有属性，则将目标层中的构件属性覆盖掉；如果不勾选"属性覆盖"、只是在目标层中追加构件属性

5.14.3 属性定义

单击下拉菜单【属性】→【属性定义】命令，打开"属性定义"，与属性工具栏相比，"属性定义"的功能更集中、更强大，如图 5.14-4 所示。属性定义功能说明见表 5.14-2。

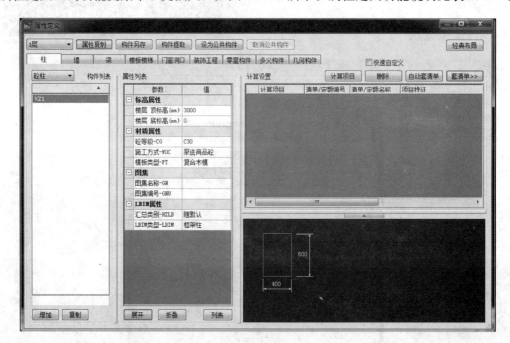

图 5.14-4

属性定义功能说明 表 5.14-2

1层 ▼	指定对哪一层的构件属性进行编辑，左键点击下拉框中可以选择
属性复制	构件属性复制按钮，对构件属性进行拷贝复制
构件另存	将当前构件存入构件模板
构件提取	提取构件模板中的同类构件属性至当前构件

续表

设为公共构件	将构件设为全部楼层通用的公共构件
取消公共构件	取消该构件的公共属性（即变为普通的构件，属性修改时不再联动）
帮助	需要时弹出帮助文件
关闭	对话框的内容完成后，退出，与右上角的"　x　"作用相同
构件分类按钮	分为墙、柱、梁、基础等九大类构件
砼外墙　▾	每一大类构件中的小类构件，左键点击下拉按钮，可以选择
构件列表	小类构件的详细列表，构件个数多时，支持鼠标滚轮的上下翻动功能
右键菜单	点击右键，弹出右键菜单，对小类构件中的每一种构件重命名或删除
复制	对小类构件复制，复制的新构件与原构件属性完全相同
增加	增加一个新的小类构件，属性要重新定义，可以直接输入构件尺寸软件自动录入断面（适用构件：框架梁、次梁、圈梁、过梁、独立梁、基础梁、砖柱、混凝土柱、门、窗、墙洞，尺寸输入规则：只能输入矩形 a×b、圆形 d）
属性参数、属性值	对应每一个小类构件的属性值，对应构件不同，属性项目会有所不同
构件断面尺寸修改区	对应每一个小类构件的断面尺寸
计算设置	主要是套定额的设置，可以对其中的计算规则、计算项目等进行设置
单位选择	选择清单、定额单位为软件计算不支持单位自动报错
查找栏	模糊查找构件名称，即时显示

在属性定义界面选中构件，单击"构件提取"按钮，可以将当前构件模板中的已有构件提取其属性至本工程当前选中的构件，直接提取调用其属性（双击模板中的构件名称直接提取）。

（1）提取选项中可以选择提取部分属性：属性参数、断面参数、计算设置。

（2）单击"高级"按钮，可以查看模板构件的详细属性参数。

（3）提取选项选择"提取构件至当前楼层"，即直接将模板中构件添加至当前层构件列表。

选择将当前层中构件，单击"设为公共构件"按钮，可以将该构件设为全部楼层通用的公共构件，名称变蓝色，其名称、属性参数在所有层均保持一致，在任一层修改其他层均联动修改。

5.14.4　名称更换

左键单击 图标，除了更换了构件的名称外，其他相应的属性也随之更改，比如构件所套的定额、计算规则、标高、混凝土等级等。

（1）左键选取要编辑属性的对象，被选中的构件变虚，可以选择单个，也可以选择多个。

如果第一个构件选定以后，再框选所有图形，此时所选择到的构件与第一个构件是同类型的构件。同时，可以看状态栏的显示，如图 5.14-5 所示。

已选1个墙<-<-增加<按TAB键切换（增加/移除）状态；按S键选择相同名称的构件>

图 5.14-5

图 5.14-6

确性，如图 3.14-7 所示。

按键名 Tab，可由增加状态变为删除状态，在删除状态下，左键再次选取或框选已经被选中的构件，可以将此构件变为未被选中状态。再按键名 Tab，可由删除变回增加。

按键名 S，先选中一个构件（如"M"），再框选图形中所有的门，则软件会自动选择所有的 M1，即为选择同大类构件中同名称的小类构件。

（2）选择好要更名的构件后，回车键确认。

（3）软件系统自动会弹出"选构件"的对话框，如图 5.14-6 所示。

（4）左键双击需要的构件的名称，如果没有的话，左键单击"进入属性"按钮，进入到"构件属性定义"界面，再增加新的构件即可。

注意：可以互换的构件有：墙与梁，门与窗。

5.14.5 私有属性设置

（1）双击构件—弹出私有属性对话框（或左击图图标；或者属性—私有属性设置），不需要单独定义构件就可以分别套取直形墙、弧形墙等定额，大大提高工程准

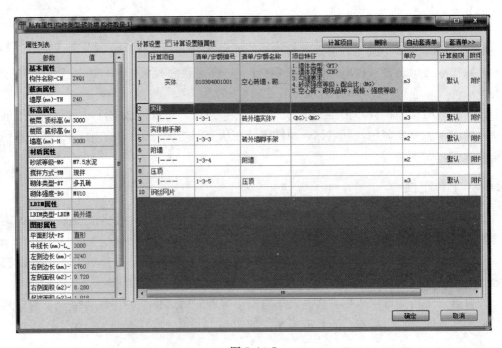

图 5.14-7

（2）除了对构件设置私有清单定额外，还可以设置私有属性参数，如混凝土强度等级、模

板类型，包括施工方式等。如图 5.14-8 所示。

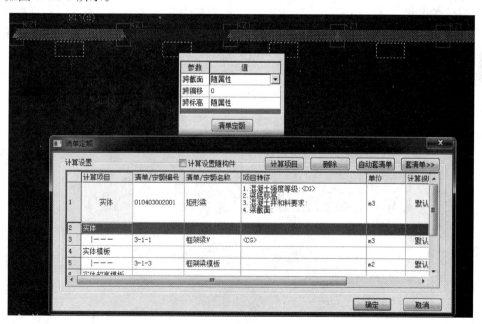

图 5.14-8

（3）同时支持对梁体原位标注设置跨的私有清单定额，充分满足相关清单定额计价规定，如图 5.14-9 所示。

图 5.14-9

5.14.6　更换构件类型

左键单击 图标，选取构件后右键弹出如图 5.14-10 对话框，可更换选中构件的构件类型、构件属性及构件的清单定额计算规则。

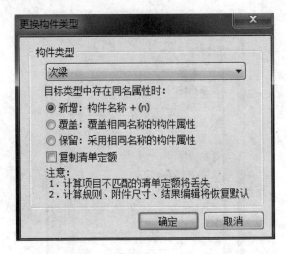

图 5.14-10

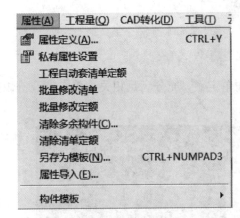

图 5.14-11

5.14.7　批量修改清单、定额

从 23.0.0 版之后批量修改清单、批量修改定额将取代原来的清单列表、定额列表，如图 5.14-11 所示。

批量修改清单，单击 批量修改清单 对话框，可以对构件清单进行批量修改（在批量修改清单功能表时，同时可以批量修改定额），如图 5.14-12 所示。

批量修改定额，单击 批量修改定额 对话框，可以对定额进行批量修改，提高工作效率，如图 5.14-13 所示。

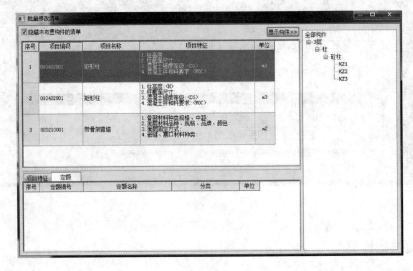

图 5.14-12

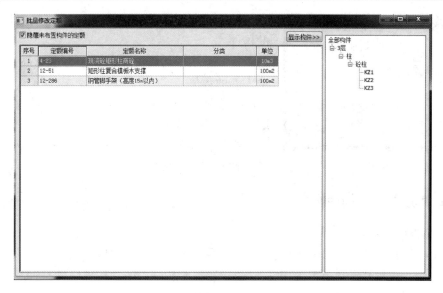

图 5.14-13

5.14.8　构件删除

左键单击✖图标，此命令主要是删除已经生成的构件；

左键选取要删除的构件，一次能选取图形中大类构件中的多个小类构件；

回车结束。

注意：

（1）在使用该命令时，状态栏的作用与构件名称更换中状态栏的作用相同。

（2）使用 CAD 的删除命令删除构件可能会漏掉某些内容，因此请尽量使用本命令。

（3）删除房间装饰也可以直接用构件删除。

5.14.9　构件复制

左键单击🔡图标，此命令是利用算量平面图中已有的构件，绘制一个新的同名称的构件。

鼠标左键选取要复制的构件，房间除外。

当所选构件种类不同时，操作方式也不一致，有两种方式：

（1）构件复制墙、梁、柱、基础梁、门窗、砖基、条基、满基构件时，操作方式与布置相应构件的布置方法相同。

（2）构件复制楼板、天棚、地面、零星构件、多义构件，操作方式与 CAD 中的移动命令（Move）操作相同。

5.14.10　高度调整

左键单击图标，对个别构件进行高度调整，可调整的构件是指属性中带有标高的构件。

弹出"高度调整"对话框，如图 5.14-14 所示。

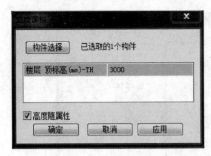

图 5.14-14

构件选择：单击此按钮，左键选取要调整高度的构件。

标高：根据构件的不同，会有顶标高、底标高，输入新的数值。

高度随属性一起调整：选取此项，构件的高度取构件属性默认值。

提示：构件经过高度调整，在算量平面中构件的名称颜色变为深蓝色。

5.14.11　构件闭合、构件伸缩

（1）构件闭合，单击图标。

1）命令行提示"选择第一个构件"，点选第一个构件，右键确定。

2）命令行提示"选择第二个构件"，点选第二个构件，两个构件自动延伸到他们中线的虚交点处，倒角命令结束。

注意：本命令适用于墙、梁、装饰构件的倒角。

（2）构件伸缩，单击图标。

1）命令行提示"选择伸缩构件："，点选要改变长度的构件。

2）命令行提示"伸缩"，点击要伸缩到的边界即可。

注意：本命令适用于所有线形构件。

5.14.12　随板调高

单击下拉菜单【编辑】→【随板调高】命令，或者直接点击上面快捷工具栏中的图标，此命令可以自动调整选择的墙、柱、梁的标高，使其构件高度调整到该墙、柱、梁所处位置处板的板底。

（1）该功能支持同一地方出现两块标高不同的板的时候，自由选择随上下板进行调整；并且梁支持不同的形式的随板调高，如图 5.14-15 所示。

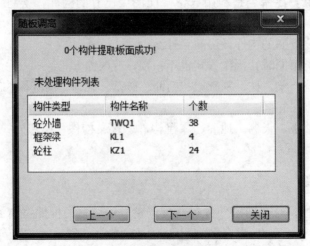

图 5.14-15

（2）命令行提示"请框选范围"，框选要提取的墙或柱或梁。

（3）右键确定，弹出"区域柱、墙、梁随板调整高度"对话框，显示当前共有多少个构件调整高度成功，列表中未处理构件支持图中反查，其操作同搜索结果的图中反查，单击"关闭"按钮，区域柱、墙、梁随板调整高度完毕，如图 5.14-16 所示。

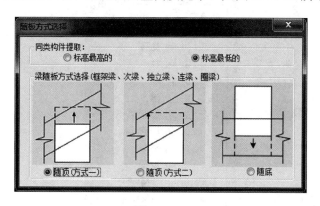

图 5.14-16

注意：当梁跨过多块板的时候，软件实现了跨板的梁自行打断，并分别随板调整高度。

5.14.13　参照布置

左键单击 图标，此命令是利用已绘制构件，点击此命令后可参照选中构件继续绘制同类构件，该命令支持所有构件。

鼠标左键点击命令，命令行提示"选择参照的构件"，鼠标左键选取参照的目标构件，命令提示相应构件的绘制方法。

注意：

（1）此命令针对已绘制构件，选取参照构件后即可绘制。

（2）此命令不支持非同类构件间的参照绘制。

5.14.14　设置转角

左键单击 图标，可以设置柱子及独立基的旋转角度。该命令适用于柱子、独立基础及桩基础。

（1）左键选取要旋转柱子或独基，相同一个方向转动，可以选择多个构件。

（2）输入构件的转角"90"，单位是角度（负值为顺时针旋转，正值为逆时针旋转），柱子将与其自身的中心为轴旋转。

注意：

（1）原柱子及独基中的设置转角命令整合为设置转角通用命令。

（2）构件复制命令增加命令行提示，软件会根据所选构件自动执行相应的命令。

（3）设置转角命令同样适用于桩基础。

5.14.15　构件显示

左键单击 图标，弹出对话框（支持快捷键 Ctrl＋F 切换该窗体的开关），如图 5.14-17

所示。构件显示说明见表 5.14-3。

图 5.14-17

构件显示说明 表 5.14-3

构件显示控制	控制显示九大类构件中的每一小类构件,有的构件会有边线控制
CAD 图层	控制显示 CAD 图纸中的一些图层,主要在 CAD 转化时使用(导入 CAD 电子文档后软件会自动刷新构件显示控制目录树)

5.14.16　全平面显示

　　左键单击 图标,用以取消本层三维显示或将算量平面图最大化显示,使用户可以恢复原来平面图的视角。

　　　　注意:有时绘制图形时或调入 CAD 图纸时,可能会存在一个距离算量平面图很远的点,执行"全平面显示",算量平面图变得很小,一般沿着屏幕的四边寻找即可找到那个点,左键点选这个点,按键名 Delete,删除即可。

图 5.14-18

5.14.17　分层显示

　　　　23.0.0 版本新增分层显示功能,解决同一水平位置标高不同存在的多个水平构件的问题。最多支持 10 个分层,默认情况下构件全部绘制在分层 0,如图 5.14-18 所示。

5.15　工程量计算

5.15.1　合法性检查

工程量菜单下的"合法性检查和修复"，此命令主要用来检查计算模型中存在的对计算结果产生错误影响情况，并整合了自动修复的命令。

合法性检查：检查模型中对计算结果产生影响的情况，目前能够检查的项目如图5.15-1所列。如果出现了以上问题，系统会以日志形式给予提示，如图 5.15-2 所示。

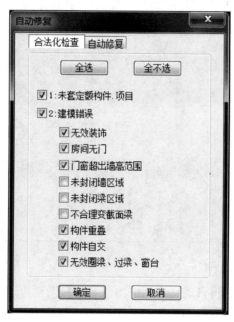

图 5.15-1

合法性检查的结果可以进行图中反查，可以迅速定位并找到不合法的项目以便修改，如图 5.15-2 所示。此命令可自动帮你检查到未封闭墙、梁及构件重叠等的区域，并进行图中反查定位。检查到未封闭墙体或梁的那段区域则会变为红色，如图 5.15-2 所示。

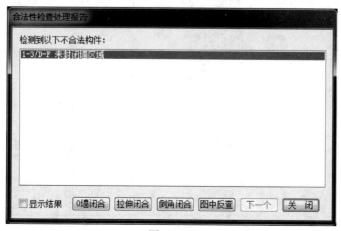

图 5.15-2

对于查找出的墙、梁未封闭区域，增加了"0墙闭合、拉伸闭合、倒角闭合"三种闭合方式，用户可手动选择，解决未封闭区域的建模问题。

注意：此时若点击0墙关闭，红线则自动消失。所以如果想边查找边修改，则不用关闭该对话框。

5.15.2　分类设置

23.0.0版本新增分类设置功能，单击下拉菜单【工具】—【分类设置】，直接对全局进行分类设置控制，如图5.15-3所示。也可以在属性界面中，通过点击定额所在行"项目特征"位置的按钮调出配置，对某一条定额进行专属配置。

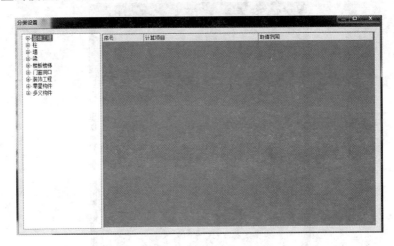

图 5.15-3

分类设置后，项目特征将自动读取相应属性参数显示在报表汇总中，如图5.15-4（按柱高分类统计）和图5.15-5（取消按柱高分类统计）所示。

序号	项目编码	项目名称	项目特征	计量单位	工程量	金额(元) 单价	金额(元) 合价	备注
			A.4　混凝土及钢筋混凝土工程					
1	010402001	矩形柱	1.柱高度:2000 2.柱截面尺寸 3.混凝土强度等级:C30 4.混凝土拌和料要求:泵送 商品砼	m³	1.92			
2	010402001	矩形柱	1.柱高度:3000 2.柱截面尺寸 3.混凝土强度等级:C30 4.混凝土拌和料要求:泵送 商品砼	m³	2.88			
3	010402001	矩形柱	1.柱高度:3500 2.柱截面尺寸 3.混凝土强度等级:C30 4.混凝土拌和料要求:泵送 商品砼	m³	3.36			

图 5.15-4

序号	项目编码	项目名称	项目特征	计量单位	工程量	金额(元) 单价	金额(元) 合价	备注
			A.4　混凝土及钢筋混凝土工程					
1	010402001	矩形柱	1.柱高度: 2.柱截面尺寸: 3.混凝土强度等级:C30 4.混凝土拌和料要求:泵送 商品砼	m³	8.16			

图 5.15-5

5. 15. 3 可视化校验

左键点取 ⚙ 图标，选择算量平面图中已经设置好定额子目的构件，可以对该构件进行可视化的工程量计算校核。

（1）选取一个构件，只能单选。

（2）若该构件套用了两个或两个以上的定额，则软件会自动跳出"当前计算项目"对话框，让用户选择所选构件的定额子目，如图 5.15-6 所示。双击需要校验的计算项目（或选中项目，按"可视化校验"按钮），系统将在图形操作区显示出工程量计算的图像，命令行中会出现此计算项的计算结果和计算公式，图 5.15-7 即为墙实体的单独校验及计算公式与结果。

计算项目信息	定额编号	定额名称	单位	工程量	计算公式
实体	010404001001	直形墙	m3	2.250000	0.25[墙厚]*3[墙高]*3[墙长]
实体	1-1-1	砼外墙实体V	m3		
实体模板	1-1-3	砼外墙模板S	m2		
实体超高模板	1-1-5	砼外墙超高模…	m2		
实体脚手架	1-1-7	砼外墙脚手架	m2		
附墙	1-1-8	附墙	m2		
压顶	1-1-9	压顶	m3		

图 5.15-6

提示：如果要保留图形，按键名 Y，回车确认。就可以执行三维动态观察命令，自由旋转三维图形。

5. 15. 4　工程量计算

左键单击右侧工具栏［工程量计算］命令按钮 ▮，弹出"综合计算设置"对话框（图 5.15-8），选择要计算的楼层、楼层中的构件及其具体项目。

［工程量计算］可以选择不同的楼层和不同的构件及项目进行计算，计算过程是自动进行的，计算耗时和进度在状态栏上可以显示出来，计算完成以后，会弹出"综合计算监视器"界面（如图 5.15-9）显示计算相关信息，退出后图形回复到初始状态。

技巧：同一层构件进行第二次计算时，软件只会重新计算第二次勾选计算的构件和项目，第二次不勾选计算的其他

图 5.15-7

的构件和项目计算结果不自动清空。比如，第一次对 1 层的全部构件进行计算后，发现平面图中的有一根梁绘制错了，进行了修改，查看相关构件是否产生影响，再进行［工程量计算］，但这时只需要选择 1 层的梁及与梁存在扣减关系的构件进行计算即可，不需对 1 层的全部构件进行计算。

图 5.15-8

图 5.15-9

5.15.5　形成建筑面积

左键点取 ￼ 图标，用以查看本楼层的建筑面积，如图 5.15-10 所示。

注意：未形成建筑面积线（不包括自由绘制的建筑面积线），直接查看本层建筑面积，软件会自动形成本层的建筑面积线（如无法形成建筑面积线，则会弹出如图 5.15-11 所示提示）。

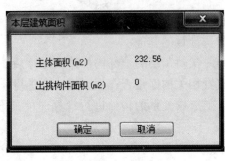

图 5.15-10

图 5.15-11

5.15.6　表格算量

左键点取▦图标，出现对话框，如图 5.15-12 所示。

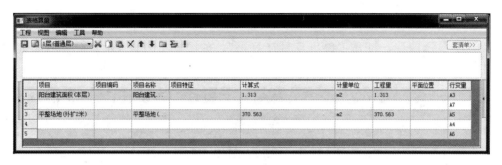

图 5.15-12

（1）单击"增加"按钮，会增加一行。鼠标双击自定义所在的单元格，会出现一下拉箭头，点击箭头会出现下拉菜单：可以选择其中的一项，软件会自动根据所绘制的图形计算出结果。

（2）场地面积：按该楼层的外墙外边线，每边各加 2m 围成的面积计算或者按照建筑面积乘以 1.4 倍的系数计算。

（3）土方、总基础回填土、总房心回填土、余土：在基础层适用，总挖土方量是依据图形，以及属性定义所套定额的计算规则、附件参数汇总的。

1）余土＝总挖土方－总基础回填土－总房心回填土。

2）总基础回填土＝总挖土方－基础构件总体积－地下室埋没体积（地下室设计地坪以下体积）。

3）总房心回填土＝房间总面积×房心回填土厚度（会自动弹出房心回填土厚度对话框）。

4）软件内设，有地下室时无房心回填土。

（4）外墙外包长度、外墙中心长度、内墙中心长度、外墙窗的面积、外墙窗的周长、外墙门的面积、外墙门侧的长度、内墙窗的面积、内墙窗的周长、内墙门的面积、内墙门侧的长度、填充墙的周长、建筑面积，只计算出当前所在楼层平面图中的相应内容。

（5）单击【计算公式】空白处，出现一个按钮，点击后光标由十字形变为方形，进入可在图中读取数据的状态，根据所选的图形，出现长度、面积或体积，如图 5.15-13 所示。

图 5.15-13

（6）在"计算公式"空白处输入数据，回车，计算结果软件会自动计算好。

（7）单击"打印报表"按钮，会进入到"鲁班算量计算书"中。

（8）单击"保存"按钮，会将此项保存在汇总表中，单击"退出"按钮，会关闭此对话框。

提示：选中一行或几行增加的内容，可以执行右键菜单的命令，有增加、插入、剪贴、复制、粘贴、删除六个命令。

（9）套定额按钮，定额查套的对话框，参见属性定义－计算设置套定额的操作过程。

提示："编辑其他项目"对话框为浮动状态，可以不关闭本对话框，而直接执行"切换楼层"命令，切换到其他楼层提取数据。

5.15.7 鲁班计算书

左键单击 图标，打开"鲁班算量计算书"，如图 5.15-14 所示。报表界面证明见表 5.15-1。

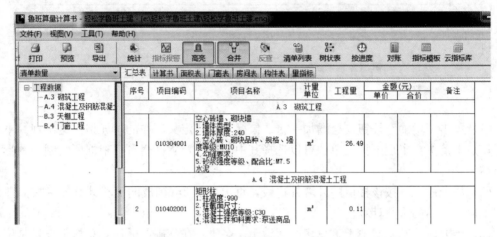

图 5.15-14

报表界面说明 表 5.15-1

打印	将报表计算结果打印出来
预览	预览一下要打印的计算结果，选择导出文件类型
导出	将计算的构件定额或清单量以 Excel 格式导出软件
统计	将计算的构件按照楼层、楼层中的构件统计
指标报警	分析表时如构件超越设置的极限值，数据值会突出显示
高亮	将计算结果为 0 的项目或是不符合指标的项目红色突出显示
合并	可以合并一些完全相同的计算结果，节省打印纸张
反查	将计算结果相关联的构件在软件界面上高亮虚线表示出来
树状表	之前版本的清单量定额量的计算报表格式
按分区	可以根据时间和施工段统计工程量
对账	可以对比外部报表和软件报表中的数据

　　选择报表中的构件信息，点击报表中的反查命令，会出现一个"反查结果"对话框，如图 5.15-15 所示。我们可以双击构件名称，在界面上即可高亮虚线显示该"M1"的构件，再单击"下一个"按钮，即可看到下一个该类构件。

　　"返回至报表"即结束该对话框，返回至报表。

图 5.15-15

　　合并相同项：可以合并一些完全相同的计算结果，节省打印纸张。

　　条件统计：正常情况下软件是按套定额章节统计工程量计算结果，如图 5.15-16 所示可以改变统计条件，按楼层、楼层中的构件统计。

图 5.15-16

　　计算结果汇总的类型有以下七种：汇总表、计算书、面积表、门窗表、房间表、构件表、量指标。

　　提示：需要执行以下计算命令，无论算什么构件都可以，门窗汇总表中才能出现计算结果。

　　（1）单击下拉菜单【工程量】→【计算日志】，打开计算日志记事本文本文件，里面有计算过程中出问题的构件定额编码、构件名称、位置、出错信息的描述，依据此信息可以找到出问题的构件，如图 5.15-17 所示。

图 5.15-17

（2）单击下拉菜单【输出】→【输出到】，可将计算结果保存成 txt 文件或 Excel 文件，输出到其他套价软件中使用。

注意：

（1）由于生成打印预览需要打印机设置中提供纸张的尺寸，用户在计算前应该先安装打印机设置。如果用户没有安装，程序会提示用户。

（2）报表导出到 Excel 中数值部分更改为数值格式（原为文本格式）。

第6章　图形法算量之CAD转化

6.1　电子文档转化概述

CAD电子文档，指的是从设计部门拷贝来的设计文件（磁盘文件），这些文件应该是DWG格式的文件（AutoCAD的图形文件），本软件可以采用两种方式把它们转化为算量平面图。

6.1.1　自动转化

如果您拿到的CAD文件是使用ABD5.0绘制的建筑平面图，本系统可以自动将它转换成算量平面图，转换以后，算量平面图中包含：轴网、墙体、柱、门窗，建立起了基本的平面构架，交互补充工作所剩无几，极大地提高建模的速度。

6.1.2　交互式转换

如果您拿到的CAD文件不是由ABD5.0产生的，有两种方法提高效率。

（1）可以使用本系统提供的交互转换工具，将它们转换成算量平面图。交互转换以后，算量平面图中包含：轴网、墙体、柱、梁、门窗。尽管这种转换需要人工干预，但是与完全的交互绘图相比，建模效率明显提高，并且建模的难度会明显降低。

（2）调入CAD文件后，用鲁班算量的绘构件工具，直接在调入的图中描图。

本软件支持CAD数据转换，并且提倡用户使用此功能。同时，我们要提醒用户在以下问题上能有一个正确的认识：正确的计算工程量，应该使用具有法定依据的以纸介质提供的施工蓝图，而用磁盘文件方式提供的施工图纸，只是设计部门设计过程中的中间数据文件，可能与蓝图存在差异，找出这种差异，是您必须要进行的工作。下列因素可能导致差异的存在：

在设计部门，从磁盘文件到蓝图要经过校对、审核、整改。

交付到甲方以后，要经过多方的图纸会审，会审产生的对图纸的变更，直接反映到图纸上。

其他因素，现阶段各设计单位、甚至同一单位不同的设计人员，表达设计思想和设计内容的习惯相差很大，设计的图纸千差万别，因此转化过程中会遇到不同的问题，这就需要灵活运用，将转化与描图融为一体。

6.1.3　DWG文件转化等工具的使用

在下拉菜单的"CAD转化"栏目中，设置了一些工具，从而增强了软件的功能。

6.2　CAD文件调入

执行下拉菜单【CAD转化】→【调入CAD文件】命令，如图6.2-1所示。选择需转换的 dwg 文件，单击"打开"按钮，如图 6.2-2 所示。

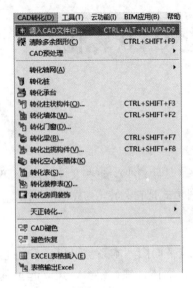

图 6.2-1 图 6.2-2

6.3 CAD 预处理

6.3.1 多层复制 CAD

执行下拉菜单【CAD 转化】→【CAD 预处理】→【多层复制 CAD】命令，如图 6.3-1 所示，弹出"多层复制 CAD"窗口，如图 6.3-2 所示，在"选择图形"列中，点击具体单元格中的提取按钮，选择需要复制的 CAD 图形，并指定好插入图形基点。选择好图形和插入点后，将分别根据每层选择的图形复制到具体对应楼层即可。

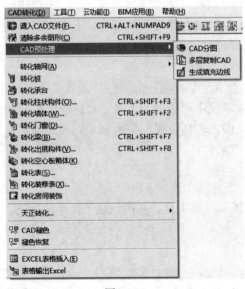

图 6.3-1 图 6.3-2

6.3.2　生成填充边线

执行下拉菜单【CAD 转化】→【CAD 预处理】→【生成填充边线】命令，如图 6.3-1 所示，命令行出现"选择 CAD 填充"，然后框选要生成填充的图纸，将自动形成相应填充图块的边线，为转化只有填充的 CAD 图提供了极大的方便。效果图如图 6.3-3（未生成填充边线）和图 6.3-4（生成填充边线）所示。

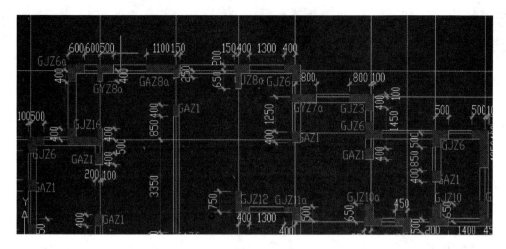

图 6.3-3

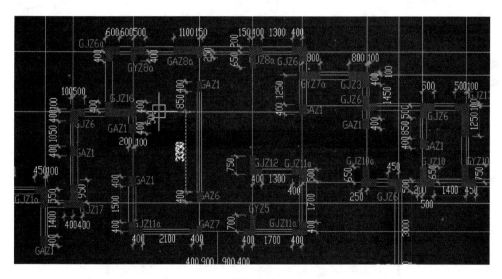

图 6.3-4

6.4　转化轴网

操作方法：

（1）执行下拉菜单【CAD 转化】→【转化轴网】命令，选择转化主轴还是辅轴，如图 6.4-1 所示。

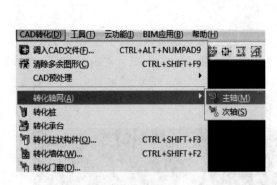

图 6.4-1   图 6.4-2

（2）弹出"转化轴网"对话框，如图 6.4-2 所示。

1）单击轴符层下方的"提取"按钮，对话框消失，在图形操作区中左键选择已调入的 dwg 图中一个轴网的标注，选择好后，回车确认，对话框再次弹出。

2）单击轴线层下方的"提取"按钮，对话框又消失，在图形操作区中左键选择已调入的 dwg 图中选取一个轴线，选择好后，回车确认，对话框再次弹出。

3）单击"转化"按钮，软件自动转化轴网。

6.5 转化墙

操作方法：

（1）执行下拉菜单【CAD 转化】→【隐藏指定图层】命令，将除墙线外的所有线条隐藏掉。

（2）点击下拉菜单【CAD 转化】→【转化墙体】命令。

（3）弹出"转化墙"对话框，如图 6.5-1 所示。

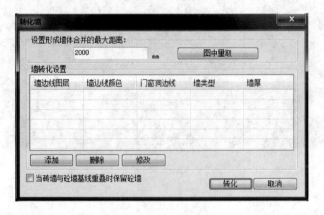

图 6.5-1

其中"设置形成墙体合并的最大距离"，选择图中量取后可以直接在电子图上量取，一般选择最大的门窗洞口的距离来量取或直接输入即可。

单击"添加"按钮，弹出"转化墙"对话框，如图 6.5-2 所示。

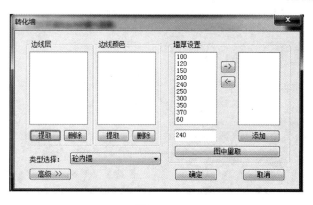

图 6.5-2

（1）选取或者输入图形中所有的墙体厚度。对于常用的墙体厚度值你可以直接选中"墙厚设置"的列表数据，点击箭头调入 [已选墙厚] 的框内；也可在"墙厚"的对话框中直接输入数据，点击添加调入"已选墙厚"的框内。如果不清楚施工图中的墙厚，可以点击"从图中量取墙厚值"，直接量取墙厚，量取的墙厚软件添加在"墙厚"的对话框中，点击增加调入"已选墙厚"的框内。

（2）单击边线层下的"提取"按钮，用鼠标左键选取算量平面图形中墙体的边线，如果不同墙厚的墙体是分层绘制的（一般情况下，不同的层颜色不同），需选择不同墙厚的墙边线各一段，如图 6.5-3 所示。回车或鼠标右键确认，确认后会在"选择墙边线层"下面的对话框中显示出选取图层的名称，如图 6.5-4 所示。

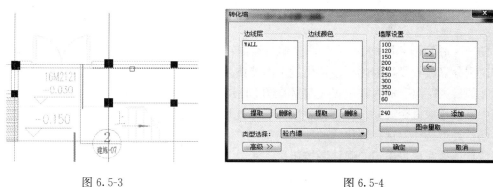

图 6.5-3　　　　　　　　　　　　　　　　　图 6.5-4

（3）单击边线颜色下的"提取"按钮，用鼠标左键选取算量平面图形中墙体的颜色，如果不同墙的层颜色不同，需选择不同颜色墙的墙边线各一段。回车或鼠标右键确认，确认后会在【选择墙边线颜色】下面的对话框中显示出选取颜色的名称，如图 6.5-5 所示。

（4）单击"高级"按钮，可以看到"选择门窗洞边线层"，单击下面的"提取"按钮，用鼠标左键选取算量平面图形中门窗洞的边线，如图 6.5-6 所示。回车或鼠标右键确认，确认后会在"选择门窗洞边线层"下面的对话框中显示出选取图层的名称，软件将自动处理转化墙体在门窗洞处的连通。

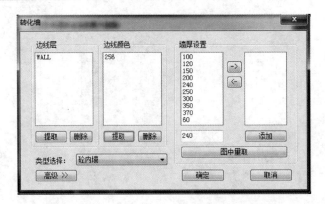

图 6.5-5

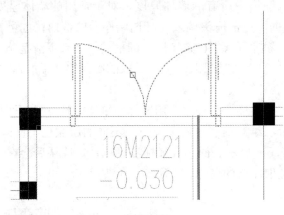

图 6.5-6

（5）一般 DWG 电子文档中的门窗洞是绘制在不同于墙体的图层，一段连续的墙被其上门窗洞分隔成数段，因此直接转化过来的墙体是一段一段的。这时可以在"设置形成墙体合并的最大距离"输入框中设定墙体断开的最大距离（即门窗洞的最大宽度），也可以从图中直接量取该距离，这样转化过来的墙体就是连续的。

（6）类型选择，选择转化后的墙体类型。

（7）选择完成，单击"确认"按钮。

（8）单击"转化"按钮，软件自动转化。

（9）软件将默认自动保存上一次转化参数设置（退出软件后清空该参数）。

转换构件完成，图形中显示的墙体标注形式如果是"Q240"，表示 240mm 厚的墙体。如果是"Q370"，表示 370mm 厚的墙体。你需用"名称更换"的功能键把不同的墙厚的名称更换成鲁班算量的名称。

提示：如果结构比较复杂，转换构件的效果不是很好，可以在调入 dwg 文件的图形后，进行描图的方式绘制墙，这样可以增加绘图的容易度和减少绘图的时间。（详见本节（2））尽量将该楼层的图形中的墙体的厚度全部输入，这样可提高图形转换的成功率。

技巧：单击"名称更换"，更换转化过来的 Q240、Q370 等墙体时，可以按"s"键，先用鼠标左键选取一段 Q240 墙体，再框选所有的墙体，这样可以选择所有的 Q240 墙。同理，依次"名称更换"，更换其他的墙体。

6.6 柱、柱状独立基转化

转换柱状构件可选转换类型为混凝土柱、砖柱、构造柱、暗柱、自适应暗柱、柱状独立基，并可根据需要选择转换范围。

操作方法：

（1）执行下拉菜单【CAD 转化】→【转化柱状构件】命令。

（2）弹出"转化柱"对话框，如图 6.6-1 所示。

图 6.6-1

选择好相应的转换类型及转换范围，如图 6.6-1 所示，选择"混凝土柱"，转换范围选择"整个图形"，单击标注层下方的"提取"按钮，对话框消失，在图形操作区中左键选择已调入的 dwg 图中选取一个柱的编号或名称，如图 6.6-2 所示。选择好后，回车确认，对话框再次弹出。

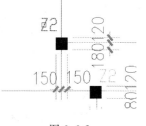

图 6.6-2

单击边线层下方的"提取"按钮，对话框又消失，在图形操作区中左键选择已调入的 dwg 图中选取一个柱的边线，如图 6.6-3 所示。选择好后，回车确认，对话框再次弹出。

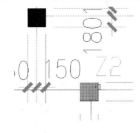

图 6.6-3

根据图纸上柱的编号或名称，选择正确的标识符，对于"不符合标识柱"，可下拉选择"转化"或"不转化"。

软件将默认自动保存上一次转化参数设置（退出软件后清空该参数）。

（3）单击"转化"按钮，完成柱的转化。此时软件已对原 dwg 文件中的柱重新编号（名称），相同截面尺寸编号相同。同时"柱属性定义"中会列入已转化的柱的名称；"自定义断面→柱"中会保存异形柱的断面的图形。

（4）转化的柱构件套用定额或清单的方法详见【构件属性定义】→【构件属性复制】命令。

注意：转化柱状独立基、砖柱、构造柱、暗柱、自适应暗柱操作同转化柱。

6.7　转化梁

操作方法：

（1）单击下拉菜单【CAD 转化】→【转化梁】命令。

（2）弹出"转化梁"对话框，如图 6.7-1 所示，方法与转化墙体的步骤相同。

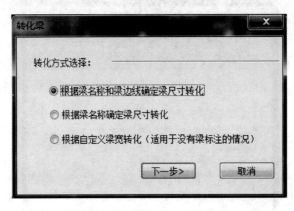

图 6.7-1

1）根据梁名称和梁边线确定尺寸转化。

软件自动判定 dwg 文件中的梁集中标注中的梁名称以及梁尺寸，并与最近的梁边线比较，集中标注中的宽度与梁边线宽度相同，软件自动转化。

2）根据梁名称确定梁尺寸转化。

软件自动判定 dwg 文件中的梁集中标注中的梁名称以及梁尺寸，不与最近的梁边线比较，按照最近原则自动转化。

3）根据自定义梁宽转化。

软件将默认自动保存上一次转化参数设置（退出软件后清空该参数）。

转化方法同墙体转化。在定义名称时候要注意一般取梁的特征名称。比如，图中框架梁的标注既有 KL1，又有 WKL1，那么这个时候框架梁一栏我们就给它输入成 K，软件会自动识别梁字母中含 K 的梁，并把它转化为框架梁，如图 6.7-2 所示。

提示：因为建筑施工图与结构施工图是分开的，因此墙体转化完后，需要调入结构施工图。（原来调入的建筑施工图可以先不用删除）调入结构施工图，确定点的位置时，注意将两图分开。用 cad 的命令删除不需要的图形，键入移动的命令（move），将剩余的结构施工图框选，确定一个容易确定的基点，按同一位置将结构施工图移动到建筑施工图上，使两图重合，而后再执行【转化梁】的命令。

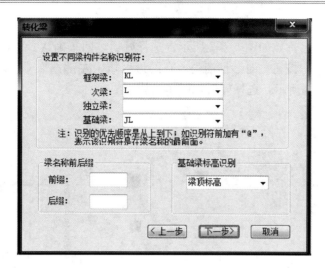

图 6.7-2

6.8　转化门窗

转化门窗之前，必须要转化好墙，以及先转化门窗表或在属性中已经定义好门窗。

操作方法：

（1）调入 DWG 文件。

（2）单击下拉菜单【CAD 转化】→【转化门窗】命令。

（3）出现"转化门窗墙洞"对话框，如图 6.8-1 所示。

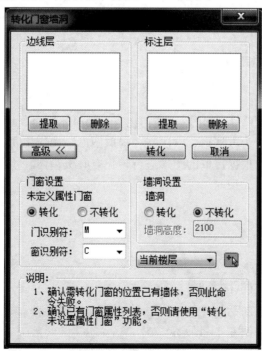

图 6.8-1

（4）单击标注层下方"提取"按钮，对话框消失，在图形操作区域内左键选取 CAD 文档中一个门或窗的名称，如图 6.8-2 所示。选择好后，回车确认。对话框再次弹出，单击边线层下方"提取"按钮，对话框消失，在图形区域内左键选取 CAD 文档中一个门或窗的图层，如图 6.8-3 所示，选择好后，回车确认。

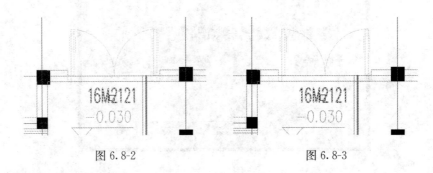

图 6.8-2　　　　　　　　　图 6.8-3

（5）在高级菜单中可以选择门窗的识别符。

（6）单击"转化"按钮，即可完成转化。

6.9　转化出挑构件

操作方法：

（1）执行［隐藏指定图层］命令，将除梁边线外的所有线条隐藏掉。

（2）单击下拉菜单【CAD 转化】→【转化出挑构件】命令。

（3）光标由十字形变为方框，方法与"提取图形"操作相同。

（4）完成后软件会自动将提取的图形保存到"自定义断面"中的阳台的断面中。

6.10　转化空心板箱体

操作方法：

（1）单击下拉菜单【CAD 转化】→【转化空心板箱体】命令。

（2）光标由十字形变为方框形，方法与"提取图形"操作相同。

（3）完成后软件就会根据提取的图形进行转化空心板箱体。

6.11　转化表

操作方法：

（1）调入梁表或门窗表。

（2）单击下拉菜单【CAD 转化】→【转化表】命令。

（3）出现"转化表"对话框，软件默认的表类型为门窗表，如果需要转化的是梁表，则通过下拉选择梁表，如图 6.11-1 所示。

图 6.11-1

图 6.11-2

（4）框选门窗表中的门的所有数据，软件会自动将数据添加到"预览提取结果"列表中，如果有不需要的或者错误的数据，可以左键选中列表中的该数据，单击"删除选中"按钮，即可删除该数据。

（5）单击上图中的"转化"按钮，转化成功。

（6）重复（3）～（5）的步骤，提取并添加窗。

如需要转化的是梁表，则选择类型选择为"梁表"，然后出现如图 6.11-2 所示的对话框所示，单击"框选提取"按钮，回到图形界面，左键框选梁表，选完后右键或回车确定，回到对话框。

选择转化类型的识别符，其他梁识别符设置单击"其他梁识别符"按钮。

单击"转化"按钮，软件自动转化。

6.12　转化装修表

（1）调入 CAD 图中的装修表。

（2）单击下拉菜单【CAD 转化】→【转化装修表】命令，弹出转化装修表对话框，如图 6.12-1 所示。

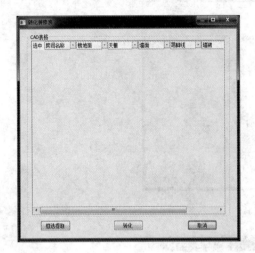

图 6.12-1   图 6.12-2

（3）选择左下角的"框选提取"命令，框选调入进来的装修表，即可在 CAD 表格中看到调入进来的装饰内容。然后对应内容调整构件的配对选项，如图 6.12-2 所示。

6.13 转化房间装饰

（1）调入 dwg 文件。

（2）单击菜单【CAD 转化】→【转化房间装饰】命令。

（3）出现"转化房间装饰"对话框，如图 6.13-1 所示。

图 6.13-1   图 6.13-2

（4）转化范围可以选择当前楼层和当前范围。

（5）选择好范围好，单击 CAD 房间名称图层中的"提取"按钮，对话框消失，在图形操作区域内左键选取 CAD 文档中房间的名字，选择好后按右键，对话框再次弹出。会出现 CAD 图纸中提取的 CAD 房间名称，如图 6.13-2 所示。

（6）在匹配原则中选择好模糊匹配或者完全匹配，软件默认为模糊匹配。

注意：房间装饰转化必须先要转化墙体。

6.14　CAD 褪色/褪色恢复

（1）单击下拉菜单【CAD 转化】→【CAD 褪色】命令，输入褪色百分比（5～95），来调整图纸面中 CAD 图层颜色明亮度，增强 CAD 图形与鲁班构件图形的对比，降低建模时读图描图的干扰。

（2）单击下拉菜单【CAD 转化】→【褪色恢复】命令，使 CAD 图形恢复最初状态。

6.15　清除多余图形

执行下拉菜单【CAD 转化】→【清除多余图形】命令，使用此命令可以将调入的 DWG 文件图形删除掉。

提示：充分利用 DWG 文件，确认不再需要时再给予清除。

6.16　EXCEL 表格输入和输出

执行下拉菜单【CAD 转化】→【EXCEL 表格插入】命令，可以将剪切板内的内容复制到鲁班算量中。

执行下拉菜单【CAD 转化】→【表格输出 EXCEL】命令，可以将不能转化的门窗表或者装饰表，从软件里输出到 EXCEL，然后再从 EXCEL 表格复制到软件里，即可将对应的表格进行转化。

注意：与软件兼容最好的办公软件是 Office2003。

6.17　天正转化

执行下拉菜单【CAD 转化】→【天正转化】命令，可以将天正输出的 xml 格式的文件，导入到鲁班软件里，然后对带有属性的天正图纸进行转化。如果天正图纸做出了三维效果，鲁班软件就可以将天正模型转化成鲁班成形的三维模型，直接对构件套项就可以出量。

注意：天正转化功能在云功能套餐服务里。

6.18　DWG 文件的描制

如以上我们所讲，DWG 文件转化困难或不成功时，可以来描制图形。步骤如下：

（1）DWG 文件调入。

（2）转化轴网，不成功可以通过【绘制轴网】中的【图中量取】的功能绘制轴网。将光标放在【显示控制】的快捷命令上，按住左键，会出现一个下拉式命令条，选取第三个【隐藏（冻结）选中图形所在的层】命令，将除轴线外的构件全部隐藏，执行【绘制轴网】→【图中量取】命令，将轴网上下开间、左右进深的尺寸从图中量取到，将建立好的轴网定位在原图的轴网上或通过【轴网移动】定位。

（3）执行【隐藏（冻结）选中图形所在的层】命令，将图中除了 CAD 墙体和转化过来的轴线以外的所有构件图层隐藏，然后描图绘制墙体。

（4）门窗也可以通过此方法绘制，绘制好以后执行【清除多余图形】命令删除调入的 DWG 文件。

提示：描图过程中经常与 CAD 的"直线、多段线、圆、圆弧"等命令配合使用。

第7章 报表及打印预览

7.1 鲁班计算书

左键单击 图标，打开"鲁班算量计算书"，如图 7.1-1 所示。

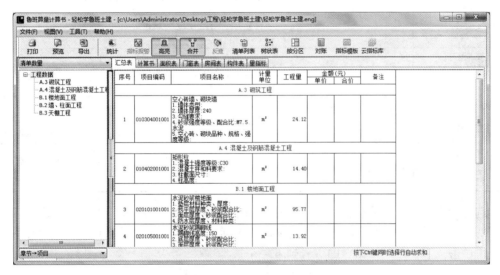

图 7.1-1

计算报表功能证明见表 7.1-1。

表 7.1-1

报表功能说明

功能	说明
打印	将报表计算结果打印出来
预览	预览一下要打印的计算结果，选择导出文件类型
导出	将计算的构件定额或清单量以 Excel 格式导出软件
统计	将计算的构件按照楼层、楼层中的构件统计
指标报警	分析表时如构件超越设置的极限值，数据值会突出显示
高亮	将计算结果为 0 的项目或是不符合指标的项目红色突出显示

续表

图标	说明
合并	可以合并一些完全相同的计算结果，节省打印纸张
反查	将计算结果相关联的构件在软件界面上高亮虚线表示出来
清单列表	可以对清单编号进行顺序编码
树状表	提供了多种数据汇总方式，方便用户查看统计工程量计算数据
按分区	大型工程量按不同的分区出量
对账	可以对比外部报表和软件报表中的数据
指标模板	依据云端数据，选择当地模板
云指标库	类似工程量指标对比

　　选择报表中的构件信息，点击报表中的反查命令，会出现一个"反查结果"对话框，如图 7.1-2 所示，我们可以双击构件名称，在界面上即可高亮虚线显示该"TWQ1"的构件，再单击"下一个"按钮，即可看到下一个该类构件。

　　单击"返回至报表"按钮，即结束该对话框，返回至报表。

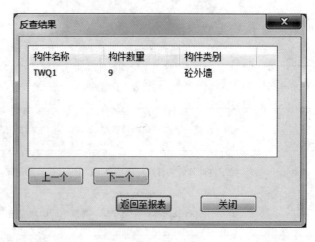

图 7.1-2

　　合并相同项：可以合并一些完全相同的计算结果，节省打印纸张。

　　条件统计：正常情况下，软件是按套清单、定额章节统计工程量计算结果，如图 7.1-3 所示，可以改变统计条件，按楼层、楼层中的构件统计。

计算结果汇总的类型有以下七种：汇总表、计算书、面积表、门窗表、房间表、构件表、量指标。

提示：需要执行以下计算命令，汇总表中才能出现计算结果。

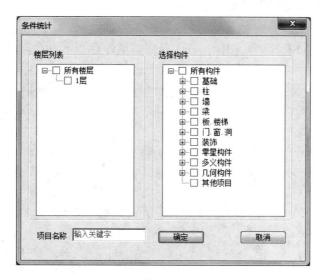

图 7.1-3

（1）单击下拉菜单【工程量】→【计算日志】命令，打开计算日志记事本文本文件，里面有计算过程中出问题的构件定额编码、构件名称、位置、出错信息的描述，依据此信息可以找到出问题的构件，如图 7.1-4 所示。

图 7.1-4

（2）单击下拉菜单【导出 Excel】按钮，可将计算结果保存成 Excel 文件，输出到其他计价软件中使用。

注意：

（1）由于生成打印预览需要打印机设置中提供纸张的尺寸，用户在计算前应该先安装打印机设置。如果用户没有安装，程序会提示用户。

（2）报表导出到 Excel 中数值部分更改为数值格式（原为文本格式）。

7.2 报表输出及结果分析

单击工具栏 （计算报表）图标，进入鲁班算量计算书，如图 7.2-1 所示。

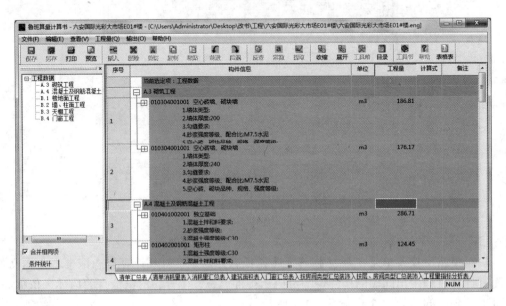

图 7.2-1

在报表中软件提供了多种数据汇总方式，方便用户查看统计工程量计算数据。当发现某项所套定额或计算数据不合理，可以切换回软件界面对照进行检查修改。修改完成后，可采用增量计算 +对修改涉及的相关操作进行计算。

已经整体计算过的工程，对图形或者属性作了少量的修改，只需计算修改涉及的相关构件，不相关的构件不必处理，这时采用增量计算，可以节约大量时间，提高效率。

7.3 输出到 EXCEL

目前市面上有许多的计价软件，且大多都支持 Excel 表格导入工程量的功能，因此，我们这里介绍如何将计算书输出到 Excel 表格中。

左键单击 图标，进入到【鲁班算量计算书】界面。

单击 按钮，在弹出对话框内（如图 7.3-1 所示）进行表格路径的修改，即可将鲁班计算书转换成 Excel 格式导出。

图 7.3-1

第8章 工程建模实例

本实例选用了某地区大市场工程图纸（见附录一、附录二）作为本书实例来讲解。

一、设计依据

1. 本工程的建设主管单位对初步设计或方案设计的批复文件。

2. 城市建设规划管理部门对本工程初步设计或方案设计的审批意见。

3. 消防、人防、环保等部门对本工程初步设计或方案设计的审批意见。

4. 经批准的本工程设计任务书、初步设计或方案设计文件，建设方的意见。

5. 现行的国家有关建筑设计规范、规程和规定。

6. 其他。

二、建筑概况

本工程层数为 5 层，建筑占地面积：1623m²。

建筑面积：7962m²，建筑高度：18.90m。本工程耐火等级为二级。

屋面防水等级为二级，结构合理使用 50 年；抗震设防烈度：7 度。

三、建筑设计说明

1. 本工程底层地坪标高±0.000m，相当于绝对标高值为 50.3m，室内外标高 0.150～0.600m。

2. 本工程图纸标高（除注明外）为结构面标高，建筑面层应另加粉刷层厚度。

3. 本工程图纸除标高和总平面图尺寸以米为单位外，其余尺寸均以毫米为单位。

8.1 效果图

完成后整体三维显示如图 8.1-1 所示。

图 8.1-1

第9章 云 功 能

鲁班软件在线云模型检查功能是专门针对 VIP 用户提供的在线服务体验。正式版用户需先升级 VIP 用户后方可使用。

9.1 云模型检查

9.1.1 云模型检查概述

云模型检查是综合了合法性检查的 9 大项检查内容，同时提高到现在的 1100 项检查内容，在大幅提升算量准确性同时，还大大减少模型检查和改错工作量。让一个新人快速提升建模质量，提高准确率。鲁班云模型检查功能是由数百位专家支撑的知识库，可动态更新，实时把脉，避免可能高达 10％的少算、漏算、错算，避免巨额损失和风险。

鲁班土建 2014V25.2.0 版本中云模型检查将错误类型进行了分级。错误类型分为"确定错误"、"疑似错误"、"提醒信息"，大幅度减少疑似错误项目。

（1）检查工程。

如果您已经完成了工程，本系统可以自动检测您制作工程中出现的很多错误，检查完成，云检查对话框内：混凝土等级合理性、属性合理性、建模遗漏、建模和理性、计算结果合理性，会完全地报出您所有建模属性错误。极大地提高建模的出量的准确性。

（2）自定义检查。

打开云检查模型第三个窗口命令，可以自定义调节检查所选定的楼层和构件。

（3）云模型检查类别。

云模型检查分四大类：

1）混凝土等级合理性。

构件混凝土等级合理性一项，是指软件中各类构件设置的混凝土等级小于设计规范中各类构件混凝土等级设定值，多数情况由于定义属性时错误输入引起的。虽不影响混凝土的整体工程量，但会影响到按混凝土不同等级统计工程量的准确性，进而影响工程造价的准确性。因此检查出此类问题，应予及时修复方法。

2）属性合理性。

构件属性合理性一项，是指软件中各种属性和实际规范不同等，如矩形混凝土柱边小于 250mm，圆形混凝土柱直径小于 350mm 等。因此检查出此类问题，给予及时修复方法。

3）建模遗漏。

建模遗漏一项，是指软件中各种建模遗漏，如无主题后浇带，门窗未布置过梁，墙面无装饰，卫生间未布置翻边，无墙裙，无保温层等。因此检查出此类问题，给予修正的方法。

4）建模合理性。

建模合理性一项，是指在建模过程中出现如未闭合墙体，构件重叠，房间无门窗洞，跨层构件未处理，无效构件，构件偏差等。因此检查出此类问题，给予提示和修正定位方法。

9.1.2 如何使用云模型检查

单击右侧【云模型检查】命令 图标，打开云模型检查，点击检查全工程，如图 9.1-1 所示，单击"全工程检查"按钮。

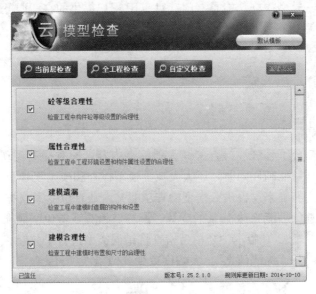

图 9.1-1

点击检查全工程时会对您的整个工程进行扫描和检查各项错误，检查完成后可以看到五大项内容中的错误，如图 9.1-2 所示，就可以开始查找错误项。

图 9.1-2

9.1.3　修复定位出错构件

　　首先单击需要查看的错误类别【建模合理性】，再单击云模型检查【查看详细】按钮，打开云模型检查【建模合理性】菜单，如图 9.1-3 所示，单击"定位"按钮。能够查看到需要修改的构件位置。墙体未封闭的情况下，在"修复＼定位"中单击"修复"即可完成修复错误。

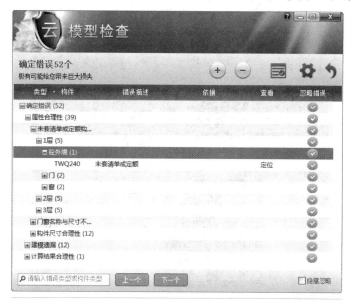

图 9.1-3

9.1.4　自定义检查

　　单击【自定义检查】按钮，再点击自定义检查需要选择的楼层和构件，如图 9.1-4 所示，单击"开始"命令，软件便自动对设置的楼层及构件进行云模型检查。

图 9.1-4

9.2 自动套

单击菜单栏中【云功能】→【自动套】命令,可根据软件弹出的提示框进行自动套取清单及定额。

(1)鼠标左键单击"自动套"命令,软件弹出可供选择的自动套地区定额,如图 9.2-1 所示。

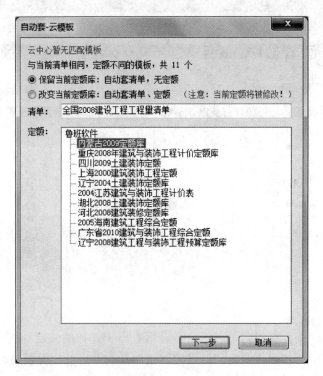

图 9.2-1

(2)选择用户需要的地区定额后,单击"下一步"按钮,软件弹出图 9.2-2 对话框,用户可根据需要,选择需要自动套取的构件。

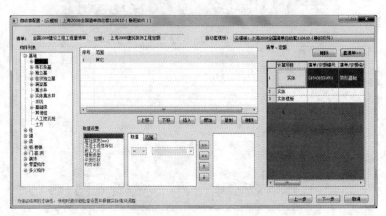

图 9.2-2

（3）对需要自动套取清单定额的构件选择及修改后，单击"下一步"按钮，软件弹出选择楼层及构件的提示，用户可根据需要对楼层及构件进行勾选，如图 9.2-3 所示。

图 9.2-3

（4）选择后，即可单击"完成"按钮，弹出以下对话框，软件再次提示是否确认自动套取定额，如图 9.2-4所示。

（5）单击"是"按钮后，软件自动对选择的楼层构件进行套取清单及定额，如图 9.2-5 所示。

提示：软件会根据不同的清单与定额弹出不同的对话框，有以下三种情况：

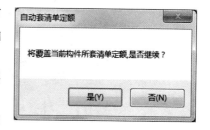

图 9.2-4

（1）用户选择清单与定额均匹配，自动套模板，直接出现图 9.2-6 所示，其余操作同上。

图 9.2-5

（2）如用户选择的清单与定额其中一项与自动套模板不匹配，弹出如图 9.2-7 所示，选择后可进行自动套，其余操作同上。

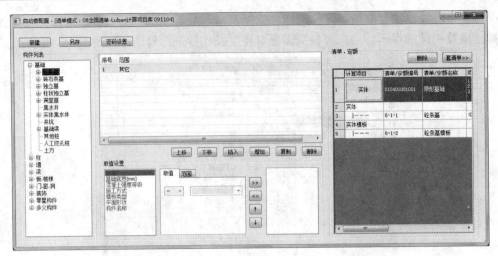

图 9.2-6

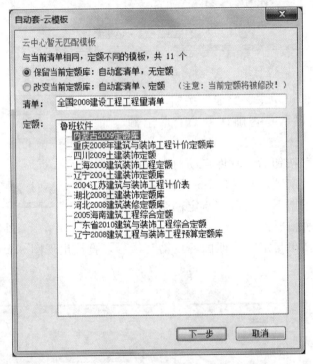

图 9.2-7

（3）如用户选择的清单定额均未匹配自动套模板，软件提示，不能使用自动套—云模板，如图 9.2-8 所示。

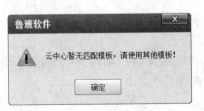

图 9.2-8

9.3 指标库

用鼠标单击【云功能】下的【云指标库】，可以进行工程量指标的上传、对比、管理和共享。

单击【云功能】下的云指标库，弹出云指标库的界面，如图 9.3-1 所示，上传指标可以上传当前工程和上传其他工程。上传当前工程就是上传软件正在画或者画好的工程，上传其他工程是指可以上传存在本地的工程到云指标库里面。

图 9.3-1

上传后的指标会出现在我的指标库里。用户可以点击标签管理方式，通过用户配置，智能对指标进行分组管理，如图 9.3-2 所示。

图 9.3-2

上传后的指标可以根据自己的需要进行指标的查看、编辑和删除，如图 9.3-3 所示。

选择要相互对比的工程，单击"加入对比"，再单击"对比指标"按钮，会出现选择对比方式，选择好后单击"确定"按钮，进入对比数据，如图 9.3-4 所示。

图 9.3-3

图 9.3-4

单击 ![按钮] 按钮，进入共享设置，如图 9.3-5 所示，可以输入鲁班通行证添加到自己的联系人，然后双击已增加的联系人加入到右边空白处进行共享，最后按下"确定"按钮即可。

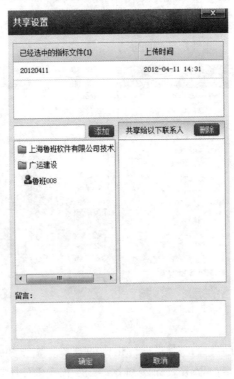

图 9.3-5

9.4　检查更新

鼠标单击菜单栏中【云功能】→【检查更新】命令，软件自动搜寻是否有新版本更新，单击"开始升级"按钮，如图 9.4-1 所示。

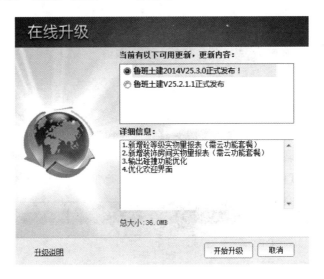

图 9.4-1

第10章 BIM 应用

10.1 施工段

10.1.1 布施工段

执行下拉菜单【BIM 应用】→【施工段】→【布施工段】命令，或单击轴网命令中 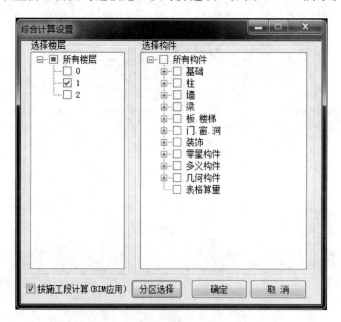布施工段图标，在工程中对应的区域布置上对应类别的施工段，然后点击工程量计算命令，对工程进行计算，在计算设置窗口需要勾选按施工段计算选项，如图 10.1-1 所示。

图 10.1-1

注意：需要按分区出量，必须勾选"按施工段计算"选项。

10.1.2 施工顺序

执行下拉菜单【BIM 应用】→【施工段】→【施工顺序】命令，或单击轴网命令下的 施工顺序 图标，将相应的施工段计算顺序进行前后的调整。当一个构件与两个施工段相交的时候，可以通过调整施工段的顺序，来修改构件的施工段计算读取，如图 10.1-2 所示。

10.1.3 指定分区

执行下拉菜单【BIM 应用】→【施工段】→【指定分区】命令，或单击轴网命令下的指定分区图标。可以将构件指定到对应的施工段下，进行分区出量。

10.1.4　设置类别

执行下拉菜单【BIM 应用】→【施工段】→【设置类别】命令。可以将对应的构件进行分类，将其归类到其他施工类别中，如图 10.1-3 所示。

图 10.1-2　　　　　　　　　　　　　　　图 10.1-3

10.2　分割土方

10.2.1　标高分割

执行下拉菜单【BIM 应用】→【分割土方】→【标高分割】命令，选择相应的土方构件，会自动弹出"标高分割土方"对话窗口，如图 10.2-1 所示，在里面设置对应的数据即可。输入的数据是工程里对应的属性标高，需要和土方的标高对应起来。

注意：①标高单位为米；②输入的数据为标高，所以需要进行高度换算，需要将标高设置成依次叠加的形式。

10.2.2　网格分割

执行下拉菜单【BIM 应用】→【分割土方】→【网格分割】命令，在弹出对话框内输入相应的距离属

图 10.2-1

性、线条属性和旋转角度，如图 10.2-2 所示，单击"确定"按钮，选择一个布置基点，即可将土方按照网格的形式分割。

图 10.2-2

10.3 节点生成

10.3.1 梁柱节点

执行下拉菜单【BIM 应用】→【节点生成】→【梁柱节点】命令，在"外扩距离"的窗口里，如图 10.3-1 所示。

输入对应的外扩距离，然后选择需要生成节点的柱子，右键确定，软件就会根据设置自动生成梁柱节点，如图 10.3-2 所示。

图 10.3-1

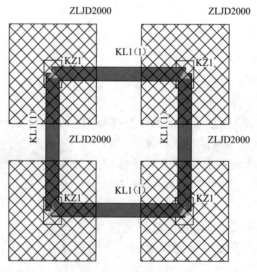

图 10.3-2

10.3.2 梁板节点

执行下拉菜单【BIM 应用】→【节点生成】→【梁板节点】命令，在"外扩距离"的窗口里，如图 10.3-3 所示。

　　输入对应的外扩距离，然后选择需要生成节点的梁，右键确定，软件就会根据设置自动生成梁板节点，如图 10.3-4 所示。

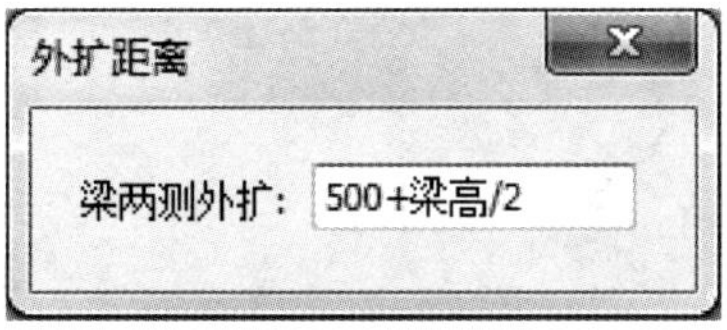

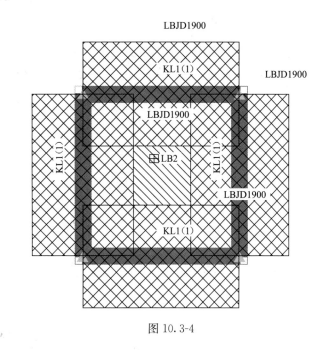

图 10.3-3

图 10.3-4

10.4　高大支模查找

　　执行下拉菜单【BIM 应用】→【高大支模查找】命令，在对话框内（图 10.4-1 所示），将相应的数据范围进行设置，单击"查找"按钮，即可根据设置的数据，查找出符合条件的构件。

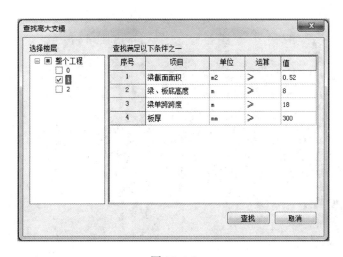

图 10.4-1

10.5　导入/导出 Revit、IFC、DAE 格式

10.5.1　导入 Revit

执行下拉菜单【BIM 应用】→【导入 Revit】命令，在对话框内选择由 Revit 导出的 rlbim 格式的文件，打开之后，在【导入方式选择】窗口中选择【工程整体导入】，如图 10.5-1 所示。

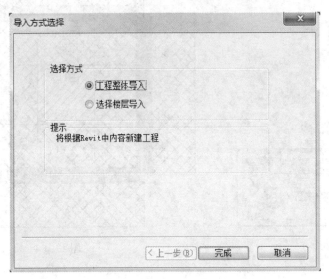

图 10.5-1

下面分别为 Revit 模型和导入鲁班土建之后的模型。

Rveit，如图 10.5-2 所示。

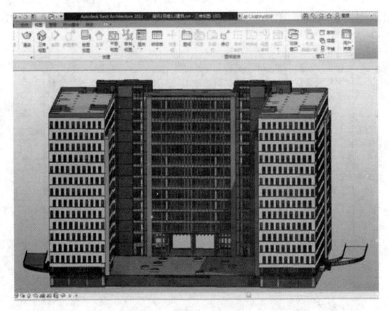

图 10.5-2

鲁班土建，如图 10.5-3 所示。

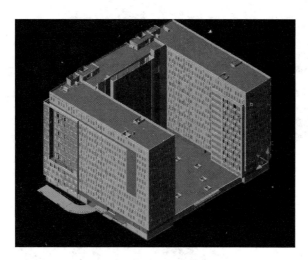

图 10.5-3

10.5.2　导入 IFC

执行下拉菜单【BIM 应用】→【导入 IFC】命令，在对话框内选择其他设计、算量软件导出的 IFC 格式的文件，打开之后，在【楼层设置】窗口中选择【按 IFC 文件楼层】，如图 10.5-4 所示。

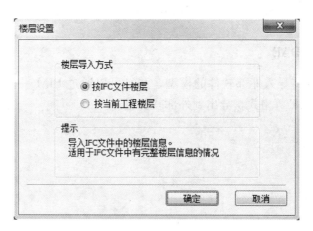

图 10.5-4

IFC 格式作为一个国际通用的建筑产品数据表达格式，鲁班软件可以通过 BIM 平台，将其他设计、建模软件导出的 IFC 格式的文件，完整地导入到鲁班软件里，下面分别是 Tekla 软件的模型和鲁班软件的模型。

Tekla，如图 10.5-5 所示。

鲁班软件，如图 10.5-6 所示。

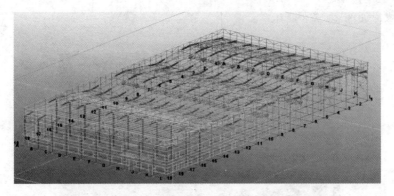

图 10.5-5

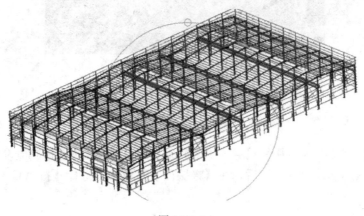

图 10.5-6

10.5.3　导出 IFC、DAE

鲁班软件不仅支持导入外部软件的模型，并且可以通过 BIM 平台，将鲁班软件建立的模型通过 IFC、DAE 等格式，导出到外部软件里。

第二篇　钢筋算量软件

第11章 软件的安装与运行

11.1 系统配置要求（运行环境）

软件系统配置要求见表11.1-1。

系统配置要求

表 11.1-1

硬件与软件	最低配置	推荐配置
处理器	Pentium133MHz	PentiumⅢ1.0GHz 或以上
内存	512MB	1G 或以上
硬盘	80MB 磁盘空间	300MB 磁盘空间或以上
光驱	4 倍速 CD-ROM	52 倍速 CD-ROM 或以上
显示器	800 * 600 分辨率	1280 * 1024 分辨率或以上
鼠标	标准两键鼠标	标准三键＋滚轮鼠标
键盘	PC 标准键盘	PC 标准键盘＋鲁班快手
操作系统	Windows 98 简体中文版	Windows2000/XP 简体中文版
CAD 图形软件	AutoCAD2002 简体中文版	AutoCAD2006 简体中文版

11.2 软件安装方法

鲁班钢筋软件2014的正式商品已经在官网上发布，可以免费下载软件。运行鲁班钢筋 lbgj2014V23.1.0.exe，首先出现安装提示框，如图11.2-1所示。

图 11.2-1

单击"下一步"按钮，出现"许可证协议"对话框，如图 11.2-2 所示。

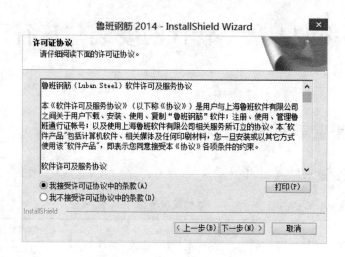

图 11.2-2

选择"我接受许可证协议中的条款"，并单击"下一步"按钮，出现"安装路径"对话框，如图 11.2-3 所示。

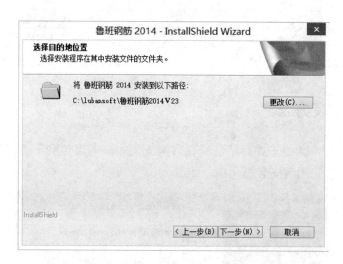

图 11.2-3

设置好安装路径后，单击"下一步"按钮，出现"选择程序文件夹"对话框，如图 11.2-4 所示。

选择好后，单击"下一步"按钮，出现"安装提示"对话框，如图 11.2-5 所示。

单击"安装"按钮，软件开始安装程序，如图 11.2-6 所示。

安装完成后，出现"安装完成"对话框，如图 11.2-7 所示。

单击"完成"按钮后，即软件已完成安装。

重新启动计算机，完成鲁班软件的安装。

鲁班钢筋 2014 - InstallShield Wizard
选择程序文件夹
安装程序会将程序快捷方式添加到以下列示的“程序文件夹”中。您可以输入新的文件夹名称，或从“现有文件夹”列表中选择一个文件夹。单击“下一步”以继续。
程序文件夹(P):
鲁班软件
现有文件夹(X):
Google Earth
Maintenance
Microsoft Office
StartUp
System Tools
Tablet PC
WinRAR
鲁班工程基础数据分析系统
鲁班软件
InstallShield
< 上一步(B)
下一步(N) >
取消

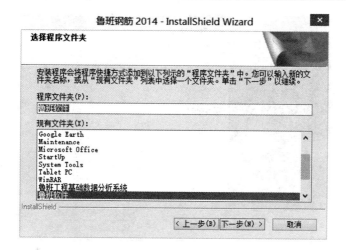

图 11.2-4

鲁班钢筋 2014 - InstallShield Wizard
可以安装该程序了
向导已就绪，可以开始安装了。
单击“安装”以开始安装。
如果要检查或更改任何安装设置，请单击“上一步”。单击“取消”退出安装向导。
InstallShield
< 上一步(B)
安装
取消

图 11.2-5

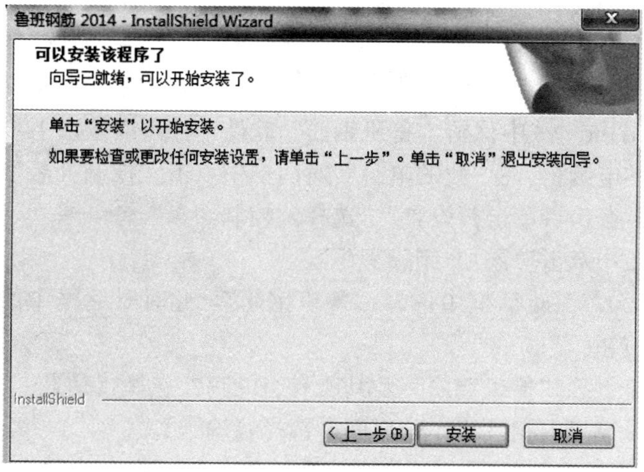

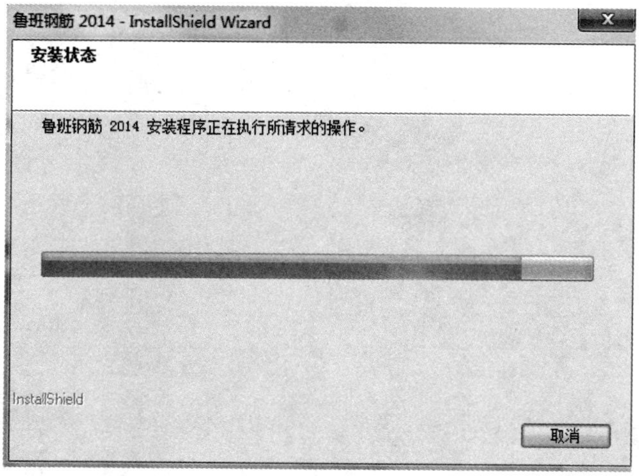

鲁班钢筋 2014 - InstallShield Wizard
安装状态
鲁班钢筋 2014 安装程序正在执行所请求的操作。
InstallShield
取消

图 11.2-6

图 11. 2-7

11. 3 软件的卸载

　　如果你不想在 Windows 中保留"鲁班钢筋"软件,你可以按以下步骤操作:

　　(1) 双击【我的电脑】,在"我的电脑"对话框中双击"控制面板";或者单击电脑桌面左下角的【开始】按钮,单击"设置",选择"控制面板"。

　　(2) 在控制面板中双击"添加/删除程序"。

　　(3) 在"安装/卸载"对话框中选择"鲁班钢筋",此时对话框中的【添加/删除】按钮会显亮,单击此按钮。

　　(4) 确定要完全删除"鲁班钢筋"及其所有组件吗? 选择【是】。

　　(5) 在从您的计算机上删除程序的界面中选择【确定】。

　　(6) "鲁班钢筋"完全删除后,确定是否重新启动计算机。一般情况下选择"是"。

　　(7) 重新启动计算机后,"鲁班钢筋"软件就从您的计算机中完全卸载掉了。

第 12 章　初识鲁班钢筋

12.1　钢筋的规格的表示与输入

图 12.1-1 列出目前鲁班钢筋软件支持输入的钢筋级别类型及输入方法。

级别/类型	符号	属性输入方式	单根输入方式
一级钢	Φ1	A	A 或 1
二级钢	Φ2	B	B 或 2
三级钢	Φ3	C	C 或 3
四级钢	Φ4	D	4
五级钢	$Φ^V5$	E	5
冷轧带肋	$Φ^R6$	L	L 或 6
冷轧扭	$Φ^t7$	N	N 或 7
冷拔	$Φ^b11$		11~15
冷拉	$Φ^L21$		21~25
预应力	$Φ^y31$		31~35

图 12.1-1

12.2　鲁班钢筋整体操作流程

鲁班钢筋整体操作流程如图 12.2-1 所示。

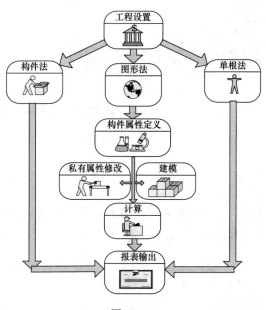

图 12.2-1

12.3 主界面介绍

通过主界面介绍，您可以对鲁班钢筋的主界面有个初步的认识。

鲁班钢筋主界面分为图形法与构件法两种，目前以图形法作为主界面，下面分别介绍两种主界面的构成。

12.3.1 图形法

图形法主界面的构成，主要有：①菜单栏；②工具栏；③构件布置栏；④属性定义栏；⑤绘图区；⑥动态坐标；⑦构件显示控制栏；⑧钢筋详细显示栏；⑨状态提示栏；⑩构件查找栏等构成，如图 12.3-1 所示。

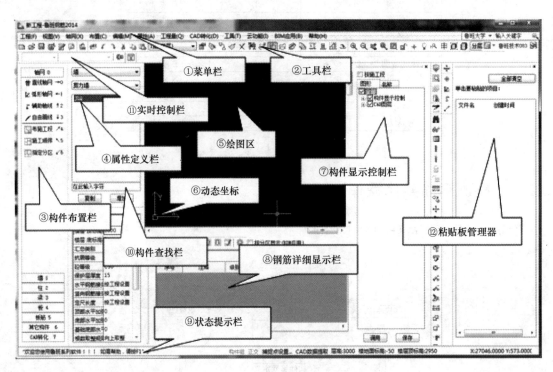

图 12.3-1

12.3.2 构件法

主界面的构成，主要有：①菜单栏；②工具栏；③目录栏；④钢筋列表栏；⑤单根钢筋图库；⑥参数栏等构成，如图 12.3-2 所示。

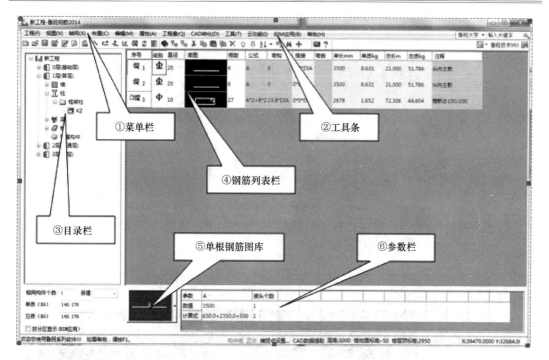

图 12.3-2

第 13 章　文件管理与结构

13.1　软件的启动

双击桌面图标 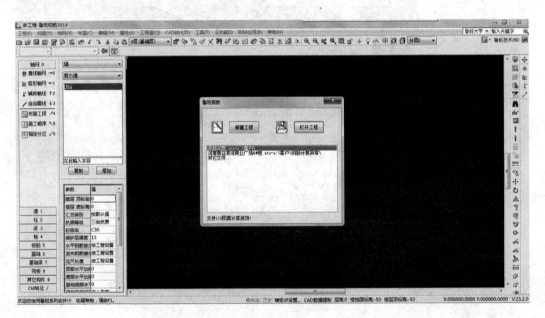，启动软件，呈现如图 13.1-1 所示界面，默认为打开已有工程。

图 13.1-1

（1）打开软件以后，可在下面的栏目里直接双击"选择已有工程"，或双击"其他文件…"，以"打开更多的工程"。

（2）选择新建工程，右键确定，则进入工程向导，提示具体的工程设置。

（3）直接点击"取消"或关闭此对话框，则工程按系统默认的工程设置开始（不推荐）。

13.2　新建工程

启动软件后，进入到鲁班钢筋界面，选择"新建工程"，再依次根据软件提示进行工程设置第 13.3 节具体介绍，如图 13.2-1 所示。

图 13.2-1

13.3　工程设置介绍

在新建工程时，需要在工程向导（工程设置）中，根据图纸的设计说明，定义工程的基本情况。在这里定义的属性项目以及计算规则，将作为工程的总体设置，对以下方面产生影响。

（1）新建构件属性的默认设置。

（2）构件属性的批量修改。

（3）图元属性的批量修改。

（4）工程量的计算规则。

（5）构件法构件的默认设置。

（6）报表。

下面，对工程设置中的每一项作出说明。

13.3.1　工程概况

如图 13.3-1 所示，编制时间可通过日历形式选择填写。

注：此处填写工程的基本信息、编制信息，这些信息将与报表联动。

13.3.2　计算规则

如图 13.3-2 所示，此处进行工程计算规则缺省值设置。

注：

（1）该设置中，单个弯钩增加值和箍筋弯钩增加值，以及弯曲系数，这 3 项为确定工程设置，立即生效；

（2）其他项因涉及整体计算，故需要在图形法中计算一遍才可生效。

在新推出的 V23.2.0.0 软件中，系统默认按 11G101 图集算法，与国标规范保持同步。同时可支持 03G、00G 自由切换，锚固设置、计算设置等自动调整，操作简单方便，如图 13.3-3 所示。

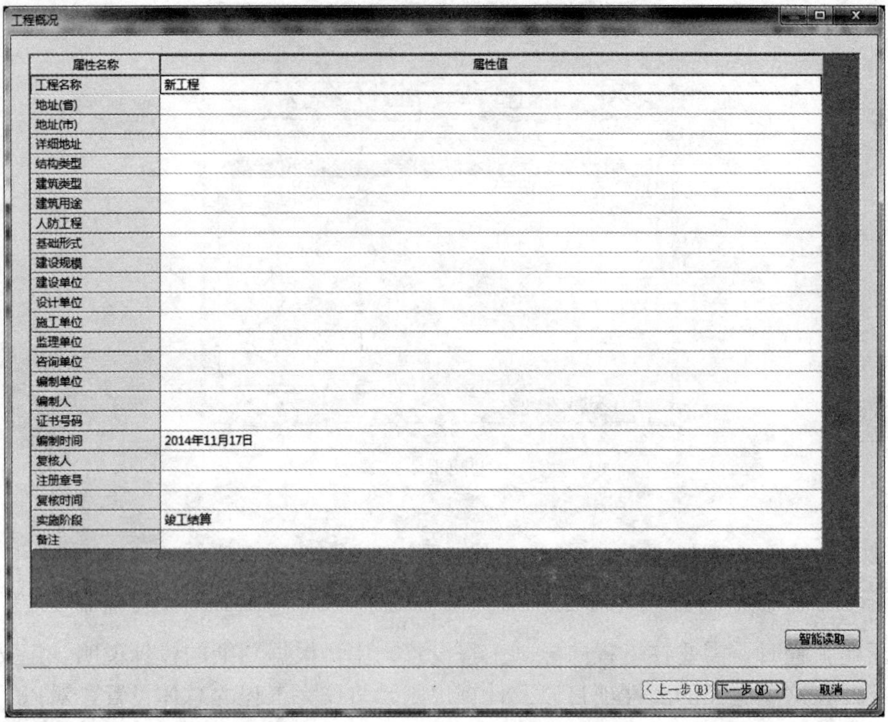
工程概况
属性名称
属性值
工程名称
新工程
地址(省)
地址(市)
详细地址
结构类型
建筑类型
建筑用途
人防工程
基础形式
建设规模
建设单位
设计单位
施工单位
监理单位
咨询单位
编制单位
编制人
证书号码
编制时间
2014年11月17日
复核人
注册章号
复核时间
实施阶段
竣工结算
备注
智能读取
上一步
下一步
取消

图 13.3-1

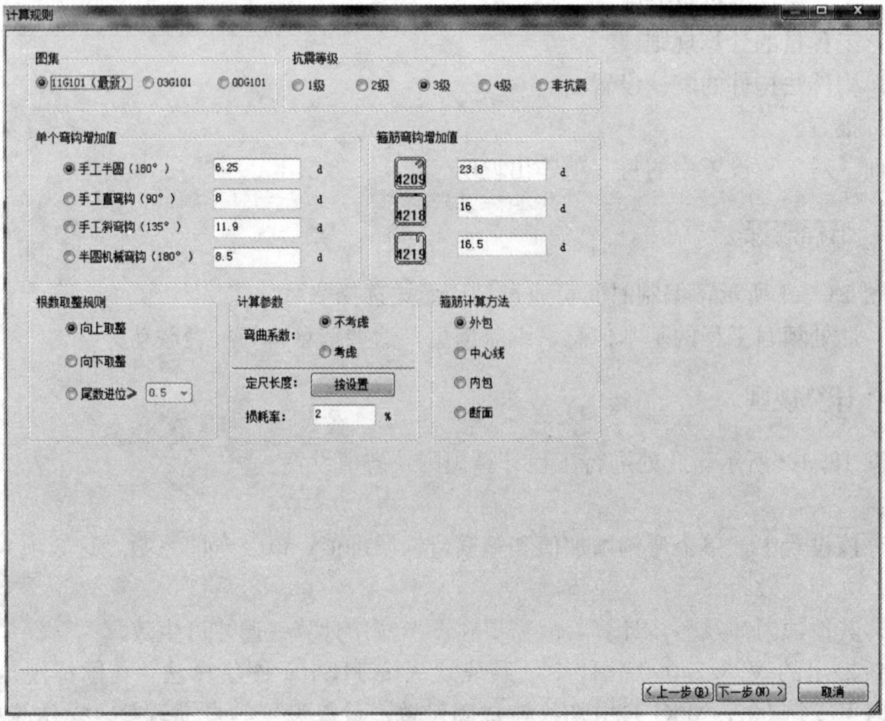
计算规则
图集
11G101（最新）
03G101
00G101
抗震等级
1级
2级
3级
4级
非抗震
单个弯钩增加值
手工半圆（180°）
6.25
手工直弯钩（90°）
8
手工斜弯钩（135°）
11.9
半圆机械弯钩（180°）
8.5
箍筋弯钩增加值
23.8
16
16.5
根数取整规则
向上取整
向下取整
尾数进位>
0.5
计算参数
弯曲系数：
不考虑
考虑
定尺长度：
按设置
损耗率：
2
%
箍筋计算方法
外包
中心线
内包
断面
上一步
下一步
取消

图 13.3-2

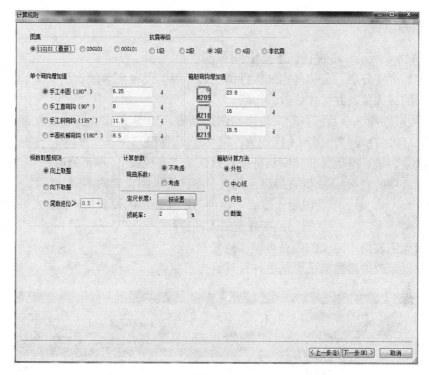

图 13.3-3

13.3.3　楼层设置

如图 13.3-4 所示，可进行楼层设置操作。

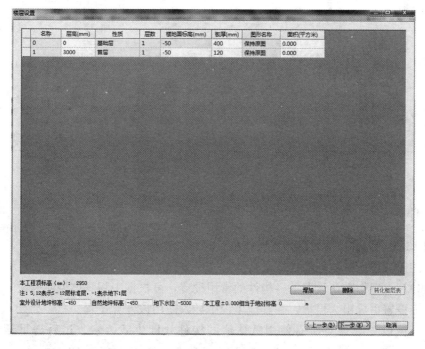

图 13.3-4

13.3.4　锚固设置

如图 13.3-5 所示，可进行如下操作：

（1）此处可按分层、分构件定义构件的抗震等级、混凝土等级、接头率、保护层以及相对应钢筋的锚固值，并可作修改。

（2）"楼层性质"项目可自定义楼层的附加名称，如图 13.3-4 所示。外部显示格式为"楼层名称（楼层性质）"。例如上图则为："2 层（设备层）"。

（3）次梁、板、基础等非抗震构件系统默认为"非抗震"，亦可修改。

（4）变红项的含义：① 抗震等级：与上一步计算规则设置的不同。

　　　　　　　　　　② 混凝土等级：构件与所在楼层的设置的不同。

　　　　　　　　　　③ 锚固值与规范值不同。

（5）锚固值表格中定义的项目可楼层间复制。

楼层设置修改的参数需图形法整体计算后方可生效。

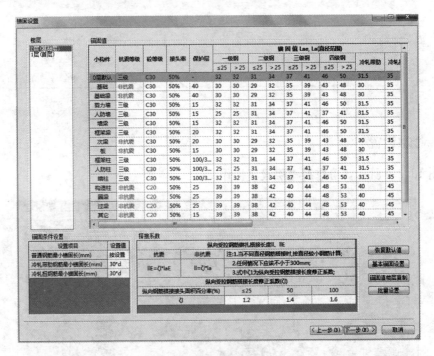

图 13.3-5

13.3.5　计算设置

如图 13.3-6 所示，可进行如下操作：

（1）图形法中所有构件的计算设置的默认设置。

（2）计算设置中默认设置的各构件的常用设置，可根据工程具体说明修改。

（3）该设置可导出为模板，在其他工程中导入使用该计算设置。

（4）计算设置项目对所有使用默认值的构件立即生效，修改过后需重新计算方可引用。

图 13.3-6

13.3.6　搭接设置

如图 13.3-7 所示，可按构件大类、小类，按钢筋的级别与直径范围，对接头类型作整体设置。

注：修改接头类型，需整体计算，计算结果方可引用。

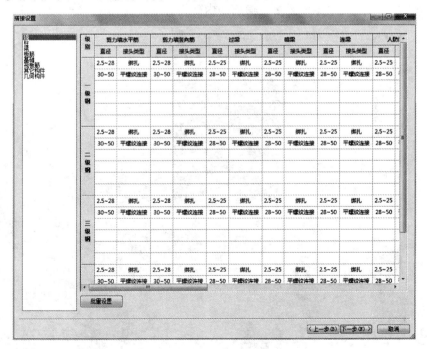

图 13.3-7

13.3.7　标高设置

如图 13.3-8 所示，可进行楼层标高和工程标高的设置，亦可选择按系统默认的进行设置。

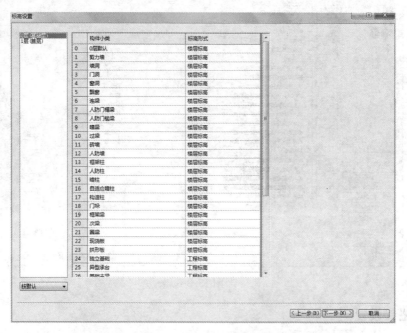

图 13.3-8

13.3.8　箍筋设置

如图 13.3-9 所示，总体设置多肢箍筋的内部组合形式。

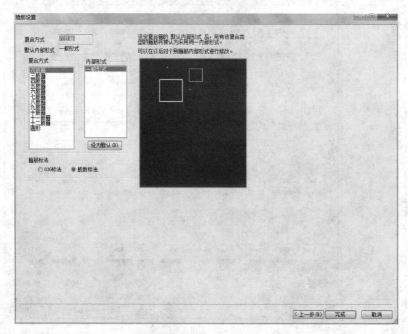

图 13.3-9

注：箍筋设置需图形法整体计算一遍，结果方可引用。

13.4 打开、保存、退出工程

13.4.1 打开工程

【操作步骤】：

第 1 步：单击"工程"→"打开"命令，打开"打开工程"界面，如图 13.4-1 所示。

图 13.4-1

第 2 步：选择需要打开的工程，如"5♯楼.stz"，单击"打开"按钮，即可打开选择的工程。

13.4.2 保存

使用"保存"，可以保存您所建立的工程，建议在"新建工程"结束后立刻就执行"保存工程"操作。

【操作步骤】：

第 1 步：单击"工程"→"保存"命令，如果是第一次保存，则会弹出"保存"界面。

第 2 步：输入文件名，单击"保存"按钮即可保存工程。

说明：

（1）软件默认工程保存的目录为"X：\ Lubansoft \ 鲁班钢筋 2014V23 \ 用户工程"，其中"X"为安装软件时的盘符。

（2）如果已经保存过一次，则再次点击保存时会直接进行保存，不会再弹出任何窗口。

（3）为了防止工程数据丢失，建议您养成经常保存的良好习惯。同时软件也提供了自动保存的功能。

图 13.4-2

13. 4. 3　退出

如果想退出系统，选择菜单中【工程→退出】，或保存工程后直接关闭，点击软件右上角的"关闭"按钮，即可退出。

第14章 图形法算量之属性定义

14.1 构件属性定义界面

单击【菜单：属性——进入属性定义】命令，或工具栏 图标，进入构件属性定义界面，如图 14.1-1 所示。

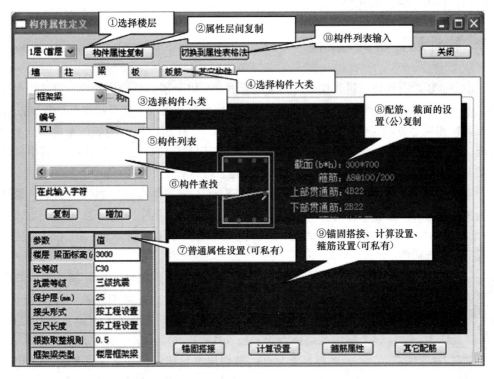

图 14.1-1

① 选择楼层：选择构件所在的楼层。

② 属性层间复制：属性层间复制，详见第 14.2 节。

③ 选择构件小类：对应所在大类的小类。

④ 选择构件大类：切换大类。

⑤ 构件列表：所有构件属性在此列出。

⑥ 构件查找：输入构件名称，即时查找。

⑦ 普通属性设置（可私有）：包括标高、抗震、混凝土等级、保护层、接头形式、定尺长度、取整规则、其他（普通属性设置均可进行多次修改设置）。这些属性与工程总体

设置的图元属性相关，可以设置为私有。

⑧ 配筋、截面的设置（公）：配筋 & 截面无总体设置，在此给出初始默认值，并且属于一个构件属性的图元的配筋、截面信息必定相同。

⑨ 锚固搭接、计算设置、箍筋设置（可私有）：这三项为弹出对话框的属性项，也有对应的总体属性设置与图元属性，可以设置为私有。

⑩ 构件列表输入：可用进入构件属性列表输入。

"构件属性定义"中私有属性的概念：以上的第⑦、⑨项为可以设置为私有属性的项。私有属性的定义为：这些项目在工程总体设置中有对应的默认设置，在"构件属性定义"中也可以将这些默认设置修改，修改项变红表示，表示这一项不再随总体设置的修改而批量修改；其他未变红的项目仍然对应总体设置，随总体设置的修改批量修改。

恢复私有属性为共有属性的方式：选择项——选择"按工程设置"；填写项——选中对应的项，回退删除，确定即可。

14.2 构件属性层间复制

单击 构件属性复制 按钮，进入构件属性复制界面，可以分层、分构件对定义好的属性层间复制。可从任一楼层作为源楼层，向任意其他目标楼层复制属性，软件提供三种复制方案：

覆盖：相同名称的构件被覆盖，不同的被保留，没有的不增加。例如，源楼层选择为 1 层，墙有 Q1、Q2、Q3，目标楼层选择为 2 层，墙有 Q1、Q4，覆盖后，则 2 层中的墙体变为 Q1、Q2、Q3、Q4。Q1 被覆盖、Q4 被保留、原来没有的 Q2、Q3 为新增构件。

引用：只增加不同名称的构件，遇到同名称时，不覆盖原有构件属性。例如，源楼层选择为 1 层，墙有 Q1、Q2、Q3、Q5，目标楼层选择为 2 层，墙有 Q1（与 1 层 Q1 不同），增加后，则 2 层中的墙体变为 Q1、Q2、Q3、Q5。Q1 保持不变、原来没有的 Q2、Q3、Q5 为新增构件。

图 14.2-1

新增：直接在目标楼层增加构件属性，在复制过去的同名构件后加-n。例如，源楼层选择为 1 层，墙有 Q1、Q2、Q3、Q5，目标楼层选择为 2 层，墙有 Q1（与 1 层 Q1 不同），增加后，则 2 层中的墙体变为 Q1、Q1-1、Q2、Q3、Q5。

选择好要复制的源楼层、目标层、要复制的构件后，点击复制，软件提示如图 14.2-1 所示。完成后关闭界面即可。

14.3 构件大类与小类

构件属性定义与绘图建模都是基于构件大类与小类的划分之上（表 14.3-1）。

构件分类 表 14.3-1

大类构件	小类构件
墙	剪力墙、洞口、连梁、暗梁
柱	框架柱、暗柱、自适应暗柱

续表

大类构件	小类构件
梁	框架梁、次梁（在框梁内部选择）
板	现浇板
板筋	底筋、负筋、双层双向钢筋、支座负筋、跨板负筋、撑脚
基础	独基、基础梁、条形基础、筏板、筏板筋

第15章 图形法常用命令详解

15.1 轴网

15.1.1 直线轴网

（1）创建直线轴网。

鼠标左键单击"直线轴网"的图标 ╪ 直线轴网，弹出如图 15.1-1 对话框。

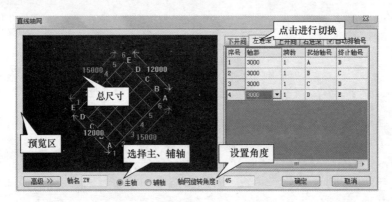

图 15.1-1

左键单击"高级"选项，设置轴网的界面 2，如图 15.1-2 所示。轴网注释见表 15.1-1。

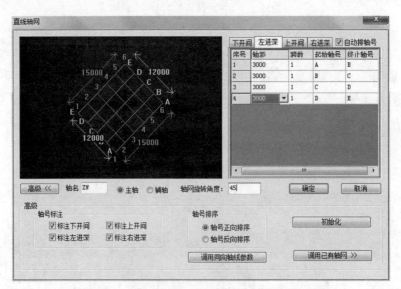

图 15.1-2

	轴网注释	表 15.1-1
预览区	显示直线轴网,随输入数据的改变而改变,"所见即所得"	
上开间、下开间	图纸上方标注轴线的开间尺寸、图纸下方标注轴线的开间尺寸	
左进深、右进深	图纸左方标注轴线的进深尺寸、图纸右方标注轴线的进深尺寸	
自动排轴号	根据起始轴号的名称,自动排列其他轴号的名称。例如:上开间起始轴号为 s1,上开间其他轴号依次为 s2、s3……	
轴名	可以对当前的轴网进行命名,例如 zw1,zw2 等,构件会根据轴网名称自动形成构件的位置信息	
主轴、辅轴	主轴,对每一楼层都起作用;辅轴,只对当前楼层起作用,在前层布置辅轴,其他楼层不会出现这个辅轴	
高级	轴网布置进一步操作的相关命令	
轴网旋转角度	输入正值,轴网以下开间与左进深第一条轴线交点逆时针旋转; 输入负值,轴网以下开间与左进深第一条轴线交点顺时针旋转	
确定	各个参数输入完成后可以点击"确定"退出直线轴网设置界面	
取消	取消直线轴网设置命令,退出该界面	

注:将"自动排轴号"前面的"√"去掉,软件将不会自动排列轴号名称,可以任意定义轴号的名称。

【高级〈〈】

【轴号标注】:四个选项,如果不需要某一部分的标注,点击鼠标左键将其前面的"√"去掉即可。

【轴号排序】:可以使轴号正向或反向排序。

【调用同向轴线参数】:如果上下开间(左右进深)的尺寸相同,输入下开间(左进深)的尺寸后,切换到上开间(右进深),左键单击"调用同向轴线参数",上开间(右进深)的尺寸将拷贝下开间(左进深)的尺寸。

【初始化】:相当于删除本次设置的轴网。执行该命令后,轴网绘制图形窗口中的内容全部清空。

【调用已有轴网】:左键单击,如图 15.1-3 所示,可以调用以前的轴网并进行编辑。

【浮动轴号】:如果将图形放大,看不到轴网的轴号时,软件会自动出现浮动的轴号,便于识别操作,如图 15.1-4 所示。

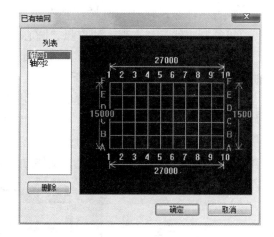

图 15.1-3

(2)修改直线轴网:

1)增加一条轴线。

参照"15.1.2 辅助轴线"的操作命令。

2)删除一条轴线。

左键点击选中轴网,右键单击要删除的轴线(开间或进深,软件会自动识别),标注会自动变化。

3)添加进深(开间)轴线。

用鼠标点击所在进深(开间)方向增加一条轴线,(开间或进深,软件会自动识别)

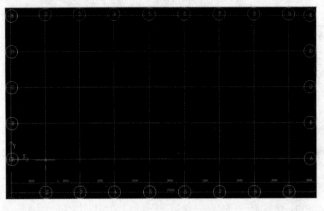

图 15.1-4

软件自动增加分轴号标注。

　　4）删除一段轴线。

　　删除鼠标点击的开间（进深）内轴线（开间或进深，软件会自动识别）。

　　5）在直线轴网中，修改轴网的数据。

　　双击已建好的轴网，进入到轴网编辑（图 15.1-1），可对已建好的轴网的数据进行修改。

15.1.2　辅助轴线

　　执行该命令，在"实时控制栏"出现 ⬚⬚⬚⬚⬚ 图标，可以增加不同形式的辅助轴线，可绘制直线、三点弧、两点弧、圆心半径夹角弧、平行线。

　　（1）画法参见直线、三点弧、两点弧、圆心半径夹角弧的画法介绍，绘制完毕后输入轴线的轴号即可，如图 15.1-5 所示。

　　（2）增加平行的辅轴：最简单的是用" 平行线"。首先点击命令，鼠标由十字形变为方块形，再选择一条"轴线"（是"轴线"而不是"轴符"），然后鼠标移开，向偏移的方向点击鼠标左键，出现如下对话框（图 15.1-6），输入完成后单击"确定"按钮。最后出现输入轴符（图 15.1-7）即可，最终如图 15.1-8 所示。

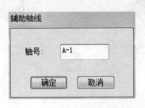

图 15.1-5

图 15.1-6

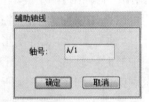

图 15.1-7

图 15.1-8

15.2　墙

鼠标左键单击左边的"构件布置栏"中的"墙"图标，按钮展开后具体命令包括"连续布墙"、"智能布墙"、"墙洞"、"暗梁"、"连梁"、"洞口布连梁"、"过梁"。

15.2.1　连续布墙

（1）鼠标左键单击"构件布置栏"中的"连续布墙"图标，光标由"箭头"变为"十"字形，同时弹出如图 15.2-1 中的【绘图工具条】，默认为"直线"状态，还可以选择"三点弧"、"两点弧"、"圆心半径夹角弧"、直线点加等绘制方式。

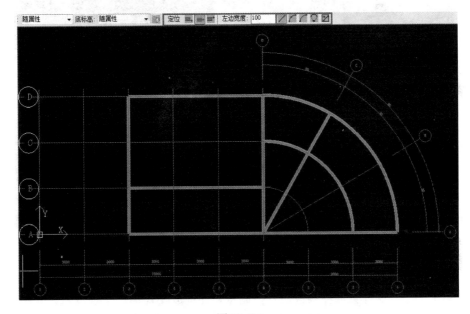

图 15.2-1

（2）布置墙时，实时控制栏弹出输入左半边宽，即时输入墙的左半边宽度，如图 15.2-1 所示。左半边宽的定义如下：按绘制方向，鼠标指定点（经常是轴线上的点）与墙左边线的距离。

（3）弧形墙的绘制方式：参考轴网中弧线的绘制方式，可以用"三点弧"、"2 点夹角弧"、"圆心弧"三种方式绘制。绘制完成的弧线墙，不能重新再修改其弧线图形信息。

（4）点加绘制方式：绘制墙提供"点加绘制"，即根据方向与长度确定墙的位置，主要用于绘制短肢剪力墙。

操作方式：选择"点加绘制"绘制墙体，选择墙体的第一点，确定后，软件自动弹出"输入长度值"对话框，如图 15.2-2 所示。

分别输入"指定方向长度"和"反方向长度"的数值，确定后，软件按照用户给定的数值，确定墙体的长度。

（5）相对坐标绘制：在绘制墙时可以按住 Shift，跳出

图 15.2-2

对话框，确定所点位置的相对坐标。

（6）垂直绘制：F8 或绘图区下方可切换垂直绘制模式，用于限定墙的方向。

（7）连续布墙后，如果是同类型的墙体，只有第一个布置的墙体显示配筋情况（其他构件相同），其他墙体只会出现墙体名称，如上图。

（8）属性定义，可以先布置构件，也可以先定义属性。

（9）图形的修改、编辑：

1）更换已经定义好的其他类型的墙体，可通过"构件名称更换 ✎"命令实现，如图 15.2-3 所示。

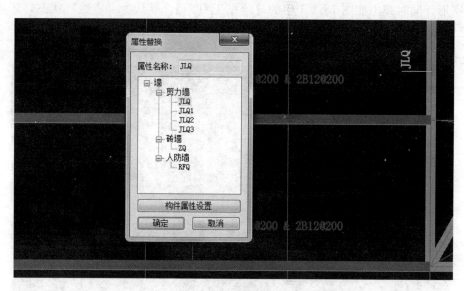

图 15.2-3

2）单击某一段墙体，墙体两段出现控制点，光标放在任何一个控制点内，可以拉伸、缩短、旋转该构件，同时，为确保绘制好墙体不易被误操作修改，也可以控制不允许拉伸与拖动。

3）选中某段（某些）墙体，可以执行常用工具栏中的"删除"、"带基点复制"、"带基点移动"、"旋转"、"镜像"等命令。

4）选中某段（按住 shift 键，可以多选）墙体，点击鼠标右键，可以执行右键菜单中的相关命令。

15.2.2　轴网成墙

（1）鼠标左键单击"构件布置栏"中的"轴网成墙"图标，光标由"十"字形变为"方块"形，再到绘图区内框选相应的轴网（轴线），被选中的轴网（轴线）即可变为指定的墙体。

（2）框选的范围不同，生成墙体的范围也不同，如图 15.2-4、图 15.2-5 所示。图 15.2-4 框中是四条轴线，就会生成四段墙体；图 15.2-5 框中的只有一段轴线，只生成一段墙体。

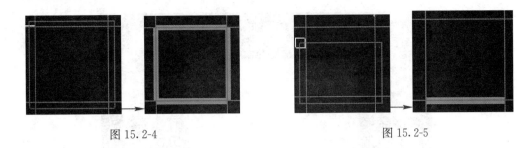

图 15.2-4　　　　　　　　　　　　　　　　图 15.2-5

（3）如果选中的轴网（轴线）已经布置上了墙体，或画线布置的墙体与已有墙体重合，软件会给予提示：有墙体与已有构件重叠，没有墙体的部位依然会布置上相应的墙体。

15.2.3　连梁

（1）鼠标左键单击"构件布置栏"中的"连梁"图标，光标由"■"形变为"■"字形，再到绘图区内相应位置点击左键布置连梁，鼠标左键选择第一点，左键确定第二点的位置，右键确认，并结束命令，如图 15.2-6 所示。

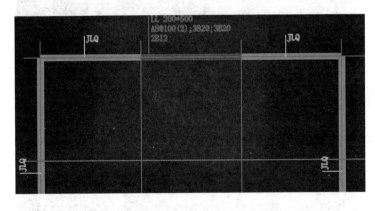

图 15.2-6

（2）其他的操作与剪力墙的操作方法相同。

15.2.4　墙变斜设置

（1）鼠标左键单击"工具栏"中的"✎"图标，光标会变成一个小方块形状，选择要变斜的墙的那道墙，点击右键确定。

（2）会弹出如图的对话框，提示输入"第一点标高"，可以输入顶和底的标高，输入标高后点击"确定"，如图 15.2-7 所示。

再次弹出如图 15.2-8 所示对话框，提示输入"第二点坐标"，可以输入顶和底的标高，输入相应的标高后点击"确定"。

斜墙设置完成，以蓝色墙表示。

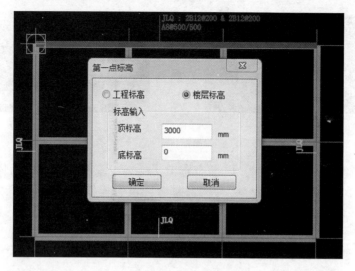

图 15.2-7

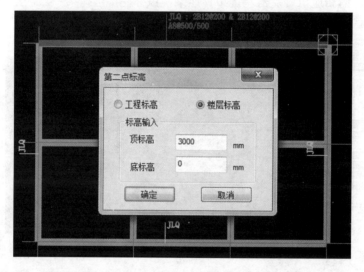

图 15.2-8

15.3　梁

鼠标左键单击左边的"构件布置栏"中的"梁"图标，按钮展开后具体命令包括"连续布梁"、"智能布梁"、"支座识别"、"支座编辑"、"吊筋布置"、"设置拱梁"、"刷新支座宽度"、"吊筋布置"、"格式刷"、"应用同名称梁"、"圈梁"、"只能布圈梁"。

15.3.1　连续布梁

鼠标左键单击"构件布置栏"中的"梁"按钮，选择"连续布梁"图标，光标由"■"变为"■"字形，再到绘图区内点击相应的位置，即可布置框架梁。

梁的基本操作与墙的操作方法相同，参见"连续布墙"的介绍。

15.3.2　智能布梁

方法与智能布墙相同。

15.3.3　支座识别

执行该命令，在"实时控制栏"出现 单个识别 批量识别 命令，选择相应的命令操作即可。

（1）单个识别：

1）刚刚布置好的梁为暗红色，表示未识别，即处于无支座、无原位标注的状态。

2）鼠标左键单击"构件布置栏"中的"支座识别"图标，光标由"十字"形变为"方块"形状，再到绘图区依次点击需要识别的梁，已经识别的梁变为蓝色（框架梁）或灰色（次梁），如图 15.3-1 所示。

注：未识别的梁不参与计算。

3）识别梁需要一根一根进行识别，梁可识别框架柱、暗柱、梁及直形墙为支座。

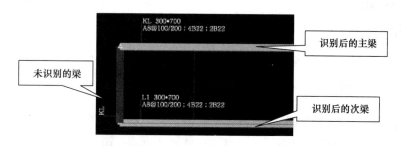

图 15.3-1

（2）批量识别：

1）软件也可以批量识别支座，一次性将暗红色未识别的梁全部识别过来。

2）鼠标左键单击"构件布置栏"中的"支座识别"的图标，再在实时控制栏里选择批量识别，此时鼠标会变成一个小方框，按住鼠标左键框选所有的梁，鼠标右键确定。此时只有在图中个别暗红色未识别的梁就会变成为蓝色（框架梁）或灰色（次梁）。

3）在"批量识别支座选项"中，选择"选择所有的梁"，单击右键确定，此时鼠标会变一个小方框，按住鼠标左键框选所有识别和未识别的梁，鼠标右键确定！此时所有的梁都会重新识别支座，所有暗红色未识别的梁就会变成为蓝色（框架梁）或灰色（次梁）。

15.3.4　吊筋布置

单击"吊筋布置"图标，光标由"■"变为"■"字形，然后再到绘图区内框选梁与梁的相交处，弹出如图 15.3-2 吊筋生成方式选择对话框。

说明：

（1）☑框架梁和次梁相交，吊筋生成到贯通框架梁上，当选中本条计算规则的时候，吊筋会生成到贯通的框架梁上，并自动读取次梁的宽度进行计算。

（2）☑次梁和次梁相交，吊筋生成到贯通的截面高度较大的次梁上，当选中本条计算规则的时候，吊筋会生成到贯通且截面高度较大的次梁上，并自动读取截面高度较小次梁的宽度进行计算。

（3）☑框架梁和框架梁相交，吊筋生成到贯通的截面高度较大的框架梁上，当选中本条计算规则的时候，吊筋会生

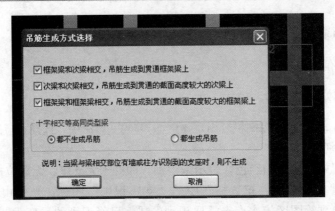

图 15.3-2

成到贯通且截面高度较大的框架梁上，并自动读取截面高度较小框架梁的宽度进行计算。

图 15.3-3

（4）十字相交，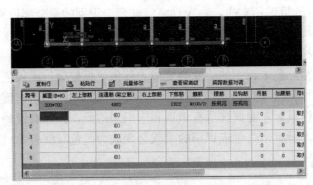，在区域生成吊筋的时候，可以选择都不生成吊筋或者同时生成吊筋。

（5）吊筋规则设置完成之后，单击"确定"按钮，吊筋自动生成，如图 15.3-3，在梁相交的地方可以查看吊筋。

15.3.5　梁平法表格

（1）识别后的梁构件此时还没有具体的配筋信息，我们需要对识别后的梁进行钢筋信息的输入。选择"工具栏"中的" "命令，鼠标会变成" "形状，单击需要输入平法标注的梁，此时这根梁会高亮显示，并在图形界面下会出现这根梁的集中标注和每一跨的原位标注信息，如图 15.3-4 所示。

图 15.3-4

（2）第一行绿色的钢筋信息是这根梁的集中标注，在表格中是不可以更改的，如果需要更改则应该在构件属性里面修改。

（3）每一跨的原位标注都可以在表格中更改并且和图形联动，可以分别在每一跨的表格里填入"截面"，"左上部筋"，"右上部筋"，"下部筋"，"箍筋"，"腰筋"，"拉勾筋"，"加腋筋"，"跨标高"，"跨偏移"。

注：灰色的部分是不能更改的！

（4）在平法表格中可以对一列的数据进行批量的修改，例如：整根梁每跨的左上部筋都一样，那么我们可以使用"修改列数据"命令，在表格中的左上部筋点击右键，弹出如图 15.3-5 的菜单选择修改列数据，或者选择 命令。

弹出如图 15.3-6 对话框，填入配筋信息！此时整根梁的左上部筋就全部修改了。

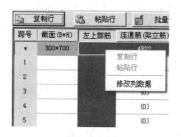
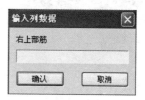

图 15.3-5　　　　　　　　　　　图 15.3-6

（5）在平法表格中也可以对一行数据进行复制，例如：要将第二跨的梁钢筋信息复制到第三跨，首先点击第二跨，此时这一行会高亮显示，然后单击 ░░ 复制行 命令，再选择第三跨，如图 15.3-7 所示。

跨号	截面(B*H)	左上部筋	连通筋(架立筋)	右上部筋	下部筋	箍筋	腰筋	拉钩筋	吊筋	加腰筋	跨标
*	300*700		4B22		2B22	@100/2|	按规范	按规范			
1	300*500	6B22	(0)	6B22	2B25				0	0	取层
2	300*500	6B22	(0)	6B22	2B25				0	0	取层
3			(0)						0	0	取层

图 15.3-7

单击 ░ 粘贴行 命令，此时第二跨梁的配筋信息就会复制到第三跨了，如图 15.3-8 所示。

跨号	截面(B*H)	左上部筋	连通筋(架立筋)	右上部筋	下部筋	箍筋	腰筋	拉钩筋	吊筋	加腰筋	跨标
*	300*700		4B22		2B22	@100/2|	按规范	按规范			
1	300*500	6B22	(0)	6B22	2B25				0	0	取层
2	300*500	6B22	(0)	6B22	2B25				0	0	取层
3	300*500	6B22	(0)	6B22	2B25				0	0	取层

图 15.3-8

15.3.6　平法标注

（1）使用工具栏上的 ▨ 命令，在平法标注状态下可以新梁的命名（和属性定义联动）、原位标注、跨的镜像与复制，原位标注格式刷，跨属性设置等修改。

平法标注修改集中标注，选择 ▨ 命令，鼠标变成"口"状态，选择要平法标注的梁，鼠标点击集中标注，对集中标注进行修改，如图 15.3-9 所示。

1）梁名称修改。

单击梁名称后面的三角，下拉选择属性定义中已有的梁的名称，选择其他梁名称相当于构件名称更换。

图 15.3-9

也可以直接修改名称，如属性定义已有名称则更换新的名称，如属性定义没有的名称则为新增加构件名称。

2）还可以对梁集中标注的"截面"、"箍筋"、"上部贯通筋"、"下部贯通筋"、"腰筋"、"拉钩筋"修改。数据更改同名称所以梁连动更改。

（2）平法标注修改原位标注：可以对梁上部的"支座钢筋"、"架立筋"；梁下部的"下部筋"、"截面"、"箍筋"、"腰筋"、"拉钩筋"、"吊筋"、"加腋筋"、"跨偏移"、"跨标高"修改。

（3）跨属性设置：左键双击某段梁，该梁变为红色，同时弹出"跨高级"对话框，可用于修改每跨梁的上部钢筋伸出长度及箍筋加密区，如图 15.3-10 所示。

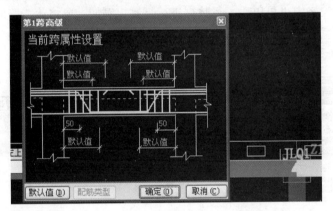

图 15.3-10

（4）右键确定，退出平法标注状态。

15.3.7　应用同名称梁

（1）如有未识别支座的梁和已识别支座的梁，支座相同时，我们可以使用"构件布置栏"中的"应用同名称梁"命令。

（2）单击"应用同名称梁"命令，光标由"■"变为"■"字形，点击要应用支座的梁，这根梁会高亮显示，并弹出"应用同名称梁"对话框：有三种选项，如图 15.3-11 所示。

图 15.3-11

1）"同名称未识别梁"，选择确定。图形中凡是和源梁名称相同，且未识别的梁就会全部按照源梁的支座进行编辑，如图 15.3-12 所示。

2）"同名称已识别梁"，选择确定。图形中凡是和源梁名称相同，且已识别的梁就会全部按照源梁的支座重新进行编辑。

3）"所有同名梁"，选择确定。图形中凡是和源梁名称相同的，无论已识别或未识别的梁都会重新按照源梁支座重新编辑。

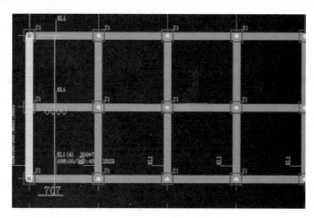

图 15.3-12

15.3.8　梁打断

（1）当梁需要断开时，可以使用"软件最右边竖向栏"中的"▦"命令。

（2）选择梁打断命令后，鼠标会变成"▫"形，点击需要打断的梁，此时会提示从端支座到断开处的距离，选择相应的距离点击左键。梁就在此进行断开，如图 15.3-13 所示。

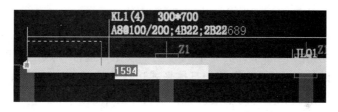

图 15.3-13

（3）再次查看这根梁已经断开成两根梁了，如图 15.3-14 所示。

图 15.3-14

15.3.9　梁合并

（1）当我们需要将两根梁合并成一根时，使用"软件最右边竖向栏"的"▱"命令。

（2）选择梁合并后，鼠标会变成一个小方框，分别选择要合并的两根梁，然后右键确定，此时两根梁就合并成一根梁了。

15.3.10　斜梁设置

斜梁设置方式同斜墙一致，可参考斜墙设置方式。

15.4　柱

鼠标左键单击左边的"构件布置栏"中的"柱"图标，按钮展开后具体命令包括"点击布柱"、"智能布柱"、"自适应暗柱"、"偏心设置"、"边角柱识别"、"边角柱设置"、"点击布柱帽"、"智能布柱帽"、"设置斜柱"。

15.4.1　框架柱

（1）鼠标左键单击"构件布置栏"中的"柱"按钮，选择"点击布柱"图标，"属性定义栏"中选择"框架柱"及相应柱的种类，光标由"▉"变为"▉"字形，再到绘图区内点击相应的位置，即可布置柱。

（2）可利用带基点移动、旋转、相对坐标绘制等命令绘制、编辑单个柱的位置。

（3）点击某个柱界面上方的 ↻ 旋转按钮，鼠标左键确定基点，旋转至指定位置，右键或回车确定。

（4）其他的操作与剪力墙的操作方法相同。

15.4.2　暗柱

（1）根据剪力墙的不同形式，定义好不同的暗柱，如 L-A、L-C、T-C 等，具体参见暗柱属性定义中的内容。

（2）鼠标左键单击"构件布置栏"中的"柱"按钮，选择"点击布柱"图标，"属性定义栏"中选择"暗柱"，根据剪力墙的具体形式选择相应暗柱，光标由"▉"变为"▉"字形，再到绘图区内点击相应剪力墙的位置，即可布置暗柱，如图 15.4-1 所示。

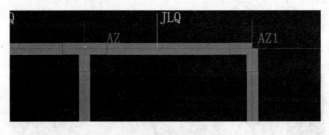

图 15.4-1

（3）根据剪力墙的不同形式，定义好不同的暗柱，如 L-A、L-C、T-C 等，具体参见暗柱属性定义中的内容。

（4）墙柱布置好以后，可以使用【柱墙对齐】命令 ▉，将柱与墙对齐或墙与柱对齐。

（5）其他的操作与剪力墙的操作方法相同。

（6）在布置暗柱的时候还可以按键盘上的"X"或者是"Y"键来改变柱端的方向。

15.4.3　框选布柱

鼠标左键单击"构件布置栏"中的"智能布柱"图标，光标由"▉"变为"▢"字形，再到绘图区内框选轴线交点，被选中的轴线交点即可布置上指定的柱。

注：柱默认自动按轴网角度布置，如图 15.4-2 所示。

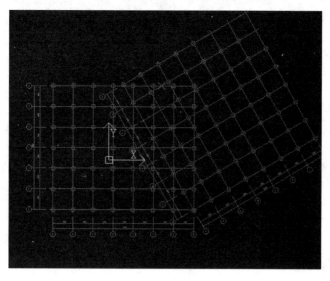

图 15.4-2

15.4.4　自适应暗柱

（1）自适应暗柱作为一个单独的小类存在。

（2）单击"自适应暗柱"命令，框选布置暗柱的剪力墙，软件自动弹出"输入长度"对话框，对应图上红线延伸的墙肢，如图 15.4-3 所示。

（3）依次分别输入暗柱的长度，暗柱形状沿墙走，可以为任意形状。

（4）若剪力墙为"F"字形的，暗柱将自动识别为"F"字形暗柱；若剪力墙为"十"字形的，暗柱将自动识别为"十"字形暗柱，如图 15.4-4 所示。

（5）可在自适应暗柱属性中添加钢筋。

主筋：单击截面中的"主筋"，输入该暗柱的主筋根数及规格，格式为：根数级别直径。

单根法箍筋设置：点击截面中的"其他配筋"，软件弹出对话框，如图 15.4-5 所示。

图 15.4-3

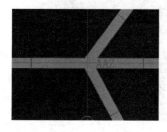

图 15.4-4

图 15.4-5

注：自适应暗柱的其他设置同一般暗柱的设置。

15.4.5　柱的偏心设置

第1步：单击"偏心设置" 命令，弹出如下浮动对话框，默认的内容为空，如图15.4-6所示。

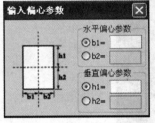

图 15.4-6

第2步：选择要偏移的柱，可多选，此命令状态下只能选择矩形框架柱。

第3步：单击右键一下（确定），选中的矩形构件一起根据输入的值偏位。此时浮动框仍然存在——可重复第2步的操作。

第4步：第2次单击右键取消该命令。

15.4.6　柱的转角设置

第1步：单击柱的"转角设置"命令 ▫，弹出如下浮动对话框，如图15.4-7所示。

第2步：输入所需要的角度，随后单击需要转动的柱子，可以框选所要的柱子。选中后鼠标右键确定。

图 15.4-7

第3步：当浮动框存在时，可以一直重复第2步的操作。

第4步：第2次单击右键取消。

15.4.7　边角柱识别

边角柱识别的前提是该建筑物外围构件能形成闭合形式。例如：只有柱存在而无其他构件的情况下是无法识别到角柱边柱。

第1步：单击边角柱识别命令 边角柱识别 ↗4，软件会自动进行识别，并弹出对话框，如图15.4-8所示。

第2步：点击"确定"完成。

第3步：识别后显示为黄色的柱为边角柱、红色的柱为中柱，如图15.4-9所示。

图 15.4-8

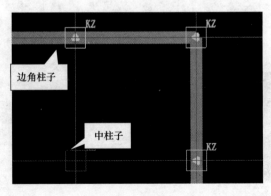

图 15.4-9

15.4.8　边角柱设置

当自动识别后的边角柱不能满足实际工程中边角柱，可以自由设定边角柱。

图 15.4-10

第 1 步：单击边角柱设置命令 ⊷边角柱设置 ↖5 ，此时鼠标会变成一小方块。

第 2 步：选择所要进行设定的柱子（也可以框选），选择后弹出如下对话框，如图 15.4-10 所示。

第 3 步：选择所要进行调整的柱子类别，按"确定"即可。

第 4 步：单击"确定"按钮，完成该命令操作。

15.4.9　点击布柱帽

此操作参照"点击布柱"的方法。

15.4.10　只能布柱帽

此操作参照"只能布柱"的方法。

15.4.11　设置斜柱

第一步：鼠标左键单击左边的"构件布置栏"中的"柱"图标，在图形里面布置好柱子；

第二步：鼠标单击柱大类里面"设置斜柱"图标，点击已布置好的柱子右键，弹出如图 15.4-11 所示，修改里面的调整方式和参数设置，如图 15.4-12 所示；

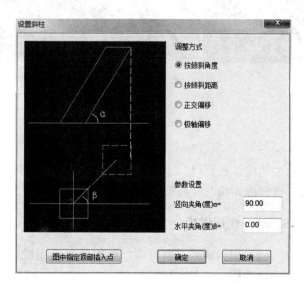

图 15.4-11

第三步：单击确定，进入三维可查看斜柱的实体效果，如图 15.4-13 所示。

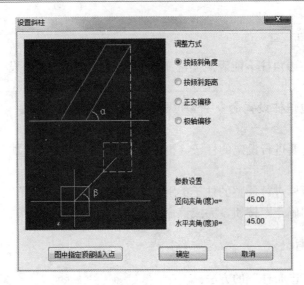

图 15.4-12

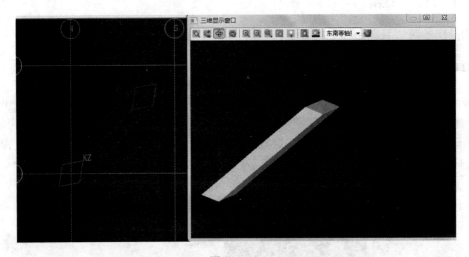

图 15.4-13

15.5　板

鼠标左键单击左边的"构件布置栏"中的"板"图标，按钮展开后具体命令包括"快速成板"、"自由布板"、"智能布板"、"板洞"、"坡屋面"。

15.5.1　快速成板

图 15.5-1

（1）根据轴网、剪力墙、框架梁布置完成后，可以执行该命令，自动生成板。

（2）鼠标左键单击"构件布置栏"中的"板"按钮，选择"自动成板"图标，弹出如图 15.5-1 所示对话框，选择其中的一项，则自动生成板。板生成方式见表 15.5-1。

板生成方式	表 15.5-1
按墙梁轴线生成	按照墙、梁轴线组成的封闭区域生成板
按梁轴线生成	按照梁轴线组成的封闭区域生成板
按墙轴线生成	按照墙轴线组成的封闭区域生成板

15.5.2　自由画板

鼠标左键单击"构件布置栏"中的"轴网成板"图标，实时控制栏弹出命令，选择自由画板的形状，如图 15.5-2 所示。

布置方法：

（1）矩形板：鼠标左键选择矩形板的第一点后，鼠标下拉或上拉确定第一点到第二点矩形的对角线，完成矩形板的绘制。

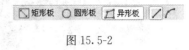

图 15.5-2

（2）圆形板：鼠标左键选择圆形的圆心点，鼠标拉动确定圆形半径，完成圆形板的绘制。

（3）异性板：可以绘制直形板，也可以绘制弧形板，板绘制到最后一点，点击鼠标右键闭合该板。

注：确定自由绘制的板尺寸，可以运用动态坐标和构件之间的位置关系来确定尺寸，如图 15.5-3、图 15.5-4、图 15.5-5 所示。

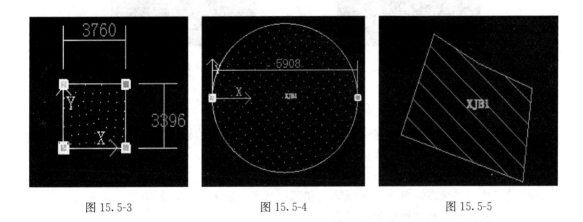

图 15.5-3　　　　　　　　　图 15.5-4　　　　　　　　　图 15.5-5

15.5.3　多板合并

（1）应用以上几种方法生成楼板后，可以将其中的某几块边线连接的板合并成一块板。

（2）鼠标左键单击"软件最右边竖向栏"中的"▣"按钮，光标由"十字"形变为"口"字形状，左键选择要合并的板，右键确认完成板的合并，如图 15.5-6（合并前）、图 15.5-7（合并后）所示。

（3）多板合并原则：相邻或重合多板形成独立最大封闭区域，如图 15.5-8（合并前）、图 15.5-9（合并后）所示。

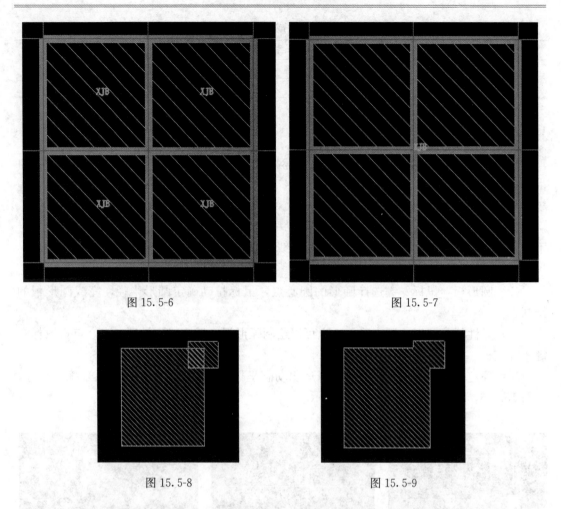

图 15.5-6　　　　　　　　　　　　　　　　图 15.5-7

图 15.5-8　　　　　　　　　　　　　　图 15.5-9

15.5.4　斜板设置

（1）单击"工具栏"中 ✎ 命令，左下角提示"选择变斜的板"，点选板，点鼠标右键，弹出如图 15.5-10 对话框，选择变斜方式。

三点确定：选择第一个基点，弹出标高设置框，如图 15.5-11 所示。

输入第一点的标高，再分别选择第二和第三基点，输入标高，斜板即设置完成。

注：输入的标高是"楼层相对标高"。

（2）基线角度确定：选择一条基线，绘制边线，弹出如图 15.5-12 对话框。

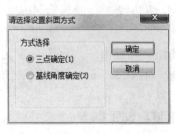

图 15.5-10　　　　　　　　　图 15.5-11　　　　　　　　　图 15.5-12

输入所选基线的标高和坡度角，单击"确定"即可，斜板即设置完成。

15.5.5　坡屋面

（1）形成坡屋面轮廓线：

单击左边中文工具栏中  形成轮廓线 图标，左下行提示"选择构件"，框选包围形成屋面轮廓线的墙体，右键确定，弹出如图 15.5-13 对话框。

图 15.5-13

输入屋面轮廓线相对墙外边线的外扩量，单击"确定"按钮，形成坡屋面轮廓线命令结束。

注意：包围形成屋面轮廓线的墙体必须封闭！

（2）绘制坡屋面轮廓线：

单击左边中文工具栏中 绘制轮廓线 图标，左下行提示"指定第一个点/按 Shift＋左键输入相对坐标"依次绘制边界线，绘制完毕回车闭合，绘制坡屋面轮廓线结束。

（3）增加夹点：

单击左边中文工具栏中 增加夹点 图标，此命令主要用于调整坡屋面轮廓线，选择夹点处拖动进行调整定位。

（4）形成单坡屋面板：

单击左边中文工具栏中 单坡屋面板 图标，左下行提示"选择轮廓线"，左键选取一段需要设置的坡屋面轮廓线，弹出如图 15.5-14 对话框。

输入此基线的标高和坡度角，右键确定即可，单坡屋面设置完成。

（5）形成双坡屋面板：

单击左边中文工具栏中 双坡屋面板 图标，左下行提示"选择轮廓线"，左键选取第一段需要设置的坡屋面轮廓线，弹出如图 15.5-14 "斜板基线角度设定"对话框，输入边线的标高和坡度角，再选择第一段需要设置的坡屋面轮廓线，输入边线的标高和坡度角，右键确定即可。

（6）形成多坡屋面板：

单击左边中文工具栏中 多坡屋面板 图标，左下行提示"选择轮廓线"，左键选取需要设置成多坡屋面板的坡屋面轮廓线，弹出"坡屋面板边线设置"对话框，如图 15.5-15 所示。

图 15.5-14

图 15.5-15

设置好每个边的坡度和坡度角，单击"确定"按钮，软件自动生成多坡屋面板。

15.5.6 切割板

（1）先单击"图形最右边竖向栏"中"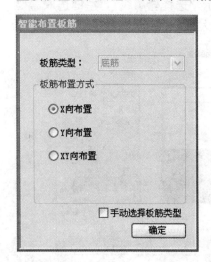"图标，然后选择要切割的板，再点击鼠标右键。

（2）切割线的"起始点"与"终止点"必须与"板的边"相交。

15.6 板筋

板筋的布置必须是在板生成以后。

鼠标左键单击左边的"构件布置栏"中的"板筋"图标，按钮展开后具体命令包括"布受力筋"、"布支座筋"、"放射筋"、"圆形筋"、"楼层板带"、"撑脚"、"绘制板筋区域""智能布置"、"布筋区域选择"、"布筋区域匹配"。

15.6.1 布受力筋

可布置底筋、负筋、跨板负筋及双层双向钢筋，利用工具栏横向、纵向布置，可以布置不同方向板筋。

单击"布受力筋"，实时控制栏会出现"横向布置 纵向布置 XY向布置 平行板边布置"命令，选择相应的按钮，再在板上点击鼠标左键就可以布置上去了。

单板布筋与多板布筋：

（1）单板布筋。

操作步骤：直接点击布受力筋（横向布筋或 XY 向布筋）在对应板上，即时布置。可以继续选择其他板继续布置。

（2）多板布筋。

操作步骤：在单板布筋的基础上，布置之前按住 Shift 多选板，选好之后松开 Shift，直接按左键在所选区域内布置钢筋。右键为退出多板布筋状态。

图 15.6-1

15.6.2 撑脚

主要用于基础底板、超厚楼板的受力钢筋的支撑。

15.6.3 智能布板筋

选择需布置钢筋的类型菜单，单击"智能布置板筋"，软件弹出图 15.6-1 对话框。

（1）板筋类型：按照之前选择的板筋类型，软件自动默认。

（2）板筋布置方式：钢筋的布置方法，根据需要选择 X、Y、XY 方向的布置方式。

（3）手动选择板筋类型：勾选"手动选择板筋类

型",可以在"智能布置板筋"内重新选择板筋类型,而不是按照之前设置的板筋类型,软件默认。

15.6.4　合并板筋

单击"▣"图标,对相同钢筋的区域合并。

注:板筋与板是联动的。

两个相邻区域的相同钢筋进行合并,如图 15.6-2 所示。

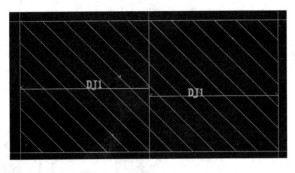

图 15.6-2

单击"▣"图标,左键分别点击上图的两根钢筋,右键确定,如图 15.6-3 所示。

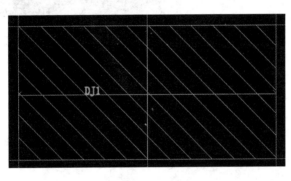

图 15.6-3

在使用合并板筋的时候,也可以用框选操作。从右上向左下框选时,必须要框选中要合并的全部板筋及板;从左下向右上框选时,只要框选中要合并板筋的某一段即可(框选原理同 CAD 框选)。

15.6.5　板筋原位标注

单击对构件进行平法标注命令,点击板筋,在名称中输入钢筋属性,回车确认即可。

在名称属性内可以输入格式为:"名称 ∗ 级别直径@间距"。确定后,该钢筋的属性也随之改变,如图 15.6-4、图 15.6-5 所示。

15.6.6　绘制板筋区域

单击中文布置栏中绘制板筋区域 命令,按板筋的实际区域进行绘制,绘制第三条边线后,点击鼠标右键,弹出如图 15.6-6 对话框。

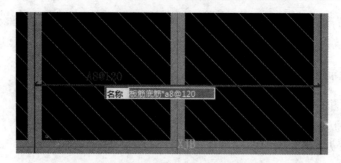

图 15.6-4

图 15.6-5

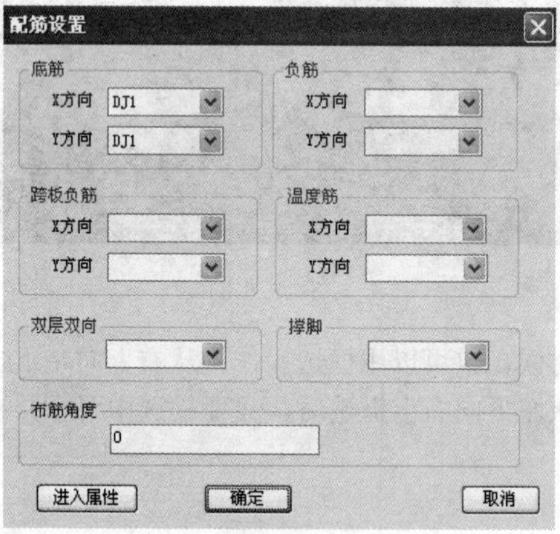

图 15.6-6

在"配筋设置"中，选择需要布置的钢筋名称，点击 进入属性 按钮，可直接对钢筋属性修改设置，选择后确定即可，钢筋则按布置的区域和选择的名称进行布置。

15.7　基础

仅在基础层可以布置基础。

鼠标左键单击左边的"构件布置栏"中的"基础"图标，按钮展开后具体命令包括"独立基础"、"独立基础参数调整"、"智能布独基"、"基础连梁"、"条形基础"、"智能布条基"。

15.7.1　独立基础

布置独立基础的方法与布置柱的方法相同，详见柱的布置。

15.7.2　基础连梁

布置基础连梁的方法与布置梁的方法相同，详见梁的布置。

15.7.3　条形基础

条形基础在属性里输入标高时输入的是构件"底标高"。

条形基础的布置：在"中文布置栏"中选择"条形基础"命令，在活动布置栏 `定位: ▣, ▣▸ 左边宽度: 1100` 可以输入左边宽度，即时输入条形基础的左半边宽度。也可以选择左靠边▣和右靠边▣▸布置。

左半边宽的定义如下：按绘制方向，鼠标指定点（经常是轴线上的点）与墙左边线的距离。

15.7.4　智能布条基

点击"智能布条基"，实时控制栏出现" ▽ ▦轴网 ◐构件 "命令。

注：当选择"◐构件"图标，可框选的构件包括剪力墙、砖墙、基础主次梁、基础连梁、圈梁。

提示：有梁条基的布置。

如果需要布置有梁条基，方法如下：

（1）需要先布置条形基础，布置方法与条形基础布置方法相同。

（2）在布置好的条形基础的上面布置基础梁，完成有梁条基的布置，如图 15.7-1 所示。

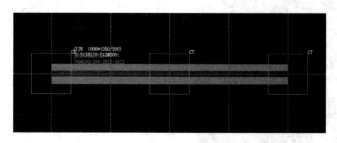

图 15.7-1

注：条基可判断与其平行重叠的梁（基础梁、基础连梁、圈梁）设置分布筋布置。

条基可判断梁（基础梁、基础连梁、圈梁）或独立基设置分布筋锚固。

条基可自动判断 L 形、十字形、T 形相交，按横、纵向设置受力筋贯通。

条基受力筋长度可根据设定长度按相应 06G101-6 国家标准图集规范方式计算。

15.7.5　基础梁

"基础梁"中的命令与"梁"的命令相同操作，具体详见"梁"。

注：基础梁的标高输入的是梁面标高。

15.8　筏板

15.8.1　筏板

（1）布置好基础梁以后，单击 筏板 命令，"工具栏"弹出如图 15.8-1 所示，选择相应的方法进行筏板的布置。

图 15.8-1

选择 自动形成 ，确认后，光标变成"口"字形，框选要布置基础梁形成的筏板区域，如图 15.8-2 所示。

1）整体偏移：单击"确定"按钮，弹出"偏移"对话框，输入筏板沿基础梁外伸的长度，如图 15.8-3 所示。

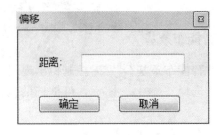

图 15.8-2　　　　　　　　　图 15.8-3

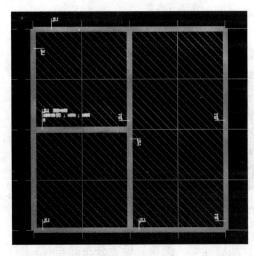

图 15.8-4

确认完成筏板的绘制，如图 15.8-4 所示。

2）多边偏移：选择"多边偏移"，单击"确定"按钮，鼠标变成"口"字形，点击要偏移的筏板边，被选中的边会高亮显示。偏移边选择完成后，鼠标右键确认，重复 1）的步骤。

（2）自由绘制：可以绘制直形板，也可以绘制弧形板，板绘制到最后一点，点击鼠标右键，闭合该板。

15.8.2　集水井

集水井的布置必须是在筏板生成以后。

在"构件属性定义"中定义好集水井形状、尺寸以及配筋后，在布置栏中选择"点击布井"命令，在筏板中点击鼠标左键，在筏板上布置集水井。布置完后如图 15.8-5 所示。

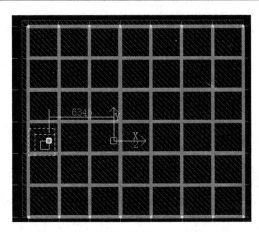

图 15.8-5

注：集水井中的板筋和筏板的钢筋互相锚固软件会自动考虑。

15.8.3　筏板中的其他命令

布受力筋、布支座筋、基础板带、撑角、绘制板筋区域的命令与"板筋"中的命令相同。

15.9　私有属性

15.9.1　构件属性的定义

单击工具栏中图标或菜单栏属性—构件属性定义，进入构件属性截面，如图 15.9-1 所示，此截面可修改构件的标高、抗震等级、混凝土等级、接头形式、保护层等一些属性。

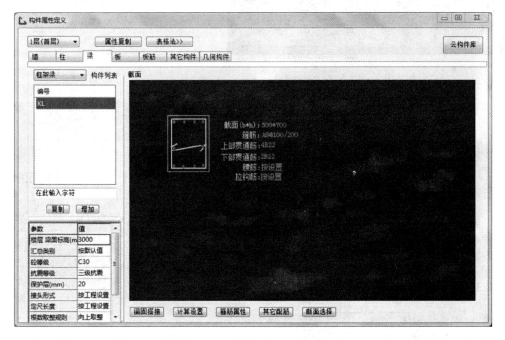

图 15.9-1

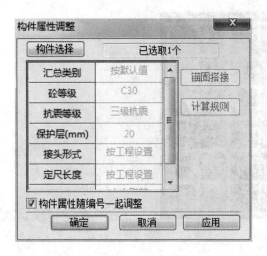

图 15.9-2

15.9.2　私有属性修改操作流程

操作步骤：

第 1 步：单击工具栏中 图标或菜单栏属性—私有属性修改，进入"私有属性调整"界面，如图 15.9-2 所示。

第 2 步：单击界面中"构件选择"按钮，进行"相同类型构件"的选择，选择过程中该对话框暂时隐藏。

选择方法：选择第一个构件（只能点选），再选择（可点选或框选），则只会选得到与第一次选择相同类型的构件类型。支持再选择为反选，图 15.9-3 仅选择了框架梁。

第 3 步：选择完成之后，右键确定，对话框重新出现，已经拾取到的所有构件信息进入该对话框，如图 15.9-4 所示。

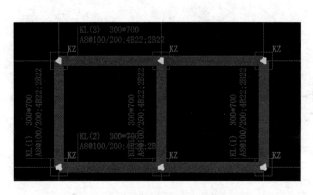

图 15.9-3

图 15.9-4

在此对话框中，右上角写明选中构件的数量，默认"构件属性随编号一起调整"勾选，表示其图形属性随编号，故其项目都不允许修改。

当去掉"构件属性随编号一起调整"勾选后，对话框内的所有项目被激活，可以任意修改，如图 15.9-5 所示。

修改后的构件变成白色表示其设置与总体设置不同。

15.9.3　楼层选择与复制

第一步：执行 0层(基础层) ▼ ［楼层选择］命令，就可以切换到需要的楼层了，在切换楼层的工程中，软件将不提示是否保存本楼层工程。

图 15.9-5

第二步：执行　楼层复制命令，软件弹出图 15.9-6 楼层复制对话框。

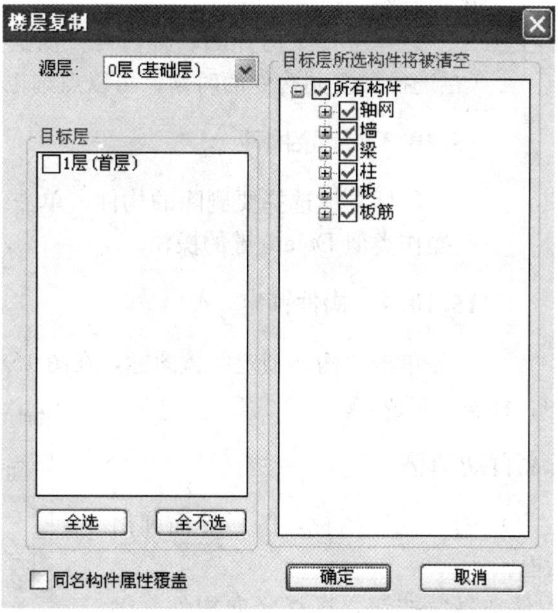

图 15.9-6

（1）复制当前楼层构件到：可以选择除原楼层外的其他目标楼层。

（2）覆盖目标楼层：勾选覆盖目标楼层，软件将把目标楼层内的原有图形全部清除。

（3）添加到目标楼层：勾选添加到目标楼层，软件只是增加复制的构件，目标楼层内的原有构件保持不变。

15.10　构件编辑

15.10.1　构件名称更换

单击名称更换　图标，选择所要更换的构件（名称和构件实体均可），右键确定，软件弹出"属性替换"对话框，如图 15.10-1 所示。

选择所要更换的构件名称，单击"确定"；也可点击"构件属性设置"对该构件参数重新设置。

点击"名称更换"后，选择构件可连续选择多个构件。当选择好某个构件后，要删除，只需在该构件上再单击一次就可以了，若清除所有已选中的构件，按 ESC 键即可。

15.10.2　构件名称复制

单击"名称复制"　图标，弹出"属性复制格式刷"对话框，如图 15.10-2 所示。

图 15.10-1

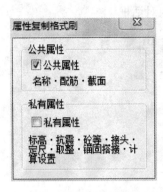

图 15.10-2

选择所要复制的属性内容、公共属性和私有属性可分别选择复制。

选择所要原构件的名称，再依次选择被复制构件的名称（在选择被复制构件的时候，可以点选也可以框选）。

15.10.3　删除构件

鼠标左键选择要删除的构件，单击"删除构件" ✕ 图标。此操作类似 Delete 键的操作。

15.10.4　构件锁定

单击"构件锁定" 图标，在图 15.10-3 对话框中选择要锁定构件将不能被选中、移动、更改。

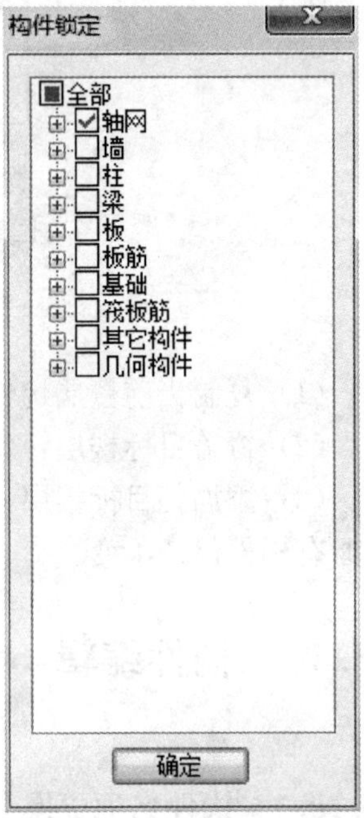

15.10.5　对构件底标高自动调整

（1）单击"工具栏"中的" "图标，图形界面弹出如图 15.10-4 所示对话框。

（2）然后单击"构件选择"按钮，选择竖向构件（例如墙，柱），也可以框选（先选择一个构件，然后框选）。

（3）单击"设置"按钮，设置"自动读取规则"，如图 15.10-5 所示。

（4）双击"自动读取规则"栏，可以调整读取顺序，如图 15.10-6 所示。

（5）最后单击"竖向构件底标高设置"中的"确定"按钮，完成读取。用此命令后的竖向构件为蓝色。

15.10.6　对构件的顶标高随板调整

（1）单击"工具栏"的" "图标，鼠标由"十字"形变为"方块"。

图 15.10-3

（2）框选板以及要随板调整的构件，最后点击鼠标右键完成调整。

注：要把随板调整的构件和板一起选中。

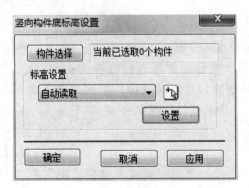

图 15.10-4

图 15.10-5

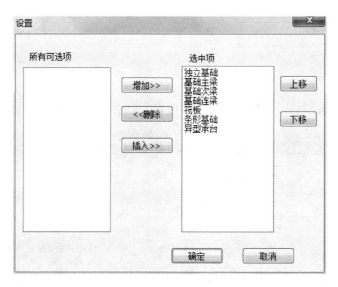

图 15.10-6

15.11　显示控制

15.11.1　构件显示控制

单击 按钮，软件自动弹出构件显示控制，分按图形和名称两种显示方式。

（1）按图形：当勾选某一类构件时，在绘图区就显示该构件，如图 15.11-1 所示构件显示控制。此时，软件只显示轴网、梁、板。

（2）若不仅显示构件，还要显示构件的名称时，将"图形"切换至"名称"，勾选相应构件的名称，图形中的构件名称属性，会跟着构件属性设置的改变而自动改变。

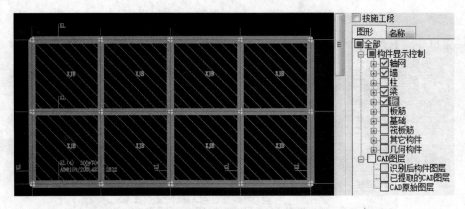

图 15.11-1　构件显示控制

（3）当切换"构件布置栏"的构件时，右边绘图区的图形显示也随之跟着改变。左边构件布置栏——基础，图形中只显示轴网、基础构件；左边构件布置栏——柱，图形中只显示轴网、墙体、柱。主要控制图形显示的，还是构件显示控制按钮。

15.12　构件计算

15.12.1　搜索

单击"搜索" █图标，软件弹出"构件搜索"对话框，如图 15.12-1 所示。

图 15.12-1

在"构件名称"内输入要搜索的关键字；选择是否"全字匹配"或"区分大小写"；选择搜索范围，"整个图形"或"搜索范围选择"，软件默认为"整个图形"，点击"搜索范围选择"，框选所要搜索的范围。

15.12.2　单构件查看钢筋量

在对构件进行计算好以后，单击 图标，可对单构件进行查看，如图 15.12-2 所示。

双击左键，可对表中的"注释、级别、直径、简图、根数、弯钩、弯曲"进行查看。在表格的上方有构件名称的信息、该构件的单个重量。

 ：新增单根钢筋，可在表格内手工增加钢筋。

 ：复制，选择某根钢筋，点击复制，可对该钢筋进行复制。

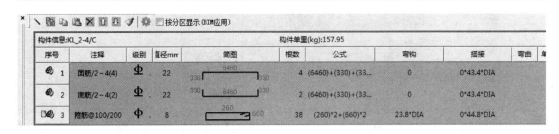

图 15.12-2

$\times$：删除，选择某根钢筋，点击删除，可对该钢筋进行删除。

⬆：向上移动，选择某根钢筋，点击向上移动，可对该钢筋进行向上移动。

⬇：向下移动，选择某根钢筋，点击向下移动，可对该钢筋进行向下移动。

⚙：设置，点击设置，如图 15.12-3、图 15.12-4 所示。

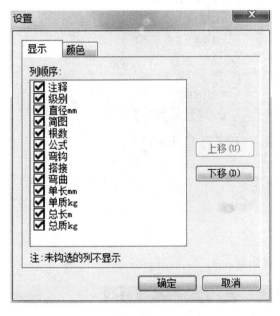

图 15.12-3

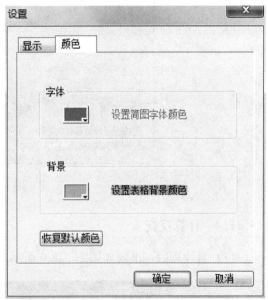

图 15.12-4

显示：可对其进行顺序的排列及是否显示。

颜色：可对字体和背景进行颜色的更改。单击"恢复默认颜色"按钮，软件自动更改为默认的颜色。

15.12.3 计算

单击图形法计算 ✎ 图标时，弹出分层分构件选择的对话框，如图 15.12-5 所示。

（1）此处可分层分构件进行计算。

（2）楼层选择方式：可选择当前层，批量全选或清空，或自由选择。

（3）构件选择方式：可批量全选或清空，或自由选择。

（4）通过筛选，可以针对所选择楼层的构件进行选择计算。计算过后的当前图形自动被保存。

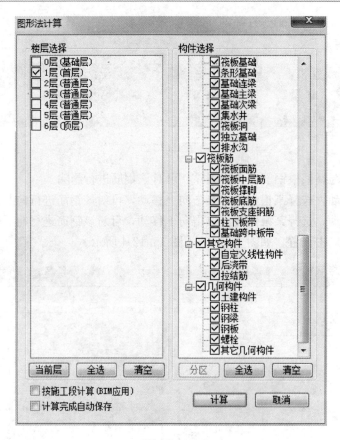

图 15.12-5

15.12.4　计算反查

（1）当计算后，出现如图 15.12-6 所示的对话框。

图 15.12-6

（2）点击"查看计算日志"，出现如图 15.12-7 的对话框。

（3）点击计算日志里的有问题构件，再点击"图中反查"。

（4）可以反查到出现问题具体构件所在的位置，可以直接选中构件，如图 15.12-8 所示。

图 15.12-7

图 15.12-8

第 16 章 图形法算量之 CAD 转化

16.1 鲁班钢筋 CAD 转化简介

16.1.1 简介

在 CAD 转化界面中，可以将设计院原始的 CAD 图纸打开，通过提取→识别→转化命令，将 CAD 图纸中的线条，转化成鲁班钢筋平台可识别并可计算的基本构件，从而快速提高建模效率。

16.1.2 展开 CAD 转化命令

方法一：鲁班钢筋 CAD 转化界面由图形法主界面常用工具栏 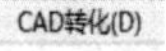 CAD转化(D)，展开 CAD 转化的所有命令。

方法二：鼠标左键单击"构件布置栏"中的"CAD 转化"按钮  CAD转化 7，展开 CAD 转化的所有命令。

CAD 转化命令包含的内容："CAD 草图"、"转化轴网"、"转化柱"、"转化墙"、"转化门窗"、"转化梁"、"转化板筋"、"转化独基"、"转化结果应用"，如图 16.1-1 所示。

16.1.3 基本工作原理

（1）图层。

鲁班软件 CAD 转化内部共设置两个图层：

1）CAD 图层：初始打开的图纸即在这个图层，这个图层包含所有 CAD 原始文件包含的 CAD 图层。通过"提取"，该图层上的图元将被转移至"已提取的 CAD 图层"，原图元将不再在这个图层上。

图 16.1-1

2）构件显示图层：对图形中已经布置好的图元或转化好后的图形的显示控制。两个图层通过"图层控制"打开与关闭。

（2）基本流程。

鲁班钢筋 CAD 转化目前支持的转化构件：①轴网；②柱；③墙；④门窗；⑤梁；⑥板筋；⑦独基。转化的基本流程遵循图纸导入→提取→识别→应用→清除 CAD 原始图层。

16.2　各构件转化流程

16.2.1　CAD 草图

（1）鼠标左键单击"构件布置栏"中的"CAD 草图"按钮，展开命令菜单，如图 16.2-1 所示。

（2）文件的调入，如图 16.2-2 所示。

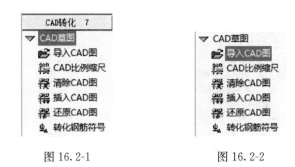

图 16.2-1　　　　　　　　　图 16.2-2

（3）单击"导入 CAD 图"弹出对话框，如图 16.2-3 所示。

图 16.2-3

（4）选择需要转化的文件，点击打开，弹出如下图的"原图比例调整"对话框，如图 16.2-4 所示。

这里面的"导入类型"的选择就是要导入的 CAD 电子文档里面模型空间和布局空间的图纸的选择。

"实际长度和标注长度的比例"，就是我们 CAD 电子文档的实际绘制的长度和标注长度的比例，要在这里输入，这对我们 CAD 转化的转化成功率有很大的影响。

图 16.2-4

（5）单击"确定"后，就可以调入我们的 CAD 电子文档进行转化了。

（6）清除 CAD 图。

作用：对转化完成后的图纸清除多余的 CAD 图层。

单击菜单栏中"CAD 转化"下拉菜单中的"CAD 草图"按钮，选择"清除 CAD 图"，如图 16.2-5 所示。

单击"清除 CAD 图"弹出对话框，如图 16.2-6 所示。

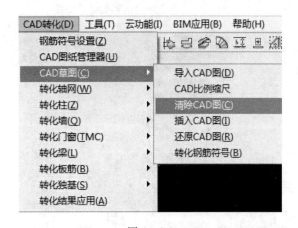

图 16.2-5

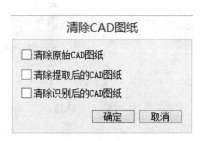

图 16.2-6

1）"清除原始 CAD 图纸"：清除调入的 CAD 图纸。

2）"清除提取后的 CAD 图纸"：清除转化后，多余的 CAD 图层。

3）"清除识别后的 CAD 图纸"：清除识别后，多余的 CAD 图层。

（7）插入 CAD 图。

作用：可在目前各图层不改变的情况下，直接插入一张新的 CAD 图纸。

（8）还原 CAD 图。

作用：将已经"提取"到"已提取的 CAD 图层"的内容，各自恢复到"CAD 原始图层内"。

（9）转化钢筋符号。

图 16.2-7

作用：可以将 CAD 内部规定的特殊符号（如％％130）转化为软件可识别的符号。

16.2.2 轴网

（1）基本流程。

第 1 步：

选择左侧菜单"转化轴网"：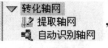，

单击"提取轴网"按钮，弹出如图 16.2-7 所示对话框。

可以选择"按图层提取"：根据 CAD 原始图层

提取（推荐），或"按局部提取"，手动逐一选择。

第 2 步：

提取轴线：单击"提取轴线"中的"提取"按钮，直接在绘图区拾取选择轴线，右键确定，该图层即直接进入对话框。

提取轴符：单点击"提取轴符"中的"提取"按钮，直接在绘图区内拾取选择轴符，右键确定，该图层即直接进入对话框。一般图纸的轴符包含圆圈、圈内数字、引出线。

第 3 步：

将这个对话框确定，点击下一个命令"自动识别轴网"，弹出提示，如图 16.2-8 所示，选择识别为主轴网。

第 4 步：

单击"确定"之后，弹出提示对话框"完成轴网转化"，如图 16.2-9 所示。

图 16.2-8

图 16.2-9

（2）技巧。

1）提取轴符时，标注数字可以不提取；为保证准确度，建议"圆圈、圈内数字、引出线"这三个图层都要提取进轴符图层，如图 16.2-10 所示。

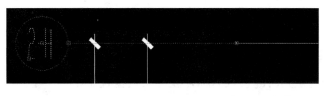

图 16.2-10

2）在鲁班钢筋 CAD 转换平台，选中元素与反选都是直接点击。

3）提取轴符时，有 3 个图层需要提取：此时可以一起选择好 3 个图层之后右键确定；也可以选择某一图层，右键确定，直接继续左键选择其他图层后右键即可，"提取对话框"将一直浮动。此时的操作可以是"左键、右键、左键、右键……"，以提高操作效率。

4）在提取轴线时，图纸上的一根进深轴线与开间轴线相交但不延伸至对边，软件自动默认将其延伸至对边，以形成软件可识别的轴网类型，如图 16.2-11 所示。

5）软件支持辅助轴线的识别，如果一条轴线在中间区域与轴网相交（或不相交），这条轴线将识别为鲁班钢筋内的"辅助轴线"，以定位准确。

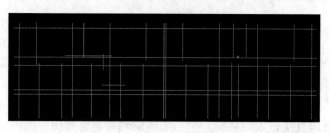

图 16.2-11

16.2.3 柱

(1) 基本流程。

第 1 步：

图 16.2-12

选择左侧菜单"转化柱"，如菜单

▽ 转化柱
　提取柱
　生成暗柱边线
　自动识别柱
　柱名称调整
　柱表详图转化
　柱属性转化

中，单击"提取柱"，弹出图 16.2-12 对话框。

可以选择"按图层和颜色提取"：根据 CAD 原始图层提取（推荐）；或"按局部提取"；手动逐一选择。

第 2 步：

提取柱边线：单击"提取柱边线"中的"提取"按钮，直接在绘图区拾取选择柱边线，右键确定，该图层即直接进入对话框。

提取柱标识：单击"提取柱标识"中的"提取"按钮，直接在绘图区内拾取选择柱标识右键，该图层即直接进入对话框。若无柱标识则无需提取。

第 3 步：

将这个对话框确定，点击下一个命令"自动识别柱子"，弹出提示对话框，如图 16.2-13 所示。

设定各种柱子在识别时的参照名称，软件将根据柱子名称不同，将图形上的柱子识别为不同类型。

注意：

1) 识别的优先顺序为从上到下。

2) 多字符识别用"/"划分，如在框架柱后填写 Z/D，表示凡带有 Z 和 D 的都被识别为框架柱。并区分大小写，如框柱后填写 Z/a 表示带有 Z 和 a 的都识别为框柱。

3) 识别符前加@，表示识别符的是"柱名称的第一个字母"。

4) 柱子不支持"区域识别"。

第 4 步：

识别好柱子之后，将图层切换至"识别后构件图层"，

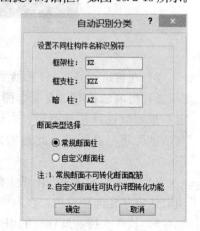

图 16.2-13

将另外的两个图层关闭，查看一下图中如果出现如图 16.2-14 的红色的名称和红色的柱边线，就表示这根柱子没有完全转化过来，这个时候我们就用下一个命令"柱名称调整"，将已识别完成的柱改名，或调整成其他类型的柱。

图 16.2-14

命令过程为：点击命令，框选选择要调整的柱（可批量选择），选好后跳出图 16.2-15 对话框。

填写要调整成为的柱名称以及选择要调整成的柱类型，确定即可。

多次调整时，柱名称调整对话框会默认上一次选择的柱类型。

第 5 步：

前 4 步完成之后，柱呈现图 16.2-16 显示的状态。

图 16.2-15

图 16.2-16

白边的柱子表示此时的柱只有名称与截面而无配筋信息，接着执行下一个命令："柱属性转化"。点击命令，弹出图 16.2-17 对话框。

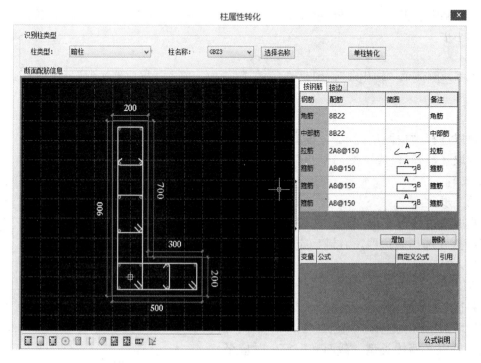

图 16.2-17

193

注：使用"柱属性转化命令时"，前面使用"自动识别柱"命令时应选择"自定义断面"。

（2）技巧。

1）直接选择要编辑的柱类型——名称，填写配筋信息（支持主筋、箍筋与拉筋）与修改截面（截面默认为根据所识别柱在 CAD 图中的实际大小，可修改）。

2）该对话框中的柱类型下拉框，会记忆前次已经识别过的柱类型供选择。

图 16.2-18

3）操作流程为：选择某个柱名称，填写配筋信息；再选择其他柱，前一个填写的数据已被记录，全部填写好之后确定即可。柱子即被赋予了准确的截面信息与配筋信息，在绘图区显示，如图 16.2-18 所示。

柱名称后的"选择名称"按钮为当柱名称下拉框有很多柱时，直接在绘图区选择柱名称。

柱形状后的"提取图形"按钮为直接在图上选择柱形状。

注：CAD 的图层要全部打开。

4）注意点：

首先需要提取柱边线，在自动识别柱的时候需要选择（自定义断面），目前版本只有选择自定义断面柱可以执行详图转化功能。

插入暗柱详图表，注意插入的表格需要注意比例，必须是同平面布置的柱是同一比例，可以在 CAD 中量取详图尺寸。

16.2.4　墙

（1）基本流程。

第 1 步：

选择左侧菜单"转化墙"，如菜单中，单击"提取墙边线"，弹出图 16.2-19 对话框。

可以选择"按图层提取"：根据 CAD 原始图层提取（推荐）；或"按局部提取"：手动逐一选择。

第 2 步：

提取墙边线：单击"提取"按钮，直接在绘图区拾取选择墙边线，右键确定，该图层即直接进入对话框。

第 3 步 A：（推荐）

将这个对话框确定，点击下一个命令"自动识别墙"，弹出提示，如图 16.2-20 所示。可以在这里定义墙体类型、截面和配筋，对应名称与厚度的墙对应钢筋信息识别。

图 16.2-19

图 16.2-20

在此对话框中，图 16.2-21 表示一段墙肢被隔断之后，仍然可以识别为一段墙的条件。

图 16.2-21

单击自动识别墙体对话框中"添加"按钮，弹出图 16.2-22 的对话框。

添加要识别的墙宽，可以从图中量取；也可以在此处直接手动添加一些工程中比较常用的墙厚。

第 3 步 B：

单个识别墙，先选择已提取的墙体边线，右键弹出如图 16.2-23 所示对话框，同"第 3 步 A"，进行墙体的区域识别。

图 16.2-22　　　　　　　　图 16.2-23

（2）技巧。

1）识别墙尽量将墙厚添加得比较全，这样才能比较全地实现转化。当识别后发现有的墙因没有添加墙厚度而未识别，可以返回重新添加并识别，两个步骤可以重复循环。

2）图中量取时，可以直接量取墙的厚度，鼠标悬浮在线上时会显示"一"或"N"，表示直线或折线，直线之间相当于"对齐量取"，会自动量取垂直距离；折线之间相当于"线性量取"，需要鼠标比较准确的量取两点。

3）单个识别墙体，可以直接选择图形进行识别。

16.2.5　门窗

转化基本流程：

第1步：

选择左侧菜单"转化门窗"，如菜单　中，单击"提取门窗"，弹出图 16.2-24

对话框。

图 16.2-24

第2步：单击左侧"自动识别门窗"命令即可。

16.2.6　梁

转化基本流程：

第1步：

选择左侧菜单"转化梁"，如菜单　中，单击"提取梁"，弹出图 16.2-25

对话框。

注：识别梁之前必须先转换钢筋符号。

包括提取梁的边线、集中标注和原位标注。

注意：提取集中标注时一定要同时提取"引线"，如图 16.2-26 所示。

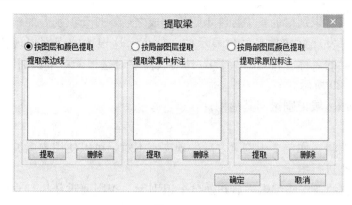

图 16.2-25

图 16.2-26

第 2 步：

单击"自动识别梁"。根据这些提取出的元素进行识别，如图 16.2-27 所示。

序号	梁名称 △	断面	上部筋(基础梁下…	下部筋(基础梁上…	箍筋	腰筋	面标高
1	KL1(1)	200x400	2C14	2C14	A6@100/200(2)		
2	KL2(1)	200x400	2C16	2C16	A6@100/200(2)		
3	KL3(3)	200x400	2C14	2C14	A6@100/200(2)		
4	KL4(1)	200x600	2C16	4C18 2/2	A10@100(2)	N4C12	
5	KL5(2)	200x600	2C16	4C18 2/2	A6@100/200(2)	N4C12	
6	KL6(2)	200x600	2C16	4C18 2/2	A8@100/200(2)	N4C12	
7	KL7(2)	200x400	2C14	2C14	A6@100/200(2)		
8	KL9(2)	200x400	2C14	2C14	A6@100/200(2)		

◉ 显示全部集中标注　☐ 显示没有断面的集中标注　☐ 显示没有配筋的集中标注　　梁表提取　高级设置　下一步

图 16.2-27

单击"下一步"按钮，出现如图 16.2-28 自动识别梁对话框。

自动识别梁

设置不同梁构件名称识别符

屋面框架梁：	WKL
楼层框架梁：	KL
框　支　梁：	KZL
连　　　梁：	
基 础 主 梁：	JZL
基 础 次 梁：	JCL
基 础 连 梁：	JLL
次　　　梁：	L

支座判断条件
◉ 以提取的墙、柱判断支座
○ 以已有墙、柱构件判断支座

梁宽识别
☐ 按标注

设置梁边线到支座的最大距离
200　mm　图中量取

设置形成梁平面偏移最大距离
100　mm　图中量取

上一步　　确定　　取消

图 16.2-28

图 16.2-29

此步骤可识别梁的集中标注，识别完成之后，打开识别后的构件图层，如果发现梁构件是红色显示的，就表示这根梁的识别出现错误，并且梁的名称会自动默认 L0，这时就需要对这根梁单个识别了，如图 16.2-29 所示。

注意：区域识别梁同其他构件。

第 3 步：

支座编辑：如单个识别梁之后发现支座不对，可以使用支座编辑命令对支座进行编辑。

注意：转化的命令是不可逆的，支座编辑之后切勿单个识别梁，否则要重新执行支座编辑命令。

第 4 步：

识别梁的原位标注：点击此命令，软件自动识别梁跨，并对应原位标注。识别之后导入钢筋即可。

第 5 步：

转化吊筋，如图 16.2-30 所示，相对应的提取吊筋线和吊筋的标注，提取完后进行吊筋的识别，最后单击 自动识别吊筋 图标，完成吊筋的识别。

注：识别吊筋的前提是梁构件已经识别完成。

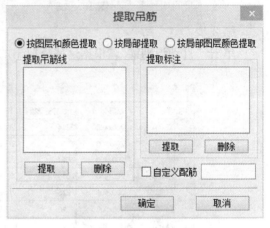

图 16.2-30

16.2.7　板筋

（1）基本流程

第 1 步：

选择左侧菜单"转化板筋"，在菜单

转化板筋
　提取支座
　自动识别支座
　提取板筋
　自动识别板筋

中，单击"提取支座"，弹出图 16.2-31 对话框。

注意：提取板之前要最先转换钢筋符号。

板筋转化过程：提取支座→识别支座→提取板筋→根据支座识别板筋的步骤进行。

可以选择"按图层和颜色提取"：根据 CAD 原始图层提取（推荐）；或"按局部图层提取"：手动逐一选择。

提取对象为形成板的梁或墙边线，选择梁边线，如图 16.2-32 所示，右键确定。

梁图层进入板支座线图层，右键确定。

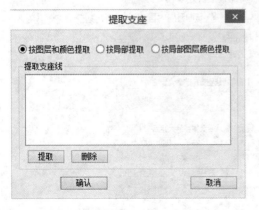

图 16.2-31

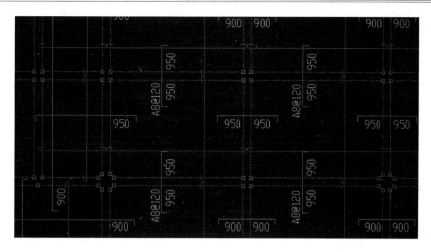

图 16.2-32

第 2 步：

点击"自动识别支座"，弹出如图 16.2-33 所示对话框。

1）提取之后打开"已提取的图层"进行识别。

2）添加尽可能全的支座宽，如有宽为200、250、300、350、400、450mm 的梁宽均作为板筋支座，则将这些数值添加进支座宽内。

3）也可以在图中量取，方法是：先选中"支座宽"某一个空格，点击"图中量取"，在图形上直接量取长度。

确定支座宽度齐全之后按"确定"按钮，则软件将各梁的中线，自动识别成板的支座线，打开"已识别的图层"查看是否有未识别完全的支座，如图 16.2-34 所示。

图 16.2-33

图 16.2-34

如发现问题，可以循环上一步重新提取。

第3步：

点击"提取板筋"，弹出如图 16.2-35 对话框，可以提取板筋线以及板名称与标注。

第4步：

点击"自动识别板筋"，弹出如图 16.2-36 对话框，到提取后的图层提取板筋，并一同设置弯钩类型。

图 16.2-35

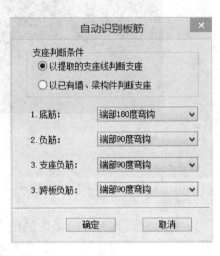

图 16.2-36

（2）技巧

提取识别板支座与板筋，经常要来回切换图层。如提取时要显示"CAD 原始图层"而不显示其他图层，提取后检查时要显示"提取后的图层"而不显示 CAD 原始图层，识别后检查时要显示"识别后的图层"，如有遗漏可返回显示"提取后图层"而关闭识别后图层。

注意：这 3 个图层需要按使用要求任意切换，以达到提高效率的目的。其他构件的转化也要遵循这一原则。

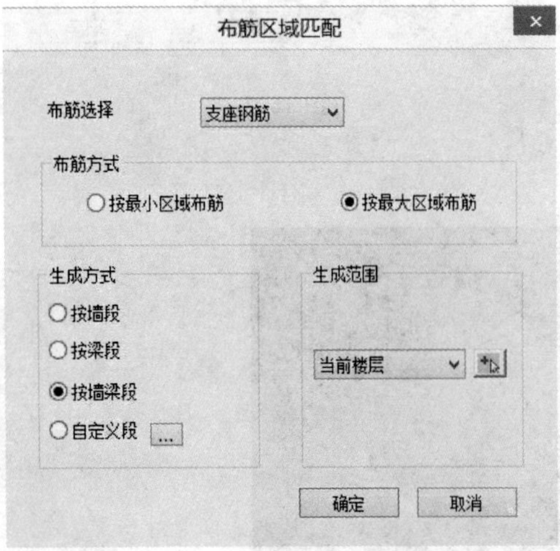

16.2.8　板筋的布筋区域选择

我们用 CAD 转化板筋的时候是没有板筋的区域的，这时候就需要在图形法里面选择布筋区域，选择或者布筋区域匹配。

单击 布筋区域选择 图标，再选择我们 CAD 转化过来的板筋，然后选择板，右键就可以将板筋的布筋区域确定下来；单击 布筋区域匹配 图标，弹出对话框，如图 16.2-37 所示。

图 16.2-37

使用布筋区域选择或布筋区域匹配命令完成后，板筋的构件颜色会产生变化，如图 16.2-38 所示。

16.2.9　转化独基

选择左侧菜单"转化独基",在菜单

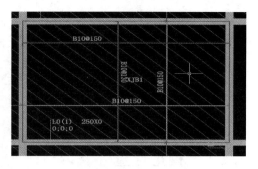

中,单击"提取独基",弹出如

图 16.2-39 对话框。

提取完成确认后进入下一步,点击"自动识别独基",完成独基的转化。

图 16.2-38

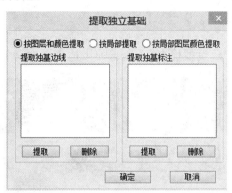

图 16.2-39

16.3　转化结果的应用

对于已经转化好的文件,需要应用到图形法中才可以完成计算。

单击 转化结果应用 图标,弹出如图 16.3-1 所示对话框。

(1) 在选择需要生成的构件,可以选择要运用哪些构件到图形法中去。

(2) 图形：☑删除已有构件 按钮中,将其勾上,则在运用时,即把原有图形中的构件删除。

图 16.3-1

第17章 云功能应用介绍

17.1 云模型检查

17.1.1 云模型检查

（1）云功能里面增加"云模型检查"，点击弹出检查页面，如图 17.1-1 所示。

图 17.1-1

1）检查大类为：属性合理性、建模遗漏、建模合理性、设计规范、计算设置合理性、计算结果合理性、可选择检查类型。

2）支持选择：当前层检查、全工程检查、自定义检查（可选择楼层及构件大小类进行检查）、默认模板（可以选择及修改检查内容）。

（2）选择检查项目后，进入检查页面：检查过程中可"暂停"或"取消"。

（3）检查完成后，进入图 17.1-2 的界面（可"查看确定错误"及"重新检查"），增加错误分级显示。

图 17.1-2

注：第一级为确定错误；第二级为疑似错误；第三级为不同地区及不同的设计标准引起的错误。

单击"查看错误详细"，弹出下图，如图 17.1-3 所示。

图 17.1-3

注：单击"检查依据"，弹出相应图片、文档或连接。

单击"定位"或双击构件名称定位到相应位置（图形构件、构件法、构件属性、其他配筋）。

可对疑似错误进行"忽略"。

可执行搜索命令（在搜索框输入错误类型或构件类型）。

（4）查看详细错误界面，忽略修改为忽略错误，忽略过的错误下次将不再检查，如图 17.1-4 所示。

图 17.1-4

17.1.2　信任列表功能

（1）信任列表支持信任规则和忽略错误，添加到信任列表中的内容下次将不再检查，如图 17.1-5 所示。

（2）忽略错误与信任规则的区别。

忽略错误：指具体的某一个错误下次将不再检查，如某个楼层图形上某个具体位置的构件下次将不再提示，但其他位置的该类错误还将提示。

信任规则：信任某条检查规则，根据用户的设置，下次整个工程或某些楼层将不再检查此条规则，如图 17.1-6 所示。

图 17.1-5

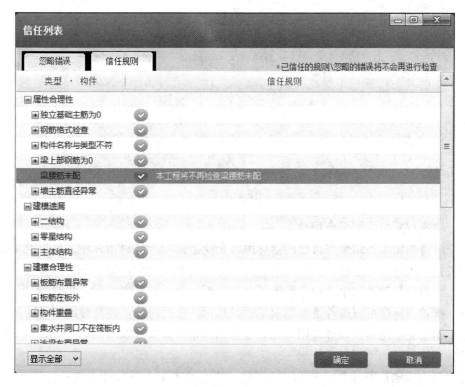

图 17.1-6

17.2　云指标库

（1）云指标库入口。

云指标库入口如图 17.2-1 所示。

图 17.2-1

（2）云指标库。

云指标库可以快速生成指标、对比指标，并快速分析指标结果是否合理；便于有效保管、分类每个工程指标，形成自己的指标库；企业用户可快捷地搜集管理企业中的每个指标，便于形成企业指标库，让每个工程指标都更有价值；指标共享机制使得数据、经验交流，畅通无阻；鲁班指标库是由鲁班技术专家所算工程累计形成的，包含全国各地各种结构类型和建筑类型的工程指标，可实时获得更多准确的专家级指标信息，如图 17.2-2 所示。

图 17.2-2

（3）快速判断指标结果合理性。

系统可将新做工程结果与自己的指标库、企业指标库、鲁班指标库、好友共享指标库的相似工程，进行对比分析、快速判断、检查计算结果合理性，提供分析结果报告。系统可根据工程特征自动筛选出类似工程进行对比分析，分析结果更可靠，如图 17.2-3 所示。

注：推荐指标库可以推荐类似当前工程的指标，进行对比，提高对比准确性。

（4）钢筋专业还提供计算规则对比，直击指标差异源头，如图 17.2-4 所示。

（5）积累自己的工程指标。

可方便快捷地管理每个历史工程的指标，便于形成个人指标库；创新标签管理方式，智能对指标分组管理，如图 17.2-5 所示。

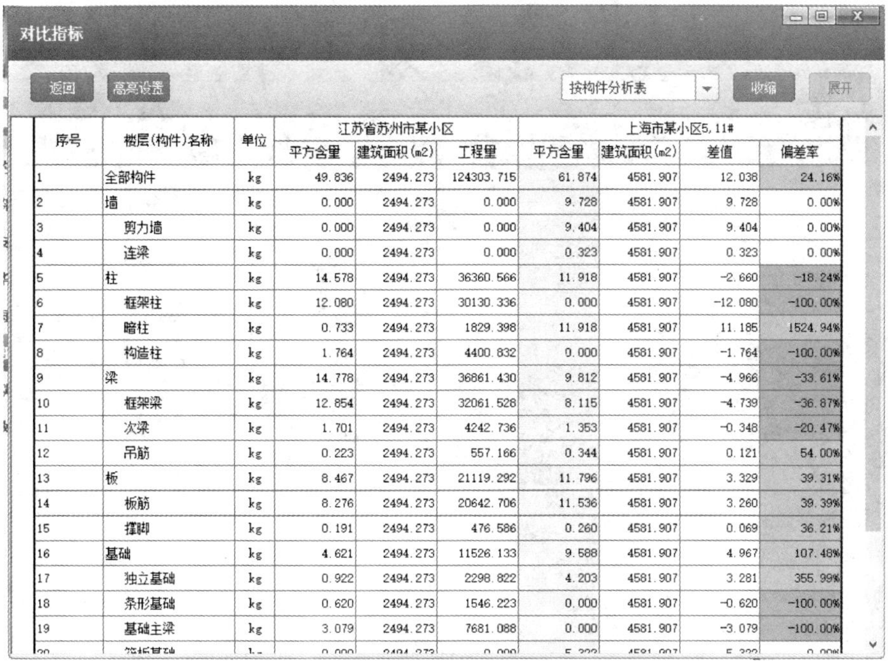

图 17.2-3

图 17.2-4

（6）形成企业的指标库。

企业用户可方便快捷地收集管理企业中的每个指标，便于形成企业指标库；每个新算工程都可与企业历史指标形成对比，方便判定指标合理性。

（7）参考更多专家指标。

鲁班指标库由技术专家所算工程累计形成，包含全国各种结构类型和建筑类型的工程

图 17.2-5

指标，指标数据不断地动态增加。

（8）与好友共享指标：指标共享机制使你与你同行好友间指标数据和经验交流畅通无阻，如图 17.2-6 所示。

图 17.2-6

17.3　云构件库

（1）云构件库入口，如图 17.3-1 所示。

快速搞定零星节点和复杂断面，轻松定义复杂组合构件，如人防构件、汽车坡道等，如图 17.3-2 所示。

图 17.3-1　　　　　　　　　　　　　　　　　图 17.3-2

（2）快速搞定零星节点和复杂断面。

节省 30% 以上零星构件及复杂断面的定义时间；可以通过编码和关键字模糊搜索，快速定位找到需要的构件。目前支持雨篷、女儿墙、基础、板加筋、天沟、线条、梁口部、空调板、剪力墙等构件类型，如图 17.3-3 所示。

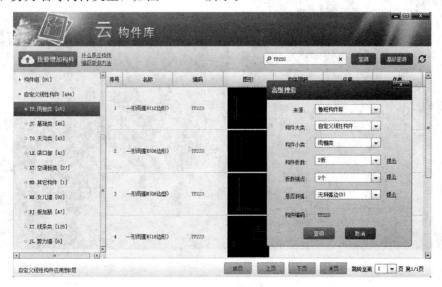

图 17.3-3

点击构件明细,可查看构件的钢筋类型、配筋和简图,如图 17.3-4 所示。

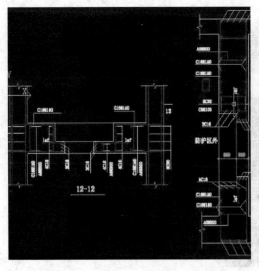

图 17.3-4

(3) 轻松定义复杂组合构件。

节省 30% 以上复杂组合构件的定义时间;目前支持人防门框、汽车坡道、集水坑、通风井、条基、柱墩等,如图 17.3-5、图 17.3-6、图 17.3-7、图 17.3-8 所示。

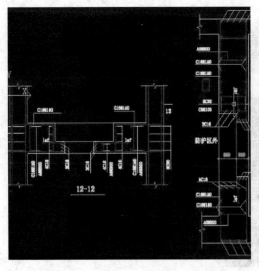

图 17.3-5

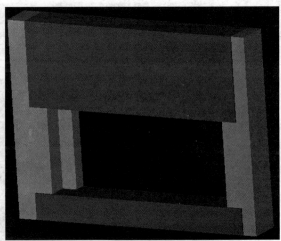

图 17.3-6

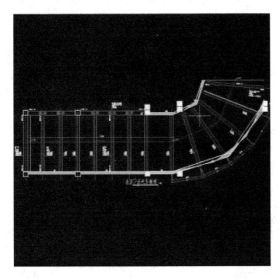
图 17.3-7

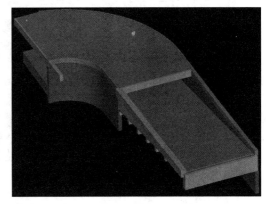
图 17.3-8

（4）让鲁班 1 个工作日内帮您增加构件。

人工增加构件服务，1 个工作日内帮您增加工程中遇到的构件；通过"我要增加构件"功能，向鲁班公司发送复杂断面的 CAD 文件或截图，鲁班公司在 1 个工作日内帮您增加到云构件库中，并将云构件编码发送给您，如图 17.3-9 所示。

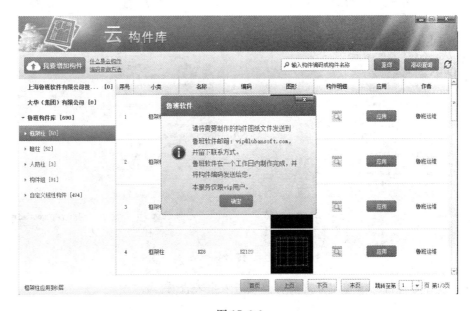
图 17.3-9

17.4　自动套

（1）云自动套入口：如图 17.4-1 所示。

（2）点击"自动套"命令，弹出自动套-云模板，如图 17.4-2 所示。

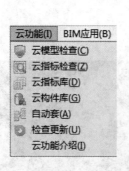

图 17.4-1

图 17.4-2

选择相应的算量模式、清单及定额，然后单击"下一步"按钮，进入清单定额设置，选择高级，可选择构件进行相应的清单定额匹配，如图 17.4-3 所示。

序号	项目编码	项目名称	项目特征	计量	条件设置
1	010416001001	现浇混凝土钢筋	钢筋种类.规格	t	钢筋级别 = 25;钢筋级别 = 24;钢筋级别 =
	4-4-1	钢筋 带基、基坑支撑		t	钢筋级别 = N;钢筋级别 = L;钢筋级别 = E;
	4-4-2	钢筋 独立基础、杯形基础		t	钢筋级别 = L;钢筋级别 = E;钢筋级别 = D;
	4-4-3	钢筋 满堂基础、地下室底板		t	钢筋级别 = N;钢筋级别 = L;钢筋级别 = L;
	4-4-4	钢筋 设备基础		t	钢筋级别 = L;钢筋级别 = E;钢筋级别 = D;
	4-4-5	钢筋 矩形柱、构造柱		t	钢筋级别 = E;钢筋级别 = D;钢筋级别 = C;
	4-4-6	钢筋 异形柱		t	钢筋级别 = E;钢筋级别 = D;钢筋级别 = C;
	4-4-7	钢筋 圆形柱		t	钢筋级别 = E;钢筋级别 = D;钢筋级别 = C;
	4-4-8	钢筋 基础梁		t	钢筋级别 = E;钢筋级别 = D;钢筋级别 = C;
	4-4-9	钢筋 矩形梁、异形梁		t	钢筋级别 = E;钢筋级别 = D;钢筋级别 = C;
	4-4-10	钢筋 弧形梁、拱形梁		t	钢筋级别 = E;钢筋级别 = D;钢筋级别 = C;
	4-4-11	钢筋 圆梁、过梁		t	钢筋级别 = E;钢筋级别 = D;钢筋级别 = C;
	4-4-12	钢筋 地下室墙、挡土墙		t	楼层 < 1;钢筋级别 = E;钢筋级别 = D;钢筋
	4-4-13	钢筋 直形墙		t	楼层 ≥1;钢筋级别 = E;钢筋级别 = D;钢筋
	4-4-14	钢筋 圆弧墙		t	楼层 ≥1;钢筋级别 = E;钢筋级别 = D;钢筋
	4-4-15	钢筋 有梁板		t	钢筋级别 = N;钢筋级别 = L;钢筋级别 = E;
	4-4-16	钢筋 平板、无梁板		t	钢筋级别 = N;钢筋级别 = L;钢筋级别 = E;
	4-4-17	钢筋 弧形板		t	钢筋级别 = E;钢筋级别 = D;钢筋级别 = C;
	4-4-18	钢筋 整体楼梯		t	钢筋级别 = E;钢筋级别 = D;钢筋级别 = C;
	4-4-19	钢筋 旋转楼梯		t	钢筋级别 = E;钢筋级别 = D;钢筋级别 = C;
	4-4-20	钢筋 雨蓬		t	钢筋级别 = E;钢筋级别 = D;钢筋级别 = C;
	4-4-21	钢筋 阳台		t	钢筋级别 = L;钢筋级别 = E;钢筋级别 = D;
	4-4-22	钢筋 栏杆、栏板		t	
	4-4-23	钢筋 电缆沟		t	
	4-4-24	钢筋 门框		t	

图 17.4-3

注：选择好构件的清单定额之后可直接进入报表查看。

第18章 BIM 功能应用介绍

18.1 施工段

18.1.1 总介

在菜单栏中点击"BIM 应用",会出现如图 18.1-1 的施工段与骨架图,施工段又分别有类别设置、布施工段、施工顺序、指定分区与刷新属性分区的内容,其中,布施工段、施工顺序与指定分区与轴网下的部分一致,点击都可以进行布置,如图 18.1-2 所示。

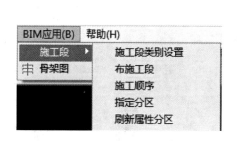

图 18.1-1

图 18.1-2

18.1.2 施工类别设置

(1)支持对构件进行结构类型选择修改,主要是将具体的构件分别归类在不同的分区以及不同的结构类型下,方便分区出量。首先点击"BIM 应用",下拉选择"施工段——施工段类别设置"命令,弹出"类别设置"对话框,如图 18.1-3 所示。

(2)还可以实现一次结构与二次结构的转换。比如,将暗梁放入二次结构中。

第一步:选中"一次结构"中的"暗梁",如图 18.1-4 所示。

第二步:放入未分类中,如图 18.1-5 所示。

第三步:切换为"二次结构",同时选中未分类中的"暗梁",如图 18.1-6 所示。

图 18.1-3

图 18.1-4

图 18.1-5

　　第四步：将选择中的"暗梁"，放入"二次结构中"，如图 18.1-7 中所示。

图 18.1-6

图 18.1-7

18.1.3　布施工段

　　布置施工段，支持矩形、圆形、异形（直线、三点画弧）的绘制，点击"布施工段"，或者下拉选择"BIM 应用"下的"布施工段"，在实时工具栏会出现具体的布置方式，选择需要的施工段的方式，点击相应的实时命令，在图形界面中进行布置即可，如图 18.1-8 所示。

图 18.1-8

18.1.4　施工顺序

可调整各施工段的优先施工顺序，解决各施工段的施工顺序，比如有 A、B、C 三个施工段区域，可通过上下移动当前选中的施工段位置，设置优先施工顺序，如图 18.1-9 所示。

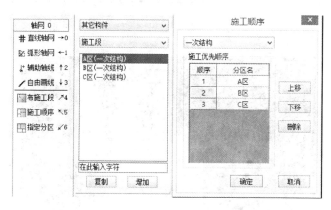

图 18.1-9

18.1.5　指定顺序

可指定任何构件到任意施工段内，灵活地解决施工中任意过程中的变动快速更新，点击"指定分区"，鼠标变为方框形式，选择需要分区的构件，右击确定，弹出指定构件分段对话框，选择所属分段，点击"确定"即可，如图 18.1-10 所示。

18.1.6　刷新属性分区

对施工段的设置进行修改后，可以点击刷新属性，属性名称刷新对话框如图 18.1-11 所示。

比如，将跨两个施工段的构件，选择后指定分区，修改后，点击刷新属性分区，再次统计时，就会将该构件归类到修改后的分区内，如图 18.1-12、图 18.1-13 所示。

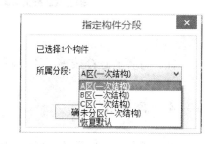

图 18.1-10

215

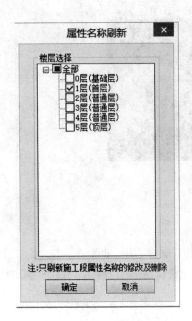

图 18.1-11

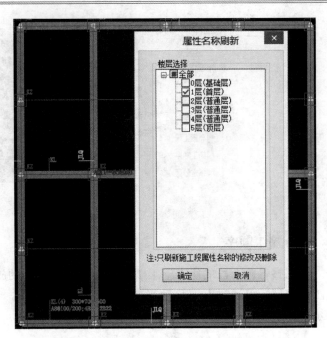

图 18.1-12

图 18.1-13

注：计算时选择按施工段计算，刷新属性分区之后要重新计算。

18.2　骨架图

开放楼层主、次梁的骨架图显示，便于初学的快速学习及方便工程的查量、核算，点击

216

骨架图命令 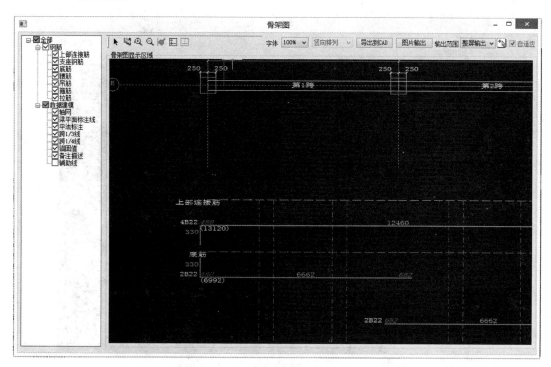 或 巾 按钮，再点击梁构件，弹出"骨架图"对话框，如图 18.2-1 所示。

图 18.2-1

在查看梁骨架图时，支持对骨架图上钢筋的相关数值进行修改，修改后的结果与计算结果联动。

第一步：计算梁构件之后，查看计算结果，面筋两端弯折 330mm，如图 18.2-2 所示。

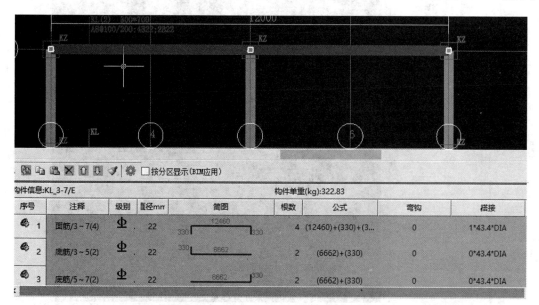

图 18.2-2

第二步：点击骨架图，选择该梁，弹出相应的对话框，修改梁上部钢筋的弯折，将300mm改为0，单击"确定"后关闭窗口，如图18.2-3、图18.2-4所示。

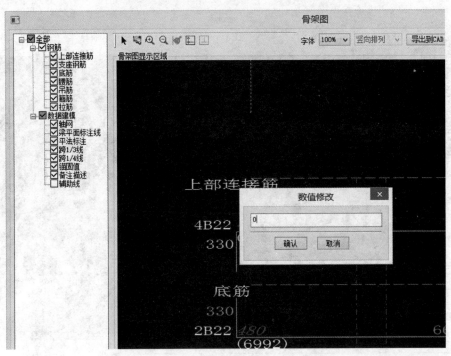

图 18.2-3

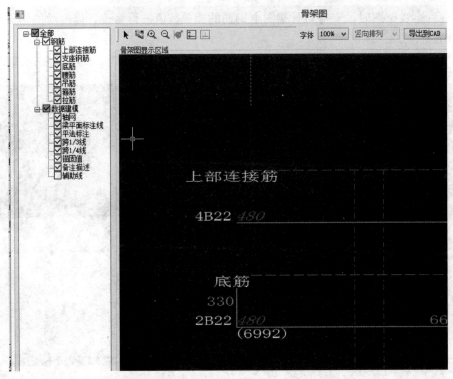

图 18.2-4

　　第三步：关闭骨架图窗口后，鼠标还是小方框的形式，再次选择该梁，梁的颜色会比其他梁的颜色暗，再点击计算结果查看，可以看到计算结果与骨架图中修改的结果联动，如图 18.2-5、图 18.2-6 所示。

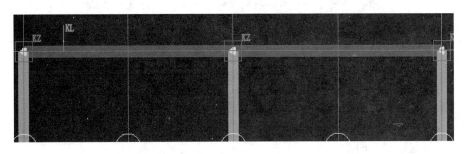

图 18.2-5

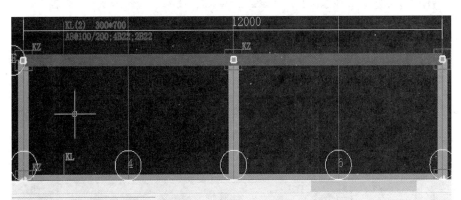

图 18.2-6

第19章 报表及打印预览

19.1 报表查看

选择菜单中的"工程量—计算报表"命令或左键单击工具条中的<img />按钮，进入如图 19.1-1 所示鲁班钢筋报表。

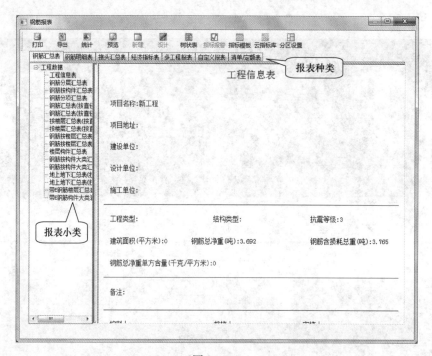

图 19.1-1

报表种类中有 4 种软件默认的报表大类：钢筋汇总表，钢筋明细表，接头汇总表，经济指标分析表、多工程报表、自定义报表以及清单/定额表。

操作方法先选择报表种类，再选择工程数据中的报表小类名称，即可看到需要的报表数据信息。

19.2 报表统计

19.2.1 报表统计

选择工程数据下的报表名称，单击命令<img />按钮，可以选择需要统计的钢筋，如图 19.2-1 所示。

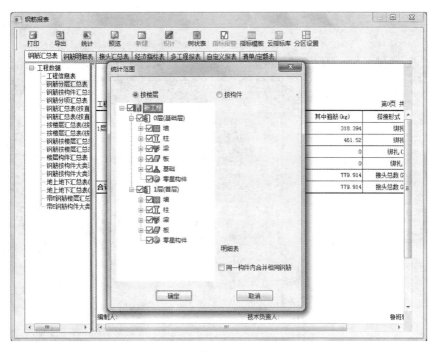

图 19.2-1

19.2.2 报表私有统计

选择工程数据下的报表名称，右键可选择（设置私有统计条件），如图 19.2-2、图 19.2-3 所示。

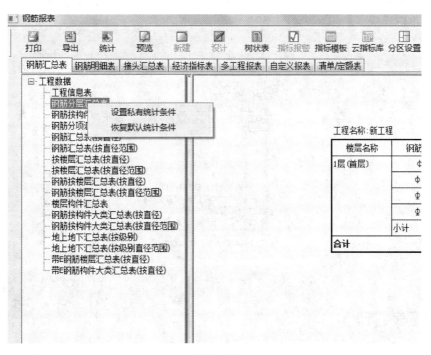

图 19.2-2

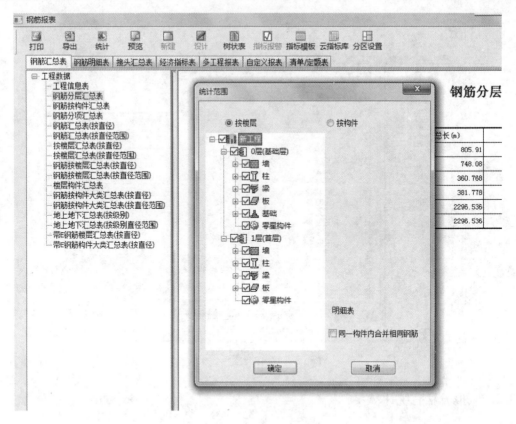

图 19.2-3

　　设置好设置私有统计条件后，该报表以红色高亮显示，表示该报表不是软件的默认统计条件，如图 19.2-4 所示。

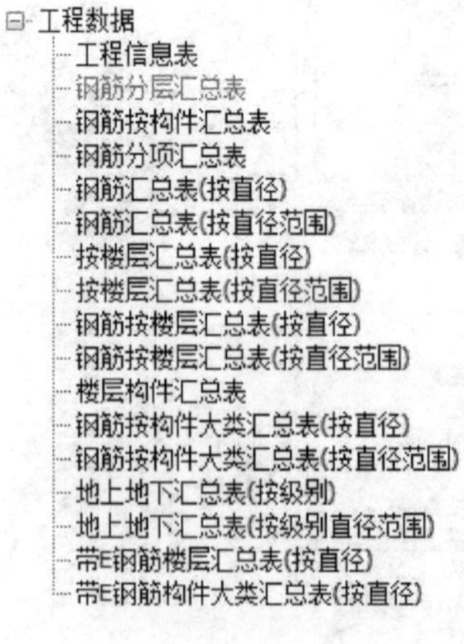

图 19.2-4

19.3　报表打印

　　单击命令 _品 按钮，可以打印报表，如图 19.3-1 所示。

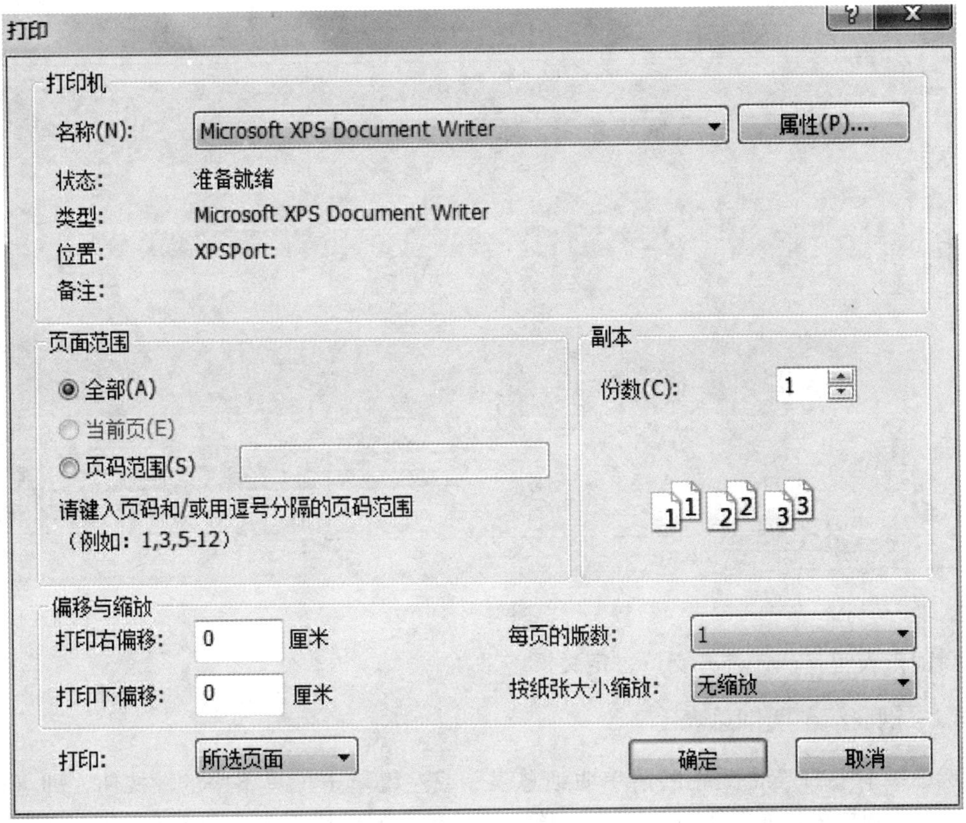

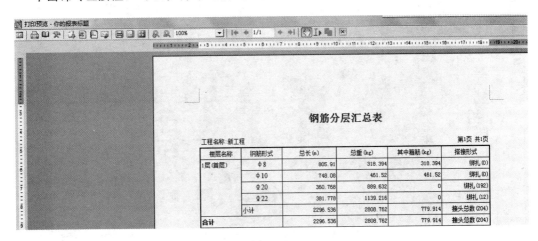

图 19.3-1

单击命令按钮，可以在打印之前查看打印效果，如图 19.3-2 所示。

钢筋分层汇总表

工程名称:新工程　　第1页 共1页

楼层名称	钢筋形式	总长(m)	总重(kg)	其中箍筋(kg)	搭接形式
1层(首层)	Φ8	805.91	318.394	318.394	绑扎(0)
	Φ10	748.08	461.52	461.52	绑扎(0)
	Φ20	360.768	889.632	0	绑扎(192)
	Φ22	381.778	1139.216	0	绑扎(12)
	小计	2296.536	2808.762	779.914	接头总数(204)
合计		2296.536	2808.762	779.914	接头总数(204)

图 19.3-2

19.4　树状报表

单击按钮，进入如图 19.4-1 所示的鲁班钢筋报表。

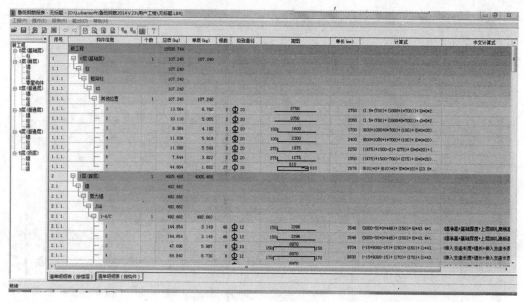

图 19.4-1

目前报表包含四大类并支持自定义报表。

19.4.1　钢筋清单明细总表

选择菜单中的"报表-钢筋清单明细总表"或左键单击工具条中的按钮，即可进入钢筋清单明细总表，如图 19.4-2 所示，该表可按楼层或按构件分成两个表，通过图 19.4-2 左下角的"钢筋明细总表（按楼层）"、"钢筋明细总表（按构件）"按钮切换进入。

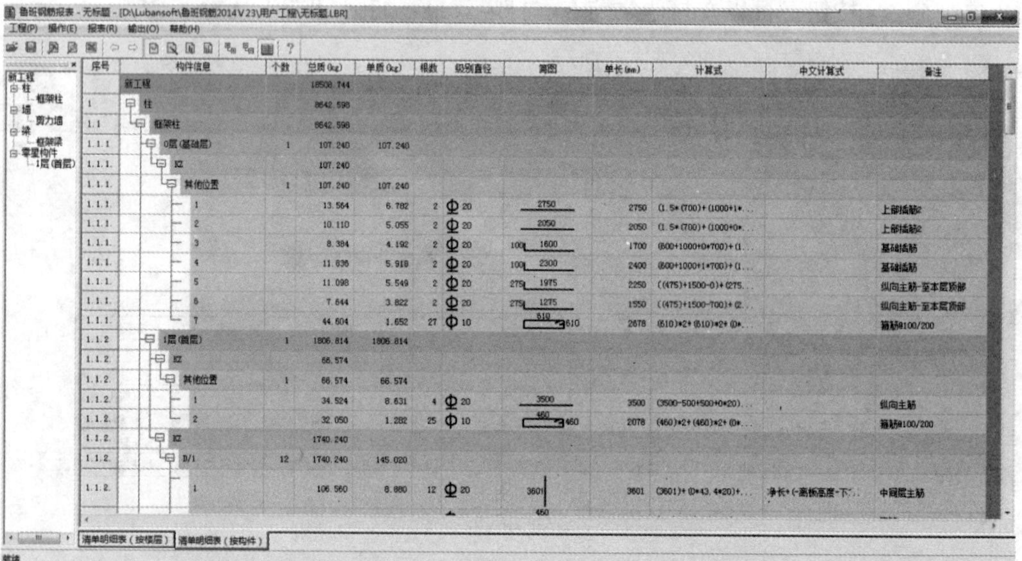

图 19.4-2

选择菜单中的"操作-展开"或左键单击工具条中的按钮，即可展开钢筋清单明细总表，选择菜单中的"操作-收缩"或左键单击工具条中的按钮，即可展开钢筋清单明细细总表；钢筋清单明细表包含：构件信息、个数、总质、单质、根数、级别、直径、简图、单长、备注、编号等信息。其中构件信息包含：楼层、大类构件夹、小类构件夹、构件名称、构件位置等信息，如图 19.4-3 所示。

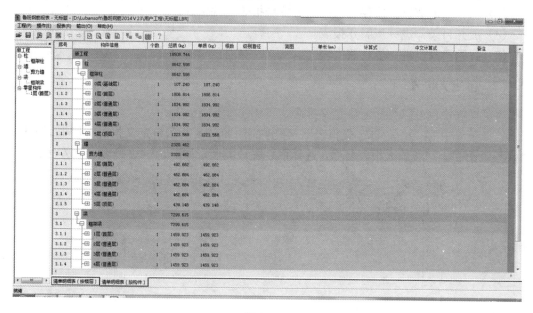

图 19.4-3

介绍一下此处鼠标的右键功能，如图 19.4-4 所示，可以进行展开或收缩左侧需要统计的项目。

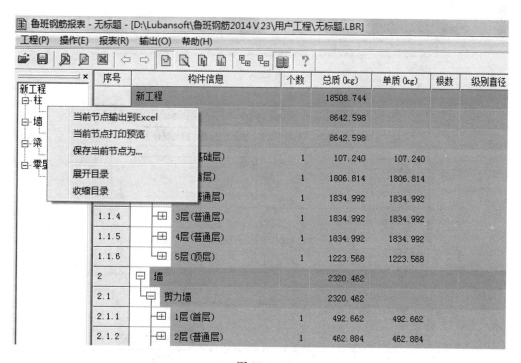

图 19.4-4

注意：

（1）当前节点输出到 Excel：把当前的报表以 Excel 表格的形式输出并保存。

（2）当前节点打印预览：打印预览当前报表的形式。

（3）保存当前节点：保存当前报表为鲁班报表文件格式。

（4）展开目录：进一步展开报表。

（5）收缩目录：进一步收缩报表。

19.4.2　自定义报表

鲁班钢筋中也可以灵活地自定义报表，具体操作如下：

选择菜单中的"报表-自定义报表"，弹出如图 19.4-5 所示自定义报表对话框，鼠标左键单击"增加"，可以输入报表名称，选择报表统计类型，如图 19.4-6 所示。在左边的窗口

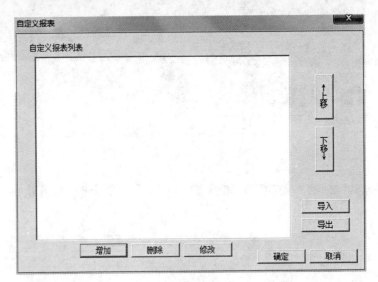

图 19.4-5

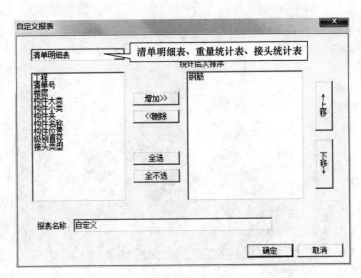

图 19.4-6

可以选择要打印的项目，比如鼠标左键选中"构件名称"，然后点击"增加"，构件名称就作为一列保存于报表中，其他项目以此类推。增加到右边窗口的内容可以通过"上移"或"下移"来调整前后顺序。填写完相关信息后，点击"确定"按钮即可，如图 19.4-7 所示。

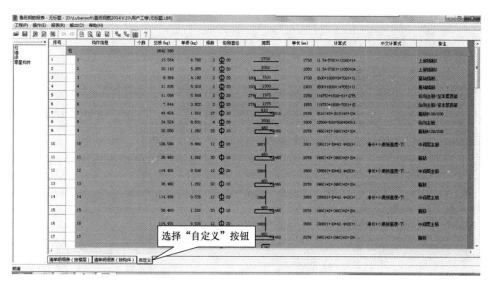

图 19.4-7

对于自定义的报表，鲁班软件还可以导入和导出，如图 19.4-8 所示，以数据文件格式输出。

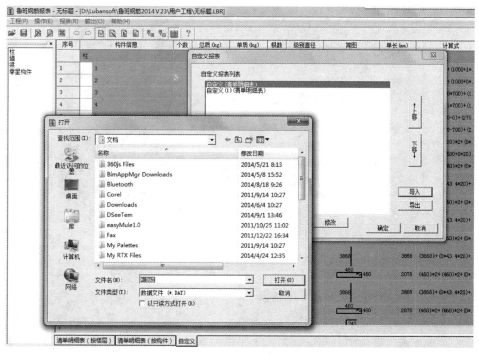

图 19.4-8

第20章 构件法算量

20.1 构件夹的设置

软件默认状态下每层都已按大类构件（墙、梁、板、柱、桩、基础、楼梯、零星构件）设置好，可新增构件夹，也可删除；删除之后，可增加被删除的构件夹，增加方法同小类构件夹。大类构件夹下有小类构件夹，软件默认有一个常用小类构件夹，如果需要增加构件夹，具体操作如下。

20.1.1 新增楼层类构件夹

（1）在主界面目录栏中，用鼠标左键点击工程名称，使之加亮，右键点击鼠标—新增—新建文件夹命令，如图 20.1-1 所示。

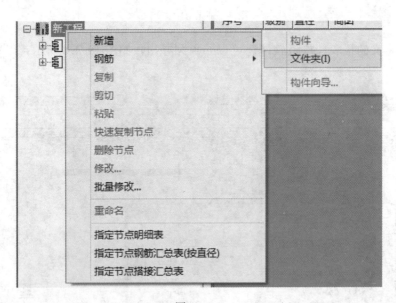

图 20.1-1

（2）在文件夹编辑框 中输入新增的楼层名称（如夹层）；功能同"重命名"的操作。

20.1.2 新增构件类构件夹

（1）在主界面目录栏中，用鼠标左键点击楼层数，使之加亮，右键点击鼠标—新增—新建文件夹命令，如图 20.1-2 所示。

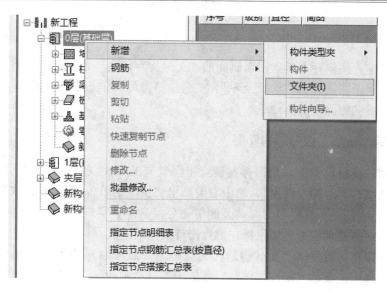

图 20.1-2

（2）在文件夹编辑框 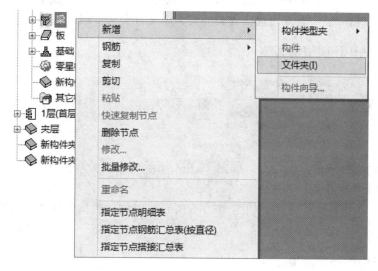 中输入新增的构件夹名称（如楼梯）；功能同"重命名"的操作。

20.1.3　新增小类构件夹

（1）在目录栏中，用鼠标左键点击大类构件夹使之加亮，将鼠标指向大类构件夹（如"梁"），单击右键弹出"快捷菜单"，"新增—构件夹"命令。如图 20.1-3 所示。

图 20.1-3

（2）在文件夹编辑框 中输入新增的构件夹名称（如次梁），功能同重命名的操作。

（3）如果新增构件夹有多个完全相同的构件夹数目，则在目录栏中的"相同构件个数"的编辑框中输入数目，缺省值为 1。

20.1.4　删除文件夹、构件夹

在目录栏中，用鼠标左键点击需删除的"文（构）件夹"使之加亮，将鼠标指向"文（构）件夹"，单击右键弹出"快捷菜单"，"删除节点"；或选择下拉菜单"操作—删除"或使用工具栏的"删除节点"命令。

20.1.5　复制、粘贴文件夹、构件夹

（1）复制：在目录栏中，用鼠标左键点击需复制的"文（构）件夹"，使之加亮，将鼠标指向待复制"文（构）件夹"，单击右键弹出"快捷菜单"，"复制"；或选择下拉菜单"操作—复制"或使用工具栏中的 🖻 "复制"命令。

（2）粘贴：在目录栏中，用鼠标左键点击待复制的"文（构）件夹"的上一级子目使之加亮，将鼠标指向待复制"文（构）件夹"的上一级子目单击右键弹出"快捷菜单"，"粘贴"；或选择下拉菜单"操作—粘贴"或使用工具栏中的 🖻 "粘贴"命令。

20.1.6　移动和上下移动文件夹

新建的构件文件夹，将鼠标光标放在文件夹上，呈高亮显示，按住左键将其任意拖动到其他构件中；在目录栏中，用鼠标左键点击需移动的"文件夹"使之加亮，用鼠标左键单击工具条 ⬆ 或 ⬇ 按钮，使"文件夹"在本级目录内向上或向下移动。

20.1.7　展开收缩文件夹

鼠标左键单击工具栏中的 🖻 或 🖻 按钮，可以将目录栏中的节点逐级展开或收缩，得到树状的文件管理目录，更方便地在各文件夹下添加各类构件以及构件管理。

20.1.8　构件法构件树结构调整

在工具栏里单击 ［云功能(I)　BIM应用(B)　帮助(H) / ⬇ ⬇↓▼ 🔍 ＋ / 公式　按构件类型排序 / 按构件名称排序 / ↓B］界面，可以对计算结果中的构件进行排列顺序的修改。

（1）选择 ［按构件名称排序］命令，如图 20.1-4 所示，不区分图形法构件和构件法构件，按名称从小到大依次排列。

（2）选择 ［按构件类型排序］命令，如图 20.1-5 所示，以构件法构件优先按名称从小到大依次排列。

20.1.9　图形构件计算结果反查

在构件法中，双击图形法构件名称或单击工具栏中 🖻 按钮，可以对构件在绘图界面的位置进行反查，如图 20.1-6、图 20.1-7 所示。

注：反查结果界面中可以显示同名称构件的个数，单击"下一个"按钮，构件自动跳转至相对应的位置，同时当前选中的构件呈紫蓝色。单击 ［返回构件法］按钮，可以返回到构件法界面，同时停留在反查前的状态，单击 ［关闭］按钮，则停留在图形法界面。

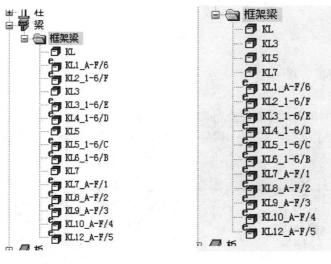

图 20.1-4　　　　　　　　　　　　　图 20.1-5

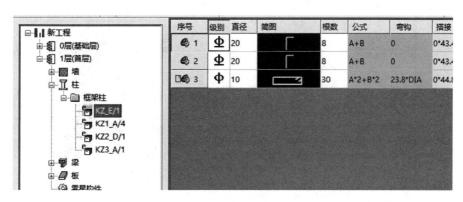

图 20.1-6

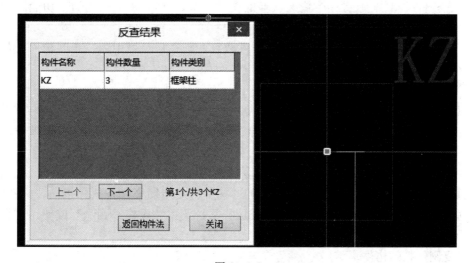

图 20.1-7

20. 2　构件的设置

新增构件的设置，软件有两种方法：①新增构件；②新增构件向导。

（1）新增构件：

1）在目录栏中，用鼠标左键点击"构件夹"使之加亮：①将鼠标指向"构件夹"，单击右键弹出"快捷菜单"，"新增—构件"命令，如图 20.2-1 所示；②选择下拉菜单"构件—新增构件"。

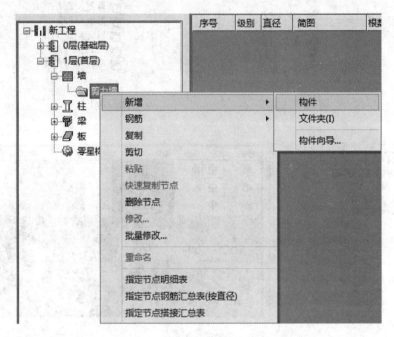

图 20.2-1

2）在构件编辑框 新构件 中输入新增的构件名称，如：TJ1(1/A-E)；功能同"重命名"的操作；

3）如果新增构件有多个完全相同的构件数目，则在目录栏中的"相同构件个数"的编辑框中输入数目，缺省值为1。

（2）新增构件向导：

在目录栏中，用鼠标左键点击"构件夹"使之加亮：①将鼠标指向"构件夹"，单击右键弹出"快捷菜单"，"新增—构件向导"命令，如图 20.2-2 所示；②选择下拉菜单"构件—新增构件向导"；③使用工具栏中的 "新增构件向导"命令。

1）删除构件。

在目录栏中，用鼠标左键点击需删除的"构件"使之加亮，将鼠标指向"构件"，单击右键弹出"快捷菜单"，"删除节点"；或选择下拉菜单"操作—删除"或使用工具栏中的 "删除"命令。

2）复制、粘贴构件。

复制：在目录栏中，用鼠标左键点击需复制的"构件"使之加亮，将鼠标指向"构

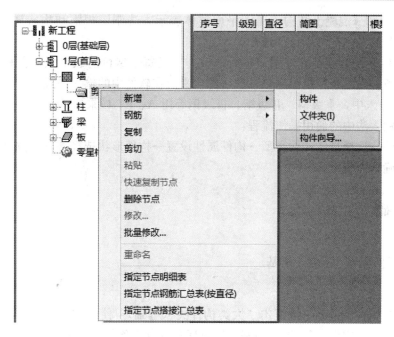

图 20.2-2

件"，单击右键弹出"快捷菜单"，"复制"；或选择下拉菜单"操作—复制"或使用工具栏中的 📄 "复制"命令；

粘贴：在目录栏中，用鼠标左键点击待复制的"构件"的构件夹使之加亮，将鼠标指向待复制"构件"的构件夹，单击右键弹出"快捷菜单"，"粘贴"；或选择下拉菜单"操作—粘贴"或使用工具栏中的 📄 "粘贴"命令。

3）快速复制构件。

在目录栏中，用鼠标左键点击需复制的"构件"使之加亮，将鼠标指向"构件"，单击右键弹出"快捷菜单"，"快速复制"；或选择下拉菜单"操作—快速复制"命令或单击工具条 📄 按钮；软件自动在同一级子目下复制出一个相同构件。

4）修改构件名称。

在目录栏中，用鼠标左键点击需修改名称的"构件"使之加亮，将鼠标指向目录栏中的"构件"，单击右键弹出"快捷菜单"，"重命名"；或选择下拉菜单"操作—重命名"。在编辑框中输入构件名称，如：TJ1(1/A-E)。

5）上下移动构件。

在目录栏中，用鼠标左键点击需移动的"构件"使之加亮，用鼠标左键单击工具条 📄 或 📄 按钮，使"构件"在本级目录内向上或向下移动。

6）移动构件。

在目录栏中，用鼠标左键选择需移动的"构件"，将其拖动到所要移动的上级目录的图标上，松开鼠标左键，"构件"就被移动到放置的上级目录下。

7）构件输入法的特点及通用操作流程。

在构件输入法中，通用特点是：

① 软件中的构件钢筋参照《混凝土结构施工图平面整体表示方法制图规则和构造详

图 00G101-1》和《混凝土结构施工图平面整体表示方法制图规则和构造详图 03G101-1》两种规范设置的，用户可以自己选择。

② 图中绿色的数字都允许用户进行修改。并且每个绿色的数字只要鼠标靠近就会自动出现提示条。提示条：提示用户该数字的含义及在软件中的输入格式。

③ 数据输入中，Ⅰ级钢、Ⅱ级钢、Ⅲ级钢等用 A、B、C 来表示，不区分大小写。

在构件输入法中的通用操作流程：

选择构件→选择具体构件类型→构件属性设置→构件形状选择→（配筋选择）→修改图中参数→确认完成。

20.3 基础

20.3.1 基础/条基/有梁式条基

第1步：

在目录栏中，用鼠标左键点击"大类构件夹（基础）"使之加亮，单击右键弹出"快捷菜单"，"新增—构件夹"，选择条基，用鼠标左键点击条基"小类构件夹（条基）"使之加亮，使用工具栏中的 "新增构件向导"命令。

第2步：

软件界面中会自动跳出"构件向导选择"的对话框，如图 20.3-1 所示。

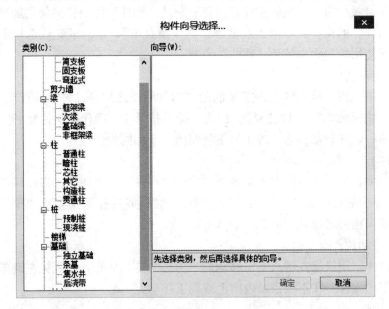

图 20.3-1

第3步：

在"构件向导选择"中，先找到"基础"，单击"基础"旁边的加号（＋），或者双击"基础"；再在展开节点中找到"条基"，在右边图形中找到"有梁条基"，并用鼠标左键点中"有梁条基"使之显亮。单击"确定"进入下一步，如图 20.3-2 所示。

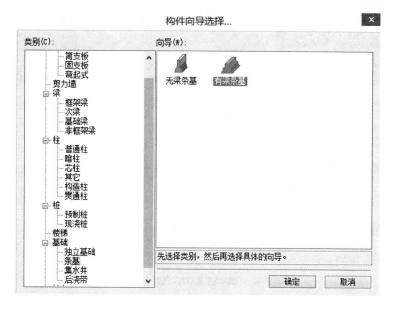

图 20.3-2

第 4 步：

软件界面中会自动跳出"构件属性"的对话框，如图 20.3-3 所示。需仔细查看各项

图 20.3-3

参数，各项参数软件大都已按规范设置，如果与具体图纸不同需修改，这些参数直接影响钢筋的下料长度。

具体说明：

如果钢筋的搭接及锚固长度按规范取值，则在界面中需选择：

（1）混凝土强度等级；

（2）搭接自动查表前打"√"；

（3）钢筋的受力方向的确认；

（4）如果有两级钢，则应选择钢筋表面的花纹形状。

修改完成，点击"下一步"按钮。

第5步：

软件界面中自动跳出"基础 \ 条基 \ 有梁条基"的对话框，如图20.3-4所示。具体参数讲解如下：

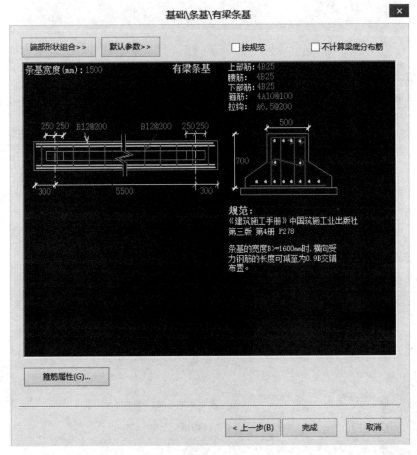

图 20.3-4

（1）<u>端部形状组合>></u>：单击后弹出对话框以单击选择某种端头组合类型，如图20.3-5所示；选择端部形状组合之后，自动回到图形界面。

（2）<u>默认参数>></u>：单击后弹出对话框以设置各种参数，如图20.3-6所示。

①〈上（下）部筋最小弯折长度〉：软件会自动判断上下筋单边端部的弯折长度＝Max

图 20.3-5

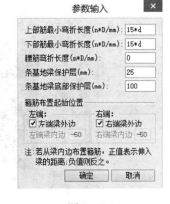
图 20.3-6

[(锚固长度－该端支座总宽度＋地梁保护层)，最小弯折长度]，Max 表示在列举的参数中取最大值。

②{腰筋弯折长度}：腰筋单边端部的弯折长度，没有判断，计算腰筋时直接引用，格式同上。

③{条基地梁保护层}：表示地梁顶部、两侧面及两端头的保护层厚度；在"构件属性"对话框中设置的保护层是条形基础的保护层，具体说是条基主筋 R1 和条基分布筋 R2 的保护层。

④{条基地梁底部保护层}：由于桩头需伸入基础内一定长度，或由于条基主筋和条基分布筋的直径影响而需要专门设置地梁底部的保护层厚度，因桩头影响时通常设为 100mm。

⑤{箍筋布置起始位置}：在计算有梁条基的箍筋根数时，用户可控制其布筋范围；选项[左（右）端梁外边]勾选时，地梁箍筋从端部外边不扣保护层开始布置；选项[左（右）端梁外边]取消时，表示从梁内边开始布置箍筋，并在"左（右）端梁内边"后面的输入框中填写数值，此时箍筋根数＝(地梁净长＋输入框的值)/间距＋1，即正值表示伸入相交梁内多少长度开始布置钢筋，负值表示距离相交梁多少长度开始布置钢筋。

设置好参数后点击"确定"，自动回到图 20.3-4 所示界面。

（3）□按规范：图中右上角的"按规范"指的是该图右下边所写的技术规范，在"按规范"前打"√"表示按所写规范配筋，默认不打"√"。

（4）□不计算梁底分布筋：该选项决定是否计算梁底位置的条基分布筋，默认不打"√"，即在梁底位置处仍然计算条基分布筋；通过单击切换选项。

第 6 步：

图中各项数据修改完成，单击"确定"按钮，软件自动关闭"基础＼条基＼有梁条基"的对话框。进入钢筋软件主界面，鼠标自动停留在目录栏中的构件"新基础＼条基＼有梁条基"，直接输入该条基名称，至此该有梁条基的配筋完成，如图 20.3-7 所示。

20.3.2　现浇桩/人工挖孔灌注桩

在"构件向导选择"对话框中，单击选择"桩＞现浇桩"，再在右边图形中选"人工挖孔灌注桩"，单击"确定"按钮，进入到"构件属性"，设置好相关属性单击"下一步"按钮，进入图形参数，如图 20.3-8 所示，具体详解如下：

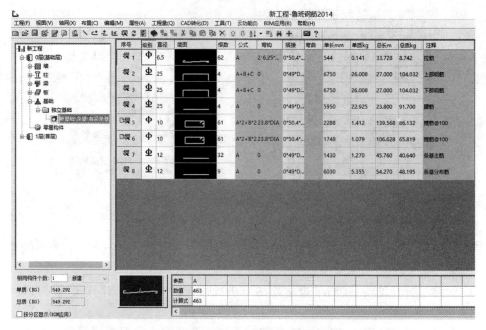

图 20.3-7

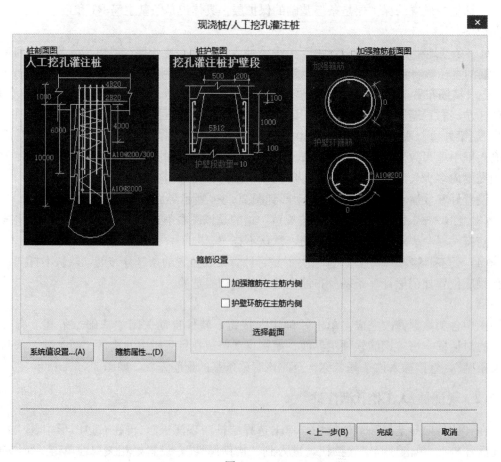

图 20.3-8

（1）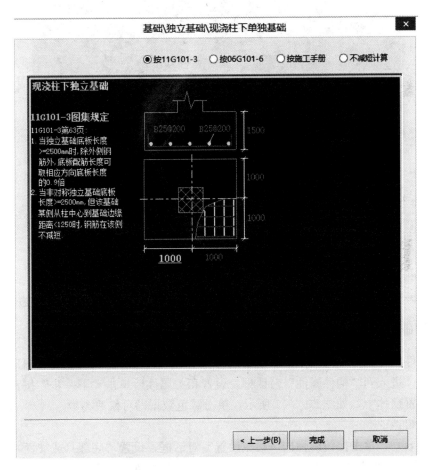：主要在预制桩中使用。

（2）：设置箍筋属性。

（3）默认为非选中，即箍筋在主筋的外侧，请根据实际情况用左键单击进行选择。

（4）：对桩截面进行单击选择；选择后右方的加强箍筋及护壁环箍筋图示随之更新。

（5）加强箍筋及护壁箍筋截面图：输入加强箍筋搭（焊）接长度、护壁环箍筋的规格。

20.3.3　基础/独立基础/三桩承台

柱下独立基础，如图 20.3-9 所示。

图 20.3-9

（1）：该选项为默认状态，用于钢筋按 11G101-3 规范的要求计算钢筋用量。

（2）：选择该选项，用于钢筋按 06G101-6 规范的要求计算钢筋用量。

（3）：选择该选项，用于按施工手册的要求计算钢筋用量。

（4）：选择该选项，钢筋计算直接按照基础长度扣保护层的计算方法计算。

三桩承台，如图 20.3-10 所示。

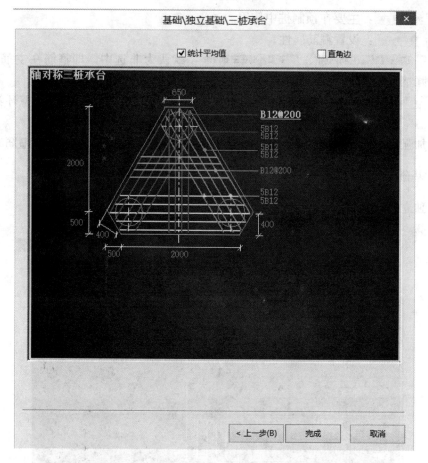

图 20.3-10

(1) ☑统计平均值：该选项默认为勾选状态，如果用于实际翻样，请取消选择。

(2) □直角边：该选项默认为取消状态，勾选时水平位置左右两侧变为直角边。

20.3.4 基础/集水井/单孔 (中间)

在"构件向导选择"对话框中，单击选择"基础/集水井"，然后在右边图形中选"单孔（中间）"，进入到"构件属性"对话框，设置相关属性后单击"下一步"按钮，进入到图形参数设置窗体中，如图 20.3-11 所示，单击绿色数据即可修改参数。

参数介绍：

(1) 默认参数>>：单击按钮后弹出"参数设置"对话框，设置"底部（或坡面）钢筋的最小弯折长度"，参数为"$n*d$"，如"$20*d$"，一般情况按照默认值即可。

(2) □集水井双排钢筋：默认为单排钢筋，遇到双排形式的钢筋请单击成勾选状态。

(3)【井深 JS】、【底部左边长度 DZC】、【井 JC】、【底部右边长度 DYC】、【坡宽 PK】、【板厚 BH】、【坡高 PG】、【底部上部宽度 DSK】、【井宽 JK】、【底部下部宽度 DXK】：均为数值格式，如"800"，单位为 mm，按图输入即可。如果集水井没有放坡面，将【坡宽 PK】输为 0 即可，软件抽取底部及坡面钢筋时自动转换弯折角度 JD＝90°，如图 20.3-12 所示（钢筋简图没有变化，但参数 JD 已经变为 90°）。

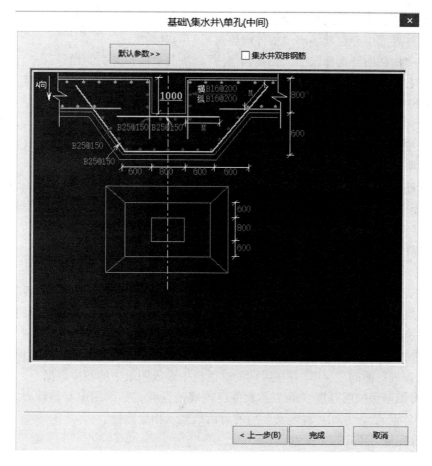

图 20.3-11

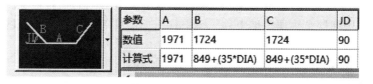

图 20.3-12

20.4　柱

20.4.1　矩形柱

正方形柱的四条边长均相等，设置矩形柱的"截面尺寸"b 边＝h 边，就相当于正方形柱。例如，某柱在底层是正方形，但在二层时变为矩形，如果一层柱采用正方形构件，将无法利用一层柱的数据。再如，A 柱为正方形、B 柱为矩形，A、B 柱筋绝大部分参数均相同，如果先用正方形构件翻样 A 柱，则无法选择 A 柱复制后修改为 B 柱。

（1）在目录栏中，用鼠标左键点击构件夹"柱"—"普通柱"命令，使之加亮，使用

工具栏中的 "新增构件向导"命令。

(2) 软件界面中会自动跳出"构件向导选择"的对话框。

(3) 在"构件向导选择"中，先找到"柱"，单击"柱"旁边的加号（＋），或者双击"柱"；再在右边图形中找到"矩形"，并用鼠标左键点中"矩形"使之显亮。单击"确定"，进入下一步。

(4) 软件界面中会自动跳出"构件属性"的对话框。需仔细查看各项参数，各项参数软件大都已按规范设置，如果与具体图纸不同需修改。这些参数直接影响钢筋的下料长度。具体说明：

如果钢筋的搭接及锚固长度按规范取值，则在界面中需选择：

1) 混凝土强度等级。

2) 搭接自动查表前打"√"。

3) 钢筋的受力方向的确认。

4) 如果有两级钢，则应选择钢筋表面的花纹形状。

5) 该工程项目，采用"默认工程"新建，需在菜单中"工程—工程设置"输入工程信息及计算规则等；如需调整个别构件属性，只需双击该构件名称进入构件属性设置，或点击修改快捷键命令来修改。

6) 如果钢筋的搭接及锚固长度不按规范取值，则只需取消界面中"搭接值自动查表、锚固值自动查表"前的"√"，并在后面的对话框中输入图纸中的相应数据。

7) 受力钢筋保护层厚度（mm）：软件已按规范设置，如果图中有特殊要求，用鼠标左键点击"自定义"，并在"自定义"后的对话框输入相应数据。

8) 修改完成，点击"下一步"。

(5) 软件界面中会自动跳出"柱子属性"如图 20.4-1 所示的"柱子编辑"对话框。具体参数如下：

1)【类型】：下拉选择，如图 20.4-2 所示。点击类型右侧的下拉箭头，选择相应的类型，如基础层、中间层、顶层、墙上柱、梁上柱、单层柱等，下方及右侧图形自动改变。

备注：

"基础层柱"的配筋包括一层的钢筋。

"梁上柱"、"墙上柱"均指根部层（首层），"梁上柱"及"墙上柱"的其他层采用"中间层柱"、"顶层柱"计算。

"墙柱重叠一层"见平法《03G101-1》（P39）"柱与墙重叠一层"大样，墙柱重叠层的柱主筋从楼板面起始而没有锚固概念，平法（P7）第二条"当柱与剪力墙重叠一层时，其根部标高为墙顶面往下一层的结构层楼面标高"。

2)【变截面形式】：下拉选择，如图 20.4-3 所示。默认为等截面形式，点击其右边的下拉箭头，选择相应的变截面形式，如上部变截面、下部变截面等，软件会自动改变下方及右侧图形，软件将根据平法《03G101-1》（P38、P44）变截大样，并依据变截尺寸、偏心尺寸自动判定是采用"下弯锚、上插筋"还是"下略弯并连续伸至上层"的配筋方式。

3)【顶层柱形式】：下拉选择，如图 20.4-4 所示。如果在【类型】中选择了"顶层柱"、"单层柱"，则需下拉选择顶层柱的形式，选择柱在图中的平面位置（中柱/角柱/边柱）及配筋形式（见《03G101-1》平法图集第 37、38、43、44 页柱顶纵筋构造），软件会

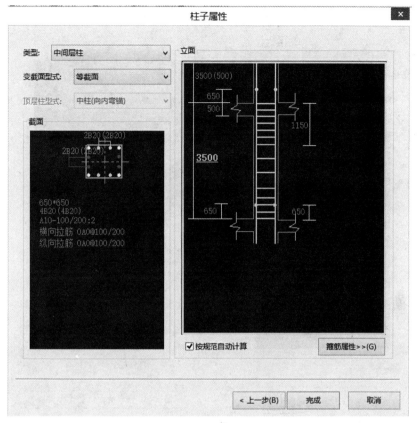

图 20.4-1

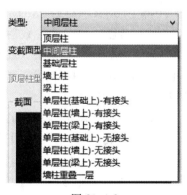

图 20.4-2

图 20.4-3

自动改变右侧图形。"关于中柱的判定":参照《03G101-1》(P11)判断,除去最外轴线 A、D、1、7 上之外的所有柱均属中柱。

　　4)修改下方"截面"及右方"立面"图中绿色数据:鼠标移动至数据位置,会显示黄色提示条,左键单击,会自动弹出类似"修改变量值"的对话框,输入(或选择)相应的数据(或选项)。

　　①"截面"图形区域:输入/修改本层(上层)的中部主筋、变截偏心值、截面尺寸、四角主筋、箍筋、拉筋等参数。

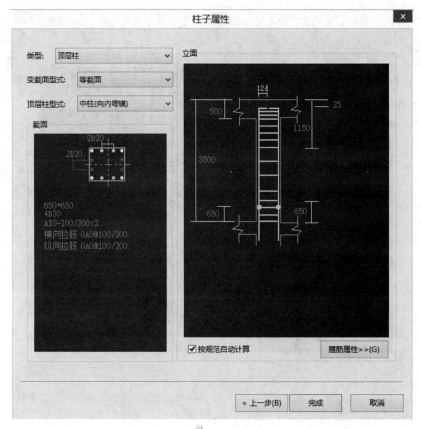

图 20.4-4

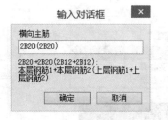

图 20.4-5

②【水平边（b 边）中部主筋 HORZJ】：指的是单边的中部钢筋根数，软件自动按对称布筋。单击此参数后弹出"输入对话框"，如图 20.4-5 所示。输入/修改本层（或上层）水平边（b 边）一侧中部主筋，是单边的中部钢筋根数，按对称配筋考虑，具体输入方法可参见图中说明。

③【垂直边（h 边）中部主筋 VERZJ】：单击此参数后弹出"输入对话框"，输入或修改本层（或上层）垂直边（h 边）一侧中部主筋。

④【X 方向偏心】：当变截面形式为"下部变截面"或"上部变截面"时，此参数有效；图中默认值是 0，指的是本层变截面柱的纵向中心线与上层柱的纵向中心线间的距离，以 mm 为单位；单击后在输入框中填写数值并确定即可，是软件自动判定主筋方式是采用"下弯锚、上插筋"还是"下略弯并连续伸至上层"的必要参数之一。

⑤【Y 方向偏心】：当变截面形式为"下部变截面"或"上部变截面"时，此参数有效；默认值是 0，指的是本层变截面柱的水平中心线与上层柱的水平中心线间的距离，以 mm 为单位。

⑥【截面尺寸 JM】：输入或修改本层（或上、下层）柱子的截面尺寸；单击该提示条后弹出"截面尺寸修改"对话框，如图 20.4-6 所示。

⑦【四角筋 SJJ】：输入或修改本层（或上、下层）柱子的四角主筋；单击该提示条后弹出"钢筋属性修改"对话框，如图 20.4-7 所示；由于四角主筋根数总是为 4，故软件不再让您填写根数，以减少出错的概率。

⑧【箍筋 GJ】：输入或修改本层（或上、下层）柱子的箍筋；单击该提示条后弹出"钢筋属性修改"对话框，如图 20.4-8 所示。此时根数由加密区间距、非加密区间距自动计算，故软件不再让您填写根数，以减少出错的概率。同样，如果是上（或下）变截面，将允许（需要）填写上（或下）层参数，如果是等截面，将不允许（不需要）填写上（或下）层参数。

图 20.4-6

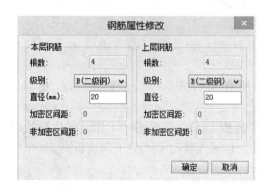

图 20.4-7

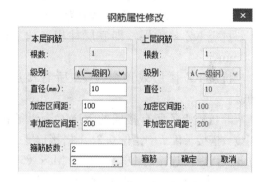

图 20.4-8

注意：左下角的箍筋肢数，若是采用肢数标法，则输入单个数字，如 2、3、4 等；若是采用 03G 标法，则输入 3-3、3-4、4-4 等，表示 3×3、3×4、4×4 箍筋。目前版本最多可支持到 12×12 肢箍。

⑨【横向拉筋 HORLJ】、【纵向拉筋 VERLJ】：分别指水平方向单肢 S 拉筋、垂直方向单肢 S 拉筋；单击该提示条后弹出"钢筋属性修改"对话框，如图 20.4-9 所示，"根数"指在柱截面或箍筋大样中能够直接看到的根数；拉筋总根数＝[上下加密区之和/加密区间距＋（层高－上下加密区之和）/非加密区间距]×根数，即根数＝0 时表示没有拉筋；

⑩"立面"图形区域：输入/修改本层（或上层）是否按默认规范、楼层层高（基础高度）、下部离板高度、梁的高度或楼板的厚度、本层上部加密区长度、本层下部加密区长度、基础弯折长度、基础内箍筋根数、插筋弯折离基础底部高度等立面参数，说明如下：

图 20-4-9

A. ☑按规范自动计算：默认为打"√"，指的是主筋的搭接（接头）位置、箍筋的加密位置及长度按选用"规范"自动计算。即"按规范自动计算"前打"√"的情况下，"本层下部离板高度 XBGD、上层下部离板高度 SBGD、本层箍筋下部加密区 XJMQ、本层箍筋上部加密区 SJMQ"这四个参数是不允许修改的,软件按照规范自动计算其值;如果需要修改这四个参数,请把"按规范自动计算"前的钩取消,即可输入自定义值。

B.【本层下部离板高度 XBGD】:指第一层第一个焊接点或第一个搭接点离楼板或基础顶的距离,见平法《03G101-1》(P36、39、42、45)纵筋大样,归纳为:

a. 抗震 KZ 基础层的 XBGD$\geqslant H$n/3、楼层或顶层的 XBGD$\geqslant$Max ($H_n/6$,h_c,500);

b. 抗震 QZ、LZ 所有楼层的 XBGD$\geqslant$Max ($H_n/6$,h_c,500);

c. 非抗震 KZ、QZ 所有楼层绑扎搭接时的 XBGD$\geqslant$0、机械连接或焊接连接的 XBGD$\geqslant$500;

注:H_n 为所在楼层的净高、h_c 为柱截面长边尺寸(圆柱为截面直径)、Max 函数取括号内各参数的最大值。

C.【本层箍筋下部加密区 XJMQ】:本层基础顶面或楼面上方区域的箍筋加密区长度,见平法(P40、45)大样,归纳为:

抗震 KZ 基础层(即底层柱根)的 XJMQ$\geqslant H_n/3$,并且底层刚性地面上下各加密 500mm。

抗震 KZ 楼层或顶层、QZ 所有楼层、LZ 所有楼层的 XJMQ$\geqslant$Max ($H_n/6$,h_c,500)。

非抗震 KZ 所有楼层的 XJMQ$\geqslant$纵筋搭接区范围 DJQ;根据平法 P42,绑扎搭接时 DJQ=搭接长度 l_l+错位 $0.3l_l$+搭接长度 l_l=$2.3l_l$,机械连接时 DJQ=下部离板高 500+错位 $35d$,焊接连接时 DJQ=500+Max (500,$35d$)。

D.【本层箍筋上部加密区 SJMQ】:本层梁高度区域及梁下方区域的箍筋加密区长度,见平法《03G101-1》(P40、45)大样,归纳为:

a. 抗震 KZ、QZ、LZ 所有楼层的 SJMQ$\geqslant$本层顶部梁高 h_b+Max ($H_n/6$,h_c,500);

b. 非抗震 KZ 所有楼层的上部区域不要求加密,即 SJMQ=0。

(6) 参数设置好以后,点击图 20.4-4 柱子图形参数对话框中"箍筋属性",软件自动进入"箍筋属性"的对话框,如图 20.4-10 所示。该对话框含"主箍形状"、"附箍形状"、"参数"三个同级对话框。

1)"主箍形状":首先选择箍筋标注方法是采用"03G 标法"还是"肢数标法",

假设选择"肢数标法",再选择图 20.4-10 左边"复合方式"中的类型,如"六肢箍",然后选择图 20.4-10 右方"内部形式"中的类型,如"交错十字",选择完内部形式之后,点击"设为默认",软件默认本次六肢箍筋及之后所做新柱子六肢箍内部形式均默认为"交错十字",如有不同可重新选择内部形式并点击"设为默认"。"03G 标法"同样操作。

在"箍筋图形"中软件自动根据主筋的根数及箍筋直径,计算出每个箍筋的尺寸。如果箍筋的默认尺寸不符合实际,请单击"箍筋图形"区域中的绿色数据作进一步修改即可。

2)"附箍形状":单击"附箍形状",进入"附加箍筋"的对话框,如图 20.4-11 所示。

3)"参数":点击"参数",进入"参数"的对话框,如图 20.4-12 所示。

图 20.4-10

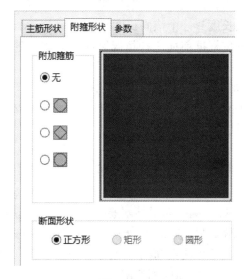

图 20.4-11

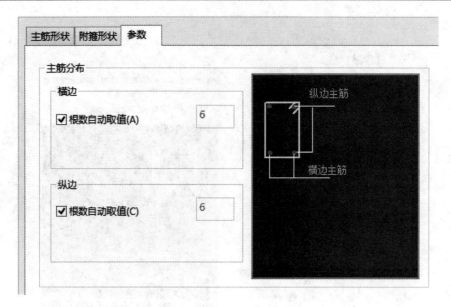

图 20.4-12

　　（7）图中各项数据修改完成，单击"确定"按钮，软件自动关闭"箍筋属性"对话框，单击"完成"按钮，进入钢筋软件主界面并提交钢筋到"钢筋列表栏"中，鼠标自动停留在目录栏中的构件"KZ"，直接输入该矩形柱名称，至此该柱钢筋翻样完成。

　　备注：

　　（1）"关于顶层中柱的形式判定"：

　　柱（向内弯锚）：当直锚长度＜一个锚固长度时选用，构造直锚长度≥0.5 倍锚固长度。

　　中柱（向外弯锚）：当直锚长度≪一个锚固长度且顶层为现浇混凝土板、其强度等级≥C20、板厚≥80mm 时选用，构造要求直锚长度≥0.5 倍锚固长度。

　　中柱（直锚）：当直锚长度≥一个锚固长度时选用。

　　中柱（自动判断）：软件根据前面三种情况智能判断中柱的顶层柱配筋形式，计算中柱时建议首选——中柱（自动判断）。

　　（2）"关于角柱/边柱的判定"：指位于最外轴线上的柱子，参照《03G101-1》（P11）判断，A、D、1、7 四条轴线上的所有柱子均属边柱，如果 A 交 1-7、D 交 1-7 四个交点上有柱子，则这四根柱属角柱。

　　关于顶层角柱/边柱的纵向钢筋构造形式［见《03G101-1》（P37）构造（一）］：

　　"柱顶纵筋构造 B"：当顶层为现浇混凝土板、其强度等级≥C20、板厚≥80mm 时选用；

　　"柱顶纵筋构造 C"：当柱外侧纵向钢筋配筋率＞1.2％时选用；

　　"柱顶纵筋构造 A"：不满足构造 B、C 条件的其他条件时选用。

　　（3）关于顶层角柱/边柱的纵向钢筋构造型式［见《03G101-1》（P37）构造（二）］：

　　"柱顶纵筋构造 E"：当梁上部纵向钢筋配筋率＞1.2％时选用；

　　"柱顶纵筋构造 D"：不满足构造 E 条件的其他条件时选用。选用构造（二）类型时，D、E 构造对柱主筋要求均相同，仅对边柱/角柱处的梁上部纵筋弯锚长度有不同要求，故软件中为"角/边柱（柱顶纵筋构造 DE）"。

具体选用构造（一）还是构造（二），由设计指定；当设计未指定时，由施工人员根据具体情况自主选用。

20.4.2　暗柱

在"构件向导选择"对话框中，单击选中"柱〉暗柱〉"，再在右边图形中找到"T形"，单击"确定"按钮；进入到"构件属性"对话框，设置好参数后单击"下一步（N）"按钮；进入到"柱子属性"对话框，如图 20.4-13 所示。

（1）截面

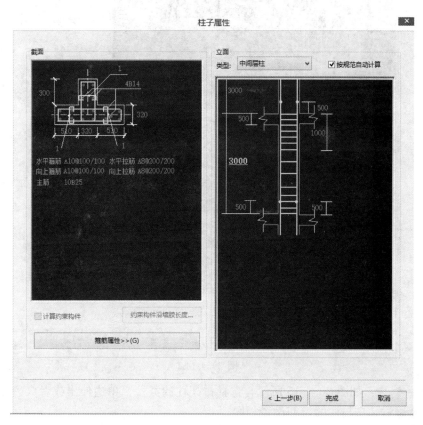

图 20.4-13

（2）立面

具体的设置方法与柱的设置相同，图中各项数据修改完成，单击"完成"按钮，软件自动关闭"柱子属性"对话框并进入钢筋软件主界面并提交钢筋到"钢筋列表栏"中，鼠标自动停留在目录栏中的构件"新柱 \ 暗柱 \ T形"，直接输入该柱名称比如"YYZ1 * 2"，并且在主界面中的"相同构件个数"后面的输入框中填写"2"，表示 2 根柱。

20.4.3　排架柱

（1）在软件主界面的构件目录中，单击选择需要增加柱的节点；单击 图标（新增构件向导），弹出"构件向导选择"对话框，单击选中"柱—其他"节点，再在右边图形中找到"排架柱"，再单击"确定"按钮。

（2）自动进入"构件属性"对话框，下拉选择"接头类型"为"绑扎"，"混凝土强度等级"为"C25"，设置好参数后单击"下一步（N)〉"按钮。

（3）自动进入"图形参数"对话框，如图 20.4-14 所示，每一个参数都有相应的文字提示，提示如何正确输入相关的数值。

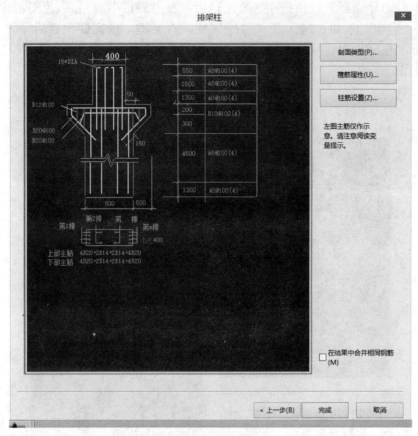

图 20.4-14

1）<kbd>剖面类型(P)...</kbd>：如图 20.4-15 所示，选择排架柱的类型，单边伸出或者双边伸出。

2）<kbd>箍筋属性(U)...</kbd>：与柱的箍筋设置相同。

3）<kbd>柱筋设置(Z)...</kbd>：如图 20.4-16 所示。

①［同一平面上下柱筋相同时，是否连通］：如果同一平面位置上，上下部钢筋相同，选择"上下柱筋断开"，表示上下柱钢筋不连通计算；选择"上下柱筋连通"，表示上下柱钢筋连通计算。

②［断开时，上柱筋伸入牛腿锚固］：如果上下部钢筋不连通计算时，选择"一次性锚固"，表示上部所有钢筋伸入牛腿加一个锚固；选择"50％错开锚固"，表示上部所有钢筋伸入牛腿加一个锚固外，另有 50％上部钢筋再加一个锚固。

4）<kbd>☐ 在结果中合并相同钢筋(M)</kbd>：对于直径、长度、钢筋简图相同的钢筋，在钢筋列表中给以合并，这样在打印钢筋清单是可以节省纸张。相关参数输入好后，单击"确定"按钮，生成如图 20.4-17 所示的钢筋列表。

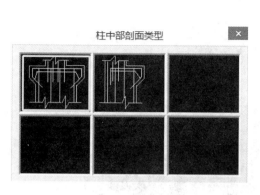

图 20.4-15

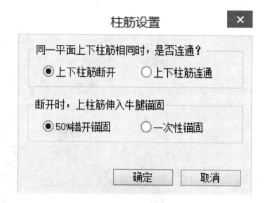

图 20.4-16

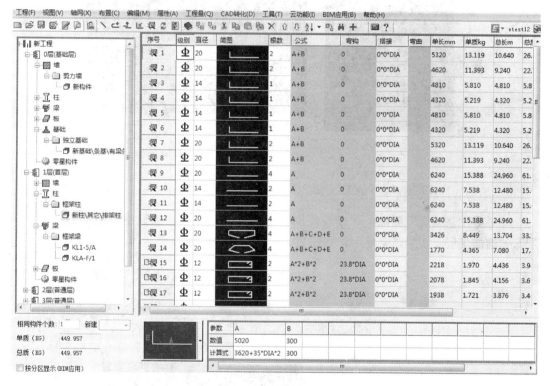

图 20.4-17

注：其他类型的柱的操作方法与以上柱的操作方法大致相同。

20.4.4 贯通柱

鲁班钢筋软件支持矩形（正方形）柱、圆形贯通柱。

（1）在软件主界面的构件目录中，单击选择需要增加贯通柱的节点；单击 图标（新增构件向导），弹出"构件向导选择"对话框，单击选中"柱＞贯通柱"节点，再在右边图形中找到"矩形柱"，再单击"确定"按钮。

（2）弹出"柱子属性"对话框，如图 20.4-18 所示。

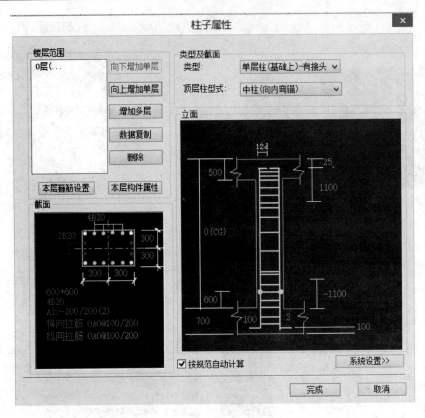

图 20.4-18

如果将"基础层"删除，"楼层范围"中没有任何楼层，按钮中只有"向上增加单层"、"增加多层"按钮高亮显示，如图 20.4-19 所示。

图 20.4-19

1) 向上增加单层：从图 20.4-19 状态中执行"向上增加单层"命令，会弹出如图 20.4-20 对话框，如果图 20.4-19 已经有某个楼层存在，则不会弹出如图 20.4-20 的对话框，而直接增加楼层。

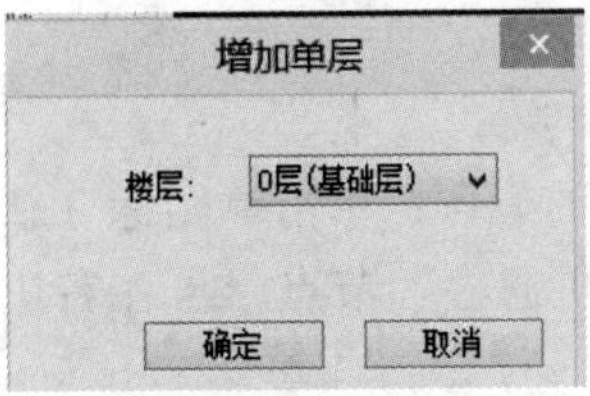

2) 增加多层：可以一次性增加多个楼层，如图 20.4-21 所示。

3) 数据复制：把当前楼层的属性及箍筋属性复制给其他楼层的柱，如图 20.4-22 所示。

图 20.4-20

252

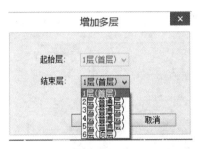

图 20.4-21

图 20.4-22

4)　删除：删除某个楼层，当所选楼层处于中间位置时，是不能删除该楼的。

5)　本层箍筋设置　本层构件属性：对本层柱的箍筋和属性进行定义，方法与普通柱一样。
柱的截面尺寸与箍筋的设置的对话框如图 20.4-23、图 20.4-24 所示。

图 20.4-23

图 20.4-24

若柱箍筋不是按照规范计算的（需要调整），点击图 20.4-24【图形】按钮，进入到"箍筋属性"对话框，如图 20.4-25 所示，去掉【按规范计算】前的勾号，修改图中数据即可。

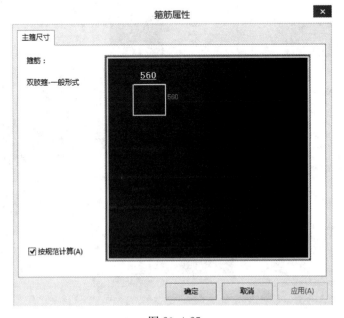

图 20.4-25

253

6) 系统设置>> ：可以对贯通柱的计算规则进行设置，如图 20.4-26 所示。

图 20.4-26

（3）单击"完成"按钮，得到贯通柱的计算结果，如图 20.4-27 所示。

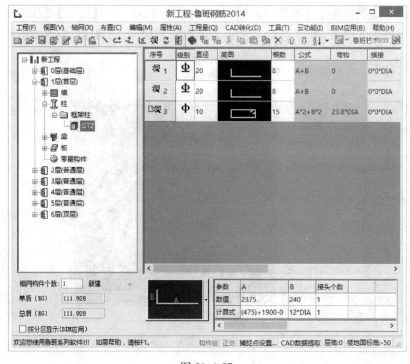

图 20.4-27

20.5 剪力墙

"一次搭接"，指墙的竖直立筋在同一位置焊接或搭接，此时接头百分率为 100%；

"两次搭接"，指墙的竖直立筋焊接或搭接的位置隔根错开，此时接头百分率为 50%。

（1）在目录栏中，用鼠标左键单击"构件夹（墙）"，使之加亮，使用工具栏中的 "新增构件向导"命令。

（2）软件界面中会自动跳出"构件向导选择"的对话框，如图 20.5-1 所示。

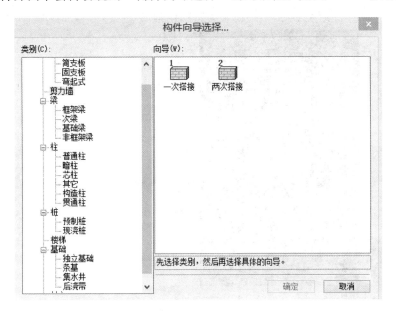

图 20.5-1

（3）在"构件向导选择"中，先找到"剪力墙"，请单击"剪力墙"旁边的加号（＋），或者双击"剪力墙"；再在右边图形中找到"两次搭接"，并用鼠标左键点中"两次搭接"使之显亮。单击"确定"进入下一步。

（4）软件界面中会自动跳出"构件属性"的对话框，需仔细查看各项参数，各项参数软件大都已按规范设置，如果与具体图纸不同需修改。这些参数直接影响钢筋的下料长度。

如果钢筋的搭接及锚固长度按规范取值，则在界面中需选择：

① 混凝土强度等级；

② 搭接自动查表前打"√"；

③ 钢筋的受力方向的确认；

④ 如果有两级钢，则应选择钢筋表面的花纹形状；

⑤ 如果该工程项目，采用"默认工程"新建，选择下拉菜单"工程—工程设置"，软件会自动跳出"工程设置"对话框，选择建筑物的抗震等级。

如果钢筋的搭接及锚固长度不按规范取值，则只需取消界面中"搭接值自动查表、锚固值自动查表"前的"√"，并在后面的对应框中输入图纸中的相应数据。受力钢筋保护层厚度（mm）：软件已按规范设置，如果图中有特殊要求，用鼠标左键点击"自定义"，并在"自定义"后的对应框中输入相应数据。特别注意的是，该界面的"接头类型"指墙体水平筋。

修改完成，单击"下一步"按钮。

（5）软件界面中会自动跳出"搭接及变截面类型"的对话框，如图 20.5-2 所示。

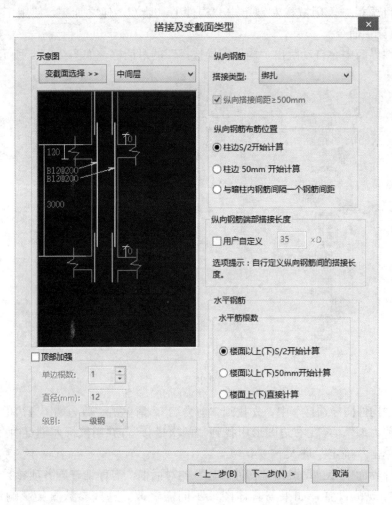

图 20.5-2

相关按钮及参数含义：

1）变截面选择 >>：单击后弹出对话框，以确定变截面处竖向分布钢筋的构造要求。

2）中间层：下拉选择框：单击其右方的倒三角形并下拉选择，以确定当前计算的墙是基础层、中间层、还是顶层。下拉选择楼层之后蓝色图形区域自动更新为对应的图形。

3）搭接类型 绑扎：单击其右方的倒三角形并下拉选择，以确定剪力墙纵向钢筋的接头类型，支持绑扎、机械连接、中心对接焊接、搭接双面焊、搭接单面焊等类型。

4）【☑纵向搭接间距≥500mm】：该选项默认将限制纵向钢筋连接点的错开距离。

5）【纵向钢筋布筋位置】："纵向钢筋布置位置"对话框下，为端柱时应单击选择"柱边

50mm 开始计算"、柱边 $S/2$ 开始计算选项，其他情况应单击选择"与暗柱内钢筋间隔一个钢筋间距"选项；如果需要自行定义纵向钢筋的搭接长度，请单击勾选"□用户自定义"，并在其后的输入框中填入自定义值，如 38，表示纵筋搭长 $38d$；若未勾选"□用户自定义"，则纵筋搭长取值为"构件属性"对话框中的搭接值。

6）◉柱边S/2开始计算：单击其中选项前的"⊙"，以确定纵筋根数计算规则，是从柱边 $1/2$ 纵向钢筋的间距开始计算。

7）◉柱边 50mm 开始计算：单击其中选项前的"⊙"，以确定纵筋根数计算规则，是从柱边 50mm 的间距开始计算。

8）◉与暗柱内钢筋间隔一个钢筋间距：单击其中选项前的"⊙"，以确定纵筋根数计算规则，是从暗柱内钢筋间隔一个钢筋间距开始计算。

9）◉楼面以上(下)S/2开始计算：单击其中选项前的"⊙"，以确定水平钢筋计算规则，是从柱边 $1/2$ 纵向钢筋的间距开始计算。

10）◉楼面以上(下)50mm开始计算：单击其中选项前的"⊙"，以确定水平筋根数计算规则，是从"楼面以上（下）50mm 开始计算"。

11）◉楼面上(下)直接计算：单击其中选项前的"⊙"，以确定水平筋根数计算规则，是从"楼面以上（下）直接开始计算"。

12）☑顶部加强选项：如果图纸中要求在上面楼板位置（即剪力墙顶部）需设加强筋，则将单击"顶部加强"使其为勾选状态，才可输入相应的数据，包括"单边根数、直径、级别"三个子参数；

注意：加强钢筋的总根数＝单边根数×2 边；设置了加强钢筋的区域不再设置水平主筋。举例：当未配置顶部加强钢筋时水平主筋总根数＝32 根，如果设置加强筋单边根数＝1 根，则加强筋总根数＝1×2＝2 根、水平主筋根数＝32－2＝30 根。

13）基础单边水平附加根数：[d]：当选择了"基础层"时，此参数才存在；表示在基础范围内布置的墙水平钢筋的单边根数，一般情况下在基础范围内不需要布置水平钢筋，即为 0。

（6）在"搭接及变截类型"对话框中设置好相关参数后，单击"下一步（N)〉"按钮，进入到"图形参数"对话框，如图 20.5-3 所示。

相关按钮含义：

1）左端墙型选择 >>：单击此按钮后弹出"左端墙型选择"对话框，如图 20.5-4 所示，共 11 种端头类型，单击某种类型即选择了该类型并返回到"图形参数"对话框中，蓝色图形区域自动更新为该端头类型。

2）右端墙型选择 >>：单击此按钮后，弹出与左端墙型完全相同的"右端墙型选择"对话框。

3）☑扭转：单击勾选此选项，自动将右端头以水平轴线为翻转轴上下扭转，扭转前与扭转后如图 20.5-5、图 20.5-6 所示。

4）水平筋搭接设定 >>：当墙的左端或右端与另一段墙相交时，此按钮才显示；单击后弹出如图 20.5-7 对话框，蓝色区域中的绿色数据单击即进行修改。

5）［☑直接在转角处搭接,通过转角0.5L1e］：呈勾选状态时，如图 20.5-8 所示。规范、手册，外侧水平筋通过转角柱距离取定 $0.5Ll_e$。

6）［外侧水平筋连续通过转弯］：当选项 ｛☑直接在转角处搭接,通过转角0.5L1e｝ 呈未选状态时，即表示外侧水平筋连续通过转弯。

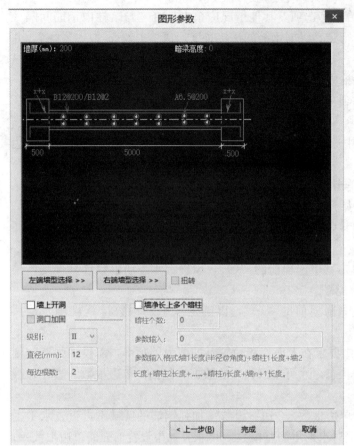

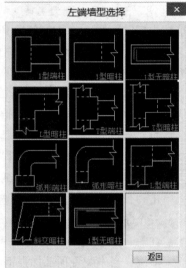

图 20.5-3　　　　　　　　　　　　　　　　　　图 20.5-4

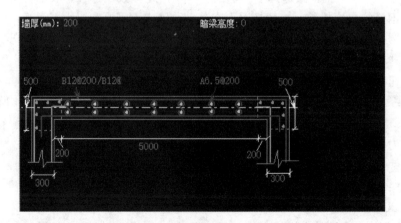

图 20.5-5

7）□墙上开洞：若该墙上有墙洞，请勾选它，并请设置图形区域中的 DKG、DXG 参数值；洞口处不抽取水平钢筋及竖向钢筋。

8）□洞口加固：当墙上开洞时有效，单击呈勾选状态，并下拉选择洞口补强的"级别"、输入"直径"、"每边根数"即可。

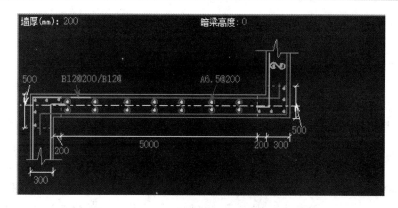

图 20.5-6

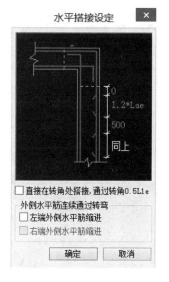

图 20.5-7

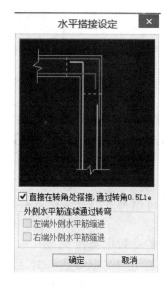

图 20.5-8

提示：

若遇到洞口上下筋与左右筋不相同时，请提交钢筋后，在钢筋列表栏中修改其"级别、直径、根数"即可，如上例，设上下钢筋合计为 6B14，则在钢筋列表栏中修改长度为 3012mm 的 4B12 钢筋直径为 14mm，根数为 6 根即可。如果修改了钢筋级别，应注意通过执行主界面中的菜单"工具＞11G 锚固值搭接值查表"快速查找到正确的锚固值及搭接值，再修改其参数栏中的 Lae 值及 Lle 值。或者通过输入不同的洞口钢筋多次提交并手工"假修改"，使其成为自己手工添加的钢筋并删除不需要的钢筋即可。如将直径为 12.0mm 的钢筋修改为 12mm，这种不会影响到计算结果的修改称之为"假修改"，软件就认为您已经修改了当前钢筋，将其图标变为□墙上开洞，再次修改构件并提交钢筋时，软件不会删除手工生成的钢筋。

9）【□墙净长上多个暗柱】：如果要求计算的墙体中有多个暗柱，并且要求水平筋能拉通计算，则单击右下角的"墙净长上多个暗柱"使其勾选，并填写【暗柱个数】及【参数输入】两个必填参数。只有当【□墙上开洞】为非选状态时，此选项才能被单击勾选，即【墙上开洞】及【多个暗柱】不能同时被勾选。

【暗柱个数】：当选项【□墙净长上多个暗柱】呈勾选状态时有效，指扣除墙的初始端、终止端共两个暗柱（端柱）之后的暗柱（端柱）个数；格式为整数，如"3"。

【参数输入】：当选项【□墙净长上多个暗柱】呈勾选状态时有效，格式为"墙1长度＋暗柱1长度＋墙2长度＋暗柱2长度＋……＋暗柱n长度墙n＋1长度"，例如当【暗柱个数】＝3时，其格式类似"3600＋450＋3000＋500＋2600＋600＋3300"，其中450、500、600（mm）三个数为3棵暗柱的宽度（起始端、终止端共两棵暗柱的宽度，请在图形参数中输入），其余数据为4段墙的各段净长。如果单击"完成"或"修改"按钮，弹出如图20.5-9所示的警告，则表示"暗柱个数"及"参数输入"两个参数不对应，此时请检查。

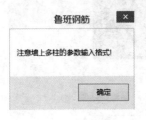

图 20.5-9

图形区域中参数说明：

【暗梁高度】：请特别注意，输入暗梁高度后，暗梁高度位置的墙体水平筋不再计算，即在计算水平钢筋根数时的实际计算尺寸为"层高减去暗梁高度"；而纵向主筋、插筋、拉筋照常抽取。暗梁侧面纵筋同剪力墙水平分布筋，所以在暗梁位置同样布置墙体水平钢筋；您可将此参数理解为"不计算墙体水平筋的区域"，如"600"，表示在计算墙体水平筋时，用层高扣减600mm之后再计算其根数。

【伸入端柱长度＋弯折长度X＋X】：灵活设置水平钢筋伸入端柱的直段长度及弯折长度，单击此参数后弹出如图20.5-10的对话框。〈系统计算〉选项选中时，软件将按下方的"系统计算说明"的规则进行计算。

图 20.5-10

（7）图中各项数据修改完成，单击"完成"按钮，软件自动关闭"图形参数"对话框。进入钢筋软件主界面，鼠标自动停留在目录栏中的构件"新剪力墙\两次搭接"，直接输入该墙体名称，至此该墙体的配筋完成。

20.6 梁

20.6.1 框架梁

（1）单击工具栏中的 "新增构件向导"。

（2）选中"框架梁"节点执行主菜单"构件〉新增构件向导"。将进入到"构件向导选择"对话框中，鲁班钢筋支持框架梁、非框架梁、次梁、基础梁等，并且支持弧形框架梁、弧形次梁、框架折梁、框架次梁。本节将通过直形框架梁的讲解，来熟悉梁的相关操作。

（3）在"构件向导选择"对话框中，选择"梁〉框架梁"，在右边图形中选直形框架梁，并单击"确定"按钮；弹出"构件属性"对话框，设置完"构件属性"的参数，请单击"下一步"按钮，将进入到"梁构件属性"，如图 20.6-1 所示。

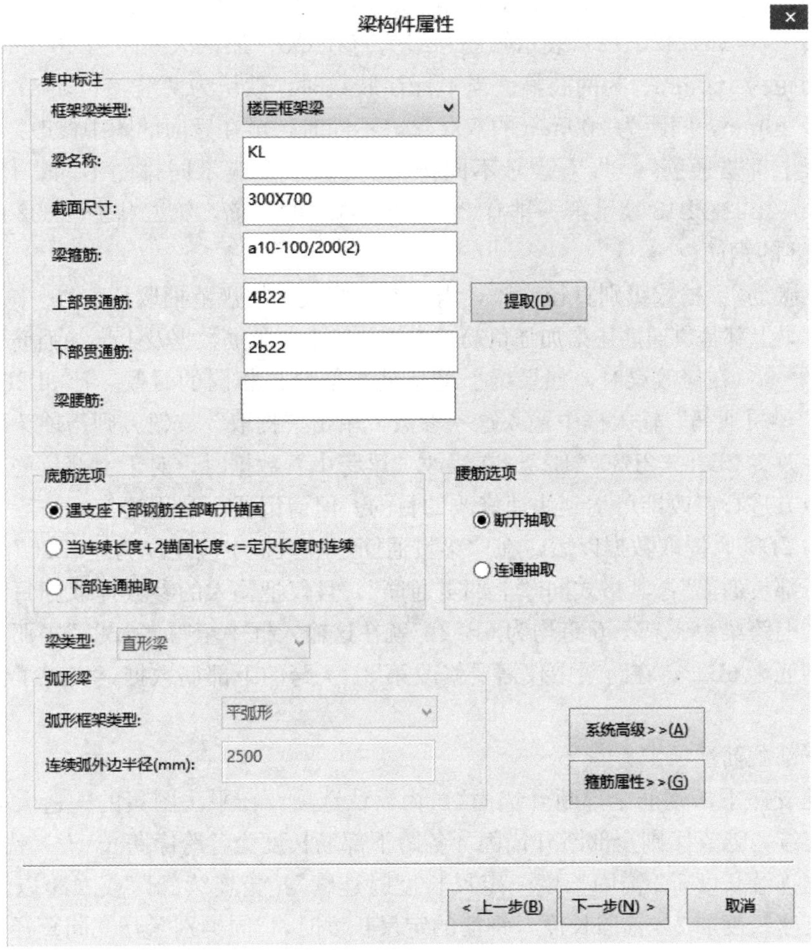

图 20.6-1

（1）集中标注：

1）"选择框架梁类型"：软件默认为楼层框架梁。如果是屋面框架梁时，需要下拉选择一下；屋面框架梁与楼层框架梁的最大不同点在于端支座节点的构造要求不同。

2）"梁名称"：支持中文、字母、数字、符号，一般应与图纸上的梁编号相统一，以便修改及校对。如梁名称 KL1（5A）∗2，表示有 2 根 KL1，有 5 跨且 1 端悬挑；您也可以在提交钢筋之后通过"重命名"修改构件名称。

3）"梁截面尺寸"具体格式为：b ∗ h1/h2 Yc1 ∗ c2。其中，b：梁宽，$h1$：根部高度，$h2$：端部高度，当不输入"/h2"时表示梁的根部及端部为相同的高度，即梁不变截。$c1$：腋长，$c2$：腋高，当不输入"Yc1 ∗ c2"时表示没有加腋。比如，350 ∗ 750 表示不变截、不加腋，50 ∗ 750/500 表示变截不加腋，350 ∗ 750Y500 ∗ 250 表示不变截、有加腋。支持"∗"、"X"字符，推荐用"∗"表示"乘"，因为用小键盘可以快速输入 ∗ 号。如果个别跨梁的断面尺寸不同，可在后面的图中修改。

4）"梁箍筋"：输入格式为"级别直径-加密区间距/非加密区间距（箍筋肢数）"。梁

261

箍筋为同一种间距或肢数时不用斜线，支持 2、4、5、6、8 肢箍。如 a/10-100/200 （4）表示箍筋为一级钢，直径 Φ10，加密区间距为 100mm，非加密区间距为 200mm，均为四肢箍。如 a8-100 （4）/150 （2）表示箍筋一级为直径 Φ8，加密区间距为 100mm、四肢箍、非加密区间距为 150mm、为两肢箍。当不标注肢数时，默认为两肢箍，如 a10-200，表示一级钢直径 10mm，间距为 200mm 的双肢箍。不同时，可在后面的图中修改。

5）"梁上部贯通筋"："/" 表示不同排钢筋、"+" 表示同排的不同直径钢筋。例：2B25＋2B20/2B22/2B18 表示第一排有 2B25 和 2B20 的钢筋，第二排有 2B22 的钢筋，第三排为 2B18 的钢筋；

6）"梁腰筋"：根数级别直径输入，内容空白则表示按规范抽取。

提示：梁上部是贯通筋还是加强负筋，由该跨梁上部负筋数据及上部加强筋形式决定。

7）提取(P)：在修改梁时，如果梁上部负筋大部分是相同的时候，比如 2B25＋2B20/2B22，在"梁贯通筋"输入框中输入这一参数，单击"提取"按钮，则当前梁所有上部负筋均一次性改为 2B25＋2B20/2B22。在修改"梁跨中"数据时，对于上部负筋只需要把少量不同的地方进行修改即可达到快速修改的目的。但请记住，利用这一方法后，如果实际贯通钢筋为 2B25，提取数据以后，在"梁贯通筋"输入框中应还原为"2B25"。

8）"下部贯通筋"：其格式同"上部贯通筋"，且仅把输入的参数提取到每跨的下部纵筋处。比如七跨梁中 4、5、6 跨均为 6B22，就在这输入框中填写"6B22"，那么整跨梁的下部默认钢筋为 6B22，在跨梁中仅需要修改第 3、7 跨的下部筋数据，实现了快速输入及修改。

（2）下部配筋选项：

1）"遇支座下部钢筋全部断开锚固"：为默认选项，在平法图集的构造大样中，下部纵筋为不连续，遇支座则全部断开锚固。各跨下部筋长度为各跨净跨长＋2×锚固长度。

2）"当连续长度＋2 锚固长度≤定尺长度时连续"：指连续二跨或二跨以上的轴间间距减边跨支座长度加 2×锚固长度≤钢筋的定尺长度时，"同类别"且"同直径"且"同根数"的钢筋连续布筋不断开。在配筋时，先判断后一跨钢筋和前一跨钢筋能否连通，即直径和级别是否相等，而且支座处是否变截。若不能，钢筋断开；若连通，则判断前面［连续长＋2×锚固长＋后一跨长］是否大于定尺长度，若大于定尺长度，则钢筋不能连通，在支座处断开，钢筋长度等于连续长度＋锚固长度。否则，继续判断下一跨。

3）"下部连通抽取"：下部钢筋全部连通抽取，此时的构造和配筋与上部贯通筋非常相似。

（3）腰筋配筋选项：

1）"腰筋断开抽取"：是指每跨梁上的腰筋断开，长度为轴间间距-右支座宽度-左支座宽度＋搭接长度＋2×锚固长度。锚固长度一般默认为 $15d$。

2）"腰筋连通抽取"：是指每跨梁上的腰筋不断开，长度为总的轴间间距＋搭接长度＋锚固长度－第一跨左支座宽度－最后一跨右支座宽度。锚固长度一般默认为 $15d$。

（4）系统高级>>(A)：当遇到设计特殊，某些构造要求与规范不同的梁时，您可以使用此命令进行调整，如图 20.6-2 所示。

（5）箍筋属性>>(G)：箍筋是两肢箍时不需要设置，点击"箍筋属性"后弹出"箍筋属性"设置对话框，如图 20.6-3 所示，具体设置方法同柱子箍筋的肢数标法设置。

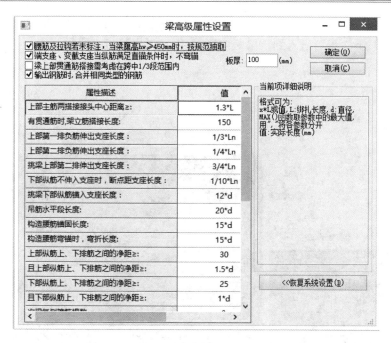

图 20.6-2

图 20.6-3

输入完毕后单击"下一步"按钮，将进入"左挑梁"窗体。设无左挑梁，不需要进行设置，再单击"下一步"进入到"梁跨中"窗体，如图 20.6-4 所示。

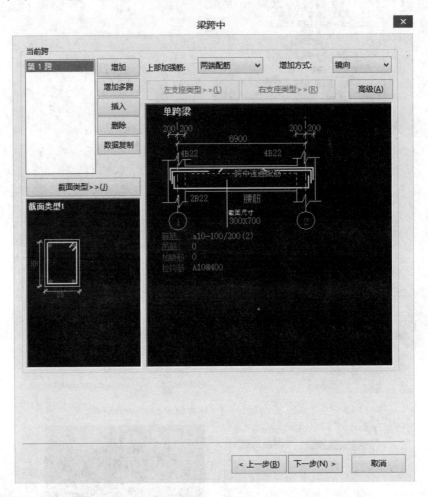

图 20.6-4

图 20.6-5

（6）梁跨的管理：

1）当前跨：被蓝色覆盖的跨为当前跨，鼠标在列表框中单选进行当前跨的切换，如图 20.6-5 所示，第 1 跨为当前跨。

2）"增加"按钮：在列表框末尾增加 1 跨梁，并复制当前梁跨的参数到新增梁跨上，即新增梁跨的参数与当前跨参数完全相同。应注意使用这一特性以减少参数的输入，比如，第 3 跨与新增跨参数较相似或完全相同，您可以选中当前跨为"第 3 跨"，点击"增加"按钮，增加的"第 6 跨"梁，其参数与第 3 跨完全相同，您不需要修改或只需少量修改，即可完成第 6 跨参数的输入。

3）"增加多跨"：执行后将弹出对话框如图 20.6-6 所示，让您输入或选择将增加几跨梁。将在列表框末尾增加多跨梁，并复制当前梁跨的参数到新增梁跨上，即新增梁跨的参数与当前跨参数完全相同。您同样应注意使用这一特性以减少参数的输入。

图 20.6-6

4)"插入"：在当前梁跨之前插入一新梁跨，新跨梁与当前跨梁参数同样完全相同。

5)"删除"：将当前跨删除，删除后不可恢复。

6)"数据复制"：如某跨梁与其他跨参数基本相同或完全相同，则通过此命令进行参数的复制以提高您的输入效率。将把当前跨的数据复制到其他跨中，如选中第 3 跨时，点击"数据复制"后弹出的对话框，如图 20.6-7 所示，可以选择"是否同时复制高级属性数据"、"目标跨"、"镜向复制"还是"平行复制"。

(7)　截面类型>>(I)　：当不是矩形梁时，可以选择其他截面，并弹出"选择类型"对话框，如图 20.6-8 所示。

图 20.6-7

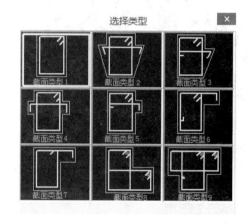

图 20.6-8

(8) 梁参数：如图 20.6-4 所示，可以对梁进行原位标注，修改相关参数。

相关按钮含义：

1) 上部加强筋 包含"两端部配筋"、"连通配筋"两个下拉选项。两端部配筋指除了上部贯通筋以外还有其他上部负筋，需要断开配置。连通配置指上部负筋在本跨不断开。选择连通配筋后，"左边上部钢筋"、"右边上部钢筋"、"架立筋"这三个参数将被屏蔽，并且新增"上部连通配筋"的参数。

2) 增加方式：包含"镜向"、"平移"两个下拉选项。

①"镜向"：指在执行"增加"、"增加多跨"、"插入"三个命令时，新增跨与当前跨的支座及上部配筋数据呈镜向关系，即当前跨的左支座（左上部配筋）数据将为新增跨的右支座（右上部配筋）；反之，当前跨的右支座（右上部配筋）数据将为新增跨的左支座（左上部配筋）。

②"平移"：指新增跨与当前跨的支座及上部配筋数据呈平行移动的关系，即当前跨的左支座（左上部配筋）数据仍然为新增跨的左支座（左上部配筋）；而当前跨的右支座（右上部配筋）数据仍然为新增跨的右支座（右上部配筋）。与"数据复制"对话框中的"镜向复制"及"平行复制"选项意义完全相同。

3）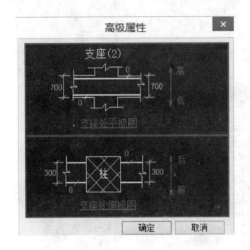左支座类型>>(L)　右支座类型>>(R)：可以对梁高度错位（梁顶面或底面不在一条水平线上）、水平错位（梁各跨的水平中心线不在一条直线上）的钢筋变化自动处理。如图 20.6-9 所示。用户只需按提示条提示的内容输入错位数值即可，按照规范智能处理。执行后相邻跨将自动填写相对应的参数，比如修改了第 4 跨左边变截参数，那么第 3 跨右边变截参数自动更正。

4）高级(A)：如图 20.6-10 所示。当某跨梁（而不是所有跨）的上部负筋第一排或第二排延伸长度、弯起式钢筋上弯起点离支座距离、箍筋加密长度等，与"梁构件属性〉系统高级"中的梁高级属性值不相同时，才需要设置，如实例梁的第 5 跨，当梁所有跨的上述参数与规范默认值不同时，应在"梁构件属性〉系统高级"中的梁高级属性值窗体中进行设置。

图 20.6-9

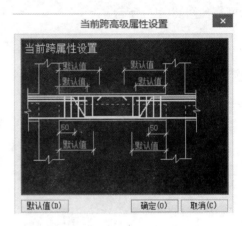

图 20.6-10

参数说明：

（1）上、下部钢筋中弯起式配筋：相应钢筋后加（nW），例如：4B22（2W）/2B22（1W），表示第一排有 4 根二级直径 22mm 的钢筋，其中 2 根为弯起式钢筋，第二排有 2 根二级直径为 22mm 的钢筋、其中 1 根为弯起式钢筋。

（2）"按规范（腰筋）"：点击"按规范"，则设置腰筋。例如 G2b22、N2b25。G 表示构造腰筋，N 为抗扭腰筋，若未注明，则默认为构造腰筋。"1，当为梁侧面构造腰筋时，其搭接与锚固长度可取为 $15d$；2，当为梁侧面受扭纵向钢筋时，其搭接长度为 l_l 或 l_lE（抗震），其锚固长度为 l_a 或 l_{aE}（抗震）"如果当前拉钩筋为"0"，则输入腰筋后，软件智能填写拉钩筋参数，其级别、直径均同箍筋，间距为非加密区箍筋间距的 2 倍。如果当前拉钩筋为"非 0"数据，更改或删除腰筋时，软件不会自动更新拉钩筋参数。

（3）"吊筋"：在次梁与主梁相交的位置一般存在吊筋或附加箍筋，吊筋或附加箍筋都用"吊筋"参数表达，格式为"根数类型直径♯次梁宽度＋根数类型直径♯次梁宽度＋……"。

① 若没有吊筋，也没有附加箍筋，则只需输入"0"。

② 若没有吊筋，但需附加箍筋，则输入非零数据，多个次梁时用"＋"号分开。

③ 若有吊筋，也有附加箍筋，则输入"根数类型直径♯次梁宽度"，如"2B16♯

200"，吊筋中间段的尺寸为"50＋200＋50"mm。

④ 有多个次梁，则用"＋"连接，例：♯250＋2B16♯200 表示有两根次梁与主梁相交，第一条次梁宽 250mm、两侧有附加箍筋，但无吊筋，第二条次梁宽 200mm、次梁位置处有吊筋 2 根二级直径 16mm、两侧有附加箍筋。

⑤ 当有吊筋，但没有附加箍筋时，请在提交钢筋之后将本跨相应的附加箍筋删除即可。

（4）"次梁每侧附加箍筋根数"默认为 3 根，但您可在"梁构件属性〉系统高级"后弹出的"梁高级属性设置"窗体中自定义。

（5）"拉钩筋"：格式为"级别直径@排距"或"根数级别直径"，例：a10@400 或 10A10。当具有腰筋时，拉钩筋才有效。

单击"下一步"按钮，进入"右挑梁"，勾选 □右挑梁 ，将变成 ☑右挑梁 ，就可进行右挑梁的参数设置，如图 20.6-11 所示。

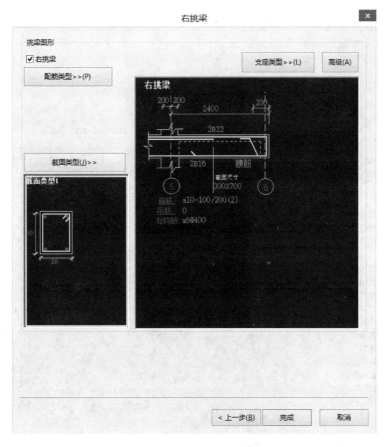

图 20.6-11

相关按钮含义：

① ![配筋类型>>(P)]：支持三种挑梁类型，如图 20.6-12 所示，根据设计选择即可。

② ![截面类型(J)>>]：与梁跨中设置相同。

③ ![支座类型>>(L)]：与梁跨中设置相同。

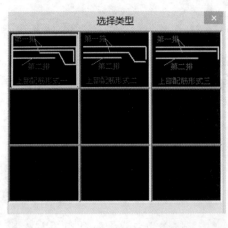

图 20.6-12

④ 高级(A)：与梁跨中设置相似。

右挑梁参数设置完毕以后，请单击"完成"按钮，返回到主界面，当前梁的所有钢筋将计算完毕，并显示在"钢筋列表栏"中，如图 20.6-13 所示。

如果要修改或校对，已经输入的参数，在"树目录"中选择梁名称节点（如 KL），执行 "修改"命令或者鼠标左键双击该节点，即弹出 KL 的属性修改对话窗体，如图 20.6-14 所示，点击窗体上方的"构件属性"、"梁构件属性"、"左挑梁"、"梁跨中"、"右挑梁"五个按钮，进行切换选择并修改相关参数。修改后单击"提交修改"按钮即可。

注：梁中的其他构件如弧形梁、折梁、次梁、非框架梁、基础梁、基础次梁等与框架直形梁的操作步骤相似。

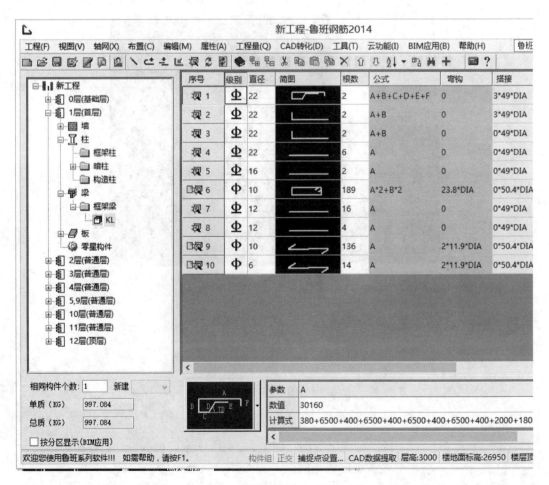

图 20.6-13

268

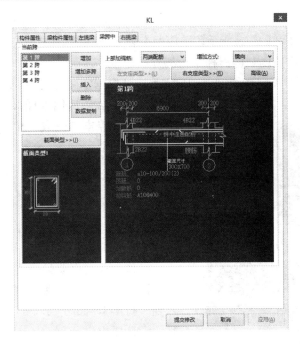

图 20.6-14

20.6.2　基础梁加腋

构件属性：

操作方式与框架梁的方式一样，如图 20.6-15 所示。

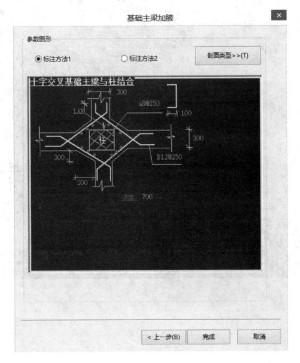

图 20.6-15

（1）基础梁加腋尺寸有两种标注方法：

标注方法 1，如图 20.6-15 所示，采用两个直角边标注定位。

标注方法 2，采用角度和偏离柱子距离标注定位。

（2）选择平剖面类型，如图 20.6-16 所示，可根据实际选择相应的剖面类型，选中剖面类型后，自动返回如图 20.6-15 所示基础梁加腋对话框，点击"完成"按钮，即完成该基础梁加腋筋的抽取。

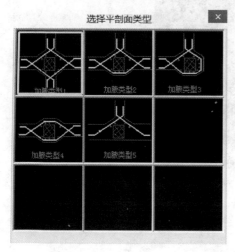

图 20.6-16

20.6.3　折梁

（1）构件属性：

操作方式与框架梁的方式一样。

（2）折梁构件属性：

操作方式与框架梁的方式一样。

设置好"折梁构件属性"。点击"下一步"进入到"折梁"，如图 20.6-17 所示，可根据图纸实际的设计要求进行更改。图中所有绿色数字均可修改。

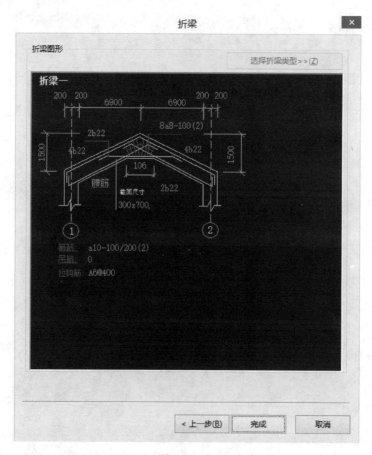

图 20.6-17

270

数据设置完成后，单击"完成"按钮，即完成该折梁钢筋的抽取。

20.7　板钢筋的输入

20.7.1　单向布筋板

操作步骤如下：

（1）在目录栏中，用鼠标左键点击"构件夹（板）"使之加亮，使用工具栏中的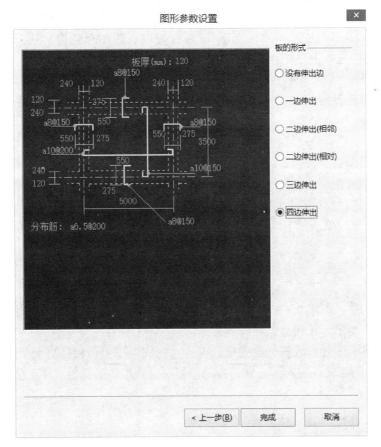
"新增构件向导"命令。

（2）软件界面中会自动跳出"构件向导选择"的对话框。

（3）在"构件向导选择"中，先找到"板"，请单击"板"旁边的加号（＋），或者双击"板"；在展开节点中找到"简支板/固支板/弯起式"，再在选取右边图形选取相应的图形，单击"确定"进入"下一步"。

（4）软件界面中会自动跳出"构件属性"的对话框。需仔细查看各项参数，各项参数软件大都已按规范设置，如果与具体图纸不同需修改。这些参数直接影响钢筋的下料长度。修改完成，单击"下一步"按钮。

（5）软件界面中会自动跳出"图形参数设置"的对话框，如图 20.7-1 所示。具体操

图 20.7-1

图 20.7-2

作如下：

1）先在右侧"板的形式"中找到相应的图形。图中的虚线表示还有相邻的板。

2）修改图中绿色数据及灰色的数据。鼠标移动至数据位置左键单击，软件界面中会自动跳出"修改变量值"对话框，如图 20.7-2 所示，输入相应的数据。

（6）图中各项数据修改完成，单击"完成"按钮，软件自动关闭"图形参数设置"对话框。进入钢筋软件主界面，鼠标自动停留在目录栏中的构件"B"，直接输入该板名称，至此该板的配筋完成。

20.7.2　异形板钢筋

异形板钢筋操作步骤如下：

D-D-D 板针对异形板的一种图形处理法，即拖动（drag）、布筋（drop）、标注（dim），通过这三个步骤，即可完成对异形板的钢筋抽取。操作步骤如下：

（1）在目录栏中，用鼠标左键点击"构件夹（板）"使之加亮，使用工具栏中的 <img> "新增构件向导"命令。

（2）软件界面中会自动跳出"构件向导选择"的对话框。

（3）在"构件向导选择"中，先找到"板"，请单击"板"旁边的加号（＋），或者双击"板"；再在展开节点中找到"简支板"，再在选取右边图形选取"D.D.D 板"使之显亮。单击"确定"进入下一步。

（4）软件界面中会自动跳出"构件属性"的对话框。需仔细查看各项参数，各项参数软件大都已按规范设置，如果与具体图纸不同需修改。这些参数直接影响钢筋的下料长度。

（5）软件界面中会自动跳出"图形编辑"对话框，如图 20.7-3。具体操作如下：

① 单击"增加点"按钮，可以增加多条边，如图 20.7-4 所示。

② 将光标停留在小方框内，逐个地拖动，拖出大致的图形；点击绿色边线，右侧出现板的属性参数进行修改，如图 20.7-5 所示。

（6）修改完成，单击"下一步"按钮，软件界面中会自动进入"钢筋布置"对话框，如图 20.7-6 所示。

点击图形中的钢筋，右边显现该钢筋的参数，修改各个参数值，并可以拖动负筋让它伸出。

（7）修改完成，单击"下一步"按钮，软件界面中会自动进入"尺寸标注"的对话框，如图 20.7-7 所示。按图输入相应的尺寸。

（8）图 20.7-7 中各项数据修改完成，单击"完成"按钮，软件自动关闭"尺寸标注"的对话框。进入钢筋软件主界面，鼠标自动停留在目录栏中的构件"B"，直接输入该板名称，至此该板的配筋完成。

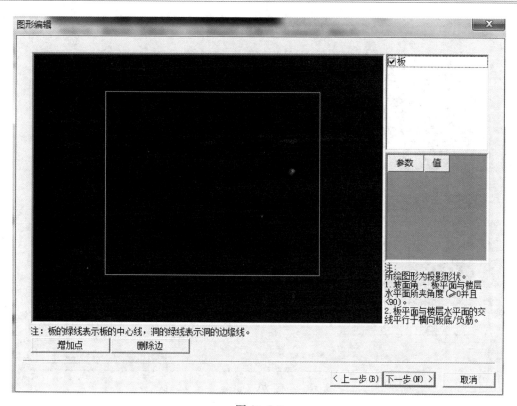

图 20.7-3

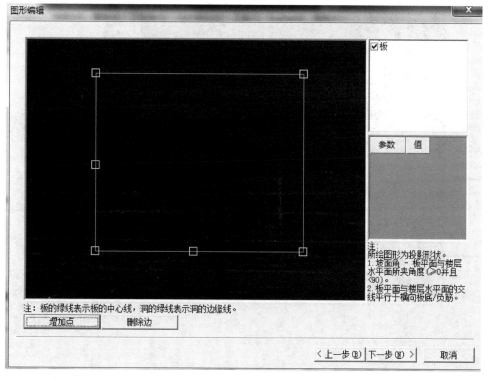

图 20.7-4

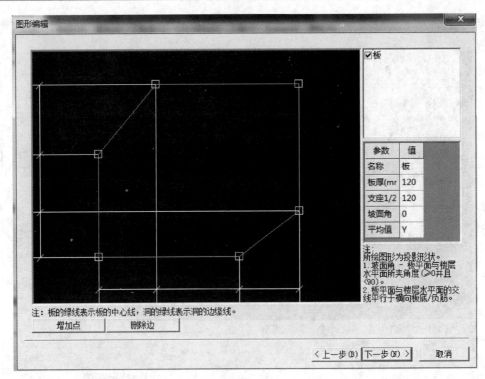

图 20.7-5

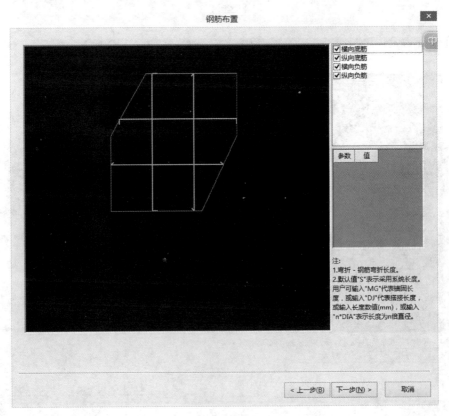

图 20.7-6

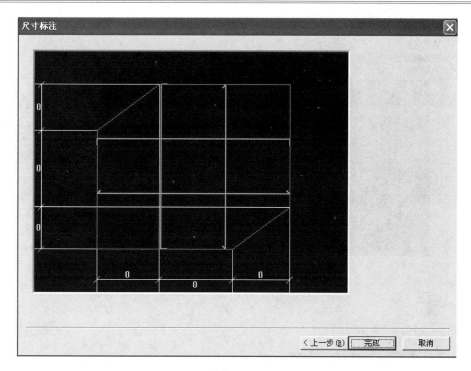

图 20.7-7

20.8　其他构件钢筋的输入

雨篷操作步骤如下：

（1）在目录栏中，用鼠标左键单击"构件夹（其他）"使之加亮，使用工具栏中的![icon]"新增构件向导"命令。

（2）软件界面中会自动跳出"构件向导选择"的对话框。

（3）在"构件向导选择"中，先找到"其他"，请单击"其他"；再在右边图形中找到"雨篷"，并用鼠标左键点中"雨篷"使之显亮。单击"确定"进入"下一步"。

（4）软件界面中会自动跳出"构件属性"的对话框。需仔细查看各项参数，各项参数软件大都已按规范设置，如果与具体图纸不同需修改。修改完成，单击"下一步"按钮。

（5）软件界面中会自动跳出"雨篷"的对话框，如图 20.8-1 所示。

具体操作：

① 单击"选择与篷类型"、"选择板负筋类型"按钮，按图纸进行选择。

② "高级"一项中进行系统数据的修改。

③ 按图纸修改绿色的数字。

④ 图 20.8-1 中各项数据修改完成，单击"确定"按钮，软件自动关闭"雨篷"对话框。进入钢筋软件主界面，鼠标自动停留在目录栏中的构件"新构件＼雨篷"，直接输入该雨篷名称，至此该雨篷的配筋完成。

其他构件中的如水箱、天沟板、女儿墙、外墙脚线的操作步骤与雨篷相似。

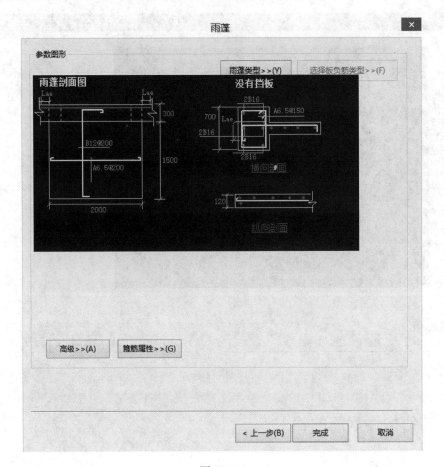

图 20.8-1

20.9 批量修改

20.9.1 构件一般属性

单击"⟳"按钮或"菜单—操作—批量修改"命令，弹出"批量修改"对话框，如图 20.9-1 所示。

这里可以修改：①钢筋计算规则；②混凝土强度等级；③定尺长度；④箍筋计算方法；⑤接头类型；⑥弯钩的形式；⑦抗震等级；⑧受力钢筋保护层。

说明：填入"−1"或"不变"，表示与原构件的属性设置是相同的。

20.9.2 构件搭接、锚固

单击"构件搭接、锚固"按钮如图 20.9-2 所示。

（1）搭接值：

批量修改构件的搭接值。

不变：按构件设置值不修改。

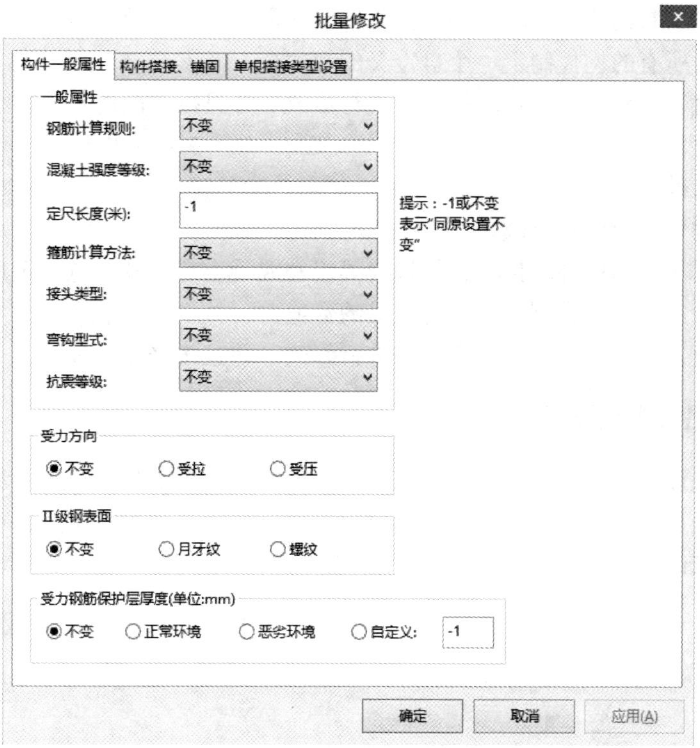

批量修改

构件一般属性 | 构件搭接、锚固 | 单根搭接类型设置

一般属性

钢筋计算规则: 不变

混凝土强度等级: 不变

定尺长度(米): -1

箍筋计算方法: 不变

接头类型: 不变

弯钩型式: 不变

抗震等级: 不变

提示：-1或不变
表示"同原设置不
变"

受力方向
● 不变　○ 受拉　○ 受压

Ⅱ级钢表面
● 不变　○ 月牙纹　○ 螺纹

受力钢筋保护层厚度(单位:mm)
● 不变　○ 正常环境　○ 恶劣环境　○ 自定义: -1

确定 | 取消 | 应用(A)

图 20.9-1

批量修改

构件一般属性 | 构件搭接、锚固 | 单根搭接类型设置

搭接值

● 不变　○ 自动查表　○ 指定值　○ 修改指定值

Ⅰ级钢: -1 ×D　Ⅱ级钢: -1 ×D　Ⅲ级钢: -1 ×D　其它: -1 ×D

锚固值

● 不变　○ 自动查表　○ 指定值　○ 修改指定值

Ⅰ级钢: -1 ×D　Ⅱ级钢: -1 ×D　Ⅲ级钢: -1 ×D　其它: -1 ×D

提示：-1或不变表示"同原设置不变"

确定 | 取消 | 应用(A)

图 20.9-2

自动查表：所有的构件均按工程的抗震等级和混凝土等级及规范规定自动设置。

指定值：为所有的构件制定一个自定义的数值。

修改指定值：对构件中指定的搭接值进行修改，并且按修改的计算。

（2）锚固值：

批量修改构件的锚固值。

不变：按构件设置值不修改。

自动查表：所有的构件均按工程的抗震等级和混凝土等级及规范规定自动设置。

指定值：为所有的构件制定一个自定义的数值。

修改指定值：对构件中指定的搭接值进行修改，并且按修改的计算。

20.9.3 单根搭接类型设置

对已抽取完成的钢筋，可以按直径范围调整不同的接头类型，如同一柱中不同直径的钢筋有不同的接头类型，这个功能就可以轻松完成。软件自动对"批量修改"过的每个构件执行"提交修改"的功能。如图 20.9-3 所示。

图 20.9-3

20.9.4 批量修改操作方法

（1）特别注意事项：

① 目前版本，每一次批量修改【确定】只能修改一个内容。

② 除"单根搭接类型"外其他内容调整，软件内部对指定节点下的每个构件都执行了一次提交"修改"确定的功能；如在同一构件中有两次或两次以上的构件自动产生的钢筋，以及根据构件自动产生的钢筋进行修改的，重新提交后需要手工删除的情况，操作者应自行手工调整。

③ "批量修改"命令，根据操作者指定节点进行批量修改。

④ "批量修改"命令对图形法等不起作用。

（2）使用方法

① 直接点击图标法，在列表框中选中所需修改的节点，直接点击 ᠌ 图标。

② 采用右键菜单或下拉菜单。

（3）功能操作方法简介

① 混凝土强度等级。

作用：

对每个构件下的每根钢筋由自动查表得到的搭接值、锚固值起作用。搭接值的变化在计算结果界面中搭接列可看出，锚固值在有锚固的主筋的参数栏中可看出。

自动查表的情况下，有的构件因主筋搭接长度的修改对箍筋的个数也进行了自动修改（在按规范计算的情况下）。

特别说明：

在下面几种情况下，对混凝土等级的修改对钢筋是不起作用的。

a. 搭接值、锚固值为自定义时。

b. 当接头类型为除绑扎以外的接头类型时，搭接、锚固值采用自动查表时。

② 构件搭接类型。

作用：

对每个构件下的每根钢筋由自动查表得到的搭接值、锚固值起作用。

对报表中的钢筋接头类型起作用。

自动查表的情况下，有的构件因主筋搭接类型及搭接长度的修改对箍筋的个数也进行了自动修改（在按规范计算的情况下）。

③ 定尺长度。

作用：

对每个构件下的每根钢筋的接头个数以及钢筋长度起作用。

④ 弯钩形式（不包括箍筋）。

作用：

只对有弯钩的钢筋起作用。在主界面的"弯钩"一列可以看出变化。

⑤ 搭接值查表形式。

作用：

修改"搭接值"为自动查表值还是指定值。

指定值的修改与后面的"Ⅰ级钢搭接值（X * Dia）"、"Ⅱ级钢搭接值（X * Dia）"、"其他钢搭接值（X * Dia）"三项有关，当为自动查表值时，下面Ⅰ～Ⅲ级钢搭接值的修改是不起作用的。

因主筋搭接长度的修改有时会影响箍筋的个数。

⑥ 单根搭接类型。

特别说明：

【单根搭接类型】的修改后，建议不要再执行"修改"以及以上"批量修改"的各条命令，执行"修改"会取消"单根搭接类型"的结果。

【单根搭接类型】的修改后，软件不再自动执行"修改"命令，则要特别注意类似于以下的问题：

如柱主筋，有两种不同直径的主筋（20mm、25mm），如20mm直径的需采用搭接类型，25mm直径的采用电渣压力焊。

这时应注意，箍筋加密区的加密长度应按搭接类型考虑还是按电渣压力焊类型，如果是搭接类型考虑加密区长度，则在抽钢筋时接头类型应按搭接考虑，再用"单根搭接类型"批量修改功能，把25mm直径的钢筋接头类型改为电渣压力焊，这样操作流程，计算结果准确无误。

如前所述，如果抽筋时采用电渣压力焊，则箍筋的加密区长度就会少算。

20.9.5　查找

"查找"功能可以快速在目录栏中查找到相关构件，鼠标左键单击菜单"操作—查找"按钮或点击工具栏中的 图标，会弹出图示对话框，在"查找内容"中输入要查找的构件名称，然后鼠标左键单击"查找下一个"按钮，软件会自动在目录栏加亮显示你所查找的构件，如图 20.9-4 所示。

图 20.9-4

图 20.9-5

20.9.6　合理性检查

合理性检查功能可以根据输入的检查条件快速地对输入的结果进行检查。鼠标左键单击菜单"操作—合理性检查"按钮或点击工具栏中的 ✚ 图标，会弹出如图 20.9-5 所示对话框。

举例：对雨篷的计算结果进行合法性检查，如图 20.9-6 所示。

如某构件计算结果为图 20.9-6 所示，在图 20.9-5 窗口内的"单长"前打"√"，输入"1000～8000"、"3000～8000"，如图 20.9-7 所示，单击"确定"按钮，软件自动弹出检查结果，如图 20.9-8 所示。

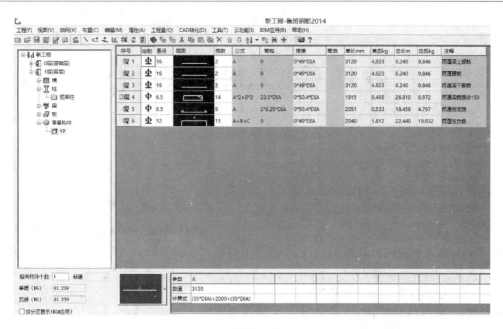

图 20.9-6

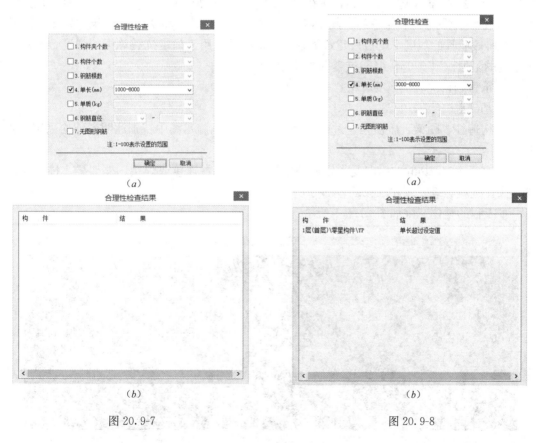

图 20.9-7　　　　　　　　　　　　　　　　图 20.9-8

结果表明，若实际单长不包括在输入范围值内，软件则提示"单长超过设定值"。

第21章 工程建模实例

工程实例：5层国际大市场

结构类型：框架结构；抗震等级为三级

根据对建筑说明、结构说明以及立面图的了解，可以收集到以下信息。

工程概况：

1. 本工程结构，地下 0 层，地上 5 层，室内外高差 150mm～600mm，房屋高度（室外地面至主要屋面板的板顶或斜屋面的中间标高处）：22400mm；设计标高±0.000 相当于绝对标高 50300mm。

2. 上部结构体系：现浇钢筋混凝土框架结构。

3. 本工程钢筋混凝土柱、剪力墙，各楼层梁及屋面梁采用平法表示，其制图规则详见《混凝土结构施工图平面整体表示方法制图规则和构造详图》03G101-1。

4. 建筑抗震设防类别为丙类，所在地区的抗震设防烈度为 7 度，设计基本地震加速度 0.10g，设计地震分组：第一组；场地类别Ⅱ类；特征周期 $Tg=0.90$，建筑类别调整后用于结构抗震验算的烈度 7 度；按建筑类别及场地调整后用于确定抗震等级的烈度 7 度；建筑结构的阻尼比取 0.05；框架抗震等级三级。

5. 承重结构混凝土强度等级：基础顶至屋面为 C30。

6. 基础混凝土采用 C30。

7. 构造柱、圈梁、压顶梁、过梁、栏板等，除结构施工图中特别注明者外均采用 C20 混凝土。

8. 直径 $d{\geqslant}22$mm 的纵向受力钢筋的连接宜采用机械连接或焊接，框架梁、柱纵向钢筋接头，抗震等级一级和二级的各部分，以及三级的顶层柱底，宜采用机械连接或焊接。

本工程的整体三维如图 21.0-1 所示。

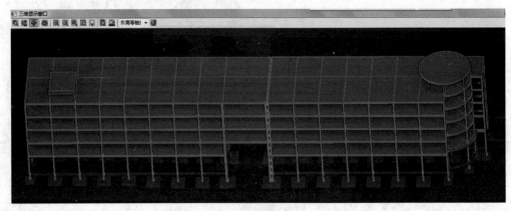

图 21.0-1

本工程建筑及结构施工图见附录一、附录二。

第22章　实例CAD转化

22.1　轴网

（1）导入CAD图纸：

操作方法和步骤同前面的CAD转化中导图命令一样。

（2）提取轴网：

单击下拉菜单【CAD转化】→【转化轴网】→【提取轴网】命令，此命令可以将调入的CAD图层提取为一个中间的图层。

步骤：

1）点击"提取轴网"，弹出对话框，如图22.1-1所示。

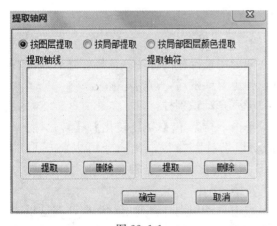

图22.1-1

图22.1-2

2）点击 提取轴线 下面的 提取 按钮，然后点击图形中的轴线，选择好之后点击右键，弹出如图22.1-2对话框；

3）点击 提取轴符 下面的 提取 按钮，然后点击图形中的轴符，选择好之后点击右键，弹出对话框后单击"确定"按钮。

（3）自动识别轴网：

点击下拉菜单【CAD转化】→【转化轴网】→【自动识别轴网】命令，弹出如图22.1-3对话框，点击"确定"按钮。

图22.1-3

22.2　转化柱

（1）提取柱：

点击下拉菜单【CAD转化】→【转化柱】→【提取柱】命令，此命令可以将调入的CAD

图层提取为一个中间的图层。

步骤：

1）点击提取柱，弹出对话框，如图 22.2-1 所示。

2）单击 提取柱边线 下面的 提取 按钮，然后点击图形中的柱边线，选择好之后点击右键，弹出如图 22.2-2 对话框。

图 22.2-1 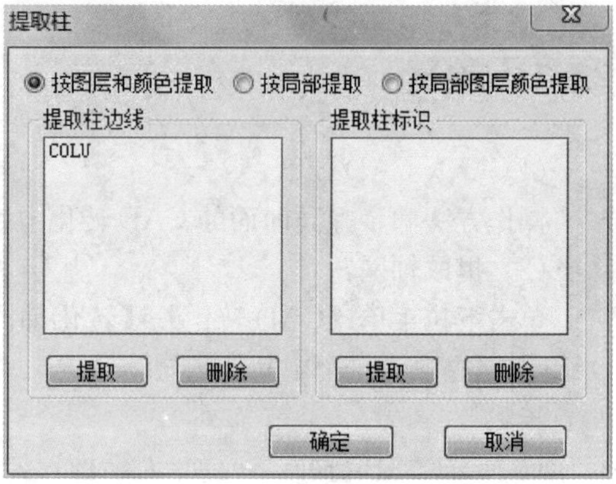　　　　　　　　　　　　图 22.2-2

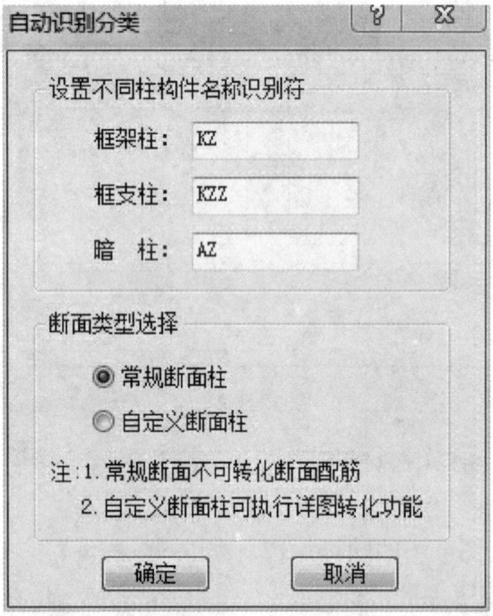

3）单击 提取柱标识 下面的 提取 按钮，然后在图形中选择柱的标注，选择好之后点击右键，弹出对话框后，点击 确定 。

（2）自动识别柱：

单击下拉菜单【CAD 转化】→【转化柱】→【自动识别柱】命令，此命令可以将提取的 CAD 图层转化为独立基础构件。

步骤：

点击自动识别柱，弹出对话框，在这里面输入相应的名称后点击"确定"，弹出识别完成对话框，如图 22.2-3 所示，点击"确定"，柱识别完成，如图 22.2-4 所示。

【转化结果应用】命令，此命令可以将识别的柱构件应用到钢筋软件可以计算的柱。

步骤：

1）点击转化结果应用，弹出如图 22.2-5 对话框；

2）将框架柱前面的钩点上，点击"确定"，即可将框架应用为图形法柱构件。

（3）转化结果应用：

点击下拉菜单【CAD 转化】→【转化结果应用】。

（4）修改独立基础属性定义：

直接在构件属性定义中，根据图纸中的独立基础详图，将独立基础的属性定义修改

图 22.2-3

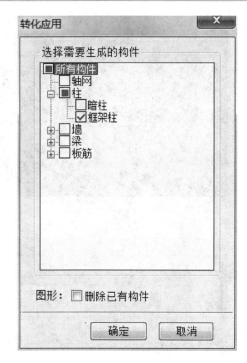

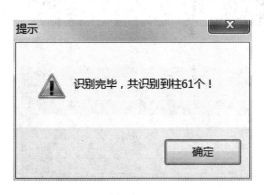

图 22.2-4   图 22.2-5

好，具体修改方法详见第 2 章。

注意：提取柱标识时，需要将引注线一起提取，否则会影响转化效果。

（5）转化柱表：

根据图纸中的柱表，将柱表中的钢筋信息转化为柱构件属性。

步骤：

1）点击下拉菜单【属性】→【柱表】命令，弹出对话框，如图 22.2-6 所示。

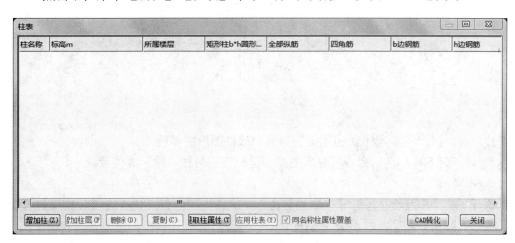

图 22.2-6

2）单击 CAD转化 按钮，在图形中框选柱表，如图 22.2-7 所示，点击右键，弹出对话框，如图 22.2-8 所示。

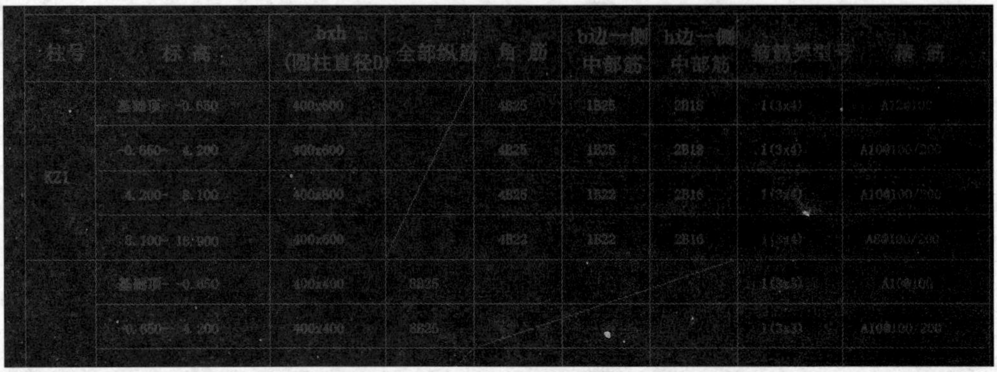

图 22.2-7

柱表

柱名称	标高m	所属楼层	矩形柱b*h圆形...	全部纵筋	四角筋	b边钢筋	h边钢筋
KZ1	KZ1默认值		500*500	12B20	4B16	3B16	3B16
			400*600		4B25	1B25	2B18
	-0.650~4.200	0~1	400*600		4B25	1B25	2B18
	4.200~8.100		400*600		4B25	1B22	2B16
	8.100~18.900		400*600		4B22	1B22	2B16
KZ2	KZ2默认值		500*500	12B20	4B16	3B16	3B16
			400*400	8B25	4B25	1B25	1B25
	-0.650~4.200	0~1	400*400	8B25	4B25	1B25	1B25
	4.200~8.100		400*400		4B22	1B18	1B18
	8.100~11.700		400*400		4B20	1B18	1B18

图 22.2-8

3）在柱表里面将标高修改好，点击应用柱表，即可以将柱表中的数据应用到属性中。

注意：CAD图纸中的标高输入为汉字时，不能识别，此时需要将汉字修改为数字即可。

22.3　转化梁

（1）提取梁：

步骤：

1）选择“4.200层梁平法施工图”导入到软件图形法界面。

2）用“带基点移动”命令将导入的梁图进行定位与柱、梁形成位置统一。

3）提取梁。

执行下拉菜单【转化梁】→【提取梁】命令，或点击构件布置栏下的【转化梁】→【提取梁】命令，弹出如图22.3-1所示对话框。

注意：

执行“提取梁”的前提条件：提取梁之前应先转换钢筋符号。

提示：

① 按图22.3-1分别提取梁边线、梁集中标注、梁原位标注。

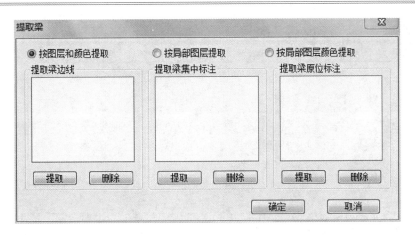

图 22.3-1

② 提取梁集中标注时一定要同时提取"引注线"，如果不提取可能造成识别后标注错乱现象。

4）分别提取完梁边线、梁集中标注、梁原位标注后，点击"确定"，完成梁的提取，进行下一步操作"自动识别梁"。

（2）自动识别梁：

1）自动识别梁：

执行下拉菜单【转化梁】→【自动识别梁】命令，或点击构件布置栏下的【转化梁】→【自动识别梁】命令，弹出如图 22.3-2 所示对话框。

序号	梁名称	断面	上部筋(基础梁下...	下部筋(基础梁上...	箍筋	腰筋	面标高
1	KL1(2A)	250x600	2B20		A8@100(2)	G2B14	
2	KL2(2)	300x750	2B25		A8@100(2)	G4A12	
3	KL3(2)	300x750	2B25		A8@100(2)	N4A12	
4	KL4(2)	300x750	2B22		A8@100/150(2)	N4A12	
5	KL5(2)	300x750	2B18	4B18	A8@100/150(2)	G6A12	
6	KL6(2)	300x750	2B18	4B20	A8@100/150(2)	G4A12	
7	KL7(2)	300x750	2B22		A8@100/150(2)	G4A12	
8	KL8(2)	300x750	2B22		A8@100(2)	G4A12	

◉ 显示全部集中标注　☐ 显示没有断面的集中标注　☐ 显示没有配筋的集中标注　　梁表提取　高级设置　下一步

图 22.3-2

◉ 显示全部集中标注：显示在转化中读取到的信息。

☐ 显示没有断面的集中标注：显示在转化中没有断面的梁。

☐ 显示没有配筋的集中标注：显示在转化中没有配筋的梁。

2）选择"显示没有断面的集中标注"或"显示没有配筋的集中标注"时有加载的信息，如图 22.3-3 所示。

3）执行 2）步骤，有出现"显示没有断面的集中标注"或"显示没有配筋的集中标注"的梁时，需要执行高级设置提高识别率，点击 高级设置 按钮，弹出如图 22.3-4 所示对话框。

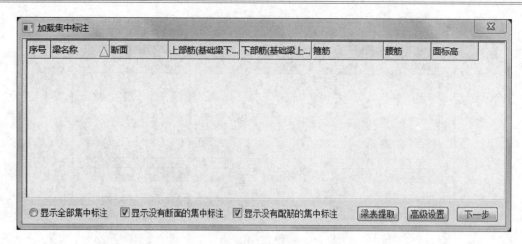

图 22.3-3

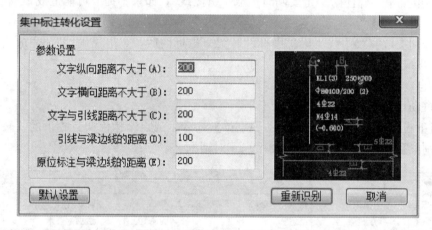

图 22.3-4

当识别的时候，有部分梁没有读取到截面或集中标注，有可能是原 CAD 图纸中标注距离过大造成，可以按图 22.3-4 调整距离重新识别以达到更好的效果。

注意点：参数设置中的 A、B、C、D、E 值不可以无限大调整，尽量接近原 CAD 图纸实际标注距离，参数设置值越小识别精度越高。

4）点击图 22.3-2 中的"下一步"，弹出如图 22.3-5 所示对话框。

① 识别的优先顺序为从上到下。

② 多字符识别用"/"划分，如在框架梁后填写"K/D"，表示凡带有"K"和"D"的都被识别为框架梁，并区分大小写。

③ 识别符前加@，表示识别符的是"柱名称的第一个字母"。

④ 设置梁边线到支座的最大距离：相邻梁之间的支座长度，在设置的范围之内将会被识别为一根梁，如果超出设定值将识别为两根梁。

⑤ 设置形成梁平面偏移最大距离：相邻梁之间的偏心，在设置的范围之内将会被识别为一根梁，如果超出设定值将识别为两根梁。

⑥ ◉ 以提取的墙、柱判断支座：当转化梁之前，软件中并无柱、墙构件图形存在，应

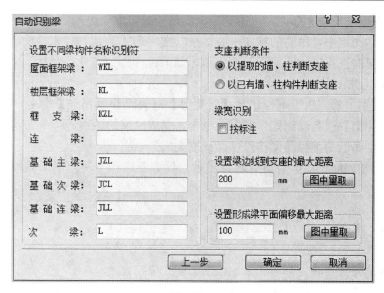

图 22.3-5

该在提取梁前先提取柱、墙后再提取梁构件，并应选择"以提取的墙、柱判断支座"。

⑦ ◎ **以已有墙、柱构件判断支座**：当转化梁前，软件中柱、墙构件图形已经存在，应该选择"以已有的墙、柱判断支座"。

（3）自动识别梁原位标注：

1）自动识别梁原位标注：

执行下拉菜单【转化梁】→【自动识别梁原位标注】命令，或点击构件布置栏下的【转化梁】→【自动识别梁原位标注】命令，提示弹出完成原位标注识别，如图 22.3-6 所示。

2）完成梁的原位标注识别后，如果原 CAD 图纸中有吊筋信息，可执行"提取吊筋"命令。

（4）提取吊筋：

1）提取吊筋：

执行下拉菜单【转化梁】→【提取吊筋】命令，或点击构件布置栏下的【转化梁】→【提取吊筋】命令，提示弹出如图 22.3-7 所示的对话框。

图 22.3-6

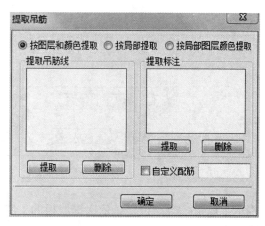

图 22.3-7

2）分别提取吊筋线、标注，点击确定完成吊筋的提取，进入"自动识别吊筋"命令。

提示：很多图纸中，吊筋的标注一般都是以文字形式表达，如未注明的吊筋为 2b18，遇到这样的情况时选择 ☑自定义配筋 2b18 来完成吊筋的标注。

（5）自动识别吊筋：

1）自动识别吊筋：执行下拉菜单【转化梁】→【自动识别吊筋】命令，或点击构件布置栏下的【转化梁】→【自动识别吊筋】命令击，完成吊筋的识别。

提示：识别吊筋的前提是梁构件已经识别完成。

2）完成此步骤即完成梁的所有转化步骤，只需要选择"转化结果运用"命令完成梁的布置。

22.4　转化板筋

转化板筋的步骤选择：

① 当转化板筋时，软件界面中还不存在梁、墙等板支座构件时应选择以下步骤：

板筋转化过程为：提取支座→识别支座→提取板筋→根据已提取的支座判断识别板筋。

② 当转化板筋时，软件界面中已有梁、墙等板支座构件时应选择以下步骤：

板筋转化过程为：提取板筋→根据已有的墙、梁支座判断识别板筋。

（1）提取支座：

1）选择"4.200 层结构平面施工图"导入到软件图形法界面。

2）提取支座：

执行下拉菜单【转化板筋】→【提取支座】命令，或点击构件布置栏下的【转化板筋】→【提取支座】命令，弹出如图 22.4-1 所示的对话框。

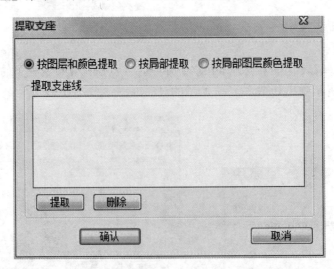

图 22.4-1

提示：点击 提取 按钮，依次提取板的支座，注意点是梁和墙均为板的支座，需要全部都提取进来。

3）提取完全部支座线后，点击"确定"，进入"自动识别支座"命令。

（2）自动识别支座：

自动识别支座：执行下拉菜单【转化板筋】→【自动识别支座】命令，或点击构件布置栏下的【转化板筋】→【自动识别支座】命令弹出如图 22.4-2 所示的对话框。

1）提取之后打开"已提取的图层"进行识别；添加尽可能全的支座宽，如有宽为 200、250、300、350、400、450mm 的梁宽均作为板筋支座，则将这些数值添进支座宽内。

2）也可以图中量取，方法是：先选中"支座宽"某一个空格，点击"图中量取"，在图形上直接量取长度。

图 22.4-2

3）确定支座宽度齐全之后按"确定"按钮，则软件将各梁的中线，自动识别成板的支座线，打开"已识别的图层"，查看是否有未识别完全的支座，如图 22.4-3 所示。

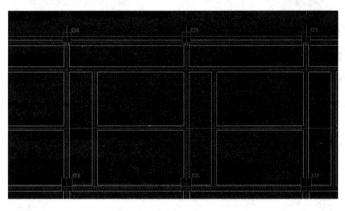

图 22.4-3

4）如发现问题，可以循环"上一步"重新提取。

（3）提取板筋：

1）提取板筋：

执行下拉菜单【转化板筋】→【提取板筋】命令，或点击构件布置栏下的【转化板筋】→【提取板筋】命令，弹出如图 22.4-4 所示的对话框。

2）分别提取板筋、板筋名称及标注后，点击"确定"后进入"自动识别板筋"命令。

（4）自动识别板筋：

1）自动识别板筋：

执行下拉菜单【转化板筋】→【自动识别板筋】命令，或点击构件布置栏下的【转化板筋】→【自动识别板筋】命令，弹出如图 22.4-5 所示对话框。

◉以提取的支座线判断支座：在提取板筋前，软件中尚未布置墙、梁等板筋支座，需要先提取及识别支座以提取的支座线判断支座。

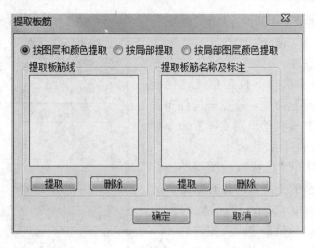

图 22.4-4

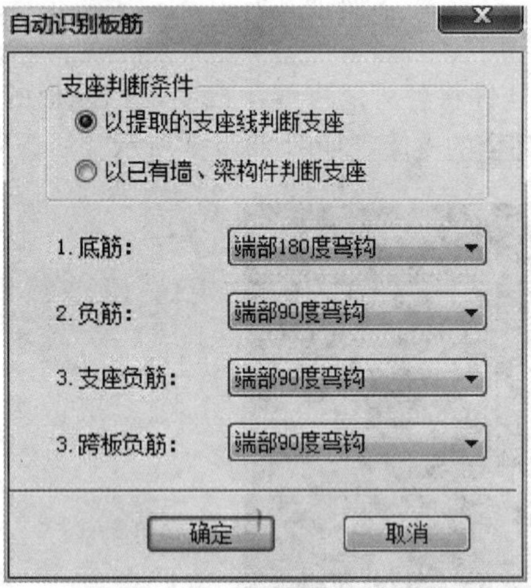

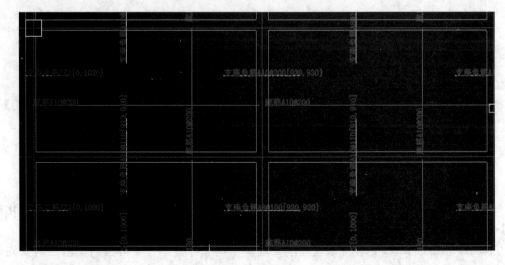

图 22.4-5

◎以已有墙、梁构件判断支座：在提取板筋前，软件中已经布置了墙、梁等板筋支座，应该以已有墙、梁构件判断支座。

1.底筋：端部180度弯钩：底筋的判断条件选择，按原 CAD 图纸中底筋的端部的弯钩形式决定，在下拉框中选择同图纸形式一致。

2）点击"确定"，完成板筋的识别，在软件中出现粉红的标注即为转化好的板筋，如图 22.4-6 所示。

3）确定无误后，只需要选择"转化结果运用"命令，完成板筋的布置。

4）对板筋转化结果运用后，还需要进行对板筋结果区域选择。

图 22.4-6

（5）板筋区域选择：

提示：在执行板筋区域命令前，需先对工程形成板，具体做法详见板的布置。

1）板筋区域选择：

执行下拉菜单【布置】→【布筋区域选择】命令，或点击构件布置栏下的【板筋】→【布筋区域选择】；

2）点击命令后，鼠标变成"口"字形，再选择 CAD 转化过来的板筋，然后选择板。

右键就可以将板筋的布筋区域确定下来了，如图 22.4-7 所示，板筋的区域选择好之后，板筋的构件颜色会产生变化。

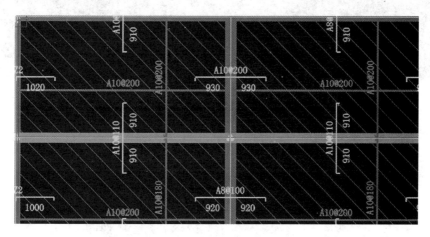

图 22.4-7

22.5 转化独基

承台结构平面如图 22.5-1 所示。

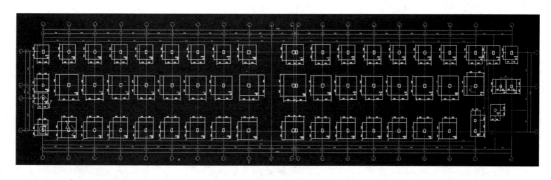

图 22.5-1

（1）转化独立基础：

根据承台结构平面图，将 CAD 中的数据转化为鲁班钢筋软件的数据。

导入 CAD 图纸：

点击下拉菜单【CAD 转化】→【CAD 草图】→【导入 CAD 图】命令，此命令可以将 CAD 文件直接在钢筋软件里面打开，如图 22.5-2 所示。

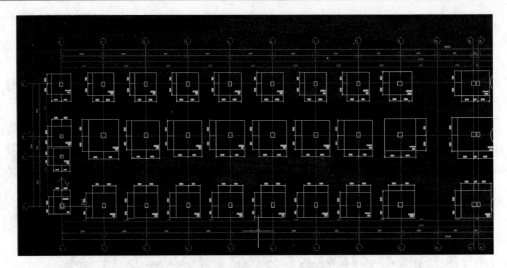

图 22.5-2

步骤:

1) 选择需要导入的 CAD 文件，如图 22.5-3 所示。

图 22.5-3

2) 单击"打开"按钮，就可以将 CAD 图纸调入到钢筋软件中了。

(2) 提取独立基础:

点击下拉菜单【CAD 转化】→【转化独基】→【提取独基】命令，此命令可以将调入的 CAD 图层提取为一个中间的图层。

步骤:

1) 点击"提取独基"，弹出对话框，如图 22.5-4 所示。

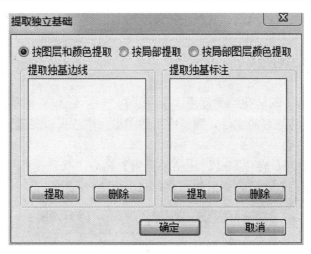

图 22.5-4

2）单击 提取独基边线 下面的 提取 按钮，然后点击图形中的独立基础边线，选择好之后点击右键，弹出对话框，如图 22.5-5 所示。

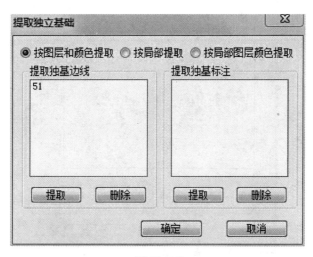

图 22.5-5

3）单击 提取独基标注 下面的 提取 按钮，然后在图形中选择独立基础的标注，选择好之后点击右键，弹出对话框后，单击 确定 。

（3）识别独立基础：

点击下拉菜单【CAD转化】→【转化独基】→【自动识别独基】命令，此命令可以将提取的 CAD 图层转化为独立基础构件。

步骤：

1）点击"自动识别独基"，弹出对话框，识别完成，如图 22.5-6 所示。

2）转化结果应用：

点击下拉菜单【CAD转化】→【转化结果

图 22.5-6

应用】命令，此命令可以将识别独立基础构件应用到钢筋软件可以计算的构件。

22.6 转化结果运用

［本节应掌握内容］对转化结果运用。

提示：对于已经转化好的文件，需要应用到图形法中才可以完成计算。

（1）转化结果运用：

执行下拉菜单【CAD 转化】→【转化结果运用】命令，或点击构件布置栏下的【CAD 转化】→【转化结果运用】命令，弹出如图 22.6-1 所示的对话框。

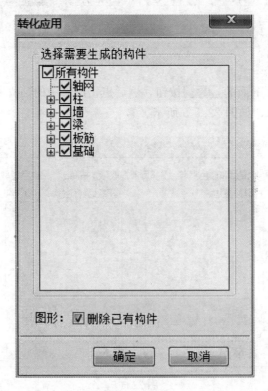

图 22.6-1

（2）选择需要生成的构件，可以选择要运用哪些构件到图形法中去。

（3） 图形：☑删除已有构件 ，勾选"删除已有构件"，则把原有图形中的构件删除。

22.7 计算

同第 15.12.3 节的汇总计算。

第三篇　安装算量软件

第23章 软件安装与运行

23.1 软件运行环境

鲁班安装 2014 软件完全基于优秀的计算机辅助设计软件 AutoCAD2006 的图形平台，因为计算要消耗大量的 CPU 及内存资源，因此机器配置越高，操作与计算的速度越快，见表 23.1-1。

鲁班软件安装配置表　　　　　　　　　　　　　　　　表 23.1-1

硬件与软件	最低配置	推荐配置
处理器	Intel PentiumⅢ1.0GHz	Intel PentiumⅢ1.0GHz 或以上
内存	1G	2G 独显以上
硬盘	500MB 磁盘空间	1TB 磁盘空间或以上
光驱	52 倍速 CD-ROM	52 倍速 CD-ROM 或以上
显示器	1280＊1024 分辨率	1280＊1024 分辨率或以上
鼠标	标准两键鼠标	标准三键＋滚轮鼠标
键盘	PC 标准键盘	PC 标准键盘＋鲁班快手
操作系统	XP 简体中文版	Windows 7/XP 简体中文版
CAD 图形软件	AutoCAD2006 简体中文版	AutoCAD2006 简体中文版

23.2 软件安装方法

安装"鲁班算量软件"工程量计算软件的方法：

鲁班算量（安装版）的正式商品在鲁班官网即可下载安装（网址：www.lubansoft.com），安装之前请先阅读自述说明文件。在安装鲁班算量（安装版）软件前要确认计算机上已安装有 AutoCAD2006 软件，并且能够正常运行。运行鲁班算量 2014（安装版）中的安装文件"lbaz2014（V15.1.0）.exe"，首先出现安装提示框，如图 23.2-1 所示。

单击"下一步"按钮，出现许可证协议对话框，如图 23.2-2 所示。

选择"我接受许可证协议中的条款"，并单击"下一步"按钮，出现安装路径对话框，如图 23.2-3 所示。

默认安装路径为"c：\ Lubansoft \ 鲁班安装 2014V15"，如果需要将软件安装到其他路径请单击"更改"按钮，设置好安装路径后，点击"下一步"按钮，出现选择程序图标的文件夹的对话框，如图 23.2-4 所示。

选择好后，单击"下一步"按钮，出现安装提示对话框，如图 23.2-5 所示。

单击"安装"按钮，软件开始安装程序，如图 23.2-6 所示。

安装完成后，出现安装完成对话框，如图 23.2-7 所示。

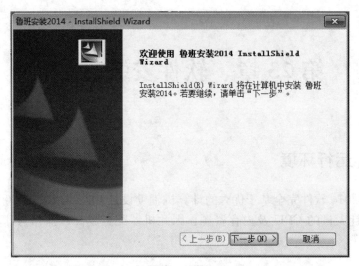

图 23.2-1

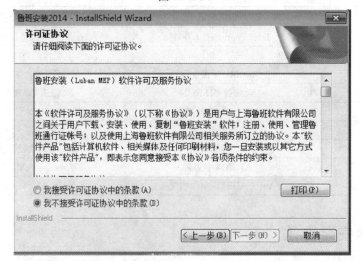

图 23.2-2

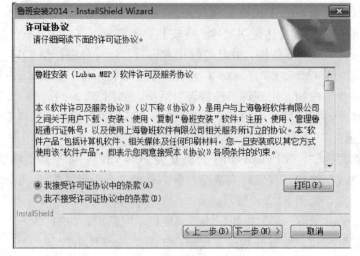

图 23.2-3

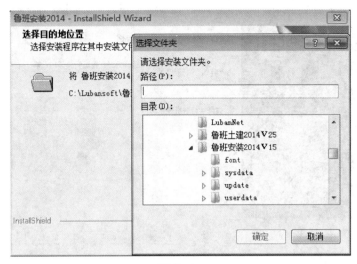

图 23.2-4

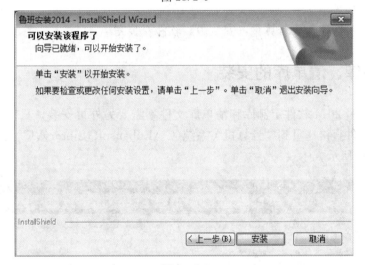

图 23.2-5

图 23.2-6

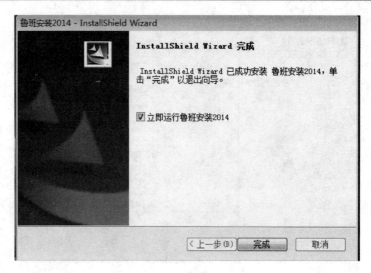

图 23.2-7

单击"完成"按钮，鲁班算量（安装版）软件安装完毕。

23.3　定额库、清单库的安装

鲁班安装算量 2014 软件定额库和清单库文件不需要另外再安装，只需把下载好的定额库和清单库文件直接拷贝到"计算机 \ 系统(C)\Lubansoft\Library\1"文件夹目录下即可，如图 23.3-1 所示。

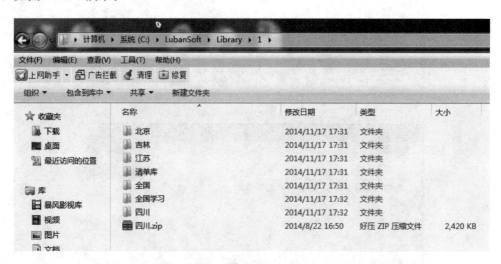

图 23.3-1

23.4　卸载方法

单击 Windows "开始"命令按钮，选择"控制面板"→"程序和功能"→"鲁班安装2014"→"右键卸载鲁班安装 2014"命令，按照提示即可完成卸载工作，如图 23.4-1 所示。

图 23.4-1

23.5 启动方法

左键双击桌面上的"鲁班安装 2014V15"图标（图 23.5-1），进入到鲁班算量的欢迎界面，如图 23.5-2 所示。

单击"新建工程"按钮，出现如图 23.5-3 所示对话框。

提示：如何新建工程，我们将在"新建工程"中作详细介绍。

图 23.5-3 用户界面如图 23.5-4 所示。

图 23.5-1

图 23.5-2

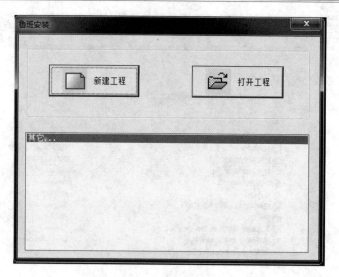

图 23.5-3

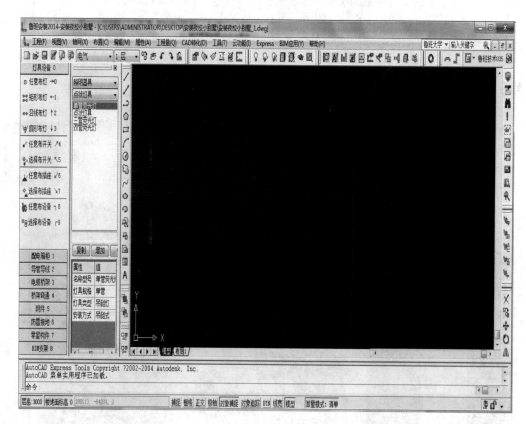

图 23.5-4

23.6 退出方法

如果想退出软件，可选择【工程】下拉菜单中的【退出】命令（图 23.6-1），或直接点击"关闭"窗口按钮，即可退出。

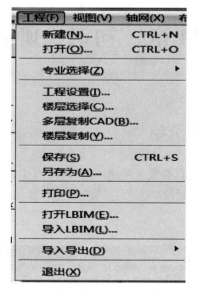

图 23.6-1

23.7 更新方法

当电脑与网络连接在一起，然后打开软件，左键单击菜单栏内的"云功能（I）"，如图 23.7-1 所示对话框，在其中选择检查更新，软件会自动搜索更新升级补丁。如果软件已经是最高版本，软件会提示现在软件是最新版本，如图 23.7-2 所示对话框。

图 23.7-1

图 23.7-2

第 24 章　初识鲁班安装

24.1　软件界面及功能介绍

在正式进行图形输入前，有必要先熟悉一下软件的操作界面，如图 24.1-1 所示。使用软件一定要对软件的操作界面及功能按钮的位置进行熟悉，只有熟悉了操作才会带来工作效率的提高。

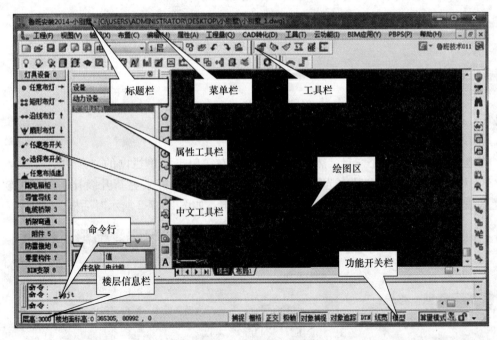

图 24.1-1

标题栏：显示软件的名称、版本号、当前的楼层号、当前操作的平面图名称。

菜单栏：菜单栏是 Windows 应用程序标准的菜单形式，包括【工程】、【视图】、【轴网】、【布置】、【编辑】、【属性】、【工程量】、【CAD 转化】、【工具】、【云功能】、【BIM 应用】、【PBPS】、【帮助】。

工具栏：这种形象而又直观的图标形式，让我们只需单击相应的图标就可以执行相应的操作，从而提高绘图效率，在实际绘图中非常有用。

属性工具栏：在此界面上可以直接复制、增加构件，并修改构件的各个属性，如标高、规格、型号等。

中文工具栏：此处中文命令与工具栏中图标命令作用一致，用中文显示出来，更便于操作。例如左键点击［灯具］，会出现与灯具有关的相关信息。

命令行：是屏幕下端的文本窗口。包括两部分：第一部分是命令行，用于接收从键盘输入的命令和命令参数，显示命令运行状态，CAD 中的绝大部分命令均可在此输入，如画线等；第二部分是命令历史纪录，记录着曾经执行的命令和运行情况，它可以通过滚动条上下滚动，以显示更多的历史纪录。

功能开关栏：在图形绘制或编辑时，状态栏显示光标处的三维坐标和代表"捕捉"（SNAP）、"正交"（ORTHO）等功能开关按钮。按钮凹下去表示开关已打开，正在执行该命令，按钮凸出来表示开关已关闭，退出该命令。

24.2　鲁班算量的工作原理

24.2.1　算量平面图与构件属性介绍

传统的工程量计算，预算人员先要读图，在脑子中要将多张图纸间建立工程三维立体联系，统计设备数量基本靠手工去进行清点，工作强度大不说，还非常容易出错。算管道量长度基本都靠比例尺，算面积、体积等相关工程量就要靠手工计算式去计算了。那算量软件是如何实现工程量计算的呢？

24.2.2　鲁班算量遵循工程的特点和习惯，把构件分成三类

（1）骨架构件：需精确定位。骨架构件的精确定位是工程量准确计算的保证。如骨架构件的不正确定位，会导致附属构件、区域型构件的计算不准确。如安装给水排水里面的管道。

（2）寄生构件：需在骨架构件绘制完成的情况下，才能绘制。如管道上的阀门，法兰等。

（3）区域型构件：软件可以根据骨架构件形成的构件。例如，给水排水里面的管道配件、三通四通等，还有就是电气里面的接线盒，这些在我们手工统计的时候都是很难计算准确的，工程量非常大，而软件就能自动生成了。

注意：寄生构件具有以下性质：

（1）主体构件不存在的时候，无法建立寄生构件。

（2）删除了主体构件，寄生构件将同时被删除。

（3）寄生构件可以随主体构件一同移动。

构件属性主要分为三类：

（1）物理属性：主要是构件的标识信息，如构件规格、材质等。

（2）几何属性：主要指与构件本身几何尺寸有关的数据信息，如断面形状等。

（3）清单（定额）属性：主要记录着该构件的工程做法，即套用的相关清单（定额）信息，实际也就是计算规则的选择。

构件的属性一旦赋予后，并不是不可变的。可以通过"属性工具栏"或"构件属性定义"按钮，对相关属性进行编辑和重新定义。

24.2.3　算量平面图与楼层的关系

对于一个实际工程，需要按照以下原则划分出不同的楼层，以分别建立起对应的算量平面图，楼层用编号表示：

0：表示基础层。（一般不推荐在0层绘制构件）

1：表示地上的第一层。

2~99：表示地上除第一层之外的楼层。此范围之内的楼层，如果是标准层，图形可以合并成一层，如"2，5"表示从第2层到第5层是标准层。6/8/10表示隔层是标准层。（注：2，5应在英文状态下输入）。

—3，—2，—1：表示地下层。

每一个楼层要和实际的楼层平面图相对应，具体设置如图24.2-1所示。

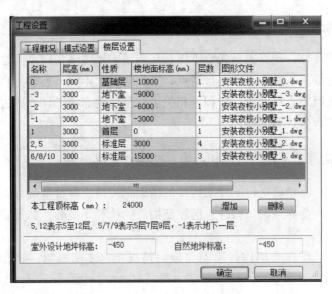

图24.2-1

24.2.4　建模包括两方面的内容

（1）定义每种构件的属性：构件类别不同，具体的属性也不相同。

（2）绘制算量平面图：软件主要采用的是描图的思路，即对照相关设计图纸，将上面的工程量用鲁班软件里所定义好的构件表示出来。

24.2.5　建模的原则

（1）需要计算工程量的构件，必须绘制到算量平面图中。

"鲁班算量"在计算工程量时，算量平面图中找不到的构件就不会计算，尽管用户可能已经定义了它的属性名称和具体的属性内容，这点须牢记。

（2）确认所要计算的项目。

在计算工程量之前，首先要在软件中根据相应的构件在计算项目设置栏中设置好所需要计算的那些工程量。

（3）灵活掌握，合理运用。

鲁班算量达到同一个目的可以使用多种不同的命令，具体选择哪一种更为合适，将随个人熟练程度与操作习惯而定。

24.2.6　与传统手工计算的区别

单位提供的施工蓝图是计算工程量的依据，手工计算工程量时，一般要经过熟悉图纸、列项、计算等几个步骤。在这几个过程中，蓝图的使用是比较频繁的，要反复查看所有的施工图，以找到所需要的信息。

在使用软件工作之前，不需要单独熟悉图纸，拿到图纸直接上机即可！这是因为：

建立算量模型的过程，就是熟悉图纸的过程。传统的工程量计算，预算人员先要读图，在脑子中要将多张图纸间建立工程三维立体联系，导致工作强度大，而用算量软件则完全改变了工作流程，拿到其中一张图就将这张图的信息输入电脑，一张一张进行处理，不管每张图之间三维关系，而三维关联的思维工作会被计算机根据模型轴网、标高等几何关系，自动解决代替了，这样会大大降低预算员的工作强度和工作复杂程度，从而也改变了算量工作流程。

手工算法流程：如图 24.2-2 所示。

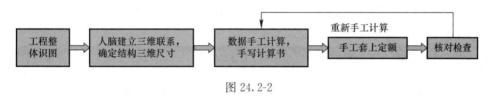

图 24.2-2

安装三维工程量计算软件（鲁班软件）算法流程：如图 24.2-3 所示。

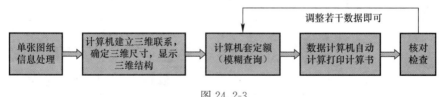

图 24.2-3

24.2.7　基本操作知识

（1）鼠标的使用：

1）鼠标左键：对象选择。

2）鼠标右键：确定键及捷径菜单。

3）滚轮键：向前推动—界面放大；向后推动—界面缩小；双击滚轮—图形定位界面。

（2）选框：

1）实框选。从左往右框选，框为实线，被选图形必须完全框选在内，才可选中图形。

2）虚框选。

从右往左框选，框为虚线，被选图形不必完全框选在内，只要有图形的部分被框选中，即可选中图形。

　　提示：实际绘图中经常会遇到图形的选择，请完全掌握和理解框选的方法，以便在复杂图形中能既快又准的选中需要的图形。

　　（3）空格键的使用：

　　重复上一个命令：当用户执行完前一项命令时，需要重复执行该命令，可直接敲击空格键即可。

24.3　安装软件结果的输出

24.3.1　表格的输出

　　表格输出是传统的输出方式，例如鲁班安装 2014V15.2.0 的版本提供：

　　（1）工程量概览表。

　　（2）系统计算书。

　　（3）消耗量汇总表。

　　（4）配件汇总表。

　　（5）超高量汇总表。

　　注：表格中既有构件的总量，又有构件详细的计算公式，如图 24.3-1 所示。

图 24.3-1

24.3.2　预算接口文件

目前软件提供 Excel、PDF 式的文件输出。

24.4　鲁班安装的建模和计算原则

24.4.1　建模的内容

（1）定义每种构件的属性：构件类别不同，具体的属性不同，其中相同的是清单查套。
（2）绘制安装平面图：主要是确定水管、导线等骨架构件及寄生构件的平面位置。

24.4.2　建模的顺序

根据个人喜好，可以按照以下两种顺序完成建模工作：
（1）首先定义构件属性，再绘制安装平面图。
（2）在绘制安装平面图的过程中，同时定义构件的属性。

技巧：在布置各类构件之前，首先熟悉图纸，然后一次性地将这些构件的尺寸在【属性定义】中加以定义。这样将提高绘制的速度，同时也保证不遗漏构件。

24.4.3　建模的原则

（1）需要用图形法计算工程量的构件，必须绘制到安装平面图中。

软件在计算工程量时，安装平面图中找不到的构件就不会计算，尽管用户可能已经定义了它的属性名称和具体的属性内容。

（2）绘制安装平面图上的构件，必须有属性名称及完整的属性内容。

软件在找到计算对象以后，要从属性中提取计算所需要的内容，如"计算项目设置"中计算项目、构件规格等，如果属性不完善，就会得不到正确的计算结果。

24.4.4　计算的原则

（1）确认所要的计算项目。

套好清单后，鲁班安装软件在"计算项目设置"栏里会默认一个计算项目，软件计算时就按照该计算项目所支持的单位来计算工程量，与所选择的定额的单位无关。计算项目可以调整。

（2）灵活掌握，合理运用。

软件提供构件绘制命令：达到同一个目的可以使用不同的命令，具体选择哪一种更为合适，将随用户的熟练程度与操作习惯而定。例如：布置灯具的命令有："点击布置"、"矩形布置"、"扇形布置"、"沿线均匀布置"四种命令，各有其方便之处。

24.5　蓝图与鲁班算量软件的关系

24.5.1　理解并适应"鲁班算量"计算工程量的特点

设计单位提供的施工蓝图是计算工程量的依据，手工计算工程量时，一般要经过熟悉图纸、列项、计算等几个步骤。在这几个过程中，蓝图的使用是比较频繁的，要反复查看所有的施工图，以便找到所需要的信息。

在使用鲁班算量软件计算工程量时，蓝图的使用频率直接影响着工作的效率和舒适程度，这也是为什么把"蓝图的使用"当作一个问题加以说明的原因。

在使用软件工作之前，不需要单独熟悉图纸，拿到图纸直接上机即可！这是因为：建立算量模型的过程，就是您熟悉图纸的过程。

24.5.2　蓝图使用与使用本软件建模进度的对应关系

在建立模型的过程中，可以依据单张蓝图进行工作，特别是在绘制安装平面图时，暂时用不到的图形不必理会。以下是所需蓝图与工作进度的关系，见表 24.5-1。

蓝图软件对比关系

表 24.5-1

序　号	蓝图内容	软件操作
1	建施：典型剖面图一张	工程设置、楼层层高设置
2	水施：底层平面图	绘制水平管、地漏、阀门法兰等
3	水施：上下水系统图	布置立管等
4	电施：照明平面图	布置水平管线、水平桥架等
5	暖施：暖通空调平面图	布置风管、水管等

完成了表 24.5-1 中的步骤以后，第一个安装平面图的建模工作就算完成了。按照这样的顺序完成全部楼层的安装平面图以后，您对图纸的了解就比较全面了，各种构件的工程量应该如何计算，已经心中有数，为下一步的计算奠定了基础。

第 25 章　CAD 入门操作

25.1　CAD 界面简介

启动鲁班算量后，单击"🏠"图标或者通过快捷按钮 F11，就可以切换到 CAD 的界面，在此界面上执行各个命令。当然，如果熟悉了 CAD 的各个命令后，可以在鲁班算量界面的命令行中直接输入 CAD 的各个操作命令。切换到 CAD 的界面如图 25.1-1 所示。CAD 设置好以后再点击"🏠"图标，就可以切换回鲁班算量的界面。

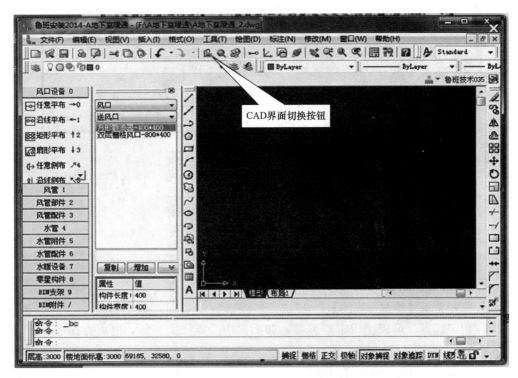

图 25.1-1

在这里我们只介绍一些有助于您提高绘图速度的 CAD 命令，如果对 CAD 感兴趣的话，其他的具体 CAD 操作可以参见 CAD 的帮助命令。

25.2　图层（Layer）

图层相当于图纸绘图中使用的重叠的图纸。它们是 AutoCAD 中的主要组织工具，可以使用它们按功能能编组信息以及执行线型、颜色和其他标准。通过图层控制，显示或隐藏

313

对象的数量，可以降低图形视觉上的复杂程度并提高显示性能。也可以锁定图层，以防止意外选定和修改该图层上的对象。

选择【格式→图层】，如图 25.2-1 所示。

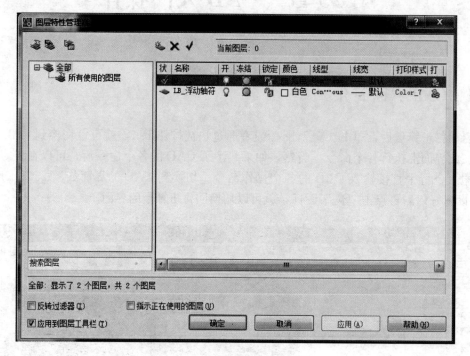

图 25.2-1

25.3 基础绘图方法

25.3.1 直线 (LINE)

命令行可以输入简写字母"L"。

(1) 选择菜单【绘图→直线】。

(2) 指定起点，可以使用定点设备，如捕捉中心点、交点等，也可在命令行上输入坐标。

(3) 指定端点以完成第一条线段。

(4) 要在使用 LINE 命令时撤销前面绘制的线段，请输入 u 或者从工具栏上选择"撤销"。

(5) 指定其他所有线段的端点。

(6) 按 ENTER 键结束或按 c 键闭合一系列线段。

提示：绘制直线主要是为了确定辅助点，或与线变管线、桥架有关。

25.3.2 多段线 (PLINE)

命令行可以输入简写字母"PL"。

多段线是作为单个对象创建的相互连接的序列线段。可以创建直线段、弧线段或两者的组合线段。

（1）绘制由直线段组成的多段线的步骤：

1）选择菜单【绘图→多段线】；

2）指定多段线的起点；

3）指定第一条多段线线段的端点；

4）根据需要继续指定线段端点；

5）按 ENTER 键结束，或者输入 c 闭合多段线。

（2）绘制直线和圆弧组合多段线的步骤：

1）选择菜单【绘图→多段线】；

2）指定多段线线段的起点；

3）指定多段线线段的端点；

4）在命令行上输入 A（圆弧）切换到"圆弧"模式；

5）输入"s"，指定圆弧上的某一点，再指定圆弧的端点；

6）输入 L（直线）返回到"直线"模式；

7）根据需要指定其他多段线线段；

8）按 ENTER 键结束或按 c 键闭合多段线。

25.3.3　圆（CIRCLE）

命令行可以输入简写字母"C"。

（1）选择菜单【绘图→圆】，"圆心、半径"或"圆心、直径"；

（2）指定圆心；

（3）指定半径或直径；

25.3.4　圆弧（ARC）

命令行可以输入简写字母"A"。

（1）选择菜单【绘图→圆】，选择"起点、端点、半径"；

（2）指定起点；

（3）指定端点；

（4）输入圆弧半径。

25.4　图形基本编辑方法

25.4.1　复制（COPY）

命令行可以输入简写字母"Co"。

（1）选择菜单【修改→复制】；

（2）选择要复制的对象；

（3）需要复制多个对象，输入 m（多个），回车确认；

（4）指定基点；

（5）指定位移的第二点；

（6）指定下一个位移点。继续插入副本，或按 ENTER 键结束命令。

25.4.2　镜像（MIRROR）

命令行可以输入简写字母"MI"。

（1）选择菜单【修改→镜像】；

（2）选择要创建镜像的对象；

（3）指定镜像直线的第一点；

（4）指定第二点；

（5）按 ENTER 键保留原始对象，或者按 y 将其删除。

25.4.3　移动（MOVE）

命令行可以输入简写字母"M"。

（1）选择菜单【修改→移动】；

（2）选择要移动的对象；

（3）指定移动基点；

（4）指定第二点，即位移点。

25.4.4　缩放（SCALE）

命令行可以输入简写字母"SC"。

（1）选择菜单【修改→缩放】；

（2）选择要缩放的对象；

（3）指定基点；

（4）输入比例因子。

提示：有的 DWG 电子文档中图形的比例并不是 1∶1，因此需要调整一下图形的比例。

25.4.5　偏移（OFFSET）

命令行可以输入简写字母"O"。

（1）选择菜单【修改→偏移】；

（2）输入偏移距离；

（3）选择要偏移的对象；

（4）指定要放置新对象的一侧上的一点；

（5）选择另一个要偏移的对象，或按 ENTER 键结束命令。

25.4.6　修剪（TRIM）

命令行可以输入简写字母"TR"。

（1）选择菜单【修改→修剪】；

（2）选择作为剪切边的对象（一般为线段）；

（3）选择要修剪的对象。

提示：修剪命令多于绘制直线、线变桥架等有关。

25.4.7　延伸（EXTEND）

命令行可以输入简写字母"EX"。

（1）选择菜单【修改→延伸】；

（2）选择作为边界边的对象；

（3）选择要延伸的对象。

提示：使用此命令，能保证要延伸的对象按原来的方向进行延伸。

25.4.8　分解（EXPLODE）

命令行可以输入简写字母"X"。

（1）选择菜单【修改→分解】；

（2）选择要分解的对象。

提示：此命令经常在"电子文档转化"、"描图"过程中使用，用以分解图中的块。如在转化设备时，整张图纸是一个块，提取设备的时候全部都提取了，因此要把整个图纸分解开。

以上简单的介绍了一下 CAD 的一部分命令，这部分的命令灵活运用，对您在以后的工程建模过程中，提高您的操作速度有很大帮助，希望您能仔细体会，加以琢磨。

25.5　CAD 应用常见问题

25.5.1　调入图纸，字体出现乱码

方法 1：

首先打开 C：/lubansoft/lubande2006/font（默认路径），里面有一个鲁班 HZ-TXT. SHX 字体文件，这个是鲁班提供的一个中文字体文件。

再用鼠标左键按住这个文件，同时按住键盘上的 Ctrl 键拖动一下，就能复制出一个复件 HZTXT. SHX；然后将复件 HZTXT. SHX 重新命名为 KTK. SHX。

最后，将这个 KTK. SHX 文件复制到 C：/ Program Files/ AutoCAD 2006/ Fonts（默认路径）字体文件夹里面，这样在 CAD 程序和鲁班的程序里面都不会出现乱码了。然后再打开这个 CAD 图纸就不会出现这样的提示了。总结一下，碰到的几个未能找到的字体，都可以重复以上步骤修改解决。

方法 2：

左键框选图纸，右键—特性，把字体改为 standard。

25.5.2　鲁班软件界面调用 CAD 常用菜单

【鲁班软件界面调用 CAD 常用菜单】

CAD2006 平台：

单击【工具】→CAD 工具条或命令行，输入 Toolbar/CUI 命令。

在弹出的 CUI 界面中选择"工作空间"→点击右键，在弹出的右键菜单中选择"置为当前"。

单击右边的"自定义工作空间"按钮→在左边的"工具栏"目录树中将你所需要调用的工具栏前面打"√"→单击右边的"完成"按钮。

单击"确定"按钮，返回 CAD 操作界面。就会发现所需要的工具栏已经显示在绘图区域了。

若不小心关闭了该工具栏，可用右键点击任意 CAD 工具栏，在弹出菜单中选择打开。

该方法同样适用于鲁班安装 2008。

【软件菜单配制 Menu】

（1）命令行输入"Menu"，在弹出的对话框中可以在鲁班与 CAD 界面之间进行选择，如图 25.5-1 所示。

图 25.5-1

（2）同功能操作命令：①菜单栏直接点击 ；②命令行键入 Chi。

25.5.3 其他常见问题

（1）问：打开旧图遇到异常错误而中断退出怎么办？

答：新建一个图形文件，而把旧图以图块形式插入即可。

（2）问：如发现打开文件或者保存文件不弹出对话框，而是在命令行要求输入路径，应如何解决？

答：在命令行输入 Filedia，然后输入 1 即可。

（3）问：点鼠标滚轮无法平移而产生鼠标右键的功能时，应如何解决？

答：输入 Mbuttonpan，然后输入 1 即可恢复滚轮功能。

（4）问：CAD 中如何用低版本打开高版本做的图形？

答：以 CAD2002 打开 CAD2006 图形为例：先用 CAD2006 打开，然后另存。将文件类型改为 AutoCAD2000/LT2000 图形（＊dwg），保存即可。

（5）问：有时安装鲁班 2008 软件后，菜单栏出现"Express"菜单的解决方法是什么？

答：点击"工具"——"CAD 工具条"，选中"局部 CUI 文件"中的 Express，执行右键菜单中的"卸载 CUI 文件"，然后点击"应用"按钮即可。

（6）问：在鲁班软件中右键不能正常使用怎么办？

答：按 F11 或在命令行输入 Chi 进入 CAD 界面，找到菜单【工具】-【选项】-【用户系统配置】，自定义右键即可。

（7）问：List（LI）这个命令应如何应用？

答：我们可以使用 List（LI）命令查询建筑面积、长度等一些信息。在命令行输入 List（LI），软件提示选择对象，框选要查询的对象，右键确定即可。但要注意：用 List（LI）查询面积要用 PL 线段画的才能查看面积，如果不是用 PL 线段画的，用"工程计算栏"中的"编辑其他项目"可以查到。

第 26 章　软件常用基本命令

熟悉了软件界面和 CAD 入门操作之后，就正式进入到软件的基本命令操作阶段。本章主要针对软件各个命令的操作步骤进行了详细的讲解。

提示：以下所有命令均在 V15.2.0 版本中进行。

26.1　工程设置

26.1.1　新建/打开工程

打开软件之后会弹出新建和打开工程界面，如图 26.1-1 所示。

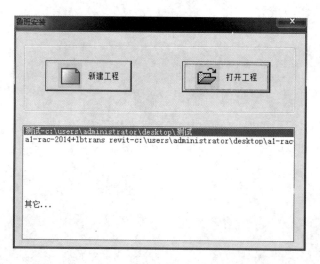

图 26.1-1

如果是新做一个工程，就选择"新建工程"这一项，然后点击"进入"按钮。

如果是打开以前做过的或想要接着做的工程可以选择"打开工程"这一项，然后点击"进入"按钮。

例如，之前做过了一部分的工程，中途保存关闭后再次打开软件，软件默认会选择"上一次工程"，并显示工程名称。这时就只需要点击"打开工程"按钮，自动打开之前做了一部分的工程。

选择"新建工程"，就会弹出工程保存界面，如图 26.1-2 所示。

首先点击"保存在"选择框边上的 · 按钮，选择工程需要保存的位置，然后在"文件名"中输入保存的工程名称，如"小别墅"，最后点击"保存"按钮。这个时候保存的路径下就会生成这个工程的文件包。

图 26.1-2

选择"其他",点击"打开工程",弹出"打开"工程界面,如图 26.1-3 所示。

图 26.1-3

在"查找范围"中点击 · 按钮,选择文件保存的位置,找到工程文件夹(如"小别墅"),再打开列表中的 Lba 文件(如"小别墅.Lba")就可以进入要打开的工程中。

26.1.2　用户模版

新建工程设置好文件保存路径之后,会弹出"用户模板"界面,如图 26.1-4 所示。该功能主要用于在建立一个新工程时可以选择之前所做好的工程模板,以便直接调用

图 26.1-4

以前工程的构件属性，从而加快建模速度。如果是第一次做工程或者以前的工程没有另存为模板的话，"列表"中就只有"软件默认的属性模板"供直接选择。

选择好需要的属性模板，单击"确定"按钮，就完成了用户模板的设置。

26.1.3 工程概况

当设置完用户模板之后，软件会自动弹出"工程概况"编辑框。也可以在软件工具条中点击 ✐ 按钮，弹出该对话框，如图 26.1-5 所示。

在这里就可以根据工程实际情况对相关的"项目"进行填写。

"编制时间"一项可以直接点击上面的日期，弹出"日期选择"框，如图 26.1-6 所示。

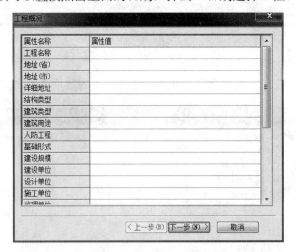

图 26.1-5

图 26.1-6

选择好编制日期，单击"确定"即可。

26.1.4　算量模式

设置好"工程概况"后单击"下一步"按钮，软件自动进入到算量模式的选择框。也可以在软件工具条中点击 ✐ 按钮，弹出该对话框，如图 26.1-7 所示。

"模式"中可以根据实际工程需要选择"清单"或者"定额"模式。当选择"定额"模式时，"清单"和"清单计算规则"会变成灰色，表示不可设置，如图 26.1-8 所示。

当需要更换"清单"和"定额"时，分别单击旁边的 ⌷ 按钮，就会弹出清单或者定额选择框，如图 26.1-9 所示。

在此选择好需要的清单和定额，点击"确定"即可。最后点击"下一步"，完成设置。

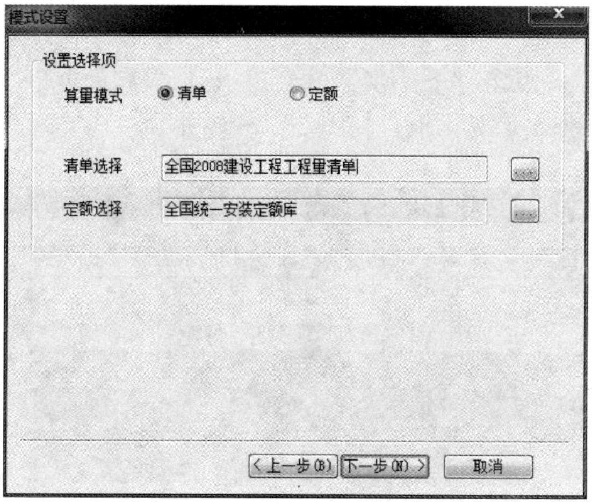

图 26.1-7

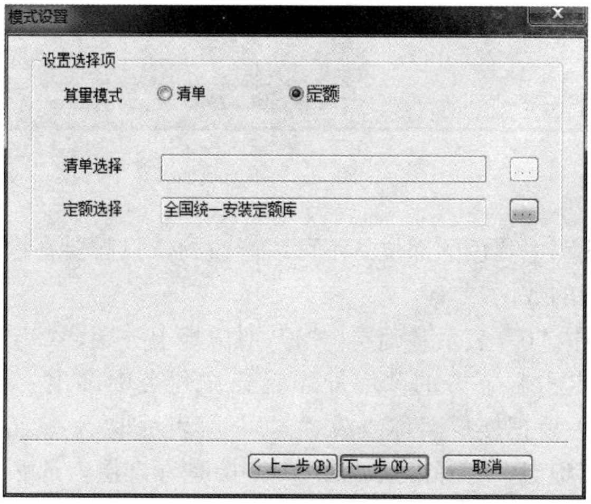

图 26.1-8

图 26.1-9

26.1.5 楼层设置

设置完"算量模式",点击"下一步"就会进入到"楼层设置"界面。也可以在软件工具条中单击 ✎ 按钮,弹出该对话框,如图 26.1-10 所示。

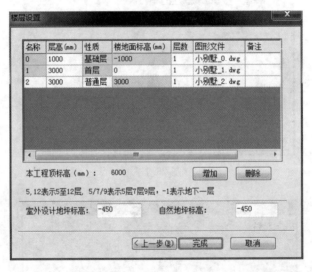

图 26.1-10

(1) 在"楼层设置"中黄色的部位是不可以修改的,只需要在白色的区域修改参数就可以联动修改黄色区域的数据。

(2) "楼层名称"中"0"表示基础层,"1"对应地上一层,"2"对应地上二层。如果需要增加一层,直接点击右下方的"增加"就会在列表中多出一行,名称也自动取为"3"。若要设置地下室,就把楼层名称改成"-1"就表示地下一层。改成"-2"就表示地下二层。如果一个工程当中有标准层,如 5~9 层是标准层,那么只须把楼层名称在英文输入法状态下改成"5,9"就表示 5~9 层。

需要说明的是,0 层基础层永远是最底下的一层。"0"只是名称,不表示数学符号。

(3) 在"层高"一栏中,点击相应楼层的层高数字"3000"就可以更改需要的高度。需要注意的是,基础层层高一般就定义"0",不用修改。

（4）"室外设计地坪标高"和"自然地坪标高"主要是和实际工程中室外装饰高度与室外挖土深度有关的参数设置。一般根据图纸中给出的数据进行填写就可以了。

定义好楼层设置后，单击"确定"按钮，结束设置。

26.2　电气专业

26.2.1　灯具设备

（1）任意布灯

单击左边中文工具栏中 任意布灯 图标，软件属性工具栏自动跳转到灯具构件中，并弹出对话框，如图 26.2-1 所示。

注意： 按钮只能提取平面图形上的标高参数，如灯具、开关等。立面图形如垂直管线的标高参数不能读取。

（2）矩形布灯

此命令在平面图中由用户拉出一个矩形框并在此框中绘制灯具。单击左边中文工具栏中 矩形布灯 图标，软件属性工具栏自动跳转到灯具构件中，并弹出一个浮动式对话框，如图 26.2-2 所示。

（3）沿线布灯

该命令用于沿一条直线或弧线均匀布置所选取的灯具。单击左边中文工具栏中 沿线布灯 图标，软件属性工具栏自动跳转到灯具构件中，并弹出一个浮动式对话框，如图 26.2-3 所示。

图 26.2-1

图 26.2-2

图 26.2-3

（4）扇形布灯

单击扇形布灯按钮 扇形布灯，软件属性工具栏自动跳转到照明器具—点状灯具构件中，同时弹出如图 26.2-4 所示的对话框。

（5）任意布开关

单击左边中文工具栏中 任意布开关 图标，软件属性工具栏自动跳转到灯具构件中，

图 26.2-4

选择要布置的开关的种类；命令行提示：指定插入点【A-旋转角度，B-左右翻转，R-参考点】，在绘图区域内，可连续任意点击布置开关；旋转角度的设置同"任意布灯"；布置完一种开关后，命令不退出，可以重新选择构件再布置。布置完毕后，右键单击，弹出右键菜单，选择"取消"并退出命令。

（6）选择布开关

该命令用于在平面图中布置开关，并自动生成连接开关和水平管线的竖向管线，单击左边中文工具栏中  图标，软件弹出一个浮动式对话框，如图 26.2-5 所示。

图 26.2-5

复选框打"√"状态，则软件会根据所选管线标高和开关安装高度的差值自动生成对应的竖直管线。

左键点取左边"属性工具栏"中要布置的开关的种类，命令行提示："请选择需布置开关的管线："，选择需布置开关的管线，命令栏提示：指定插入点【A-旋转角度，B-左右翻转】，旋转角度的设置同"任意布灯"；确定管线上一点，软件弹出如图 26.2-6 所示对话框。

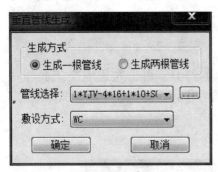

图 26.2-6

（7）任意布插座

单击左边中文工具栏中 任意布插座 图标，布置方式同"26.2.1（5）任意布开关。"

（8）选择布插座

单击左边中文工具栏中 选择布插座 图标，布置方式同"26.2.1（6）选择布开关"。

（9）任意布设备

单击左边中文工具栏中 任意布设备 图标，软件弹出如图 26.2-7 所示的对话框。

（10）选择布设备

单击左边中文工具栏中 选择布设备 r9 图标，布置方式同"26.2.1（6）选择布开关"，弹出如图 26.2-8 所示的对话框

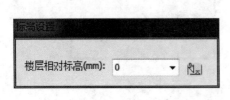

图 26.2-7

图 26.2-8

26.2.2　配电箱柜

（1）任意布箱柜

单击左边中文工具栏中 任意布插座 ✓6图标，布置方式同"26.2.1（5）任意布开关"。

（2）选择布箱柜

单击左边中文工具栏中 选择布插座图标，布置方式同"26.2.1（6）选择布开关"。

（3）任意布元件

单击左边中文工具栏中任意布插座图标，布置方式同"26.2.1（5）任意布开关"。

（4）选择布元件

单击左边中文工具栏中选择布插座图标，布置方式同"26.2.1（6）选择布开关"。

26.2.3　导管导线

（1）任意布管线

单击左边中文工具栏中任意布管线图标，软件弹出浮动对话框，如图 26.2-9 所示。

【敷设方式】：管线敷设方式各选项所代表的意义：

SR——沿钢线槽敷设。

BE——沿屋架敷设。

CLE——沿柱敷设。

WE——沿墙面敷设。

CE——沿天棚面敷设。

ACE——上人天棚内敷设。

BC——梁内暗敷。

WC——墙内暗敷。

CC——顶棚暗敷。

ACC——不上人天棚内敷设。

FC——地面暗敷。

图 26.2-9

敷设方式决定了管线的敷设高度，相关定义请参见【工具】——【水平敷设方式设置】。

如 自定义标高值 复选框选上，则可以自由输入"楼层相对标高"。

"楼层相对标高"：是相对于本层楼地面的高度，可以直接输入参数对它进行调整，也可以点击后面的标高提取按钮自动提取。

标高提取：可以通过直接点取平面图形来读取该图形的标高参数。注意：该按钮只能提取平面图形上的标高参数，如灯具、开关等，立面图形如垂直管线的标高参数不能读取。

左键点取左边"属性工具栏"中要布置的管线的种类；命令行提示：第一点【R-选参考点】：输入导线标高及敷设方式；按提示在绘图区域内，左键依次选取管线的第一点、第二点等；也可以用光标控制方向，输入参数的方法来绘制管线；绘制完一段管线后，命令不退出，可以再重复选择构件再布置；绘制完毕后，右键单击，弹出右键菜单，选择"取消"并退出命令。

注：线性构件，比如水平管线、按照楼层相对标高布置的垂直管线、电缆、桥架等，图形上有三个夹点，中间这个夹点是它的移动夹点，直接拖动该夹点即可移动该构件的位置。拖动两端的任意夹点可以调整它的长度或高度。

（2）选择布管线

该命令主要用于在平面图中连接已布置的灯具、开关、设备等，并自动生成竖直的连接管线或软管，单击左边中文工具栏中 图标，软件弹出浮动对话框，如图 26.2-10 所示。

图 26.2-10

系统编号：

选择所需布置管线所对应的系统编号。

提示：当前选择的为一级系统编号，仅显示该一级系统编号。

当前选择的为二级系统编号，显示所属一级系统编号下的同级别的所有的二级系统编号。

当前选择的为三级系统编号，显示所属二级系统编号下的同级别的所有的三级系统编号。

敷设方式与标高：

【敷设方式】：管线敷设方式各选项所代表的意义：

WE——沿墙面敷设。

CE——沿天棚面敷设。

ACE——上人天棚内敷设。

WC——墙内暗敷。

CC——顶棚暗敷。

ACC——不上人天棚内敷设。

FC——地面暗敷。

敷设方式决定了管线的敷设高度，相关定义请参见【工具】——【水平敷设方式设置】。

如□ 自定义标高值 复选框选上则可以自由输入"楼层相对标高"。

2014V15.2.0 版本增加了 ☑ 直角连接 按钮，这个勾打上之后选择设备时显示直接的链接方法，按照顺时针的顺序。

"楼层相对标高"：是相对于本层楼地面的高度，可以直接输入参数对它进行调整，也可以点击后面的标高提取按钮自动提取。

标高提取 ：可以通过直接点取平面图形来读取该图形的标高参数。注意：该按钮只能提取平面图形上的标高参数，如灯具、开关等，立面图形如垂直管线的标高参数不能读取。

系统编号自动匹配：

【器具系统编号随管线】：打"√"，所选择的灯具、开关等器具的系统编号随布置的管线的系统编号；不打"√"则选择的灯具、开关等器具的系统编号不变，布置的管线的系统编号为系统编号栏所选择的系统编号。

灯具竖向管线：

【管线】：选择生成竖向管线类型，点击小三角在已定义的软管构件中进行选择，若定义好的构件中没有需要的，则可单击▢▢按钮进入属性定义界面增加所需软管。

【规格同水平管线】：生成灯具竖向管线和水平管线一致。

其他构件竖向管线：

【管线】：默认打"√"时和水平管线一致，当▢ 锁定选择勾上时，可以点击小三角下拉对话框进行管线选择，小三角里下拉列表中的构件选项与水平管线是同一小类构件，如：水平管线选择的是导线·导管，则这里的选项也是导线·导管类别的。

【敷设方式】：指自动生成垂直管线的敷设方式。

【竖向根数选择】：可以自定义竖向管线的根数。

【插入点便宜距离】：当竖向管线为多根时，可以选择两根竖向管线的偏移距离。

左键点取左边"属性工具栏"中要布置的管线的种类；命令行提示：请指定第一个对象〈回车结束〉，按提示在绘图区域内，左键依次选取管线所需连接的第二、第三个对象等；布置完一种开关后，命令不退出，可以再重复选择构件布置；布置完毕后，右键单击，弹出右键菜单，选择"取消"并退出命令。

（3）多线布置

该命令主要用于布置多根空间位置平行的管线、电缆。单击多线布置按钮三多线布置，弹出如图 26.2-11 所示的对话框。

图 26.2-11

1）选择要布置的构件名称，单击"增加"按钮，即把要布置的构件增加到右边的对话框中。对于多增加了的构件，点击"删除"按钮，按照软件提示选择"是"，即可删除该构件。左边的对话框中显示的是所有已经定义了的各类构件，对于属性里没有被定义的，则需要在"构件属性"里定义完成，然后在该对话框中才可以看到。同理，对于没有定义的系统编号要在"系统编号"里进行增加。

2）定义并选择好构件名称之后，如图 26.2-12 所示的对话框。

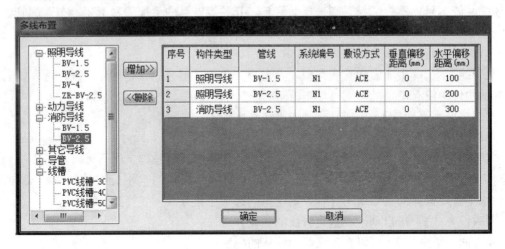

图 26.2-12

在右边对话框中对每一种构件，可以在"系统编号"栏中选择系统编号，"敷设方式"选择构件敷设方式（注意：敷设方式选择不适合电缆、母线馈线，N/A＝not applicable 不适用的，并黄色标记），并输入"垂直偏移距离"和"水平偏移距离"参数。

"垂直偏移距离"的输入以楼地面为基准，正值为楼地面以上，负值为楼地面以下；软件默认均为 0，且不随行数增加而自动增加。

"水平偏移距离"的输入默认以布置多管时选择的线为基准，按照布置走向，左边为正值，右边为负值；软件默认值为 0，且其行间距以 100mm 自动递增。

3）各个参数设置好后，点击"确定"按钮，软件弹出对话框，如图 26.2-13 所示。

在该对话框中输入标高参数并设置好布置方式，在图形上点击左键，开始布置多管，按照命令行提示做各确定管道位置即可，当标高不一样时，在图 26.2-13 对话框中输入不同的标高值，确定后软件会弹出对话框，如图 26.2-14 所示。

图 26.2-13

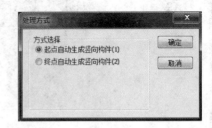

图 26.2-14

选择竖向管道自动生成的方式之后点击"确定"，即多线布置完成。如图 26.2-15 所示为已布置的不同标高的多线。

4）系统名称。

系统名称的设置同"水平管"。

注：多线布置的布置方式同【多管】命令。

（4）垂直管线

单击左边中文工具栏中 垂直管线 图标，软件弹出如图 26.2-16 所示浮动对话框。

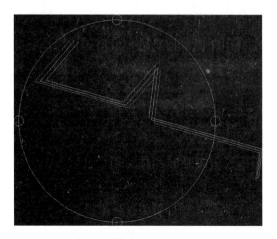

图 26.2-15

图 26.2-16

"工程相对标高"和"楼层相对标高"的选择同给水排水专业里的"立管"，并输入起点标高和终点标高；敷设方式的选择同"任意布管线"。

左键点取左边"属性工具栏"中要布置的垂直管线的种类；命令行提示：请指定插入点【R-选参考点】，按提示在绘图区域内，连续任意点击布置垂直管线；布置完毕后，右键单击，弹出右键菜单，选择"取消"并退出命令。

（5）线变管线

该命令支持将 CAD 线段或软件里的线条转换成用户定义的电气管线。单击左边中文工具栏中 线变管线 图标，软件弹出浮动对话框，如图 26.2-17 所示。

标高与敷设：

楼层相对标高：是相对于本层楼地面的高度，可以直接输入参数对它进行调整，也可以点击后面的标高提取按钮自动提取。

标高提取 ：可以通过直接点取平面图形来读取该图形的标高参数。注意：该按钮只能提取平面图形上的标高参数，如灯具、开关等，立面图形如垂直管线的标高参数不能读取。

图 26.2-17

敷设方式：同"任意布管线"。

命令行示：请选择要转化的线，按提示选定要转化的线，操作方法参见"任意布管线"。

注：用 spline 命令布置的线条不能执行线变管线命令。

（6）布置软管

单击左边中文工具栏中 布置软管 图标，左键点取左边"属性工具栏"中要布置的软管的种类，命令行提示：请选择第一点【R-选择参考点】，依次指定（或捕捉）软管的第一点、第二点等，直到完成布置。布置完毕后，右键单击，弹出右键菜单，选择"确定"，退出该软管的布置状态，再次右键单击，在弹出右键菜单中选择"取消"并退出命令。

（7）管线打断

单击左边中文工具栏中 **管线打断** ✓6图标，按照命令行提示操作，见表 26.2-1

管线打断命令   表 26.2-1

请选择需要打断的管线：	左键点击选择要被打断的管线
请选择断点【L 选择参考线】	左键点击选择过断点的管线
请选择需要打断的管线：	选择要被打断的管线
请选择断点【L 选择参考线】：L	选择另一相交的管线，断点为管线相交处
请选择需要打断的管线：	重复执行该命令

操作完成之后点击右键退出。

（8）管线连接

单击左边中文工具栏中 **管线连接** ↘7 图标，按照命令行提示操作，见表 26.2-2。

管线连接命令   表 26.2-2

请选择需要连接的管线 1	左键点击选择要连接的管线 1
请选择需要连接的下一个管线	左键点击选择要连接的下一管线

操作完成之后点击右键退出，还需要继续操作时要重新再执行一次该命令。

26.2.4 电缆桥架

（1）水平桥架

单击左边中文工具栏中 **水平桥架** →0 图标，软件弹出如图 26.2-18 所示对话框。

图 26.2-18

楼层相对标高：是相对于本层楼地面的高度，这样就明确了我们布置的桥架的高度位置，可以直接输入参数对它进行调整，也可以点击后面的标高提取按钮自动提取。

标高提取：可以通过直接点取平面图形来读取该图形的标高参数。注意：该按钮只能提取平面图形上的标高参数，如灯具、管线等，立面图形如垂直管线构件的标高参数不能读取。

标高锁定：当"标高锁定"打"√"时，"楼层相对标高"显亮，可以直接输入水平桥架标高；当"标高锁定"未打"√"时，软件按照捕捉点的标高来布置桥架。如果捕捉点是垂直桥架，则默认捕捉的是垂直桥架底标高。一般用于两段标高不一致的桥架的连接桥架的布置。使用方法同给水排水专业里的"水平管的布置"。

左键点取左边"属性工具栏"中要布置的桥架的种类；命令行提示：第一点【R-选参考点】，按提示在绘图区域内，左键依次选取桥架的第一点、第二点等；也可以用光标控制方向，输入参数的方法来绘制桥架；绘制完一段桥架后，命令不退出，可以再重复选择构件再布置；绘制完毕后，右键单击，弹出右键菜单，选择"取消"并退出命令。

（2）垂直桥架

单击左边中文工具栏中 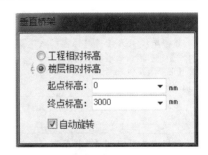 图标，软件弹出如图 26.2-19 所示对话框。

图 26.2-19

"工程相对标高"和"楼层相对标高"的选择同给水排水专业里的"立管"，并输入起点标高和终点标高；左键点取左边"属性工具栏"中要布置的垂直桥架的种类；命令行提示：请指定插入点【R-选参考点】，按命令行提示在绘图区域内，连续任意点击布置垂直桥架；布置完毕后，右键单击，弹出右键菜单，选择"取消"并退出命令。电气与弱电专业中的布置垂直桥架命令，若垂直桥架与水平桥架规格相同，则会根据水平桥架的方向自动旋转垂直桥架与之对齐，如图 26.2-20 所示。

（3）桥架旋转

单击左边中文工具栏中 桥架旋转 图标，根据命令行提示选择要旋转的垂直桥架，输入旋转角度，回车即可。该命令可循环。

说明：此命令不可用于水平桥架的旋转。

（4）配线引线

单击配线引线命令 配线引线 图标，软件会弹出桥架配线引线的对话框，如图 26.2-21 所示。同时配线引线命令支持高亮闪烁的功能，方便查找回路信息布置的合理性。

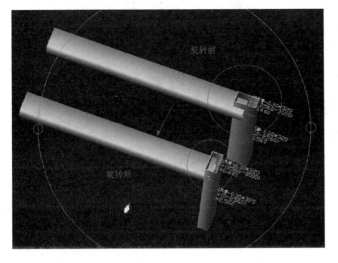

图 26.2-20

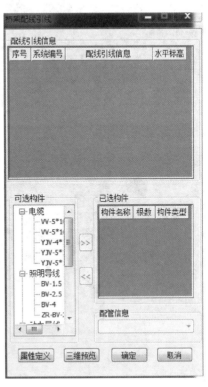

图 26.2-21

根据命令行提示，配线引线命令见表 26.2-3。

配线引线命令	表 26.2-3
选择电缆引入端【选择需引入电缆的桥架 (F)】选择需引入电缆的桥架 【选择电缆引入端（F）】：指定桥架上的一点	选择电缆或导线的引入端桥架，然后右击确定；选择桥架上的一点
选择设备［指定下一点（D）]	选择设备，或在命令行输入 d，回车，命令行提示：选择下一点，在平面上选择一点（可以反复输入 d，进行布置）
选择电缆引出端【选择需引入电缆的桥架 (F)/修改电缆引入端（C）】 选择需引出电缆的桥架【选择电缆引出端 (F)/修改电缆引入端（C）】：指定桥架上的一点 选择设备［指定下一点（D）]	指定电缆或导线的引出点，然后右击确定；选择桥架 选择桥架上的一点 选择设备——即完成一个回路的设置，如图 26.2-22 或在命令行输入 d，回车，命令行提示：选择下一点，在平面上选择一点（可以反复输入 d，进行布置）回车

可对每个回路中的构件名称、根数、构件类型进行编辑。

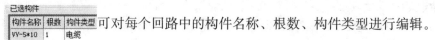下拉单内容为属性定义中所有的导管类型，可定义引出桥架的电缆或导线进行个配管。

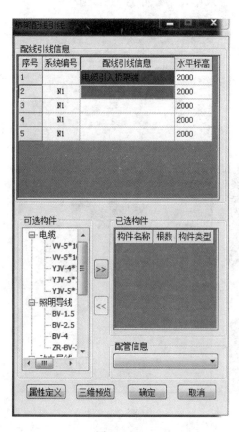

图 26.2-22

选择回路中的配线引线信息栏右击，可以选择清空管线或删除回路。

注意：当软件中出现多个路径的时候支持选择最短路径，如图 26.2-23 所示。

图 26.2-23

（5）桥架引线

该命令主要是用于从已配置完的桥架上引出一根或多根电缆或导线。单击左边中文工具栏中 桥架引线 图标，命令行提示见表 26.2-4。

桥架引线命令	表 26.2-4
请选择需引出电缆的桥架回路：	选择需要引出电缆的桥架，桥架选择好后；选择需引出电缆回路
请指定桥架上引出点选择回路引出端	指定电缆或导线的引出点；回路引出端
选择设备【指定下一点 D】：	选择已布置的设备，或者输入 D 回车，指定引出电缆或导线的位置布置引出电缆或导线，方法同水平桥架的布置； 注：选择设备生成的管线软件会自动生成预留长度
请选择需引出电缆的桥架：选择完成之后回车	继续对其他桥架回路引线，循环执行上述操作

【所有可选电缆】：显示选中的桥架内已配置的所有电缆或导线的名称、规格、系统编号。

【所选电缆】：显示需要引出的电缆或导线，必须从【所有可选电缆】框中选取。

【构件名称】、【根数】、【系统编号】：根数及构件名称不可修改，但可直接修改系统编号。

【配管类型】：选择引出电缆或管线的配管，软件支持选择配管或线槽。

注：桥架引线不受引出次数限制，支持一根导线多次引线。

（6）跨配引线

单击跨配引线命令 跨配引线 图标，软件自动弹出跨层配线引线对话框，如图 26.2-24 所示。

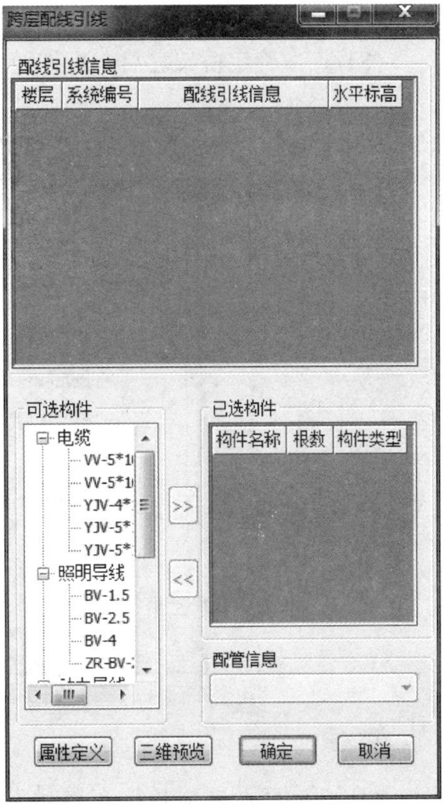

命令栏。同时跨配引线命令支持高亮闪烁的功能，方便查找回路信息布置的合理性。

根据命令行提示：首先选择跨楼层桥架，选择好跨楼层桥架后其余的操作步骤同桥架配线引线命令相同。当前楼层配线引线命令操作完成后，不需要退出命令，直接切换到相对应楼层。点击如图 26.2-25 选择跨层桥架继续配线引操作。

（7）线变桥架

该命令用于将 CAD 线段或软件中的线条转换成用户定义的桥架。单击左边中文工具栏中 线变桥架 图标，命令行提示：请选择要转化的线，选定要转化的线，操作方法参见"线变管线"。

注意：暂不支持圆弧、圆及椭圆线变桥架。

（8）水直电缆

单击左边中文工具栏中 水平桥架 图标，操作方法参见"水平桥架"。

（9）垂直直电缆

单击左边中文工具栏中 垂直电缆 图标，操作方法参见"垂直桥架"。

（10）线变电缆

单击左边中文工具栏中 垂直桥架 图标，操作方法参见"线变管线"。

图 26.2-24

点此选择引出端

图 26.2-25

（11）水平母线

单击左边中文工具栏中 水平母线 图标，操作方法参见"水平桥架"。

（12）垂直母线

单击左边中文工具栏中 垂直母线 图标，操作方法参见"垂直桥架"。

（13）线变母线

单击左边中文工具栏中 线变母线 图标，操作方法参见"线变管线"。

26.2.5 桥架弯通

桥架布置完后，单击中文工具栏 桥架弯通 4 ，桥架弯头有四种。

（1）前三种生成方式如图 26.2-26 所示。

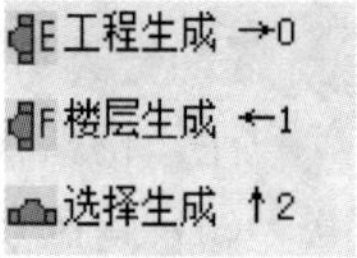

工程生成：软件自动生成整个工程的桥架弯通（配件），包括三通、四通、弯头、大小头。

楼层生成：软件自动生成当前楼层的桥架弯通（配件），包括三通、四通、弯头、大小头。

E 工程生成 →0
F 楼层生成 ←1
选择生成 ↑2

选择生成：软件自动生成框选范围的桥架弯通（配件），包括三通、四通、弯头、大小头。

图 26.2-26

点击菜单栏工具选择选项，点击配件，勾选自动生成的构件，如图 26.2-27 所示。

（2）点击确定桥架之后，配件随画随生成，同时，在编辑修改后时自动更新。

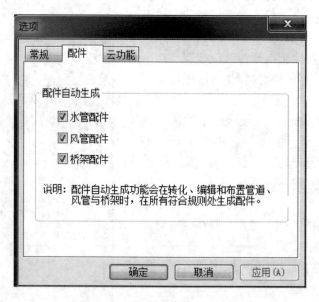

图 26.2-27

（3）根据工程要对桥架布置封头的点击 选布封头 ↓3 图标以后，根据命令行提示，选择要布置的桥架，点击鼠标右键确定。

26.2.6　附件

（1）布置接线盒

单击左边中文工具栏中  布置接线盒图标，软件弹出如图 26.2-28 所示对话框。

楼层相对标高：是相对于本层楼地面的高度，这样就明确了我们布置的桥架的高度位置，可以直接输入参数对它进行调整，也可以点击后面的标高提取按钮自动提取。

标高提取 ：可以通过直接点取平面图形来读取该图形的标高参数。注意：该按钮只能提取平面图形上的标高参数，如灯具、管线等，立面图形如垂直管线构件的标高参数不能读取。

图 26.2-28

左键点取左边"属性工具栏"中要布置的接线盒的种类；命令行提示：指定插入点【A-旋转角度】；在绘图区域内，可连续任意点击布置接线盒；布置完一种接线盒后，命令不退出，可以再重复选择新构件布置；布置完毕后，右键单击，弹出右键菜单，选择"取消"并退出命令。

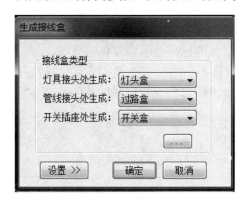

图 26.2-29

（2）楼层生成接线盒

单击楼层生成接线盒按钮 楼层生成，软件弹出对话框，如图 26.2-29 所示。

接线盒类型：选择各个部位的接线盒的名称，接线盒需要重新定义时，点击按钮，进入到属性对话框中进行增加定义。

点击设置按钮 设置 ，软件弹出生成规则对话框，如图 26.2-30 所示。

默认状态下的参数都是按照计算规则设置的，可自主调整。各参数设置完成后点击"确定"，软件按照规则自动布置接线盒。

（3）工程生成接线盒

单击工程生成按钮 工程生成，软件自动跳出如图 26.2-31 的窗口。

界限和类型：选择各个部位的接线盒的名称，接线盒需要重新定义时，点击按钮，进入属性对话框中进行增加定义。

单击设置按钮 设置 ，软件弹出生成规则对话框，如图 26.2-31 所示。

（4）水平套管

单击水平套管按钮 水平套管 ，软件属性工具栏自动跳转到附件—套管构件中，选择要

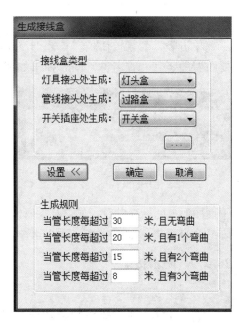

图 26.2-30

布置的水平套管名称，同时弹出如图 26.2-31 所示对话框。

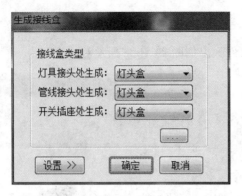

图 26.2-31

图 26.2-32

该对话框中的楼层相对标高需要输入水平套管所在的高度，该高度是按本层楼地面起算的，软件默认的是前一次输入的参数。也可以点击后面的标高提取按钮自动提取。

标高提取 ：可以通过直接点取平面图形来读取该图形的标高参数。注意：该按钮只能提取平面图形上的标高参数，如灯具、管线等，立面图形如垂直管线构件的标高参数不能读取。

命令行提示见表 26.2-5。

套管命令	表 26.2-5
指定插入点【A-旋转角度】：	指定要布置套管的位置
指定插入点【A-旋转角度】：a	如果要设置套管的旋转角度，输入 a
请输入旋转角度值：60	输入旋转角度，角度的输入方式为：逆时针为正，顺时针为负
指定插入点【A-旋转角度】：	指定布置套管的位置

（5）垂直套管

单击竖直套管按钮 竖直套管 ↗4，软件属性工具栏自动跳转到附件—套管构件中，选择要布置的竖直套管名称，同时弹出如图 26.2-33 所示对话框。

图 26.2-33

该对话框中的楼层相对标高需要输入竖直套管所在的高度，该高度是按本层楼地面起算的，软件默认的是前一次输入的参数。也可以点击后面的标高提取按钮自动提取。

标高提取 ：可以通过直接点取平面图形来读取该图形的标高参数。注意：该按钮只能提取平面图形上的标高参数，如灯具、管线等，立面图形如垂直管线构件的标高参数不能读取。

命令行提示如下：指定插入点，左键点击指定要布置套管的位置即可。

26.2.7　防雷接地

（1）生成避雷带

该命令用于根据建筑外墙边线自动生成用户指定的避雷带。单击左边中文工具栏中 A生成避雷带 →0图标，执行命令过程中软件自动搜索绘图区域中的建筑外墙边线，若无外墙封闭线，则命令栏提示："没有形成外墙封闭线。"若搜索到外墙封闭线，则命令栏提示："请输入避雷带标高＜2800＞"。回车即使用默认值 2800mm，用户可输入避雷带标高。

输入标高后命令栏再次提示："请输入外墙外边线向内偏移量＜120＞:"，回车即使用默认值 120mm，即避雷带是沿外墙外边线向内偏移 120mm 生成。

（2）水平避雷带

单击左边中文工具栏中 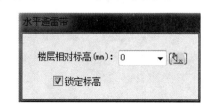 图标，软件弹出如图 26.2-34 所示对话框。

楼层相对标高：是相对于本层楼地面的高度，这样就明确了我们布置的避雷带的高度位置，可以直接输入参数对它进行调整，也可以点击后面的标高提取按钮自动提取。

图 26.2-34

标高提取 ：可以通过直接点取平面图形来读取该图形的标高参数。注意：该按钮只能提取平面图形上的标高参数，如水平管、喷淋头等，立面图形如垂直管线的标高参数不能读取。

标高锁定：当"标高锁定"打"√"时，"楼层相对标高"显亮，可以直接输入所绘制的避雷带楼层相对标高；当"标高锁定"未打"√"时，默认为本层楼地面标高。使用方法同给水排水专业里的"水平管的布置"。

左键点取左边"属性工具栏"中要布置的避雷带的种类；按命令行提示：第一点【R-选参考点】，在绘图区域内，左键依次选取避雷带的第一点、第二点等，也可以用光标控制方向，输入参数的方法来绘制避雷带；绘制完一段避雷带后，命令不退出，可以再选择构件名称布置；绘制完毕后，右键单击，弹出右键菜单，选择"取消"并退出命令。

（3）垂直避雷带

单击左边中文工具栏中 垂直避雷带 ↑2 图标，软件弹出如图 26.2-35 所示浮动对话框。

图 26.2-35

"工程相对标高"和"楼层相对标高"的选择同给水排水专业里的"立管"，并输入起点标高和终点标高。

左键点取左边"属性工具栏"中要布置的垂直管线的种类；命令行提示：请指定插入点【R-选参考点】，按提示在绘图区域内，连续任意点击布置垂直避雷带；布置完毕后，右键单击，弹出右键菜单，选择"取消"并退出命令。

（4）线变避雷带

该命令主要是用于把已绘制的线条或 CAD 图形中的线转变成指定的避雷带。单击线变避雷带按钮 线变避雷带 ↓3，软件弹出如图 26.2-36 所示对话框。

在对话框中输入避雷带的楼层相对标高，选择要变成避雷带的线条，右键确认即可。

注：

① 软件里支持直接选择多条线变成避雷带。

图 26.2-36

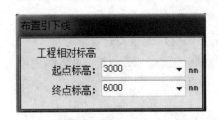

图 26.2-37

② 命令执行过程中可以在构件列表中直接选择不同的构件名称，分别进行线变避雷带，不需要退出命令切换构件。

（5）引下线

单击左边中文工具栏中"引下线"图标，软件弹出如图 26.2-37 所示对话框。

工程相对标高的设置同给水排水专业。

左键点取左边"属性工具栏"中要布置的垂直引下线的种类；命令行提示：请指定插入点【R-选参考点】，在绘图区域内，可连续任意点击布置引下线；布置完毕后，右键单击，弹出右键菜单，选择"取消"并退出命令。

（6）避雷针

单击左边中文工具栏中"避雷针"图标，软件弹出如图 26.2-38 所示对话框。

左键点取左边"属性工具栏"中要布置的避雷针的种类；命令行提示：指定插入点【A-旋转角度】，在绘图区域内，可连续任意点击布置避雷针；布置完一种避雷针后，命令不退出，可再选择构件名称布置；布置完毕后，右键单击，弹出右键菜单，选择"取消"并退出命令。

图 26.2-38

（7）接地跨接

单击左边中文工具栏中"接地跨接"图标，具体操作参见"避雷针"。

（8）水平接地母线

单击左边中文工具栏中"水平接地母线"图标，具体操作参见"布置避雷带"。

（9）垂直接地母线

单击左边中文工具栏中"垂直接地母线"图标，软件弹出如图 26.2-39 所示浮动对话框。

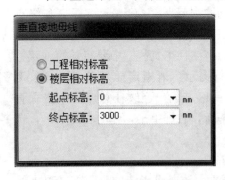

图 26.2-39

"工程相对标高"和"楼层相对标高"的选择同给水排水专业里的"立管"，并输入起点标高和终点标高。

左键点取左边"属性工具栏"中要布置的垂直接地母线的种类；命令行提示：请指定插入点【R-选参考点】，按提示在绘图区域内，连续任意点击布置垂直接地母线；布置完毕后，右键单击，弹出右键菜单，选择"取消"并退出命令。

（10）线变接地母线

单击左边中文工具栏中"线变接地母线"图标，具体操作参见"线变避雷带"。

（11）接地极

单击左边中文工具栏中"接地极"图标，具体操作参见"避雷针"。

（12）生成扣管

单击左边中文工具栏中"生成扣弯"图标，操作方法参见给水排水"生成扣弯"。

（13）坡度

单击左边中文工具栏中 坡度 -图标，操作方法参见给水排水"坡度"。

26.2.8 零星构件

（1）电缆沟槽

单击左边中文工具栏中 电缆沟槽 图标，软件弹出如图 26.2-40 所示对话框。

楼层相对标高：是相对于本层楼地面的高度，这样就明确了我们布置的避雷带的高度位置，可以直接输入参数对它进行调整，也可以点击后面的标高提取按钮自动提取。

标高提取 ：可以通过直接点取平面图形来读取该图形的标高参数。注意：该按钮只能提

图 26.2-40

取平面图形上的标高参数，如水平管、喷淋头等，立面图形如垂直管线的标高参数不能读取。

左键点取左边"属性工具栏"中要布置的电缆沟槽的种类；命令行提示：第一点【R-选参考点】：在绘图区域内，左键依次选取电缆沟槽的第一点、第二点等；也可以用光标控制方向输入参数的方法来绘制；绘制完一段电缆沟槽后，命令不退出，可以选择构件名称再布置；绘制完毕后，右键单击，弹出右键菜单，选择"取消"并退出命令。

（2）电缆井

单击左边中文工具栏中 电缆井 图标，软件弹出如图 26.2-41 所示对话框。

图 26.2-41

左键点取左边"属性工具栏"中要布置的电缆井的种类；命令行提示：指定插入点【A-旋转角度】，在绘图区域内，可连续任意点击布置电缆井；布置完一种电缆井后，命令不退出，可以重新选择构件名称布置；布置完毕后，右键单击，弹出右键菜单，选择"取消"并退出命令。

（3）任意支架

单击左边中文工具栏中 任意支架 图标，具体操作参见"布置电缆井"。

（4）选布支架

选布支架按钮 任意支架，鼠标变成小方框，命令行提示："选择管线："。此时框选图中需要生成支架的管线，命令行提示："指定支架间距［2500］："，在命令行输入指定的支架间距，回车即可。

注：生成的第一个支架点位于距离管线起点 1/2 支架间距处。

（5）生成支架

单击自动生成支架按钮 生成支架，软件弹出对话框如图 26.2-42 所示。

软件会把本楼层中我们绘制的各类管线的不同名称类型进行自动汇总，这样我们就可以区分不同的管道分别进行支架的定义生成；在"间距（mm）"一栏下，我们可以对不同的管道的间距进行区分设定；在"支架类型"一栏下，可以选择不同的支架类型，软件默认没有的支架类型，需要在属性定义对话框中进行事先定义，或者直接点击

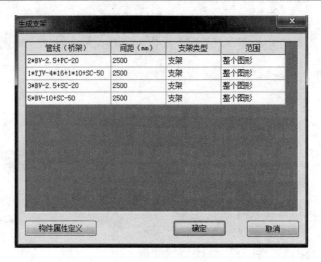

图 26.2-42

按钮，进入属性定义对话框中进行添加。同时，我们还可以在"范围"一栏下，针对不同类型的管道，给予不同范围的生成设置，这样我们在布置生成支架的时候将会更加灵活。

（6）设备基础

单击左边中文工具栏中 设备基础图标，左键点取左边"属性工具栏"中要布置的设备基础的种类；命令行提示：指定插入点【A-旋转角度】，在绘图区域内，可连续任意点击布置设备基础；布置完一种设备基础后，命令不退出，可以重新选择构件名称再布置；布置完毕后，右键单击，弹出右键菜单，选择"取消"并退出命令。

26.3　弱电专业

26.3.1　设备

（1）任意布设备

单击左边中文工具栏中 任意布设备图标，软件属性工具栏自动跳转到设备构件列表，并弹出对话框，如图 26.3-1 所示。

图 26.3-1

楼层相对标高：是相对于本层楼地面的高度，可以直接输入参数对它进行调整，也可以点击后面的标高提取按钮自动提取。

标高提取 ：可以通过直接点取平面图形来读取该图形的标高参数。注意：该按钮只能提取平面图形上的标高参数，如感烟探测器、感温探测器等，立面图形如垂直管线的标高参数不能读取。

左键点取左边"属性工具栏"中要布置的设备的种类，如图 26.3-2 所示。任意布设备命令见表 26.3-1。

任意布设备命令　　　　　　　　　　　　　　　　　　表 26.3-1

大构件——设备、箱柜、穿管引线、线槽桥架、附件、零星构件	
小构件——例如设备划分为：消防报警、智能楼宇、其他设备	
构件列表——每一种不同属性的细化构件的列表	
复制——复制某一个构件，其属性与原构件完全相同，再修改	
增加——增加一个构件，属性为软件默认，没有定额或清单	
属性参数——不同种类的构件，出现不同的属性，可以直接修改	
系统编号——布置任何构件时，都可选择不同的系统（回路）编号	图 26.3-2

同时命令行提示："指定插入点〔旋转角度（A）/参考点（R）〕"，左键点击布置设备的位置点，在绘图区域内，按照命令行提示可连续点击布置设备；左键点击选择参考点；布置完一种设备后，命令不退出，可以在属性工具栏重新选择构件名称再布置；布置完毕后，右键单击，弹出右键菜单，选择"取消"即退出该命令。

（2）选择布设备

该命令用于在平面图中布置设备，并自动生成连接设备和水平管线的竖向管线，单击左边中文工具栏中 选择布设备 图标，弹出一个浮动式对话框，如图 26.3-3 所示。

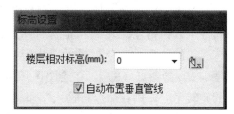

图 26.3-3

楼层相对标高：是相对于本层楼地面的高度，可以直接输入参数对它进行调整，也可以点击后面的标高提取按钮自动提取。

标高提取 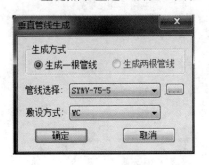：可以通过直接点取平面图形来读取该图形的标高参数。注意：该按钮只能提取平面图形上的标高参数，如感烟探测器、感温探测器等，立面图形如垂直管线的标高参数不能读取。

复选框打"√"状态，软件根据所选水平管线标高和设备楼层相对标高的差值，自动生成对应的竖直管线。

左键点取左边"属性工具栏"中要布置的设备的种类；命令行提示："请选择需布置附件的管线"，按照提示选择需布置设备的管线，命令栏提示："指定插入点［旋转角度（A）］"，旋转角度的设置同"任意布设备"，指定管线上一点，软件弹出如图 26.3-4 所示对话框。

图 26.3-4

生成方式：

【生成 1 根垂直导线】指仅生成 1 根垂直管线连接设备与水平管线。

【生成 2 根垂直导线】指生成 2 根垂直管线连接设备与水平管线。

管线选择：

默认的选项和水平管线一致，也可以点击小三角进行选择，小三角里下拉列表中的构件选项与水平管线是同一小类构件，如：水平管线选择的是配管·配线，则这里的选项也是配管·配线类别的；如果该构件列表中没有，则点击后面的按钮，进入属性定义，重新定义新构件再进行选择。

点击"确定"按钮，完成一个开关的布置；单击"取消"返回 1 步。

布置完一种设备后，命令不退出，可以再重复选择构件布置；布置完毕后，右键单击，弹出右键菜单，选择"取消"并退出命令。

注：当选择在管线的端部布置设备时，软件弹出对话框，如图 26.3-5 所示。

实际工程中，在管线端部不可能存在生成两根垂直管线的情况，所以第二个选项默认变灰色为不可选状态。

图 26.3-5

26.3.2　箱柜

（1）任意布箱柜

单击左边中文工具栏中 任意布箱柜图标，软件属性工具栏自动跳转到箱柜构件中，选择要布置的接线箱的种类；命令行提示：指定插入点［旋转角度（A）/参考点（R）］，在绘图区域内，可连续任意点击布置箱柜；若需要改变布置箱柜的旋转角度，则在命令行输入字母 A，回车，命令行提示：指定旋转角度：〈0〉，输入旋转角度值，回车即可；布置完一种箱柜后，命令不退出，可以重新选择构件再布置。布置完毕后，右键单击，弹出右键菜单，选择"取消"并退出命令。

（2）选择布箱柜

单击左边中文工具栏中 选择布箱柜图标，具体方法参见"选择布设备"。

26.3.3　穿管引线

（1）任意布管线

单击左边中文工具栏中 ⟨图标⟩ 任意布管线图标，软件弹出浮动对话框，如图 26.3-6 所示。

【敷设方式】：管线敷设方式各选项所代表的意义：

SR——沿钢线槽敷设。

BE——沿屋架敷设。

CLE——沿柱敷设。

WE——沿墙面敷设。

CE——沿天棚面敷设。

ACE——上人天棚内敷设。

BC——梁内暗敷。

WC——墙内暗敷。

CC——顶棚暗敷。

ACC——不上人天棚内敷设。

FC——地面暗敷。

图 26.3-6

敷设方式决定了管线的敷设高度，相关定义请参见【工具】——【水平敷设方式设置】。如 ☑ 自定义标高值复选框选上，则可以自由输入"楼层相对标高"。

"楼层相对标高"：是相对于本层楼地面的高度，可以直接输入参数对它进行调整，也可以点击后面的标高提取按钮自动提取。

标高提取 ⟨图标⟩：可以通过直接点取平面图形来读取该图形的标高参数。注意：该按钮只能提取平面图形上的标高参数，如感烟探测器、感温探测器等，立面图形如垂直管线的标高参数不能读取。

左键点取左边"属性工具栏"中要布置的管线的种类；命令行提示：第一点【R-选参考点】，输入导线标高及敷设方式；按提示在绘图区域内，左键依次选取管线的第一点、第二点等；也可以用光标控制方向，输入参数的方法来绘制管线；绘制完一段管线后，命令不退出，可以再重复选择构件再布置；绘制完毕后，右键单击，弹出右键菜单，选择"取消"并退出命令。

注：线性构件如：水平管线、按照楼层相对标高布置的垂直管线、电缆、桥架等，图形上有三个夹点，中间这个夹点是它的移动夹点，直接拖动该夹点即可移动该构件的位置。拖动两端的任意夹点可以调整它的长度或高度。

（2）选择布管线

该命令主要用于在平面图中连接已布置的灯具、开关、设备等并自动生成竖直的连接管线或软管，单击左边中文工具栏中 ⟨图标⟩ 选择布管线 图标，软件弹出浮动对话框，如图 26.3-7 所示。

系统编号：选择所需布置管线所对应的系统编号。

【提示】：当前选择的为一级系统编号，仅显示该一级系统编号。

当前选择的为二级系统编号，显示所属一级系统编号下的同级别的所有的二级系统编号。

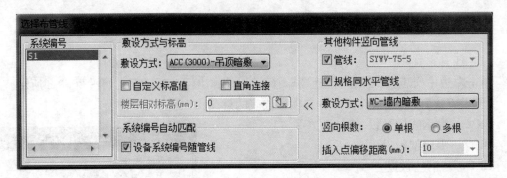

图 26.3-7

当前选择的为三级系统编号，显示所属二级系统编号下的同级别的所有的三级系统编号。

敷设方式与标高：

【敷设方式】：管线敷设方式各选项所代表的意义：

WE——沿墙面敷设。

CE——沿天棚面敷设。

ACE——上人天棚内敷设。

WC——墙内暗敷。

CC——顶棚暗敷。

ACC——不上人天棚内敷设。

FC——地面暗敷。

敷设方式决定了管线的敷设高度，相关定义请参见【工具】——【水平敷设方式设置】。

如 ☑自定义标高值 复选框选上则可以自由输入"楼层相对标高"。

新版 2014V15.2.0 版本增加了 ☑直角连接 按钮，这个勾打上之后选择设备时候显示直接的链接方法，按照顺时针的顺序。

"楼层相对标高"：是相对于本层楼地面的高度，可以直接输入参数对它进行调整，也可以点击后面的标高提取按钮自动提取。

标高提取 ⊾ₓ：可以通过直接点取平面图形来读取该图形的标高参数。注意：该按钮只能提取平面图形上的标高参数，如灯具、开关等，立面图形如垂直管线的标高参数不能读取。

系统编号自动匹配：

【器具系统编号随管线】：打"√"，所选择的感烟探测器，感温探测器等设备的系统编号随布置的管线的系统编号；不打"√"，则选择的感烟探测器、感温探测器的系统编号不变，布置的管线的系统编号为系统编号栏所选择的系统编号。

灯具竖向管线：

【管线】：选择生成竖向管线类型，点击小三角在已定义的软管构件中进行选择，若定义好的构件中没有需要的，则可点击 ▇▇ 按钮，进入属性定义界面增加所需软管。

【规格同水平管线】：勾选后则生成灯具竖向管线和水平管线一致。

其他构件竖向管线：

【管线】：默认打"√"时和水平管线一致，当☑ **锁定选择**中勾上时，可以点击小三角下拉对话框进行管线选择，小三角里下拉列表中的构件选项与水平管线是同一小类构件，如：水平管线选择的是配管·配线，则这里的选项也是配管·配线类别的。

【敷设方式】：指自动生成垂直管线的敷设方式。

左键点取左边'属性工具栏'中要布置的管线的种类；命令行提示：请指定第一个对象〈回车结束〉，按提示在绘图区域内，左键依次选取管线所需连接的第二、第三个对象等；布置完一种开关后，命令不退出，可以再重复选择构件布置；布置完毕后，右键单击，弹出右键菜单，选择"取消"并退出命令。

（3）多线布置

该命令主要用于布置多根空间位置平行的管线、电缆。单击布置多线布置按钮≡**多线布置**，弹出如图 26.3-8 所示对话框。

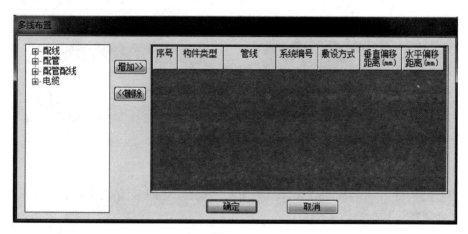

图 26.3-8

1）选择要布置的构件名称，单击"增加"按钮，即把要布置的构件增加到右边的对话框中。对于多增加了的构件单击"删除"按钮，按照软件提示选择"是"，即可删除该构件。左边的对话框中显示的是所有已经定义了的各类构件，对于属性里没有被定义的，则需要在"构件属性"里定义完成，然后在该对话框中才可以看到。同理，对于没有定义的系统编号要在"系统编号"里进行增加。

2）定义并选择好构件名称之后，如图 26.3-9 所示。

在右边对话框中，对每一种构件可以在"系统编号"栏中选择系统编号，"敷设方式"选择构件敷设方式，并输入"垂直偏移距离"和"水平偏移距离"参数。

"垂直偏移距离"的输入以楼地面为基准，正值为楼地面以上，负值为楼地面以下；软件默认均为 0，且不随行数增加而自动增加。

"水平偏移距离"的输入默认以布置多管时选择的线为基准，按照布置走向，左边为正值，右边为负值；软件默认值为 100mm，且其行数以 100mm 自动递增。

3）各个参数设置好后，点击"确定"按钮，软件弹出对话框，如图 26.3-10 所示。

在该对话框中输入标高参数并设置好布置方式，在图形上点击左键开始布置多线，按照命令行提示逐个确定管道位置即可，当标高不一样时，在图 26.3-11 对话框中输入不同的标高值，确定后软件会弹出对话框，如图 26.3-12 所示。

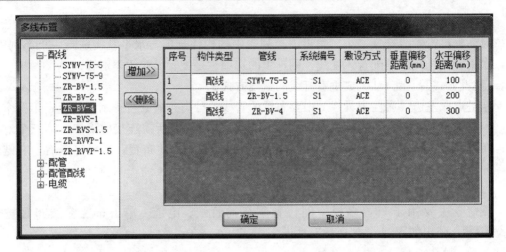

图 26.3-9

图 26.3-10

图 26.3-11

选择竖向构件自动生成的方式之后，单击"确定"，即多线布置完成，如图 26.3-13 所示为已布置的不同标高的多线。

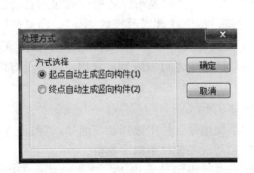

图 26.3-12

图 26.3-13

4）系统名称。

系统名称的设置同"水平管"。

注：多线布置的布置方式同【多管】命令。

（4）垂直管线

单击左边中文工具栏中 垂直管线 图标，软件弹出如图 26.3-14 所示浮动对话框。

"工程相对标高"和"楼层相对标高"的选择同给水排水专业里的"立管"，并输入起点标高和终点标高；敷设方式的选择同"任意布管线"。

左键点取左边'属性工具栏'中要布置的垂直管线的种类；命令行提示：请指定插入点【R-选参考点】，按提示在绘图区域内，连续任意点击布置垂直管线；布置完毕后，右键单击，弹出右键菜单，选择"取消"并退出命令。

（5）线变管线

该命令支持将 CAD 线段或软件里的线条转换成用户定义的配管配线。单击左边中文工具栏中 线变管线图标，软件弹出浮动对话框，如图 26.3-15 所示。

图 26.3-14

标高与敷设：

楼层相对标高：是相对于本层楼地面的高度，可以直接输入参数对它进行调整，也可

图 26.3-15

以点击后面的标高提取按钮自动提取。

标高提取 ：可以通过直接点取平面图形来读取该图形的标高参数。注意：该按钮只能提取平面图形上的标高参数，如灯具、开关等，立面图形如垂直管线的标高参数不能读取。

敷设方式：同"任意布管线"。

命令行提示：请选择要转化的线，按提示选定要转化的线，操作方法参见"任意布管线"。

注：用 spline 命令布置的线条不能执行线变管线命令。

（6）布置软管

单击左边中文工具栏中 布置软管 图标，左键点取左边"属性工具栏"中要布置的软管的种类，命令行提示：请选择第一点【R-选择参考点】，依次指定（或捕捉）软管的第一点、第二点等，直到完成布置。布置完毕后，右键单击，弹出右键菜单，选择"确定"，退出该软管的布置状态，再次右键单击，在弹出右键菜单中选择"取消"并退出命令。

（7）管线打断

单击左边中文工具栏中 管线打断 图标，按照命令行提示操作。管线打断命令见表 26.3-2。

管线打断命令　　　　　　　　　　　　　　　　　　　　　　表 26.3-2

请选择需要打断的管线：	左键点击选择要被打断的管线
请选择断点【L 选择参考线】	左键点击选择过断点的管线
请选择需要打断的管线：	选择要被打断的管线
请选择断点【L 选择参考线】：L	选择另一相交的管线，打断点为管线相交处
请选择需要打断的管线：	重复执行该命令

操作完成之后点击右键退出。

（8）管线连接

单击左边中文工具栏中 ⊗⊗ **管线连接** 图标，按照命令行提示操作。管线边接命令见表26.3-3。

管线连接命令　　　　　　　　　　　　　　　　表 26.3-3

请选择需要连接的管线 1：	左键点击选择要连接管线 1
请选择需要连接的下一个管线：	左键点击选择要连接的下一管线

操作完成之后点击右键退出，还需要继续操作时要重新再执行一次该命令。

26.3.4　桥架线槽

（1）水平桥架

2014V15.1.0 桥架增加支持顶底对齐模式，支持生成相应配件，并且可在标高设置中设置显示模式。同时支持侧边对齐模式，支持生成相应配件，如图 26.3-16 所示。

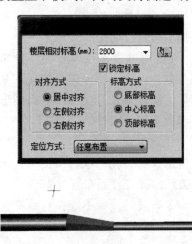

单击左边中文工具栏中 🔩 **水平桥架** →0 图标，软件弹出下图 26.3-17 对话框。

楼层相对标高：是相对于本层楼地面的高度，这样就明确了我们布置的桥架的高度位置，可以直接输入参数对它进行调整，也可以点击后面的标高提取按钮自动提取。

标高提取 🔩：可以通过直接点取平面图形来读取该图形的标高参数。注意：该按钮只能提取平面图形上的标高参数，如灯具、管线等，立面图形如垂直管线构件的标高参数不能读取。

标高锁定：当"标高锁定"打"√"时，"楼层相对标高"显亮，可以直接输入水平桥架标高；当"标高锁定"未打"√"时，软件按照捕捉点的标高来布置桥架。如果捕捉点是垂直桥架，则默认捕捉的是垂直桥架底标高。一般用于两段标高不一致的桥架的连接桥架的布置。使用方法同给排水专业里的"水平管的布置"。

左键点取左边"属性工具栏"中要布置的桥架的种类；命令行提示：第一点【R-选参考点】，按提示在绘图区域内，左键依次选取桥架的第一点、第二点等；也可以用光标控制方向，输入参数的方法

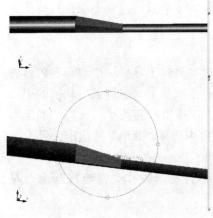

图 26.3-16

来绘制桥架；绘制完一段桥架后，命令不退出，可以再重复选择构件再布置；绘制完毕后，右键单击，弹出右键菜单，选择"取消"并退出命令。

（2）垂直桥架

单击左边中文工具栏中 🔩 **垂直桥架** ·图标，软件弹出如图 26.3-18 所示对话框。

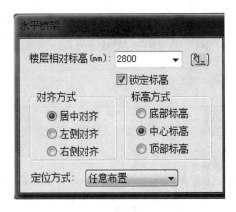

图 26.3-17

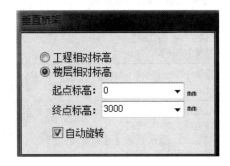

图 26.3-18

"工程相对标高"和"楼层相对标高"的选择同给水排水专业里的"立管",并输入起点标高和终点标高;左键点取左边"属性工具栏"中要布置的垂直桥架的种类;命令行提示:请指定插入点【R-选参考点】,按命令行提示在绘图区域内,连续任意点击布置垂直桥架;布置完毕后,右键单击,弹出右键菜单,选择"取消"并退出命令。

（3）桥架旋转

单击左边中文工具栏中 桥架旋转 图标,根据命令行提示选择要旋转的垂直桥架,输入旋转角度,回车即可。该命令可循环。

说明:此命令不可用于水平桥架的旋转。

（4）配线引线

单击配线引线命令 配线引线,软件会弹出桥架配线引线对话框,如图 26.3-19 所示。

根据命令行提示见表 26.3-4。

可对每个回路中的构件名称、根数、构件类型进行编辑。

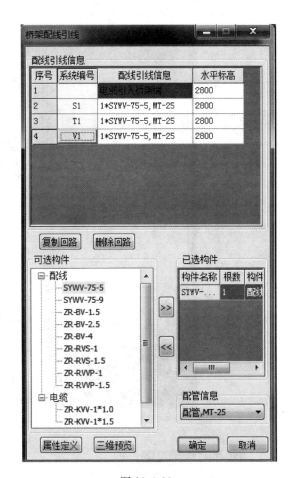

图 26.3-19

下拉单内容为属性定义中所有导管类型;可定义引出桥架的电缆或导线进行个配管。

配线引线命令　　　　　　　　　　　　　　　　　　　　　表 26.3-4

选择电缆引入端【选择需引入电缆的桥架 （F）】选择需引入电缆的桥架	选择电缆或导线的引入端桥架，然后右击确定；
【选择电缆引入端（F）】： 指定桥架上的一点	选择桥架上的一点
选择设备〔指定下一点（D）〕	选择设备，或在命令行输入 d，回车，命令行提示：选择下一 点，在平面上选择一点。（可以反复输入 d，进行布置）
选择电缆引出端【选择需引入电缆的桥架 （F）/修改电缆引入端（C）】 　选择需引出电缆的桥架【选择电缆引出端 （F）/修改电缆引入端（C）】： 指定桥架上的一点 　选择设备〔指定下一点（D）〕	指定电缆或导线的引出点，然后右击确定 选择桥架，选择桥架上的一点 选择设备——即完成一个回路的设置，如图 26.3-20 所示或在 命令行输入 d，回车，命令行提示：选择下一点，在平面上选择 一点（可以反复输入 d，进行布置）回车。

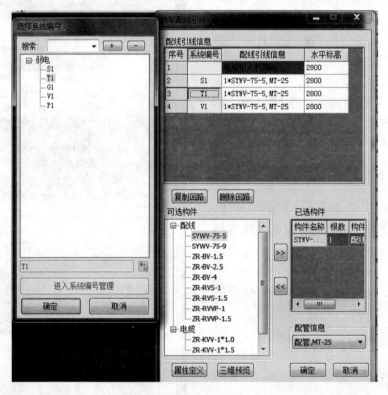

图 26.3-20

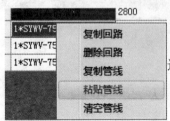选择回路中的配线引线信息栏右击，可以选择清空管线或

删除回路。

　　注意：当软件中出现多个路径的时候支持选择最短路径，如图 26.3-21 所示。

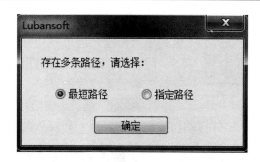

图 26.3-21

（5）桥架引线

该命令主要是用于从已配置完的桥架上引出一根或多根电缆或导线。单击左边中文工具栏中桥架引线图标，命令行提示见表 26.3-5。

桥架引线命令　　　　　　　　　　　　　　　　　　　　　表 26.3-5

请选择需引出的电缆的桥架电缆回路	选择需要引出电缆的桥架回路，桥架选择好后软件弹出如图 26.3-22 对话框
请指定桥架上引出点选择回路引出端	指定电缆或导线的引出点；选择回路的端点
请选择桥架流向方向【R-反转方向】〈回车保持原方向〉	指定桥架的流向
选择设备【指定下一点 D】	选择已布置的设备，或者输入 D 回车弹出对话框如图 26.3-23 输入标高，指定引出电缆或导线的位置布置引出电缆或导线，方法同水平桥架的布置； 注：选择设备生成的管线软件会自动生成预留长度
请选择需引出电缆的桥架回路	继续对其他桥架回路引线，循环执行上述操作

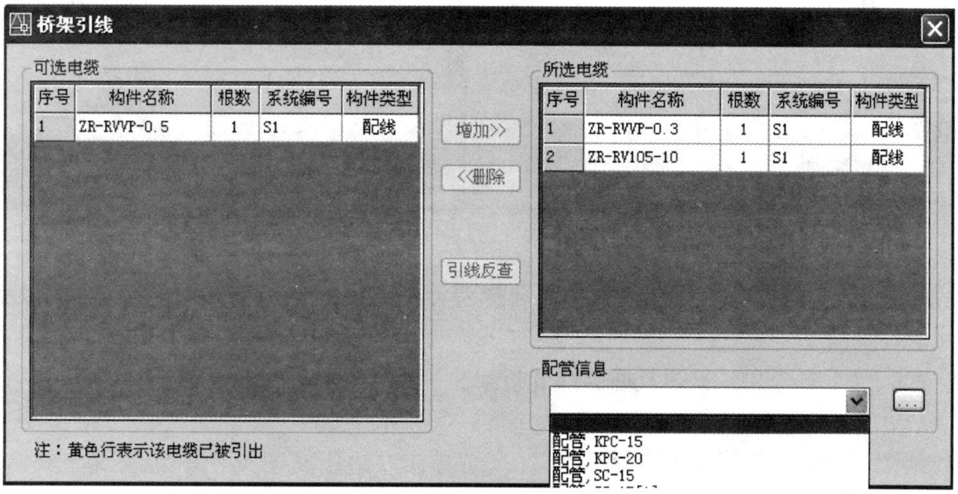

图 26.3-22

【所有可选电缆】：显示选中的桥架内已配置的所有电缆或导线的名称、规格、系统编号。

【所选电缆】：显示需要引出的电缆或导线，必须从【所有可选电缆】框中选取。

图 26.3-23

"引线反查"按钮显亮，左键点击，软件自动切换到绘制界面，所反查的电缆变成虚线。

完成一个桥架回路引线命令后，命令不退出，可继续进行其他桥架回路引线。布置完毕后，右键单击，弹出右键菜单，选择"取消"并退出命令。

注：桥架引线不受引出次数限制，支持一根导线多次引线。

（6）跨配引线

2014V15.1.0 版本跨配引线命令，增加引入引出端一键定位，现在配线时自动读取系统编号中的管线信息，支持直接复制回路信息。

单击跨配引线命令 ⊢⊣跨配引线 ↖5，软件自动弹出跨配引线对话框，如图 26.3-24 命令栏。

根据命令行提示：首先选择跨楼层桥架，选择好跨楼层桥架后其余的操作步骤同桥架配线引线命令相同。当前楼层配线引线命令操作完成后，不需要退出命令直接切换到相对应楼层。点击如图 26.3-25，继续选择跨层桥架继续配线引操作。

（7）线变桥架

该命令用于将 CAD 线段或软件中的线条转换成用户定义的桥架。单击左边中文工具栏中 ⊢⊣线变桥架 图标，命令行提示：请选择要转化的线。选定要转化的线，操作方法参见"线变管线"。

注意：暂不支持圆弧、圆及椭圆线变桥架。

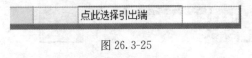

图 26.3-25

【构件名称】、【根数】、【系统编号】：根数及构件名称不可修改，但可直接修改系统编号。

【配管类型】：选择引出电缆或管线的配管，软件支持选择配管或线槽。

"引线反查"选择左边的具体的电缆中间"引线反查"按钮显亮，左键点击，软件自动切换到绘制界面，所反查的电缆变成虚线。

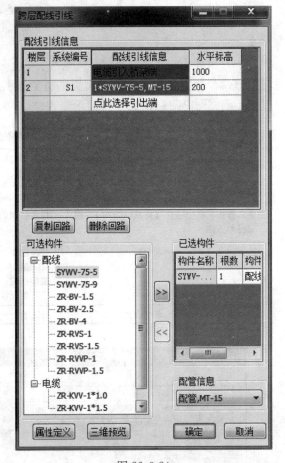

图 26.3-24

（8）水平电缆

单击左边中文工具栏中 水平电缆 图标，操作方法参见"水平桥架"。

（9）垂直电缆

单击左边中文工具栏中 垂直电缆 图标，操作方法参见"垂直桥架"。

（10）线变电缆

单击左边中文工具栏中 线变电缆 图标，操作方法参见"线变管线"。

26.3.5　桥架配件

（1）工程生成

单击工程生成按钮 E 工程生成，软件自动搜寻该工程中所有楼层的桥架连接点，并按照桥架连接根数和桥架截面自动识别应布置的桥架配件类型。

（2）楼层生成

单击楼层生成布置按钮 F 楼层生成，软件自动搜寻本层中所有的桥架连接点，并按照桥架连接方式和桥架规格自动生成相应的桥架配件类型。

注：对于按工程相对标高生成的垂直桥架，在层高位置与水平桥架相交时，软件并不判断在上一层是否还存在该桥架，而是直接判断本楼层内有哪些桥架连接点并布置上配件，楼层之间的关系软件不考虑。

（3）选择生成

单击选择生成布置按钮 选择生成，命令行提示：请选择要生成连接件的桥架。

软件按照所选择的桥架判断是否存在连接点，并在存在连接点的位置按照桥架连接根数和规格，自动识别应布置的桥架配件类型。

（4）随画随生成桥架配件自动生成

在菜单栏中选择工具中的选项，点击配件如图 26.3-26 所示，选择风管配件后应用"确定"即可，再编辑修改自动更新。

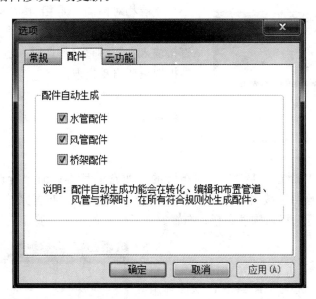

图 26.3-26

注：桥架配件生成时会自动修正删除之前生成不正确的配件，并建立新的配件维护系统，拖动相交自动生成新的配件，拖动分开自动改变或删除关联配件，规范桥架配件生成范围，支持工程相对标高的垂直桥架生成配件，如图 26.3-27 所示。

（5）选择布封头

单击选择布封头按钮 选布封头，根据命令行提示，选择要布置风管的封头，鼠标右键点击"确定"即可。

图 26.3-27

26.3.6 附件

（1）布置接线盒

单击左边中文工具栏中 ⊹布置接线盒图标，软件弹出如图 26.3-28 对话框。

图 26.3-28

楼层相对标高：是相对于本层楼地面的高度，这样就明确了我们布置的接线盒的高度位置，可以直接输入参数对它进行调整，也可以点击后面的标高提取按钮自动提取。

标高提取 ：可以通过直接点取平面图形来读取该图形的标高参数。注意：该按钮只能提取平面图形上的标高参数，如接线盒、开关盒等，立面图形如垂直管线构件的标高参数不能读取。

左键点取左边"属性工具栏"中要布置的接线盒的种类；命令行提示：指定插入点【A-旋转角度】；在绘图区域内，可连续任意点击布置接线盒；布置完一种接线盒后，命令不退出，可以再重复选择新构件布置；布置完毕后，右键单击，弹出右键菜单，选择"取消"并退出命令。

（2）生成接线盒

单击楼层生成盒按钮 ，软件弹出对话框如图 26.3-29 所示。

接线盒类型：选择各个部位的接线盒的名称，接线盒需要重新定义时，点击按钮 ，进入到属性对话框中进行增加定义。

设置 ：点击"设置"按钮，软件弹出生成规则对话框，如图 26.3-30 所示。

默认状态下的参数都是按照计算规则设置

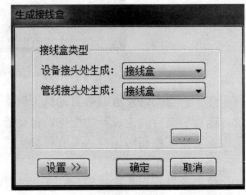

图 26.3-29

356

的，可自主调整。各参数设置完成后点击"确定"按钮，软件按照规则自动布置接线盒。

（3）水平套管

单击水平套管按钮■■**水平套管**，软件属性工具栏自动跳转到附件—套管构件中，选择要布置的水平套管名称，同时弹出如图 26.3-31 所示对话框。

该对话框中的楼层相对标高需要输入水平套管所在的高度，该高度是按本层楼地面起算的，软件默认的是前一次输入的参数。也可以点击后面的标高提取按钮自动提取。

标高提取 ：可以通过直接点取平面图形来读取该图形的标高参数。注意：该按钮只能提取平面图形上的标高参数，如灯具、管线等，立面图形如垂直管线构件的标高参数不能读取。

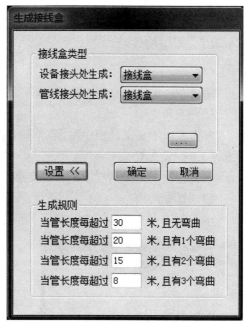

图 26.3-30

图 26.3-31

命令行提示见表 26.3-6。

水平套管命令　　　　　　　　　　　　　　　　　表 26.3-6

指定插入点【A-旋转角度】：	指定要布置套管的位置
指定插入点【A-旋转角度】：a	如果要设置套管的旋转角度，输入 a
请输入旋转角度值：60	输入旋转角度，角度的输入方式为：逆时针为正，顺时针为负
指定插入点【A-旋转角度】：	指定布置套管的位置

图 26.3-32

（4）竖直套管

单击竖直套管按钮█**竖直套管**，软件属性工具栏自动跳转到附件—套管构件中，选择要布置的竖直套管名称，同时弹出如图 26.3-32 所示对话框。

该对话框中的楼层相对标高需要输入竖直套管所在的高度，该高度是按本层楼地面起算的，软件默认的是前一次输入的参数。也可以点击后面的标高提取按钮自动提取。

标高提取 ：可以通过直接点取平面图形来读取该图形的标高参数。注意：该按钮只能提取平面图形上的标高参数，如灯具、管线等，立面图形如垂直管线构件的标高参数不能读取。

命令行提示如下：指定插入点，左键点击指定要布置套管的位置即可。

26.3.7　零星构件

（1）任意支架

单击左边中文工具栏中 任意支架图标，具体操作参见给水排水专业中"任意支架"。

（2）选布支架

单击左边中文工具栏中选布支架图标，具体操作参见给水排水专业中"选布支架"。

（3）生成支架

单击左边中文工具栏中 生成支架图标，具体操作参见给水排水专业中"生成支架"。

（4）管线沟槽

单击左边中文工具栏中管线沟槽图标，软件弹出如图 26.3-33 所示对话框。

图 26.3-33

楼层相对标高：是相对于本层楼地面的高度，这样就明确了我们布置的管线沟槽的高度位置，可以直接输入参数对它进行调整，也可以点击后面的标高提取按钮自动提取。

标高提取 ：可以通过直接点取平面图形来读取该图形的标高参数。注意：该按钮只能提取平面图形上的标高参数，如水平配线等，立面图形如垂直管线的标高参数不能读取。

左键点取左边"属性工具栏"中要布置的管线沟槽的种类；命令行提示：第一点【R-选参考点】：在绘图区域内，左键依次选取管线沟槽的第一点、第二点等；也可以用光标控制方向输入参数的方法来绘制；绘制完一段管线沟槽后，命令不退出，可以选择构件名称再布置；绘制完毕后，右键单击，弹出右键菜单，选择"取消"并退出命令。

26.4　布置-给水排水专业

这一章节主要介绍给水排水专业中各构件的布置，在左边的中文菜单栏里可以找到详细的构件名称及其布置方式，而且每类构件支持多种布置方式。本章节主要针对中文菜单栏中的命令作介绍。

26.4.1　管道

任意布管道

单击布置水平管按钮 任意布管道 （水平管的详细定义参见属性定义），软件属性工具栏自动跳转到管道构件中，如图 26.4-1 所示。任意布管道命令见表 26.4-1。

注：

（1）在属性工具栏中选择要布置的水平管的类型，此时要注意水平管的种类要选择正确，不然计算结果可能有误。

（2）平面上，同一位置只能布置上一根水平管，若在已有水平管的位置上再布置一根水平管，新布置的水平管将会替代原有的水平管。如果在已有的水平管的中间部分布置其他名称的水平管，中间这部分的水平管被新布置的管道替代，并且管道自动断开为三段，分别命名，如图 26.4-2 所示。

<table>
<tr><td colspan="2" align="center">任意布管道命令</td><td align="right">表 26.4-1</td></tr>
</table>

构件种类——管道、阀门法兰、附件、卫生器具、设备、零星构件	
细化构件——例如管道划分为给水管、热给水管、热回水管、污水管、废水管、雨水管、中水管、消防管、喷淋管、软管、其他管 构件列表——每一种不同属性的细化构件的列表	
复制——复制某一个构件，其属性与拷贝构件完全相同，可修改 增加——增加一个构件，属性为软件默认，没有定额或清单	
属性参数——不同种类的构件，出现不同的属性，可以直接修改 系统名称——修改构件的所属系统	

图 26.4-1

图 26.4-2

从而得出结论：软件里同一位置布置水平管是覆盖性的，图上所显示的构件都是最后一次布置上去的构件。

命令行提示："第一点［R-选参考点］"，同时弹出一个浮动式对话框，如图 26.4-3 所示。

楼层相对标高：是相对于本层楼地面的高度，这样就明确了我们布置的水平管的高度位置，可

图 26.4-3

以直接输入参数对它进行调整，也可以点击后面的标高提取按钮自动提取。

标高提取：可以通过直接点取平面图形来读取该图形的标高参数。注意：该按钮只能提取平面图形上的标高参数，如水平管、喷淋头等，立面图形如立管及其立管上的构件的标高参数不能读取。

标高锁定：当"标高锁定"打"√"时，"楼层相对标高"显亮，可以直接输入水平管标高；当"标高锁定"未打"√"时，软件默认管道标高为楼地面标高。

举例：如图 26.4-4 所示，当图形中已经布置了两根水平管，标高从左到右分别是 2.000、1.200m。

图 26.4-4

点击任意布管道按钮，点击标高提取按钮，点选其中一根管道，标高提取完成，如图 26.4-5 所示。

按照命令行提示指定第一点，再点击标高提取按钮，点选第二根管道，标高被提取，如图 26.4-6 所示。

图 26.4-5

图 26.4-6

同样，根据命令行提示指定第二点。因为这两个点的标高不一致，软件弹出如图 26.4-7 对话框，即短立管的形成方式的选择。

图 26.4-7

选择 ⊙起点自动生成立管(1)，即起点位置处生成短立管，如图 26.4-8 所示；选择 ⊙终点自动生成立管(2)，即终点位置处生成短立管，如图 26.4-9 所示；选择 ○生成斜管(3)，即生成斜管，如图 26.4-10 所示。

（1）方式选择：软件目前的布置方式支持三种，详见图 26.4-3 方式选择。

1）任意布置：按照命令行提示"第一点［R-选参考点］:"，逐个点取操作。

图 26.4-20

在"起点标高"、"终点标高"中输入该立管的上下端标高位置。

选择"工程相对标高"布置时，起点和终点标高默认为 0 和层高（如 0~3000mm），下次默认值提取上一次修改的标高。对于部分在该楼层里的立管，软件显示当前层高度范围内的立管。如：在一层布置的立管起、终点标高分别为－500mm，9000mm，一、二、三层层高分别 3500mm、2800mm、3000mm，则软件在一层显示的立管高度为 3500mm，二层显示的立管高度为 2800mm，三层显示的立管高度为 2700mm；0 层显示立管高度为 500mm，若设置了－1 层，则软件在-1 层显示该立管高度为 500mm，0 层不显示。

注：选择"工程相对标高"布置时，软件支持布置输入的起点和终点标高不在该楼层范围之内的立管，但图形显示只有一个点和构件名称，且当切换过楼层后构件名称自动消除，该构件只在所属楼层显示。如：一层标高是（0，3000mm），所布置的立管高度为（3400mm，9600mm），若在一层布置完成该立管后，显示只有构件名称和一个点；切换到 2 层；然后再重新切换到 1 层，则 1 层的该立管构件名称消除，即：立管构件显示在标高所在层，且分层显示。

工程相对标高输入方式支持"楼地面标高＋楼层相对标高"输入。例如，立管给水用 PP-R-De16，起点标高为 300mm，终点标高为 3300mm（一层层高为 3000mm），布置工程相对标高设置如图 26.4-21所示。

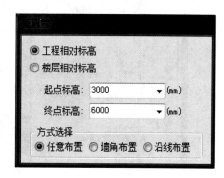

图 26.4-21

选择"楼层相对标高"布置时，起点和终点标高默认为 0 和层高（如 0~3000mm），下次默认值提取上一次修改的标高。对于部分在该楼层里的立管，软件在当前楼层中全部显示该立管。如：在一层内布置 0mm，6000mm 的立管，本层三维显示时看到的是 6000mm 高的立管，二层里不显示该立管。

注：选择"楼层相对标高"布置时，当输入的起点和终点标高不在该楼层范围之内时，软件支持布置该立管，三维显示时在该楼层按实际标高显示。

说明：采用工程相对标高绘制的立管为主立管，与水平管颜色不一致，可分别显示控制；采用楼层相对标高绘制的立管为短立管，与水平管同图层同颜色。

"方式选择"同"水平管"。

3）系统名称：系统名称的设置同"水平管"。

（7）贯通立管

该命令主要用于布置同一垂直方向上的变径主立管，单击布置贯通立管按钮 贯通立管，软件弹出如图 26.4-22 对话框。

图 26.4-22

1）选择要布置的管道名称，单击"增加"按钮，即把要布置的管道增加到右边的对话框中。对于多增加了的管道点击"删除"，按照软件提示选择"是"，即可删除该管道。左边的对话框中显示的是所有已经定义了的各类管道构件，对于属性里没有被定义的，则需要在"构件属性"里定义完成，然后在该对话框中才可以看到。同理，对于没有定义的系统编号要在"系统编号"里进行增加。

2）定义并选择好管道名称之后，如图 26.4-23 所示。

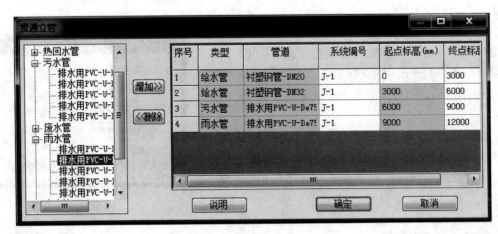

图 26.4-23

在右边对话框中，对每一种管道可以在"系统编号"栏中选择系统编号，并输入"终点标高"参数。

注：增加第二行时，起点标高读上一构件的终点标高，不可更改。标高的输入支持"nF±"的输入方式。

各个参数设置好后，单击"确定"按钮，光标回到图形界面，指定插入点布置贯通立管。

（8）多管

该命令主要用于布置多根空间位置平行的管道，比如冷水管和热水管等。点击布置多管按钮 ≡多管（多管的详细定义参见属性定义），软件属性工具栏自动跳转到管道构件中；软件弹出如图 26.4-24 对话框。

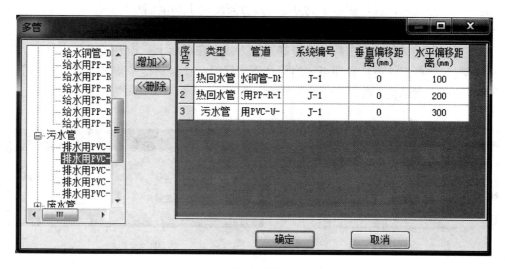

图 26.4-24

1）选择要布置的管道名称，点击"增加"按钮，即把要布置的管道增加到右边的对话框中。对于多增加了的管道点击"删除"，按照软件提示选择"是"，即可删除该管道。左边的对话框中显示的是所有已经定义了的各类管道构件，对于属性里没有被定义的，则需要在"构件属性"里定义完成，然后在该对话框中才可以看到。同理，对于没有定义的系统编号要在"系统编号"里进行增加。

2）定义并选择好管道名称之后，如图 26.4-25 所示。

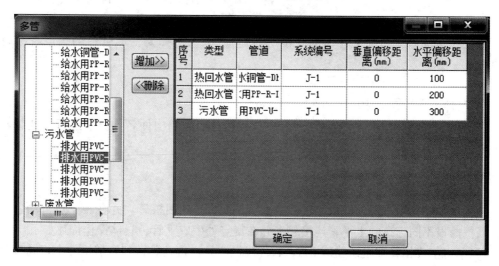

图 26.4-25

在右边对话框中，对每一种管道可以在"系统编号"栏中选择系统编号，并输入"垂直偏移距离"和"水平偏移距离"参数。

"垂直偏移距离"的输入，以楼地面为基准，正值为楼地面以上，负值为楼地面以下；软件默认均为 0，且不随行数增加而自动增加。

"水平偏移距离"的输入，默认以布置多管时选择的线为基准，按照布置走向，左边为正值，右边为负值；软件默认值为 0，且其行间距以 100mm 自动递增。

3）各个参数设置好后，点击"确定"按钮，软件弹出对话框，如图 26.4-26 所示。

在该对话框中输入标高参数并设置好布置方式，在图形上点击左键开始布置多管，按照命令行提示，确定管道位置即可。当标高不一样时，在对话框中输入不同的标高值，确定后软件会弹出对话框，如图 26.4-27 所示。

图 26.4-26

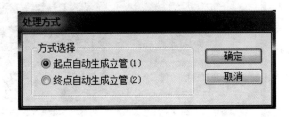

图 26.4-27

选择竖向管道自动生成的方式之后，点击"确定"，即多管布置完成，如图 26.4-28 为已布置的不同标高的多管。

图 26.4-28

4）系统名称：系统名称的设置同"水平管"。

注：多管的布置方式同【任意布管道】命令。

（9）线变管

该命令主要是用于把已绘制的线条或 cad 图形中的线转变成指定的管道。单击线变管按钮 ⊢∘∘线变管，软件属性工具栏自动跳转到管道构件中，在弹出的对话框中输入管道的标高，这里的"楼层相对标高"同水平管里的"楼层相对标高"。选择要变成管道的线，右键确认即可。

注：

1）软件里支持直接选择多条线变成管道。

2）命令执行过程中可以在构件列表中直接选择不同的构件名称分别进行线变管，不需要退出命令切换构件。

3）用 spline 命令布置的线条不能执行线变管命令。

（10）生成扣管

该命令主要是用于把一根水平管分成上下不同标高的两根管，并在相交点自动生成立管；或把两根不同标高的水平管连接起来并在交点处生成立管。具体操作描述如下：

1）单击生成扣管按钮 ⌐ˌ生成扣管，软件属性工具栏自动跳转到管道构件中，同时命令行有如下提示（表 26.4-4）。

<table>
<tr><td colspan="2" style="text-align:center">生成扣管命令</td><td style="text-align:right">表 26.4-4</td></tr>
</table>

请选择第一根管道	左键点击选择要布置扣管的水平管
请选择扣管点［D-请选择第二个管道］：	当一根水平管上需要布置一个扣管点时，直接按照提示左键点击要布置扣管的位置；当布置的扣管位置是在两根水平管的交点上时。直接在命令行输入 D，选择相邻水平管
请输入第一根管道的标高：〈2800〉	扣管点一侧的水平管变虚线，输入该水平管标高，软件默认标高〈2800〉为层高参数
请输入下一根管道的标高：〈2800〉1500	扣管点另一侧的水平管变虚线，输入该水平管标高，软件默认标高〈2800〉为参高参数

2）水平管标高均输入完成后，回车，软件弹出如图 26.4-29 所示对话框：

在该对话框中点击小三角，软件会显示出已定义的所有管道的名称，点击选择需要布置的扣管，点击确定，软件即在该扣管点自动生成连接这两根不同标高的水平管的立管。

图 26.4-29

3）系统名称的设置同"水平管"。

［例1］　在水平管上布置扣管，如图 26.4-30 所示，已布置了标高为－300mm 的水平管，该水平管一段标高是－300mm，一段是 300mm，并且标高错开处要生成短立管。单击"生成扣管"命令，按照命令行提示操作：

请选择第一根管道：

请选择扣管点［D-请选择第二个管道］：

请输入第一根管道的标高：〈－300〉。

请输入下一根管道的标高：〈－300〉300。

命令执行完毕，软件自动生成扣管并调整水平管标高，如图 26.4-31 所示。

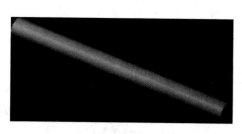

图 26.4-30

图 26.4-31

［例2］　用于连接两根不同标高的水平管，如图 26.4-32 所示，已布置了两根水平管，且水平管在同一标高。

单击"生成扣管"命令，按照命令行提示操作：

请选择第一根管道：

请选择扣管点［D-请选择第二个管道］：d

请选择第二根管道：

请输入第一根管道的标高：〈300〉。

图 26.4-32

请输入下一根管道的标高：〈300〉800。

通过执行"生成扣管"命令，我们完成了三个步骤：第一，把这两根水平管连接在一起；第二，在连接点处生成了一根扣管；第三，调整其中一根水平管的标高为 800mm。完成后结果如图 26.4-33 所示。

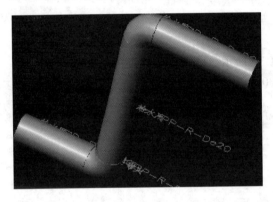

图 26.4-33

（11）软管

单击软管按钮━━**软管** ·，软件属性工具栏自动跳转到管道—软管构件中，选择要布置的软管的名称，同时命令行提示：

请选择第一点 ［R-选择参考点］：选择布置软管的第一点，再按照命令行提示，依次选择软管的其他布置点。

系统名称的设置同"水平管"。

（12）坡度

单击管道坡度按钮━━坡度，软件属性工具栏自动跳转到管道—给水管构件中，选择要布置的管道的名称，同时命令行提示见表 26.4-5。

坡度命令 表 26.4-5

请选择管道 ［W-自动选择相关联管道］〈回车保持原方向〉：	选择要调整坡度的管道
选择下一根桥架 ［W-自动选择相关联管道］〈回车结束选择〉：w	自动选择连续管道
请选择坡度方向 ［R-反转方向］〈回车保持原方向〉：	软件在图上显示默认的坡度方向 ⟋，如需要调整坡度方向时输入 R，回车确认即可
输入管道坡度值 ［0.004］：	输入管道坡度的坡度值

系统名称的设置同"水平管"。

如图 26.4-34 所示，已设置完成的管道坡度在构件显示信息中的显示。

给水用PP-R-De32
F+(1814.6 Z=0.004 1823.5~1805.7) L=4.452

图 26.4-34

注：

① 1814.6mm 是该管道的中点的楼层相对标高，1823.5mm 和 1805.7mm 分别代表起

点和终点的标高，L 指管道实际长度；

② 当水平管道与楼层间短立管之间首尾相连时，后面所有相连接的管道都跟随前一管道起坡；举例如下：

举例：如图 26.4-35 所布置的管道，按命令行提示操作见表 26.4-6。

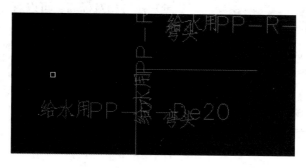

图 26.4-35

坡度命令		表 26.4-6
请选择管道：	选择要设置坡度的管道以及与该管道相连接的其他需要设置同一坡度的管道	
请选择坡度方向［R-反转方向］〈回车保持原方向〉：	设置坡度方向	
输入管道坡度值［0.004］：0.3	给出管道坡度值	

26.4.2　附件配件

（1）阀门法兰

单击阀门法兰按钮 **阀门法兰**，软件属性工具栏自动跳转到阀门法兰—阀门构件中，选择要布置的阀门或法兰的名称，同时命令行提示：请布置附件的水管，选择要布置阀门的水管，按照命令行提示点击要布置阀门的位置。

1）如要在立管上布置阀门法兰时，软件默认楼层相对标高为 1200mm，如图 26.4-36 所示。

若输入的标高值超出该立管标高范围，则弹出"构件不在管道上，输入标高值无效，请重新输入"提示，如图 26.4-37 所示。

图 26.4-36

图 26.4-37

2）系统名称的设置同"水平管"。

（2）水嘴

单击水嘴按钮，软件属性工具栏自动跳转到附件—普通水嘴构件中，选择要布置的普通水嘴或冷热水嘴的名称，同时弹出如图 26.4-38 所示对话框。

图 26.4-38

1）楼层相对标高：可以直接输入水嘴所在的高度，该高度按本层楼地面起算，软件默认的是前一次输入的参数；若选择的是斜管，则读取其高点端的标高；当输入的标高与水平管标高一致时，不生成短立管，软件里也可以点击后面的标高提取按钮自动提取。

标高提取：可以通过直接点取平面图形来读取该图形的标高参数。注意：该按钮只能提取平面图形上的标高参数，如水平管、喷淋头等。立面图形如立管及其立管上的构件的标高参数不能读取。

2）自动生成短立管：打"√"时，即当水嘴和水平管不在一个标高时，软件会自动生成立管。生成的短立管的系统编号与所选水平管相同。

3）短立管：软件默认短立管的名称和水平管一致，也可以点击小三角进行选择，小三角里下拉列表中的构件选项与水平管是同一小类构件，如果该构件列表中没有，则点击后面的按钮，进入属性定义重新定义新构件。

4）设置好相关参数后，选择要布置水嘴的水管，按照命令行提示，点击要布置水嘴的位置。

注：给水附件只能布于给水管、热给水管等。不符合时，如排水管，软件弹出提示，"该类附件不能布于该类管"。

5）如要在立管上布置水嘴时，同"阀门法兰"。

6）系统名称的设置同"水平管"。

注：软件中所有点状、块状构件，如喷头、水嘴、排水附件、仪器仪表、卫生器具等有三个夹点，构件名称左下角夹点是确定构件名称所在位置的夹点；构件中心点处的夹点是构件位置夹点；构件右上角的夹点是构件方向的翻转夹点，拖动该夹点可以翻转构件的显示方向。

（3）排水附件

软件里排水附件指的是地漏、存水弯、检查口、清扫口、雨水斗、通气帽等。单击排水附件按钮，软件属性工具栏自动跳转到附件—排水附件构件中，选择要布置的地漏或存水弯的名称，同时弹出如图 26.4-39 所示对话框。

1）楼层相对标高：输入排水附件所在的高度，该高度是按本层楼地面起算的，软件默认的是前一次输入的参数。若选择的是斜管，则读取其高点端的标高。当输入的标高与水平管标高一致时，不生成短立管。也可以点击后面的标高提取按钮自动提取。

图 26.4-39

标高提取 ：可以通过直接点取平面图形来读取该图形的标高参数。注意：该按钮只能提取平面图形上的标高参数，如水平管、喷淋头等，立面图形如立管及其立管上的构件的标高参数不能读取。

2）自动生成短立管：打"√"时，即当排水附件和水平管不在一个标高时，软件会自动生成立管。生成的短立管之系统编号与所选水平管相同。

3）短立管：软件默认短立管的名称和水平管一致，把规格同水平管的勾号点去，也可以点击小三角进行选择，小三角里下拉列表中的构件选项与水平管是同一小类构件，如果该构件列表中没有，则点击后面的 …… 按钮，进入属性定义，重新定义新构件。

4）设置好相关参数后，选择相关的排水管，按照命令行提示，左键点击需要布置地漏、存水弯的位置即可。

注：排水附件只能布于废水管、污水管等排水管。不符合时，弹出提示"该类附件不能布于该类管"。

5）如要在立管上布置排水附件时，同"阀门法兰"。

6）系统名称的设置同"水平管"。

（4）水平套管

单击水平套管按钮 ▬水平套管，软件属性工具栏自动跳转到附件—套管构件中，选择要布置的水平套管名称，同时弹出如图 26.4-40 所示对话框。

该对话框中的楼层相对标高需要输入水平套管所在的高度，该高度是按本层楼地面起算的，软件默认的是前一次输入的参数。也可以点击后面的标高提取按钮自动提取。

标高提取 ：可以通过直接点取平面图形来读取该图形的标高参数。注意：该按钮只能提取平面图形上的标高参数，如水平管、喷淋头等，立面图形如立管及其立管上的构件的标高参数不能读取。

命令行提示如下见表 26.4-7。

图 26.4-40

水平套管命令 　　　　　　　　　　　　　　　　表 26.4-7

指定插入点［A-旋转角度］：	指定要布置套管的位置
指定插入点［A-旋转角度］：a	如果要设置套管的旋转角度，输入 a
请输入旋转角度值：60	输入旋转角度，角度的输入方式为：逆时针为正，顺时针为负
指定插入点［A-旋转角度］：	指定布置套管的位置

系统名称的设置同"水平管"。

图 26.4-41

（5）竖直套管

单击竖直套管按钮 ▮竖直套管 ↖5，软件属性工具栏自动跳转到附件—套管构件中，选择要布置的竖直套管名称，同时弹出如图 26.4-41 所示对话框。

该对话框中的楼层相对标高需要输入竖直套管所在的高度，该高度是按本层楼地面起算的，软件默认的是前一次输入的参数。也可以点击后面的标高提取按钮自动提取。

标高提取 ⇙：可以通过直接点取平面图形来读取该图形的标高参数。注意：该按钮只能提取平面图形上的标高参数，如水平管、喷淋头等，立面图形如立管及其立管上的构件的标高参数不能读取。

命令行提示如下：指定插入点，左键点击指定要布置套管的位置即可。

系统名称的设置同"水平管"。

（6）生成套管

单击生成套管按钮 生成套管，软件自动弹出生成套管界面如图 26.4-42 所示，软件自动识别穿墙体与穿楼板的管子。同时自动识别管径大小，套管大小默认比套管大两个等级。

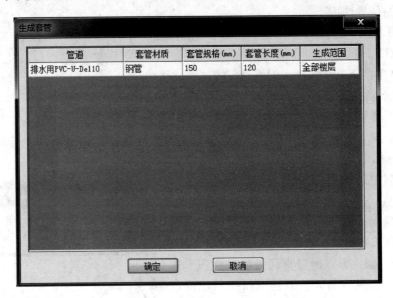

管道	套管材质	套管规格(mm)	套管长度(mm)	生成范围
排水用PVC-U-De110	钢管	150	120	全部楼层

图 26.4-42

（7）仪器仪表

单击仪器仪表按钮 仪器仪表，软件属性工具栏自动跳转到附件—仪器仪表构件中，选择要布置的仪器仪表的名称，选择要布置水表或压力表的水管名称，按照命令行提示在需要布置水表等构件的位置上点击即可。

1）仪器仪表的布置，同"阀门法兰"。

2）系统名称的设置同"水平管"。

（8）补偿器

单击补偿器按钮 补偿器，软件属性工具栏自动跳转到附件—补偿器构件中，选择要布置的补偿器的名称，同时命令行提示：请选择布置附件的水管，选择要布置补偿器的水管名称。按照命令行提示在需要布置补偿器的位置上点击即可。

1）补偿器的布置，同"阀门法兰"。

2）系统名称的设置同"水平管"。

26.4.3 管道配件

管道配件在软件里指的是管道连接点的弯头、大小头、三通、四通等。管道配件在软件里支持单个布置或批量布置，批量布置分为楼层生成和工程生成两种。

（1）工程生成

单击工程生成按钮 工程生成，软件自动搜寻该工程中所有楼层的管道连接点，并按照管道连接根数和管径自动识别应布置的管道配件类型。

注：对于按工程相对标高生成的主立管，在层高位置与水平管相交时，软件会先判断在上一层是否还存在该主立管。假如还存在该主立管，则软件自动生成三通，否则生成弯头。但对于不在本层高度范围内水平管是不会自动生成管道配件的。比如：1 层层高3m，楼地面标高 0.000m，主立管标高为（－1000、3000mm），水平管布置在－500mm 的位置，在 1 层进行本层三维显示如图 26.4-43所示。

因为该层中主立管只显示（0，3000mm）的高度，所以该处软件默认为主立管和水平管没有连接点，不产生管道配件。假如在主立管位置再布置一根标高在 0.000m 处的水平管，那么软件先判断0.000m 处的主立管下面还存在主立管，则该连接点生成一个三通。

图 26.4-43

（2）楼层生成

单击楼层生成布置按钮 楼层生成，软件自动搜寻本层中所有的管道连接点，并按照管道连接方式和管径自动生成相应的管道配件类型。

注：对于按工程相对标高生成的主立管，在层高位置与水平管相交时，软件并不判断在上一层是否还存在该主立管，而是直接判断本楼层内有哪些管道连接点并布置上配件，楼层之间的关系软件不考虑。

（3）选择生成

单击选择生成布置按钮 选择生成，命令行提示：请选择要生成连接件的管子。

软件按照所选择的管道判断是否存在连接点，并在存在连接点的位置按照管道连接根数和管径自动识别应布置的管道配件类型。

注：配件生成会自动修正删除之前生成不正确的配件，并建立新的配件维护系统，拖动相交自动生成新的配件，拖动分开自动改变或删除关联配件并且现在工程相对标高的立管支持生成沟槽配件，楼层相对标高的立管支持生成机械三通和机械四通。

（4）选择布堵头

单击选择布堵头按钮 选布堵头，命令行提示：选择需要布置的管道，框选管道右击鼠标确定。

（5）水管配件自动生成

1）点击菜单栏工具选择选项，点击配件勾选自动生成的构件，如图 26.4-44 所示。点击确定之后给水排水、消防和暖通专业的水管配件随画随生成，同时在编辑修改后自动更新。

2）工程相对标高的立管支持生成沟槽配件，楼层相对标高的立管支持生成机械三通和机械四通。

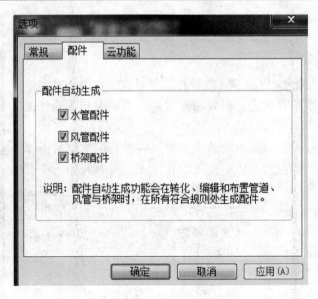

图 26.4-44

3）软件中复制粘贴命令，支持复制与管道和标准房间支持提取与管道一并选中的配件，不需要二次生成。

4）给水排水管道配件在三维状态下可以添加不规则的三通和四通，同时可以查看和修改。

（6）2014V15.2.0 版本增加法兰生成，如图 26.4-45 所示。

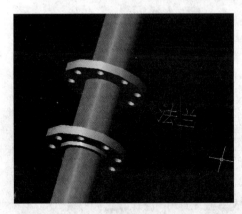

图 26.4-45

1）给水排水、消防、暖通三个专业水法兰支持一键生成。

2）同时支持阀门两侧，以及水管配件连接处生成法兰。

3）各种法兰可按管道大小、阀门类型随表设置生成。

26.4.4　洁具设备

（1）任意布洁具

单击卫生器具布置按钮 任意布洁具，按照命令行提示：指定插入点［A-旋转角度］，点击需要布置卫生器具的位置，如果需要旋转角度，输入 A 进行调整，调整方法同"水平套管"。

（2）选择布洁具

类似选择布灯具、开关。单击选择布洁具按钮 选择布洁具，弹出如图 26.4-46 的对话框。

打"√"，根据命令行提示指定插入点。若不打"√"则不弹出下面对话框，而且不生成短立管。根据选择的管道类型：是给水管还是排水管，软件分别弹出如图 26.4-47 和图 26-4-48 的对话框。

图 26.4-46

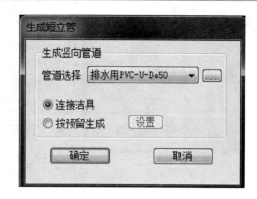

图 26.4-47　　　　　　　　　　　　　　　　　图 26.4-48

选择给水管：

通过下拉菜单选择生成短立管的类型。

选择排水管：

提供两种生成方式生成短立管，同选择布排水管，如图 26.4-49 所示。

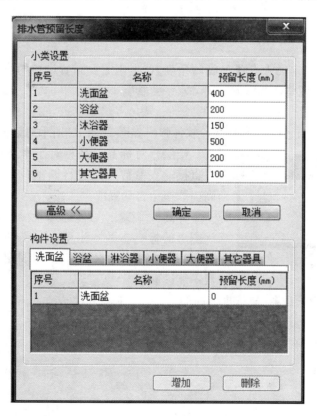

图 26.4-49

当高级构件设置中增加洁具相应排水管预留长度时，按定义的进行预留生成；如没有定义，则读取小类设置的预留长度。

点击"确定"，返回选择布管道界面，"取消"如果设置改变，则提示如图 26.4-50 所示。设置未改变，则直接返回选择布管道界面。

图 26.4-50

注：

当水平管低于楼地面标高布置，自动生成短立管的长度为：预留长度＋水平管道至当前层楼地面的垂直高度。

当水平管高于楼地面标高布置（包括 0 标高），短立管的长度为预留长度。

（3）任意布设备

单击设备布置按钮任意布设备，软件弹出对话框如图 26.4-51 所示。

该对话框中的楼层相对标高需要输入设备所在的高度，该高度是按本层楼地面起算的，软件默认的是前一次输入的参数。也可以点击后面的标高提取按钮自动提取。

标高提取：可以通过直接点取平面图形来读取该图形的标高参数。注意：该按钮只能提取平面图形上的标高参数（如水平管、喷淋头等），立面图形如立管及其立管上的构件的标高参数不能读取。

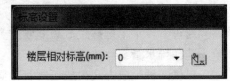

图 26.4-51

命令行提示：指定插入点【A-旋转角度】，点击需要布置设备的位置，如果需要旋转角度，输入 A 进行调整，调整方法同"水平套管"。

（4）选择布设备

单击选择布设备按钮选择布设备，软件弹出如图 26.4-52 所示对话框。

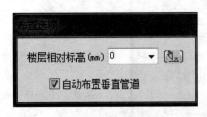

图 26.4-52

楼层相对标高：是相对于本层楼地面的高度，可以直接输入参数对它进行调整，也可以点击后面的标高提取按钮自动提取。

标高提取：可以通过直接点取平面图形来读取该图形的标高参数。注意：该按钮只能提取平面图形上的标高参数（如水平管），立面图形如立管的标高参数不能读取。

【自动布置垂直管道】：复选框前面的"√"去掉则不生成垂直管道。参数设定好后根据命令行提示：选择需要布置设备的管道，选择管道即可。

注：不支持布置在排水管道上。

26.4.5　零星构件

（1）任意支架

单击任意布置支架的按钮任意支架，软件弹出对话框如图 26.4-53 所示。

该对话框中的楼层相对标高需要输入支架所在的高度，该高度是按本层楼地面起算的，软件默认的是前一次输入的参数。也可以点击后面的标高提

图 26.4-53

取按钮自动提取。

标高提取：可以通过直接点取平面图形来读取该图形的标高参数。注意：该按钮只能提取平面图形上的标高参数（如水平管、喷淋头等），立面图形如立管及其立管上的构件的标高参数不能读取。

同时命令行提示：指定插入点［A-旋转角度］：，点击需要布置支架的位置，如果需要旋转角度，输入 A 进行调整，调整方法同"水平套管"。

（2）选布支架

单击选布支架按钮 选布支架，鼠标变成小方框，命令行提示："选择管道："。此时框选图中需要生成支架的管道，命令行提示："指定支架间距［2500］："，在命令行输入指定的支架间距，回车即可。

（3）生成支架

单击自动生成支架按钮 生成支架，软件弹出对话框如图 26.4-54 所示。

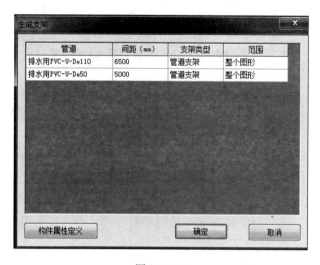

图 26.4-54

软件会把本楼层中我们绘制的各类管道的不同名称类型，进行自动汇总。

这样，我们就可以区分不同的管道分别进行支架的定义生成；在"间距（mm）"一栏下，我们可以对不同的管道的间距进行区分设定；在"支架类型"一栏下，可以选择不同的支架类型，软件默认没有的支架类型，需要在属性定义对话框中进行事先定义，或者直接点击 构件属性定义 按钮，进入属性定义对话框中进行添加。同时，我们还可以在"范围"一栏下，针对不同类型的管道，给予不同范围的生成设置，这样我们在布置生成支架的时候将会更加灵活。

（4）管道沟槽

单击管道按钮 管道沟槽，软件弹出对话框如图 26.4-55 所示。

该对话框中的楼层相对标高需要输入管道沟槽所在的高度，该高度是按本层楼地面起算的，软件默认的是前一次输入的参数。也可以点击后面的标

图 26.4-55

高提取按钮自动提取。

标高提取 ：可以通过直接点取平面图形来读取该图形的标高参数。注意：该按钮只能提取平面图形上的标高参数（如水平管、喷淋头等），立面图形如立管及其立管上的构件的标高参数不能读取。

同时命令行提示：请选择第一点［R-选择参考点］，按照这个提示着个点击需要布置管道沟槽的定位点，参考点 R 的使用方法同土建"布置墙"。

（5）检查井

单击布检查井按钮 ⊥ 检查井，软件弹出对话框如图 26.4-56 所示。

图 26.4-56

该对话框中的楼层相对标高需要输入检查井所在的高度，该高度是按本层楼地面起算的，软件默认的是前一次输入的参数。也可以点击后面的标高提取按钮自动提取。

标高提取 ：可以通过直接点取平面图形来读取该图形的标高参数。注意：该按钮只能提取平面图形上的标高参数（如水平管、喷淋头等），立面图形如立管及其立管上的构件的标高参数不能读取。

按照命令行提示：指定插入点［A-旋转角度］，点击需要布置检查井的位置，如果需要旋转角度，输入 A 进行调整，调整方法同"水平套管"。

26.5　布置-消防专业

这一节主要介绍消防专业中各构件的布置，在左边的中文菜单栏里可以找到详细的构件名称及其布置方式，而且每类构件支持多种布置方式。本节主要针对中文菜单栏中的命令作介绍。

26.5.1　喷淋

（1）任意喷头

单击任意喷头按钮 ○ 任意喷头，软件属性工具栏自动跳转到附件—喷淋头构件中，选择要布置的喷头名称，同时弹出对话框如图 26.5-1 所示。

在该对话框中输入喷头的标高位置，同时命令行提示：请指定插入点［R-选参考点］，左键点击需要布置喷头的位置，布置完成后右键确认退出。

注：标高参数输入后必须点击左键确认或回车确认，然后才开始执行布置命令。点击左键确认时，该标高对话框还在，可以直接调整标高，继续布置；如果按回车确认

图 26.5-1

后，该对话框消失，如要调整布置标高则需要退出命令重新执行才能设置。

系统名称的设置同"水平管"。

（2）矩形喷头

单击矩形喷头按钮 矩形喷头，软件属性工具栏自动跳转到附件—喷淋头构件中，同时弹

出如图 26.5-2 的对话框。

图 26.5-2

1）布置数量：在该对话框中输入批量布置喷头的"行数"和"列数"，这里的行数和列数在软件布置过程中是固定的，每个喷头间的间距软件根据所选择布置范围和布置个数自动调整。

2）距边距离：横向边距指的是水平向喷头左右两侧的两个喷头的中心距所选择的布置范围的左右两边线的距离。纵向边距指的是竖向喷头上下两端的两个喷头的中心距我们选择的布置范围的上下两边线的距离。

3）楼层相对标高：指所布置的喷头的标高，可以直接输入标高参数，也可以点击后面的标高提取按钮自动提取。

标高提取：可以通过直接点取平面图形来读取该图形的标高参数。注意：该按钮只能提取平面图形上的标高参数（如水平管、喷淋头等），立面图形如立管及其立管上的构件的标高参数不能读取。

4）设置好所有的参数后，左键或回车确定，按照命令行提示选择矩形区域的两个对角点，即明确布置喷头的矩形区域，软件在该区域内自动布置。

系统名称的设置同"水平管"。

（3）沿线喷头

单击沿线喷头按钮∞沿线喷头，软件属性工具栏自动跳转到附件—喷淋头构件中，同时弹出如图 26.5-3 的对话框。

图 26.5-3

1）布置数量：在该对话框中输入要布置的喷头的数量。

2）距边距离：边距指的是最两端的喷头的中心线距这条线两端点的距离。软件根据我们所输入的喷头个数和距边距离自动调整喷头间距。

3）楼层相对标高：指所布置的喷头的标高，可以直接输入标高参数，也可以点击后面的标高提取按钮自动提取。

标高提取：可以通过直接点取平面图形来读取该图形的标高参数。

注意：该按钮只能提取平面图形上的标高参数（如水平管、喷淋头等），立面图形如立管及其立管上的构件的标高参数不能读取。

4）设置好所有的参数后，左键或回车确定，按照命令行提示，见表 26.5-1。

沿线喷头命令　　　　　　　　　　　　　　　　　　　　　　表 26.5-1

请选择直线、弧线［D-自行绘制］：	点击选择要布置喷头的弧线或直线
请选择直线、弧线［D-自行绘制］：d	选择自行绘制的方式来布置
第一点［R-选参考点］：	确定自行绘制方式下的第一点位置
确定下一点［A-圆弧］〈回车结束〉：	确定自行绘制方式下的下一点位置
确定下一点［A-圆弧］〈回车结束〉：a	确定自行绘制方式下的弧线绘制模式
确定圆弧的中间一点：指定圆弧的起点或［圆心（C）］：	确定弧线中间点位置
指定圆弧的第二个点或［圆心（C）/端点（E）］：	确定弧线下一点位置
指定圆弧的端点：	确定弧线端点位置

确定好布置喷头的位置后，软件在该直线或弧线内自动布置。

举例1：选择线条布置喷头。单击"沿线布喷头"命令按钮，在对话框中输入数量和标高，按照命令行提示操作如下：

请选择直线、弧线【D-自行绘制】：

请指定第一点【R-选参考点】：

确定下一点【A-圆弧，U-退回】〈回车结束〉：

命令执行完毕，结果如图26.5-4所示。

图26.5-4

举例2：通过自行绘制布置喷头。单击"沿线布喷头"命令按钮，在对话框中输入数量和标高，软件里可以选择按直线或弧线布置喷头，按照命令行提示操作如下：

请选择直线、弧线【D-自行绘制】：d

请指定第一点【R-选参考点】：

确定下一点【A-圆弧，U-退回】〈回车结束〉：a

确定圆弧的中间一点：指定圆弧的起点或【圆心（C）】：

指定圆弧的第二个点或【圆心（C）/端点（E）】：

指定圆弧的端点：这里选择按照弧线来布置喷头，结果如图26.5-5所示。

系统名称的设置同"水平管"。

（4）扇形喷头

单击扇形喷头按钮 扇形喷头，软件属性工具栏自动跳转到附件—喷淋头构件中，同时弹出如图26.5-6的对话框。

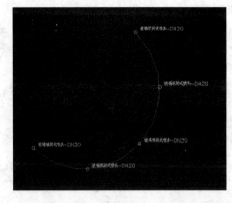

图26.5-5

图26.5-6

1）布置数量：

行数：直接输入扇形区域内要布置的喷头的行数。

首行数量：直接输入扇形区域内第一行的喷头个数。

每行递减：扇形区域内每行喷头的个数递减数量，喷头间距软件根据喷头个数自动调整。

2）楼层相对标高：指所布置的喷头的标高，可以直接输入标高参数，也可以点击后面的标高提取按钮自动提取。

标高提取：可以通过直接点取平面图形来读取该图形的标高参数。注意：该按钮只能提取平面图形上的标高参数（如水平管、喷淋头等），立面图形如立管及其立管上的构件的标高参数不能读取。

3）设置好所有的参数后，左键或回车确定，按照命令行提示选择扇形区域，软件按照选择的区域和输入的参数布置喷头。

举例：选择扇形布置喷头。点击"扇形喷头"命令按钮，按照命令行提示操作见表 26.5-2。

扇形喷头命令　　　　　　　　　　　　　　　　　　表 26.5-2

请选择大弧的起点：	选择扇形区域外边弧线的起点
请选择大弧的终点：	选择扇形区域外边弧线的终点
请选择大弧上中间一点：	选择扇形区域外边弧线的中点
请选取小弧上任意一点：	选择扇形区域内边弧线的任意点

命令执行完毕，结果如图 26.5-7 所示。

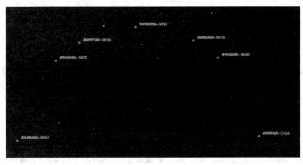

图 26.5-7

系统名称的设置同"水平管"。

（5）喷头连管

2014V15.0.0 喷头连管支持框选构件，单击选择布喷管按钮 喷头连管，软件属性工具栏自动跳转到管道—喷淋管构件中，同时弹出如图 26.5-8 的对话框。

1）楼层相对标高：指所布置的喷头的标高，可以直接输入标高参数，也可以点击后面的标高提取按钮自动提取。

标高提取：可以通过直接点取平面图形来读取该图形的标高参数。注意：该按钮只能提取平面图形上的标高参数（如水平管、喷淋头等），立面图形如立管及其立管上的构件的标高参数不能读取。

2）生成喷淋管选项：

① 手工选择构件：通过在图形上点击选择喷头构件布置喷淋管，喷淋管的名称在构件属性中自主选择；选择该选项时"危险级别"为虚，不能进行设置。

注：该选项主要用于描图时图纸上标注有相应的喷淋管管径的情况下，按照标注直接选择布置。

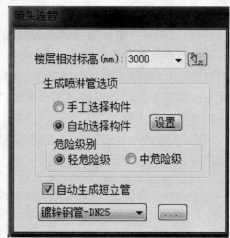

图 26.5-8

② 自动选择构件。

选择该选项时，"危险级别"为可选项，选择完成后，再单击 设置 按钮，进入喷淋管设置对话框，如图 26.5-9 所示。

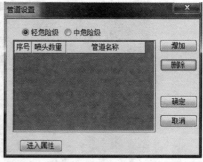

图 26.5-9

"管道与喷头数的对应关系"：默认状态下每一种危险等级的喷头个数和相对应的喷淋管名称均按照规范规定的参数设置，软件亦支持对其进行修改调整。

喷头数量：软件默认状态下按照规范设置，亦可直接输入修改。

喷淋管名称：软件默认状态下按照规范设置，与相应的喷头数量相对应。亦可点击下拉箭头选择喷淋管名称，如果所需要的喷淋管还没有定义，则点击 进入属性 按钮，进入到属性对话框中定义新构件，再回到该对话框下选择。

◎ 轻危险级 ◎ 中危险级：危险级别选项，可以切换查看两种危险级别下的参数设置。

增加：在"管道与喷头数的对应关系"中增加一类对应关系。

删除：在"管道与喷头数的对应关系"中删除一类对应关系。

所有的参数、选项设置完成后点击"确定"，退出该对话框。

3）危险级别：在"自动选择构件"下才显亮，软件按照这里的选择和"设置"中相应的选项参数自动布置喷淋管道；

4）自动生成短立管：打"√"即连接喷淋管和喷头的竖向管自动生成，点击下三角选择竖向管的类型，或点击▨▨▨按钮，进入到属性定义中增加新构件。

5）设置好所有的参数后，按照命令行提示选择喷头，软件按照提示选择喷头并考虑选择的次序布置喷淋管。

系统名称的设置同"水平管"。

举例：按图纸把喷淋头布置完成之后，如图 26.5-10 所示。

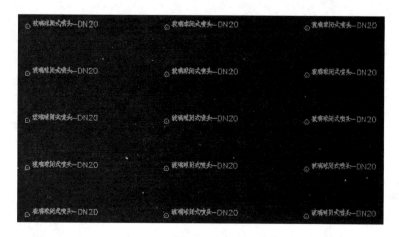

图 26.5-10

点击命令 ✿ 选择布喷管，在"喷淋管选择布置"对话框中设置好各参数，并按照图纸说明设置完成喷头数量和喷淋管的对应关系，命令行提示操作见表 26.5-3。

自动生成短立管命令 表 26.5-3

请指定第一个喷淋头［D-指定下一个点］〈回车结束〉：	注意：不能选择给排水专业里面布置的喷头
指定下一个淋头［D-指定下一个点，U-回退］〈回车结束〉： 指定下一个淋头［D-指定下一个点，U-回退］〈回车结束〉：	按照顺序左键选择喷淋头
请选择流向方向［R-反转方向］〈回车保持原方向〉：	选择喷淋管流向

喷淋管布置完成之后显示如图 26.5-11 所示，软件自动根据所设置的喷头数量和喷淋管管径的对应关系来布置喷淋管，如图 26.5-12 所示。

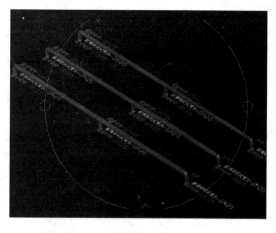

图 26.5-11

图 26.5-12

26.5.2 管网

（1）任意布管道

单击任意布管道按钮**任意布管道**（水平管的详细定义参见属性定义），软件属性工具栏自动跳转到管道构件中，如图 26.5-13 所示，任意布管道命令见表 26.5-4。

任意布管道命令   表 26.5-4

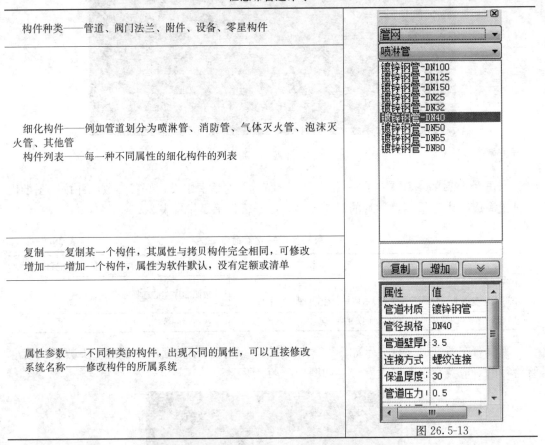

构件种类——管道、阀门法兰、附件、设备、零星构件	
细化构件——例如管道划分为喷淋管、消防管、气体灭火管、泡沫灭火管、其他管 构件列表——每一种不同属性的细化构件的列表	
复制——复制某一个构件，其属性与拷贝构件完全相同，可修改 增加——增加一个构件，属性为软件默认，没有定额或清单	
属性参数——不同种类的构件，出现不同的属性，可以直接修改 系统名称——修改构件的所属系统	

图 26.5-13

注：

① 在属性工具栏中选择要布置的水平管的类型，此时要注意水平管的种类要选择正确，不然计算结果可能有误。

② 平面上，同一位置只能布置上一根水平管，若在已有水平管的位置上再布置一根水平管，新布置的水平管将会替代原有的水平管。如果在已有的水平管的中间部分布置其他名称的水平管，中间这部分的水平管被新布置的管道替代，并且管道自动断开为三段，分别命名，如图 26.5-14 所示。

从而得出结论：软件里同一位置布置水平管是覆盖性的，图上所显示的构件都是最后一次布置上去的构件。

图 26.5-14

1) 命令行提示: "第一点 [R-选参考点]",
同时弹出一个浮动式对话框, 如图 26.5-15 所示。

楼层相对标高: 是相对于本层楼地面的高度,
这样就明确了我们布置的水平管的高度位置, 可
以直接输入参数对它进行调整, 也可以点击后面
的标高提取按钮自动提取。

标高提取 : 可以通过直接点取平面图形来
读取该图形的标高参数。注意: 该按钮只能提取

图 26.5-15

平面图形上的标高参数 (如水平管、喷淋头等), 立面图形如立管及其立管上的构件的标
高参数不能读取。

标高锁定: 当 "标高锁定" 打 "√" 时, "楼层相对标高" 显亮, 可以直接输入水平
管标高; 当 "标高锁定" 未打 "√" 时, 软件默认管道标高为楼地面标高。

举例: 如图 26.5-16 所示, 当图形中已经布置了两根水平管, 标高从左到右分别是
2000、1200mm。

图 26.5-16

点击任意布管道按钮, 单击标高提取按钮 , 点选其中一根管道, 标高提取完成, 如
图 26.5-17 所示。

按照命令行提示指定第一点, 再单击 按钮, 点选第二根管道, 标高被提取, 如
图 26.5-18 所示。

图 26.5-17

图 26.5-18

同样, 根据命令行提示指定第二点。因为这两个点的标高不一致, 软件弹出如
图 26.5-19 对话框, 即短立管的形成方式的选择。

选择 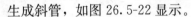，即起点位置处生成短立管，如图 26.5-20 显示；选择
 即终点位置处生成短立管，如图 26.5-21 显示；选择 生成斜管 ③即
生成斜管，如图 26.5-22 显示。

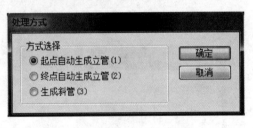

图 26.5-19

2）方式选择：软件目前的布置方式支持三种选择方式。

① 任意布置：按照命令行提示"第一点［R-选参考点］："逐个点取操作。

② 墙角布置：按照管道离墙角的位置来布置。软件命令行提示见表 26.5-5。

图 26.5-20

图 26.5-21

图 26.5-22

任意布管道命令   表 26.5-5

"点取墙角处一点（第一点）："	选择好墙角点
"指定靠墙 1 距离 1；〈1000〉100"	这时墙 1 显示为虚线，输入管道离墙 1 距离
"指定靠墙 1 距离 2；〈1000〉100"	这时墙 2 显示为虚线，输入管道离墙 2 距离
"点取墙角处一点（下一点）［U-退回］〈回车结束〉"	同样的操作选择墙角

注：管道离墙距离支持输入正负值，正值表示偏向墙角的阴角，负值表示偏向墙角的阳角。

③ 沿线布置：用于沿已绘制或未绘制的线条布置管道。命令行提示见表 26.5-6。

任意布管道命令   表 26.5-6

"请选择直线、弧线［D-自行绘制］："	点取墙边线或其他任意线上的一点
"是否为该对象？［是（Y）/否（N）］〈Y〉n：" "是否为该对象？［是（Y）/否（N）］〈Y〉："	即选择布置管道的线，按照软件默认选择的线确定是否为该线；选择好对象后，软件自动指定方向命令行提示如下
"指定偏移距离〈0〉："	输入偏移距离参数，软件所指示的方向为正值，反之为负值
"请点取线上一点（下一点）［U-退回］〈回车结束〉："	重复前面的操作直到管道布置完毕

388

3）系统名称。

系统编号的名称在属性工具栏的属性参数下方，即 （此处为小图标），系统编号名称的选择项在此处只显示当前专业（即消防）下的系统编号。如果在绘制管道过程中没有该系统名称，需要创建系统编号时，点击菜单栏下面工具条的快捷图标 A，进入系统设置界面进行编辑，也可以双击属性栏下面的系统编号进入。系统设置界面详见"系统编号管理界面"。系统名称的调整在执行布置构件命令时设置才有效，类似标高的设置。当构件布置完成之后需要来调整它的系统编号，需要执行"构件系统编号修改"来完成。

4）对于不同标高的水平管的布置有两种方法：

① 布置完一个标高上的水平管后，调整"楼层相对标高"参数，点击鼠标左键确认，再布置其他高度的水平管。在这种连续布管过程中，出现一点的两侧管道的标高不同时，软件弹出如图 26.5-23 所示对话框。

"起点自动生成立管"：在标高需要调整的水平管的起点自动生成连接这两根不同标高的水平管的立管，该水平管的标高以后一次输入的标高为准，如图 26.5-24 所示。

图 26.5-23

图 26.5-24

"终点自动生成立管"：在标高调整后的水平管的终点自动生成立管。该水平管还是按原标高生成，调整的标高只对立管有效，如图 26.5-25 所示。

"生成斜管"：调整标高后生成的管道的起点是原标高，终点为调整后标高，即生成斜管，如图 26.5-26所示。

② 先把一段水平线上或相邻水平线上的水平管都布置完成，然后用布置扣管命令调整扣管两边不同高度的水平管的标高。布置方式详见"生成扣管"。

提示：

a. 双击构件列表里的构件名称或空白处，可以直接进入到"构件属性定义"。该操作所有构件都通用。

图 26.5-25

图 26.5-26

b. 线性构件（如：水平管、短立管等）图形上有三个夹点，中间这个夹点是它的移动夹点，直接拖动该夹点即可移动该构件的位置。拖动两端的任意夹点可以调整它的长度。

图 26.5-27

（2）选择布管道

该命令用于喷淋头、消火栓、消防设备、储存设备连接自动生成水平管和垂直短立管。单击选择布管按钮 选择布管道，软件弹出如图 26.5-27 的对话框。

楼层相对标高：是相对于本层楼地面的高度，可以直接输入参数对它进行调整，也可以点击后面的标高提取按钮自动提取。

标高提取 ：可以通过直接点取平面图形来读取该图形的标高参数。注意：该按钮只能提取平面图形上的标高参数（如水平管），立面图形如立管的标高参数不能读取。

生成竖向管道：给水管连接已布置的喷头，自动生成垂直管道的规格，下拉对话框内可选择。

注：完成"选择第一个对象"后，根据命令行提示，可以输入"D"，指定下一点或者选择下一个对象，软件即时生成垂直管道和水平管道。

（3）垂直立管

单击布置立管按钮 垂直立管（立管的详细定义参见属性定义），软件属性工具栏自动跳转到管道构件中。

1）命令行提示："第一点［R-选参考点］"，同时弹出一个浮动式对话框，如图 26.5-28 所示；在软件提示框输入标高信息，点击布置即可。

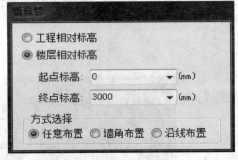 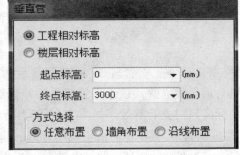

图 26.5-28

2）软件默认是"楼层相对标高"，工程相对标高也就是构件相对于该工程±0.000m 为起点的标高；"楼层相对标高"就是构件相对于当前楼层为起点的标高。我们可以直接在"起点标高"、"终点标高"中输入该立管的上下端标高位置。

选择"工程相对标高"布置时，起点和终点标高默认为 0 和层高（如 0～3000mm），下次默认值提取上一次修改的标高。对于部分在该楼层里的立管，软件显示当前层高度范围内的立管。如：在一层布置的立管起、终点标高分别为－500mm、9000mm，一、二、三层层高分别 3500mm、2800mm、3000mm，则软件在一层显示的立管高度为 3500mm，二层显示的立管高度为 2800mm，三层显示的立管高度为 3000mm；0 层显示立管高度为 500mm，若设置了-1 层，则软件在-1 层显示该立管高度为 500mm，0 层不显示。

注：选择"工程相对标高"布置时，软件支持布置输入的起点和终点标高不在该楼层范围之内的立管，但图形显示只有一个点和构件名称，且当切换过楼层后构件名称自动消

除，该构件只在所属楼层显示。如：一层标高是（0，3000mm），所布置的立管高度为（3400mm，9600mm），若在一层布置完成该立管后，显示只有构件名称和一个点；切换到2层；然后再重新切换到1层，则1层的该立管构件名称消除，即：立管构件显示在标高所在层，且分层显示。

工程相对标高输入方式支持"楼地面标高＋楼层相对标高"输入。例如，立管给水用PP-R-De16起点标高为300mm，终点标高为3300mm（一层层高为3000mm），布置工程相对标高设置如图26.5-29所示。

选择"楼层相对标高"布置时，起点和终点标高默认为0和层高（如0～3000mm），下次默认值提取上一次修改的标高。对于部分在该楼层里的立管，软件在当前楼层中全部显示该立管。如：在一层内布置0mm，6000mm的立管，本层三维显示时看到的是6000mm高的立管，二层里不显示该立管。

图 26.5-29

注：选择"楼层相对标高"布置时，当输入的起点和终点标高不在该楼层范围之内时，软件支持布置该立管，三维显示时在该楼层按实际标高显示。

说明：采用工程相对标高绘制的立管为主立管，与水平管颜色不一致，可分别显示控制；采用楼层相对标高绘制的立管为短立管，与水平管同图层同颜色。

3）"方式选择"同"水平管"。

4）系统名称。系统名称的设置同"水平管"。

（4）贯通立管

该命令主要用于布置同一垂直方向上的变径主立管，单击布置贯通立管按钮 ，软件弹出如图26.5-30对话框。

图 26.5-30

1）选择要布置的管道名称，单击"增加"按钮，即把要布置的管道增加到右边的对话框中。对于多增加了的管道点击"删除"，按照软件提示选择"是"，即可删除该管道。左边的对话框中显示的是所有已经定义了的各类管道构件，对于属性里没有被定义的，则需要在"构件属性"里定义完成，然后在该对话框中才可以看到。同理，对于没有定义的系统编号要在"系统编号"里进行增加。

2）定义并选择好管道名称之后，如图 26.5-31 所示。

图 26.5-31

在右边对话框中对每一种管道，可以在"系统编号"栏中选择系统编号，并输入"终点标高"参数。

注：增加第二行时起点标高读上一构件的终点标高，不可更改。标高的输入支持"nF±"的输入方式。

各个参数设置好后，单击"确定"按钮，光标回到图形界面，指定插入点布置贯通立管。

（5）多管

该命令主要用于布置多根空间位置平行的管道，比如冷水管和热水管等。单击布置多管按钮 多管（多管的详细定义参见属性定义），软件属性工具栏自动跳转到管道构件中，软件弹出如图 26.5-32 对话框。

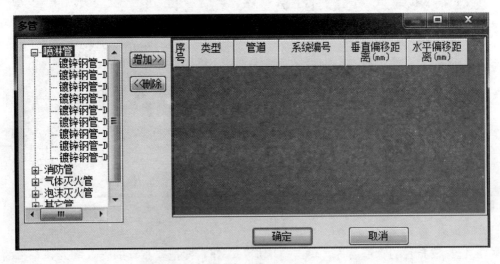

图 26.5-32

1）选择要布置的管道名称，单击"增加"按钮，即把要布置的管道增加到右边的对话框中。对于多增加了的管道点击"删除"，按照软件提示选择"是"，即可删除该管道。左边的对话框中显示的是所有已经定义了的各类管道构件，对于属性里没有被定义的，则需要在"构件属性"里定义完成，然后在该对话框中才可以看到。同理，对于没有定义的系统编号要在"系统编号"里进行增加。

2）定义并选择好管道名称之后，如图 26.5-33 所示。

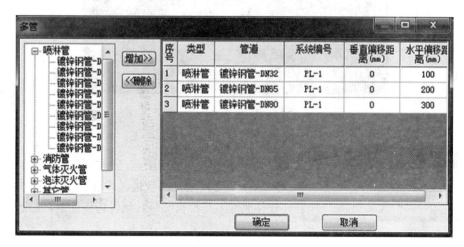

图 26.5-33

在右边对话框中，对每一种管道可以在"系统编号"栏中选择系统编号，并输入"垂直偏移距离"和"水平偏移距离"参数。

"垂直偏移距离"的输入以楼地面为基准，正值为楼地面以上，负值为楼地面以下；软件默认均为 0，且不随行数增加而自动增加。

"水平偏移距离"的输入默认以布置多管时选择的线为基准，按照布置走向，左边为正值，右边为负值；软件默认值为 100mm，且其行数以 100mm 自动递增。

3）各个参数设置好后，单击"确定"按钮，软件弹出对话框如图 26.5-34 所示。

在该对话框中输入标高参数并设置好布置方式，在图形上点击左键开始布置多管，按照命令行提示，逐个确定管道位置即可，当标高不一样时在对话框中输入不同的标高值，确定后软件会弹出对话框，如图 26.5-35 所示。

图 26.5-34

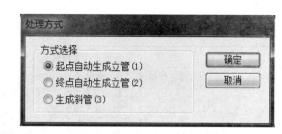

图 26.5-35

选择竖向管道自动生成的方式之后点击"确定"，即多管布置完成，如图 26.5-36 所示即为已布置的不同标高的多管。

4）系统名称。

系统名称的设置同"水平管"。

注：多管的布置方式同【任意布管道】命令。

图 26.5-36

图 26.5-37

（6）线变管

该命令主要是用于把已绘制的线条或 CAD 图形中的线转变成指定的管道。单击线变管按钮 线变管，软件属性工具栏自动跳转到管道构件中，如图 26.5-37 所示。

在弹出的对话框中输入管道的标高，这里的"楼层相对标高"同水平管里的"楼层相对标高"。选择要变成管道的线，右键确认即可。

注：

① 软件里支持直接选择多条线变成管道。

② 命令执行过程中可以在构件列表中直接选择不同的构件名称分别进行线变管，不需要退出命令切换构件。

③ 用 spline 命令布置的线条不能执行线变管命令。

（7）生成扣管

该命令主要是用于把一根水平管分成上下不同标高的两根管，并在相交点自动生成立管；或把两根不同标高的水平管连接起来并在交点处生成立管。具体操作描述如下：

1）单击生成扣管按钮 生成扣管，软件属性工具栏自动跳转到管道构件中，同时命令行有表 26.5-7 提示。

生成扣管命令　　　　　　　　　　　　　　　　　　　　　　表 26.5-7

请选择第一根管道	左键点击选择要布置扣管的水平管
请选择扣管点［D-请选择第二个管道］：	当一根水平管上需要布置一个扣管点时，直接按照提示左键点击要布置扣管的位置；当布置的扣管位置是在两根水平管的交点上时。直接在命令行输入 D，选择相邻水平管
请输入第一根管道的标高：〈2800〉	扣管点一侧的水平管变虚线，输入该水平管标高，软件默认标高〈2800〉为层高参数
请输入下一根管道的标高：〈2800〉1500	扣管点另一侧的水平管变虚线，输入该水平管标高，软件默认标高〈2800〉为参高参数

2）水平管标高均输入完成后，回车，软件弹出如图 26.5-38 对话框。

在该对话框中点击小三角，软件会显示出已定义的所有管道的名称，点击选择需要布置的扣管，单击"确定"按钮，软件即在该扣管点自动生成连接这两根不同标高的水平管的立管。

3）系统名称的设置同"水平管"。

【例1】在水平管上布置扣管，如图 26.5-39 所示，已布置了标高为－300mm 的水平管，该水平管一段标高是－300mm，一段是 300mm，并且标高错开处要生成短立管。单击"生成扣管"命令，按照命令行提示操作：

图 26.5-38

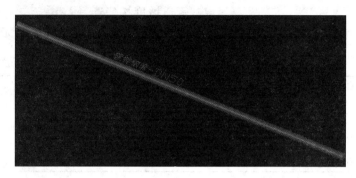

图 26.5-39

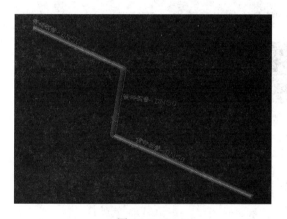

图 26.5-40

请选择第一根管道：

请选择扣管点【D-请选择第二个管道】：

请输入第一根管道的标高：〈－300〉。

请输入下一根管道的标高：〈－300〉300。

命令执行完毕，软件自动生成扣管并调整水平管标高，如图 26.5-40 所示。

【例2】　用于连接两根不同标高的水平管，如图 26.5-41 所示，已布置了两根水平管，且水平管在同一标高。

图 26.5-41

点击"生成扣管"命令，按照命令行提示操作：

请选择第一根管道：

请选择扣管点【D-请选择第二个管道】：d

请选择第二根管道：

图 26.5-42

请输入第一根管道的标高：〈300〉。

请输入下一根管道的标高：〈300〉800。

通过执行"生成扣管"命令，我们完成了三个步骤：第一，把这两根水平管连接在一起了；第二，在连接点处生成了一根扣管；第三，调整其中一根水平管的标高为 800mm。完成后结果如图 26.5-42 所示。

（8）坡度

单击管道坡度按钮 管道坡度，软件属性工具栏自动跳转到管道—喷淋管构件中，选择要布置的管道的名称，同时命令行提示见表 26.5-8。

坡度命令　　　　　　　　　　　　　　　　　　　　　　　表 26.5-8

请选择管道［W-自动选择相关联管道］〈回车保持原方向〉：	选择要调整坡度的管道
选择下一根桥架［W-自动选择相关联管道］〈回车结束选择〉：w	自动选择连续管道
请选择坡度方向［R-反转方向］〈回车保持原方向〉：	软件在图上显示默认的坡度方向 ╱，如需要调整坡度方向时输入 R，回车确认即可
输入管道坡度值［0.004］：	输入管道坡度的坡度值

系统名称的设置同"水平管"。

如图 26.5-43 所示，已设置完成的管道坡度在构件显示信息中的显示。

图 26.5-43

注：

（1）图中 1900mm 是该管道的中点的楼层相对标高，2800mm 和 1000mm 分别代表起点和终点的标高，L 指管道实际长度。

（2）当水平管道与楼层间短立管之间首尾相连时，后面所有相连接的管道都跟随前一管道起坡；举例如下：

举例：如图 26.5-44 所布置的管道，按命令行提示操作，见表 26.5-9。

图 26.5-44

坡度命令	表 26.5-9
请选择管道：	选择要设置坡度的管道以及与该管道相连接的其他需要设置同一坡度的管道
请选择坡度方向［R-反转方向］〈回车保持原方向〉：	设置坡度方向
输入管道坡度值［0.004］：0.3	给出管道坡度值

26.5.3　消火栓

（1）布消火栓

单击布消火栓按钮  布消火栓，软件弹出对话框如图 26.5-45 所示。

该对话框中的楼层相对标高需要输入消火栓所在的高度，该高度按本层楼地面起算的，软件默认的是前一次输入的参数。也可以点击后面的标高提取按钮自动提取。

标高提取 ：可以通过直接点取平面图形来读取该图形的标高参数。注意：该按钮只能提取平面

图 26.5-45

图形上的标高参数（如水平管、喷淋头等），立面图形如立管及其立管上的构件的标高参数不能读取。

命令行提示：指定插入点【A-旋转角度】，点击需要布置设备的位置，如果需要旋转角度，输入 A 进行调整，调整方法同"水平套管"。

（2）箱连主管

单击箱连主管按钮 箱连主管，软件弹出如图 26.5-46 的对话框。

图 26.5-46

水平支管标高：箱与主管间水平段管道楼层相对标高。

栓口距底边距离：管道由下口进入箱，管道端口距箱底边的距离（底边即插入点标高）。

支管系统编号："任意选择"，自己定义支管的系统编号。

"随主管"，系统编号同所选择的管道系统编号相同。

"随消火栓"，系统编号同所选择的消火栓系统编号相同。

连管方式名称：

单口消火栓 1：箱侧连管。

单口消火栓 2：箱后连管。

单口消火栓 3：直线连管。

单口消火栓 4：箱侧边缘连管。

双口消火栓 5：箱侧连管。

双口消火栓 6：箱后连管方式 1。

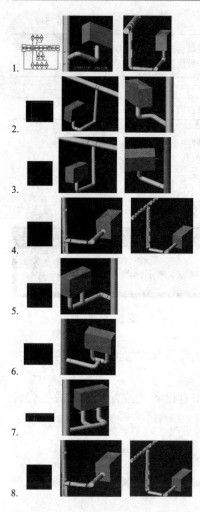

1.

2.

3.

4.

5.

6.

7.

8.

图 26.5-47

双口消火栓 7：箱后连管方式 2。

双口消火栓 8：箱侧边缘连管。

连接方式同图 26.5-47 所示相对应。

1）左键选择消火栓箱，再选择主管，布置出来的管道跟所选连接方式相对应。

2）在选择"消火栓箱"后，支持输入关键字"D"，指定下一点（次数不限，可调整标高），然后在对话框里面修改标高，再指定下一点，软件会弹出对话框，如图 26.5-48 所示。

处理的三种方式可以参考给水排水专业"任意布管道"命令。

选择"起点生成立管"，点击"确定"按钮，对话框消失，再左键选择管道，命令操作结束。三维图形如图 26.5-49 所示。

注意：不支持的形式。

当所选的主立管、主水平管或 D 点，其主管支管连接点位置处于 A、B 两条厚边平行线区域内时，不支持"4、8：箱侧外边缘连管"、"5：箱侧连管"、"7：箱后连管方式 2"三种方式：

（1）水平主管，在指定点或选定立管后弹出对话框，点击"确定"或"取消"，返回到上一步的选点状态，如图 26.5-50 所示。

（2）若主管全部处于消火栓 AB 不支持范围时（水平或竖向主管），选择主管状态中不能选点此主管，如图 26.5-51 所示。

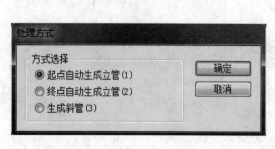

图 26.5-48

图 26.5-49

选择的主管为立管时，生成的水平管均在同一标高；若为水平管，在水平管下生成立管，立管位置在水平管上指定。

图 26.5-50

图 26.5-51

26.5.4　消防设备

（1）任意布设备

单击设备布置按钮 任意布设备，软件弹出对话框如图 26.5-52 所示。

该对话框中的楼层相对标高需要输入设备所在的高度，该高度是按本层楼地面起算的，软件默认的是前一次输入的参数。也可以点击后面的标高提取按钮自动提取。

图 26.5-52

标高提取 ：可以通过直接点取平面图形来读取该图形的标高参数。注意：该按钮只能提取平面图形上的标高参数，如水平管、喷淋头等，立面图形如立管及其立管上的构件的标高参数不能读取。

图 26.5-53

命令行提示：指定插入点［A-旋转角度］，点击需要布置设备的位置，如果需要旋转角度，输入 A 进行调整，调整方法同"布消火栓"。

（2）选择布设备

单击选择布设备按钮 选择布设备，软件弹出如图 26.5-53 对话框。

楼层相对标高：是相对于本层楼地面的高度，可以直接输入参数对它进行调整，也可以点击后面的标高提取按钮自动提取。

标高提取 ：可以通过直接点取平面图形来读取该图形的标高参数。注意：该按钮只能提取平面图形上的标高参数，如水平管，立面图形如立管的标高参数不能读取。

［自动布置垂直管道］：复选框前面的钩去掉，则不生成垂直管道。参数设定好后，根据命令行提示：选择需要布置设备的管道，选择管道即可。

26.5.5　附件

（1）阀门法兰

单击阀门法兰按钮 阀门法兰，软件属性工具栏自动跳转到阀门法兰—阀门构件中，选择要布置的阀门或法兰的名称，同时命令行提示"选择需要布置附件的管道"，选择要布置附件的管道即可，所布置构件的标高随管道。

（2）系统组件

单击系统组件 系统组件，软件属性工具栏自动跳转到附件—系统组件中，选择要布置构件名称，同时命令行提示"选择需要布置附件的管道"，选择要布置系统组件的管道，所布置构件的标高随管道。

（3）水平套管

单击水平套管按钮 水平套管，软件属性工具栏自动跳转到附件—套管构件中，选择要布置的水平套管名称，同时弹出如图 26.5-54 对话框。

图 26.5-54

该对话框中的楼层相对标高需要输入水平套管所在的高度，该高度是按本层楼地面起算的，软件默认的是前一次输入的参数。也可以点击后面的标高提取按钮自动提取。

标高提取 ：可以通过直接点取平面图形来读取该图形的标高参数。注意：该按钮只能提取平面图形上的标高参数（如水平管、喷淋头等），立面图形如立管及其立管上的构件的标高参数不能读取。

命令行提示见表 26.5-10。

水平套管命令　　　　　　　　　　　　　　　表 26.5-10

指定插入点［A-旋转角度］：	指定要布置套管的位置
指定插入点［A-旋转角度］：a	如果要设置套管的旋转角度，输入 a
请输入旋转角度值：60	输入旋转角度，角度的输入方式为：逆时针为正，顺时针为负
指定插入点［A-旋转角度］：	指定布置套管的位置

系统名称的设置同"水平管"。

（4）竖直套管

单击竖直套管按钮 竖直套管，软件属性工具栏自动跳转到附件—套管构件中，选择要布置的竖直套管名称，同时弹出如图 26.5-55 对话框。

该对话框中的楼层相对标高需要输入竖直套管所在的高度，该高度是按本层楼地面起算的，软件默认的是前一次输入的参数。也可以点击后面的标高提取按钮自动提取。

图 26.5-55

标高提取 ：可以通过直接点取平面图形来读取该图形的标高参数。注意：该按钮只能提取平面图形上的标高参数（如水平管、喷淋头等），立面图形如立管及其立管上的构件的标高参数不能读取。

命令行提示如下：【指定插入点】：左键点击指定要布置套管的位置即可。

系统名称的设置同"水平管"。

（5）生成套管

单击生成套管按钮 生成套管，软件弹出对话框如图 26.5-56 所示，软件会自动识别

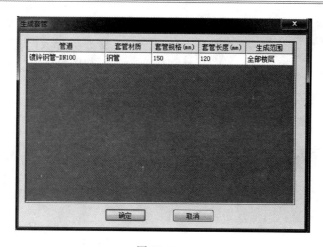

图 26.5-56

出需要生成的套管。

（6）仪器仪表

单击仪器仪表按钮 仪器仪表，软件属性工具栏自动跳转到附件—仪器仪表构件中，选择要布置的仪器仪表的名称，同时命令行提示：选择需要布置附件的管道，选择要布置水表或压力表的水管，按照命令行提示在需要布置水表等构件的位置上点击即可。

1）仪器仪表的布置，同"阀门法兰"。

2）系统名称的设置同"水平管"。

（7）补偿器

单击补偿器按钮 补偿器，软件属性工具栏自动跳转到附件—补偿器构件中，选择要布置的补偿器的名称，同时命令行提示：选择需要布置附件的管道，选择要布置补偿器的水管，按照命令行提示在需要布置补偿器的位置上点击即可。

1）补偿器的布置，同"阀门法兰"。

2）系统名称的设置同"水平管"。

（8）生成水法兰

单击生成套管按钮 生成水法兰，软件弹出对话框如图 26.5-57 所示。

注：（1）给水排水、消防、暖通三个专业水法兰支持一键生成。

图 26.5-57

（2）同时支持阀门两侧，以及水管配件连接处生成法兰。

（3）各种法兰可按管道大小、阀门类型随表设置生成。

26.5.6　储存装置

（1）水箱

单击水箱按钮 水箱，软件弹出对话框如图 26.5-58 所示。

图 26.5-58

该对话框中的楼层相对标高需要输入设备所在的高度，该高度是按本层楼地面起算的，软件默认的是前一次输入的参数。也可以点击后面的标高提取按钮自动提取。

标高提取 ：可以通过直接点取平面图形来读取该图形的标高参数。注意：该按钮只能提取平面图形上的标高参数（如水平管、喷淋头等），立面图形如立管及其立管上的构件的标高参数不能读取。

命令行提示：指定插入点［A-旋转角度］，点击需要布置设备的位置，如果需要旋转角度，输入 A 进行调整，调整方法同"布消火栓"。

（2）气压罐

单击气压罐按钮 气压罐，软件弹出对话框如图 26.5-59 所示。

该对话框中的楼层相对标高需要输入设备所在的高度，该高度是按本层楼地面起算的，软件默认的是前一次输入的参数。也可以点击后面的标高提取按钮自动提取。

标高提取 ：可以通过直接点取平面图形来读取该图形的标高参数。注意：该按钮只能提取平

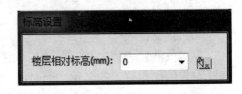

图 26.5-59

面图形上的标高参数（如水平管、喷淋头等），立面图形如立管及其立管上的构件的标高参数不能读取。

命令行提示：指定插入点［A-旋转角度］，点击需要布置设备的位置，如果需要旋转角度，输入 A 进行调整，调整方法同"布消火栓"。

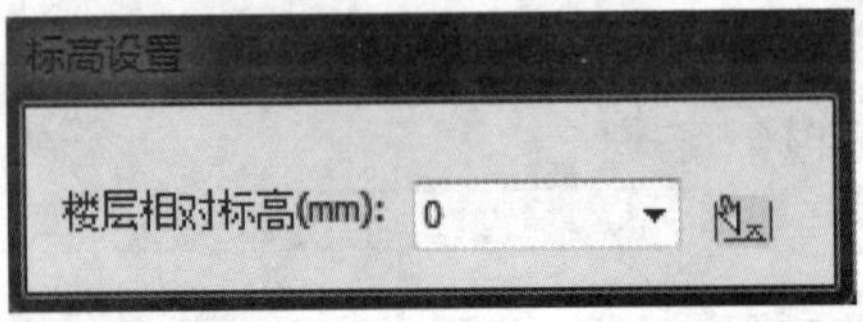

（3）储气瓶

单击储气瓶按钮 储气瓶，软件弹出对话框如图 26.5-60 所示。

该对话框中的楼层相对标高需要输入设备所在的高度，该高度是按本层楼地面起算的，软件默认的是前一次输入的参数。也可以点击后面的标高提取按钮自动提取。

图 26.5-60

标高提取 ：可以通过直接点取平面图形来读取该图形的标高参数。注意：该按钮只能提取平面图形上的标高参数（如水平管、喷淋头等），立面图形如立管及其立管上的构件的标高参数不能读取。

命令行提示：指定插入点［A-旋转角度］，点击需要布置设备的位置，如果需要旋转角度，输入 A 进行调整，调整方法同"布消火栓"。

26.5.7　管道配件

管道配件在软件里指的是管道连接点的弯头、大小头、三通、四通等。管道配件在软件里支持单个布置或批量布置，批量布置分为楼层生成和工程生成两种。

（1）工程生成

单击工程生成按钮 工程生成，软件自动搜寻该工程中所有楼层的管道连接点，并按

照管道连接根数和管径，自动识别应布置的管道配件类型。

注：对于按工程相对标高生成的主立管，在层高位置与水平管相交时，软件会先判断在上一层是否还存在该主立管。假如还存在该主立管，则软件自动生成三通，否则生成弯头。但对于不在本层高度范围内水平管是不会自动生成管道配件的。比如，1 层层高 3m，楼地面标高 0.000m，主立管标高为（－1000，3000mm），水平管布置在－500mm 的位置，在 1 层进行本层三维显示如图 26.5-61 所示。

因为该层中主立管只显示（0，3000mm）的高度，所以该处软件默认为主立管和水平管没有连接点，不产生管道配件。假如在主立管位置再布置一根标高在 0.000m 处的水平管，那么软件先判断0.000m 处的主立管下面还存在主立管，则该连接点生成一个三通。

（2）楼层生成

单击楼层生成布置按钮  楼层生成，软件自动搜寻本层中楼层中所有的管道连接点，并按照管道连接根数和管径自动识别应布置的管道配件类型。

图 26.5-61

注：对于按工程相对标高生成的主立管在层高位置与水平管相交时，软件并不判断在上一层是否还存在该主立管，而是直接判断本楼层内有哪些管道连接点并布置上配件，楼层之间的关系软件不考虑。

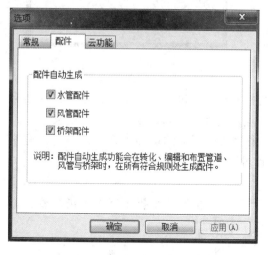

图 26.5-62

（3）选择生成

单击选择生成布置按钮 选择生成，命令行提示：请选择要生成连接件的管子。

软件按照所选择的管道判断是否存在连接点，并在存在连接点的位置按照管道连接根数和管径自动识别应布置的管道配件类型。

（4）选择布堵头

单击选择布堵头按钮 选布堵头，命令行提示选择需要布置的管道，框选管道右击鼠标确定。

（5）水管配件生成

点击菜单栏工具选择选项点击配件，勾选自动生成的构件，如图 26.5-62 所示，点击"确定"之后，给水排水、消防和暖通专业的水管配件随画随生成，同时在编辑修改后时自动更新。

26.5.8　零星构件

（1）任意支架

单击任意布置支架的按钮 任意支架，软件弹出对话框如图 26.5-63 所示。

该对话框中的楼层相对标高需要输入支架所在的高度，该高度是按本层楼地面起算的，软件默认的是前一

图 26.5-63

次输入的参数。也可以点击后面的标高提取按钮自动提取。

标高提取 ：可以通过直接点取平面图形来读取该图形的标高参数。注意：该按钮只能提取平面图形上的标高参数（如水平管、喷淋头等），立面图形如立管及其立管上的构件的标高参数不能读取。

同时命令行提示：指定插入点［A-旋转角度］，点击需要布置支架的位置，如果需要旋转角度，输入 A 进行调整，调整方法同"布消火栓"。

（2）选布支架

单击自动选布支架按钮 **选布支架**，在命令行输入支架间距，命令行提示：请选择管道，选择需要布置支架的管道，软件按照选择的管道的长度和输入的支架间距自动布置支架，生成的第一个支架点位于距离管线起点 1/2 支架间距处。如图 26.5-64 所示为水平管和立管的支架显示。

（3）生成支架

单击左边中文工具栏中 **生成支架**图标，布置方式同给水排水专业"生成支架"。

（4）管道沟槽

单击管道按钮 **管道沟槽**，软件弹出对话框如图 26.5-65 所示。

图 26.5-64

图 26.5-65

该对话框中的楼层相对标高需要输入管道沟槽所在的高度，该高度是按本层楼地面起算的，软件默认的是前一次输入的参数。也可以点击后面的标高提取按钮自动提取。

标高提取 ：可以通过直接点取平面图形来读取该图形的标高参数。注意：该按钮只能提取平面图形上的标高参数（如水平管、喷淋头等），立面图形如立管及其立管上的构件的标高参数不能读取。

同时命令行提示：请选择第一点［R-选择参考点］，按照这个提示逐个点击需要布置管道沟槽的定位点，参考点 R 的使用方法同土建"布置墙"。

（5）检查井

单击布检查井按钮 **检查井**，软件弹出对话框如图 26.5-66 所示。

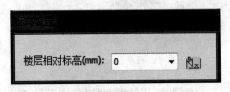

图 26.5-66

该对话框中的楼层相对标高需要输入检查井所在的高度，该高度是按本层楼地面起算的，软件默认的是前一次输入的参数。也可以点击后面的标高提取按钮自动提取。

标高提取 ：可以通过直接点取平面图形来读取该图形的标高参数。

注意：该按钮只能提取平面图形上的标高参数（如水平管、喷淋头等），立面图形如立管及其立管上的构件的标高参数不能读取。

按照命令行提示：指定插入点［A-旋转角度］，点击需要布置检查井的位置，如果需要旋转角度，输入 A 进行调整，调整方法同"布消火栓"。

26.6　布置-暖通专业

26.6.1　风口设备

（1）任意平布

单击左边中文工具栏中  任意平布图标，软件属性工具栏自动跳转到风口—送风口构件中，并弹出对话框，如图 26.6-1 所示。

1）风口角度：输入风口的旋转角度；角度遵循逆时针为正值，顺时针为负值的原则，软件默认值为 0。

2）楼层相对标高：是相对于本层楼地面的高度，可以直接输入参数对它进行调整，也可以点击后面的标高提取按钮自动提取。

标高提取 ：可以通过直接点取软件平面构件来读取该构件的标高参数。

图 26.6-1

3）读风管：对于风口平布没有影响，对于侧布风口的影响在侧布风口内容进行介绍。

说明：该按钮只能提取水平方向构件的标高参数，如风口、设备等，垂直方向如垂直管线的标高参数不能读取。

左键点取"属性工具栏"中要布置的风口的种类，命令行提示："请指定插入点【R-选参考点】"，左键点击布置风口的位置点，在绘图区域内，按照命令行提示可连续点击布置风口；输入 R 可选择参考点；布置完一种风口后，命令不退出，可以在属性工具栏重新选择构件名称再布置；布置完毕后，右键单击，弹出右键菜单，选择"取消"即退出该命令。

（2）沿线平布

该命令用于沿一条直线或弧线均匀布置所选取的风口。单击左边中文工具栏中

 沿线平布图标，软件属性工具栏自动跳转到风口—送风口构件中，并弹出浮动式对话框，如图 26.6-2 所示。

1）布置数量：

【数量】：用于确定沿线所需要布置的风口数量，可直接在该编辑框中输入。

【角度】：用于输入绘制时风口的旋转角度；角度遵循逆时针为正值，顺时针为负值的原则；软件默认值为 0。

2）距边距离：

【边距】：用于确定风口离用户所定义的直线两端的距离，如图 26.6-3 所示。

图 26.6-2

3）楼层相对标高：是相对于本层楼地面的高度，可以直接输入参数对它进行调整，也可以点击后面的标高提取按钮自动提取。

标高提取 ：可以通过直接点取软件平面构件来读取该构件的标高参数。

图 26.6-3

说明：该按钮只能提取 X 方向的构件的标高参数（如风口、设备等），Y 方向如垂直管线的标高参数不能读取。

4）左键点取左边"属性工具栏"中要布置的风口的种类，命令行提示见表 26.6-1。

沿线平布命令　　　　　　　　　　　　　　　　　　　　　　表 26.6-1

请选择直线、弧线【D-自行绘制】：	点击选择要布置风口的弧线或直线
请选择直线、弧线【D-自行绘制】：d	选择自行绘制的方式来布置
第一点【R-选参考点】：	确定自行绘制方式下的第一点位置
确定下一点【A-圆弧】〈回车结束〉：	确定自行绘制方式下的下一点位置
确定下一点【A-圆弧】〈回车结束〉：a	确定自行绘制方式下的弧线绘制模式
确定圆弧的中间一点：指定圆弧的起点或【圆心（C）】：	确定弧线中间点位置
指定圆弧的第二个点或【圆心（C）/端点（E）】：	确定弧线下一点位置
指定圆弧的端点：	确定弧线端点位置

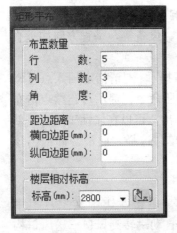

图 26.6-4

确定好风口的起点位置后，软件在该直线或弧线内自动布置。

布置完一种风口后，命令不退出，重新选择构件名称再布置；布置完毕后，右键单击，弹出右键菜单，选择"取消"并退出命令。

（3）矩形平布

此命令在平面图中由用户拉出一个矩形框并在此框中绘制风口。单击左边中文工具栏中 88 矩形平布 图标，软件属性工具栏自动跳转到风口—送风口构件中，并弹出一个浮动式对话框，如图 26.6-4 所示。

1）布置数量：

【行数】：用于确定用户拉出的矩形框中要布置的风口行数，可直接在该编辑框中输入。

【列数】：用于确定用户拉出的矩形框中要布置的风口列数，可直接在该编辑框中输入。

【角度】：用于输入绘制时风口的旋转角度；角度遵循逆时针为正值，顺时针为负值的原则；软件默认值为 0。

2）距边距离：

【横向边距】、【纵向边距】：用于确定风口离用户拉出的矩形框边缘的距离值，如图 26.6-5 所示。

3）楼层相对标高：是相对于本层楼地面的高度，可以直接输入参数对它进行调整，也可以点击后面的标高提取按钮自动提取。

标高提取 ：可以通过直接点取软件平面构件来读取该构件的标高参数。

图 26.6-5

说明：该按钮只能提取 X 方向构件的标高参数，如风口、设备等，Y 方向如垂直管线的标高参数不能读取。

4）左键点取左边"属性工具栏"中要布置的风口的种类，命令行提示："请指定矩形区域的第一个角点："，按照提示确定布置风口的矩形范围；布置完一种风口后，命令不退出，可以重新选择构件再布置；布置完毕后，右键单击，弹出右键菜单，选择"取消"并退出命令。

（4）扇形平布

单击扇形平布按钮 扇形平布，软件属性工具栏自动跳转到风口—送风口构件中，同时弹出如图 26.6-6 的对话框。

1）布置数量：

［行数］：直接输入扇形区域内要布置的风口的行数。

［首行数量］：直接输入扇形区域内第一行的风口个数。

［每行递减］：扇形区域内每行风口的个数递减数量。

说明：风口间距根据所布风口个数软件自动调整。

2）楼层相对标高：指所布置的风口的标高，可以直接输入标高参数，也可以点击后面的标高提取按钮自动提取。

标高提取 ：可以通过直接点取软件平面构件来读取该构件的标高参数。

说明：该按钮只能提取平面图形的标高参数，如风口、设备等，Y 方向如垂直管线的标高参数不能读取。

3）左键点取左边"属性工具栏"中要布置的风口的种类；按照命令行提示选择扇形区域，软件按照选择的区域和输入的参数布置风口。

举例：选择扇形布置风口。点击"扇形平布"命令按钮，按照命令行提示操作，见表 26.6-2。

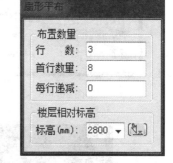

图 26.6-6

	扇形平布命令	表 26.6-2
请选择大弧的起点	选择扇形区域外边弧线的起点	
请选择大弧的终点	选择扇形区域外边弧线的终点	
请选择大弧上中间一点	选择扇形区域外边弧线的中点	
请选取小弧上任意一点	选择扇形区域内边弧线的任意点	

命令执行完毕，结果如图 26.6-7 显示。

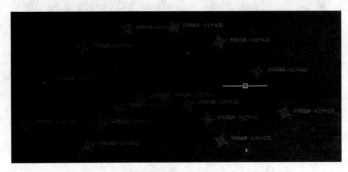

图 26.6-7

（5）任意侧布

单击左边中文工具栏中 任意侧布图标，弹出对话框如图 26.6-8 所示。

布置方式同"任意平布"。

"读风管"，支持在风管上布置侧风口，选中"读取风管"，角度选项为不可选。当鼠标移到风管上时，会自动选择风管的一边，如图 26.6-9，移动鼠标可以选择上边或下边，点击左键，侧风口就能跟风管紧密相连，如图 26.6-10 所示。

图 26.6-8

图 26.6-9

图 26.6-10

（6）沿线侧布

单击左边中文工具栏中 沿线侧布图标，布置方式同"26.6.1（2）沿线平布"。

（7）通风设备

单击左边中文工具栏中  通风设备图标，软件弹出如图 26.6-11 对话框。

1）楼层相对标高：是相对于本层楼地面的高度，可以直接输入参数对它进行调整，也可以点击后面的标高提取按钮自动提取。

图 26.6-11

标高提取 ：可以通过直接点取软件平面图形来读取该图形的标高参数。

说明：该按钮只能提取 X 方向的构件的标高参数，如风口、设备等，Y 方向如垂直管线的标高参数不能读取。

2）左键点取左边"属性工具栏"中要布置的通风设备的种类，命令行提示：指定插入点【A-旋转角度】，按照提示在绘图区域内，可连续任意点击布置设备；布置完一种设备后，命令不退出，可以再重复选择新构件布置；布置完毕后，右键单击，弹出右键菜单，选择"取消"并退出命令。

26.6.2 风管

（1）水平风管

单击布置风管按钮 水平风管 （风管的详细定义参见属性定义），软件属性工具栏自动跳转到风管—送风管。

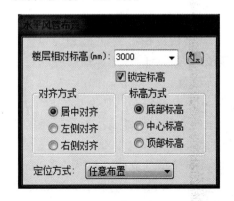

图 26.6-12

1）命令行提示："第一点【R-选参考点】"，同时弹出一个浮动式对话框，如图 26.6-12 所示对话框。

楼层相对标高：是相对于本层楼地面的高度，这样就明确了我们布置的水平风管的高度位置，可以直接输入参数对它进行调整，也可以点击后面的标高提取按钮自动提取。

标高提取 ：可以通过直接点取平面图形来读取该图形的标高参数。注意：该按钮只能提取平面图形上的标高参数（如风口、设备等），立面图形如立管的标高参数不能读取。

标高方式：有管底标高、中心标高、管顶标高三种方式。风管管底楼层相对标高为 3000mm。

标高锁定：当"标高锁定"打"√"时，"楼层相对标高"显亮，可以直接输入水平风管标高；当"标高锁定"未打"√"时，软件按照捕捉点的标高来布置风管。

2）命令行提示："指定下一点【回退（U）】"，即风管布置上去了。

3）还可以布置不同标高的风管，点击命令，定义好起点标高，直接在对话框里面修改，然后在绘图区域内左键点击一点，再在对话框中定义终点标高（命令不退出的情况下），左键指定下一点，软件会弹出浮动式对话框，如图 26.6-13 所示。

4）有三种方式供选择，选择第一种，生成短立管，在起点端生成。选择第二种，生成短立管，在终点端生成。选择第三种，没有短立管生成，生成斜风管。

图 26.6-13

（2）垂直风管

单击布置风管按钮 垂直风管（风管的详细定义参见属性定义），软件属性工具栏自动跳转到风管—送风管。

1）命令行提示："请指定插入点【R-选参考点】【A-旋转角度】"，同时弹出一个浮动式对话框，如图 26.6-14 所示；在软件提示框输入标高信息，点击布置即可。

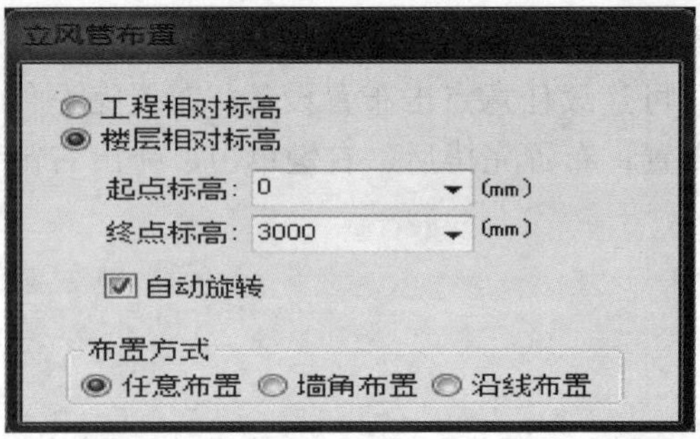

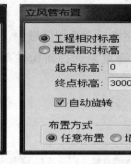

（a） 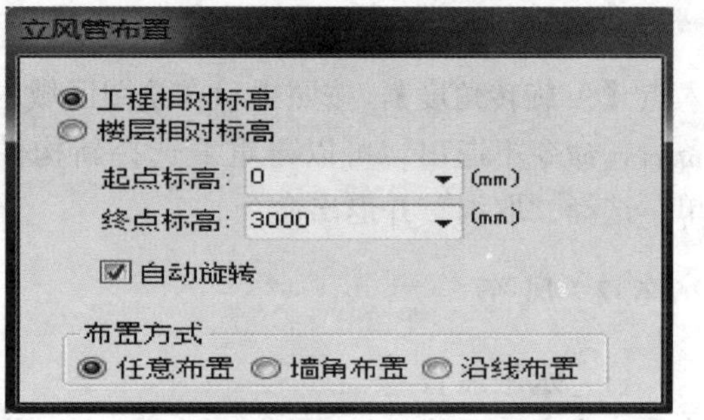   （b）

图 26.6-14

2）软件默认是"工程相对标高"，工程相对标高也就是构件相对于该工程±0.000m 为起点的标高；"楼层相对标高"就是构件相对于当前楼层为起点的标高。我们可以直接在"起点标高"、"终点标高"中输入该立管的上下端标高位置。

选择"工程相对标高"布置时，起点和终点标高默认为 0 和层高（如 0～3000mm），下次默认值提取上一次修改的标高。对于部分在该楼层里的立管，软件显示当前层高度范围内的立管。如，在一层布置的立管起、终点标高分别为−500mm、9000mm，一、二、三层层高分别 3500mm、2800mm、3000mm，则软件在一层显示的立管高度为 3500mm，二层显示的立管高度为 2800mm，三层显示的立管高度为 3000mm；0 层显示立管高度为 500mm，若设置了-1 层，则软件在-1 层显示该立管高度为 500mm，0 层不显示。

注：选择"工程相对标高"布置时，软件支持布置输入的起点和终点标高不在该楼层范围之内的立管，但图形显示只有一个点和构件名称，且当切换过楼层后构件名称自动消除，该构件只在所属楼层显示。如，一层标高是（0，3000mm），所布置的立管高度为（3400mm，9600mm），若在一层布置完成该立管后，显示只有构件名称和一个点；切换到 2 层；然后再重新切换到 1 层，则 1 层的该立管构件名称消除，即：立管构件显示在标高所在层，且分层显示。工程相对标高输入方式支持"楼地面标高＋楼层相对标高"输入。

例如，立管给水用 PP-R-De16 起点标高为 300mm，终点标高为 3300mm（一层层高为 3000mm），布置工程相对标高设置如图 26.6-15 所示。

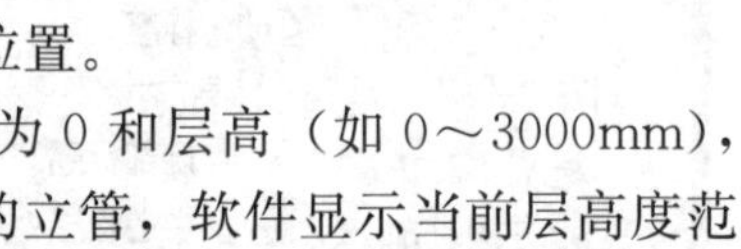

选择"楼层相对标高"布置时，起点和终点标高默认为 0 和层高（如 0～3000mm），下次默认值提取上一

图 26.6-15

次修改的标高。对于部分在该楼层里的立管，软件在当前楼层中全部显示该立管。如，在一层内布置 0mm，6000mm 的立管，本层三维显示时看到的是 6000mm 高的立管，二层里不显示该立管。

注：选择"楼层相对标高"布置时，当输入的起点和终点标高不在该楼层范围之内时软件支持布置该立管，三维显示时在该楼层按实际标高显示。

说明：采用工程相对标高绘制的立管为主立管，与水平风管颜色不一致，可分别显示控制。一般情况下，用工程相对标高布置的构件颜色是红色的；采用楼层相对标高绘制的立管为短立管，与水风平管同图层同颜色。

标高输入法：当我们选择用工程相对标高布置的时候，假若要从第 2 层楼地面布置到第 8 层的楼地面高 500mm，直接在起点标高里面输入 2F（2 表示楼层；字母 F 大、小写都可以），终点标高里面输入 8F＋500mm 即可，不需要再用手算高度输入一个具体的数字。

"方式选择"同"水平风管"。

3）系统名称。

系统名称的设置同"水平风管"。

（3）选择布风管

该命令主要用于在平面图中连接已布置的风管、风口、风设备等并自动生成竖直风管和水平风管，单击左边中文工具栏中 选择布风管 图标，软件弹出浮动对话框如图 26.6-16 所示。

楼层相对标高：是相对于本层楼地面的高度，可以直接输入参数对它进行调整，也可以点击后面的标高提取按钮自动提取。

标高提取 ：可以通过直接点取平面图形来读取该图形的标高参数。注意：该按钮只能提取平面图形上的标高参数（如灯具、开关等），立面图形如垂直管线的标高参数不能读取。

标高方式：有管底标高、中心标高、管顶标高三种方式。

系统编号自动匹配：软件默认风管系统编号随风口设备，如果不勾选，则系统编号可以自由选择，如图 26.6-17 所示。

图 26.6-16

水平风管：风管连接已布置的风口、风设备自动生成水平风管的规格，下拉对话框内可选择。

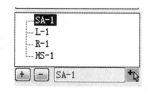

图 26.6-17

垂直风管：风管连接已布置的风口、风设备自动生成垂直风管的规格，下拉对话框内可选择。

【自动生成垂直风管】：复选框前面的勾去掉则不生成垂直风管。

参数设定好后根据命令行提示：选择第一个对象。

在平面图上依次选择需要连接的风管、风口、风设备即可。

411

注：

完成"选择第一个对象"后，根据命令行提示，可以输入"D"，指定下一点或者选择下一个对象，软件即时生成垂直风管和水平风管。

目前暂不支持侧向风口。

（4）风管扣弯

单击左边中文工具栏中 ⛒ 风管扣弯图标，布置方式同给水排水专业"生成扣管"。

（5）风管旋转

单击左边中文工具栏中 ⛒ 风管旋转图标，根据命令行提示选择要旋转的垂直风管，输入旋转角度，回车即可。该命令可循环。

说明：此命令不可用于水平风管的旋转。

（6）管连风口

前提：风口和风管的建模已完成，风口的插入点在水平风管垂直投影面内。

单击左边中文工具栏中 ⛒ 管连风口图标，软件会自动生成短风管，支持各风口大类下任一风口与风管大类下的任一风管连接生成短立风管。

生成的垂直短风管的起点为风口插入点；起点标高为风口标高，终点标高为风管中心线标高；起点坐标的 X、Y 轴值与终点坐标的 X、Y 轴值相同。

生成的垂直短立风管规格同风口尺寸规格，系统编号和类型同水平风管。

26.6.3　风管部件

（1）风阀

单击中文工具栏中 ⛒ 风阀图标，软件属性工具栏自动跳转到风部件—风阀中，选择要布置的风阀名称，同时命令行提示：请选择需要布置部件的风管，选择要布置风阀的风管，按照命令行提示点击要布置风阀的位置。

1）在水平风管上布置风阀时，对话框如图 26.6-18 所示。

软件默认查表，去掉查表前面的"√"，对话框如图 26.6-19 所示。

图 26.6-18

图 26.6-19

可直接在对话框里面输入风阀长度。命令行提示指定插入点，按提示在风管上选择一点即可。该命令可循环，布置完毕，右键单击，命令就退出。

若输入的标高值超出该立管标高范围，则弹出"构件不在管道上，输入标高值无效，请重新输入"提示，如图 26.6-20 所示。

2）系统名称的设置同"水平管"。

3）如要在垂直风管上布置风阀时，弹出对话框，如图 26.6-21 所示。

楼层相对标高：是相对本层楼地面而言的，可以直接在对话框里面定义。

图 26.6-20

图 26.6-21

软件默认风阀长度查表,不可以修改,如果把钩去掉,可以在对话框里面直接修改风阀长度,如图 26.6-22 所示。

4)定义好标高后,选择插入点,左键点击布置即可。

(2)风法兰

单击中文工具栏中回风法兰图标,软件属性工具栏自动跳转到风部件——风法兰中,选择要布置

图 26.6-22

的法兰名称,同时命令行提示:请选择需要布置部件的风管:,选择要布置法兰的风管,按照命令行提示点击要布置法兰的位置。

1)如要在立管上布置法兰时,对话框如图 26.6-23 所示。

若输入的标高值超出该立管标高范围,则弹出"构件不在管道上,输入标高值无效,请重新输入"提示,如图 26.6-24 所示。

图 26.6-23

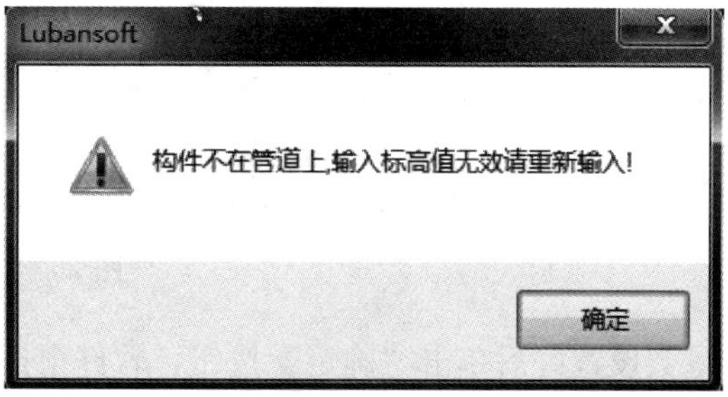

图 26.6-24

2)系统名称的设置同"水平管"。

(3)生成风法兰

单击左边中文工具栏中生成风法兰图标,软件弹出如图 26.6-25 所示对话框。

法兰选择:下拉选项中支持选择构件属性中的风法兰构件,后面的按钮的作用是进入构件属性定义。

法兰间距:直风管上法兰自动生成的间隔距离,默认为 2000mm。

生成范围:默认为当前楼层。后面的按钮为选择构件,此处的选择构件应仅支持同一小类构件之间的选择,且支持同系统、同名构件的选择。当点击选择构件的按钮后,生

成范围将改为"选择当前"。

单击 查表设置 按钮，弹出如图 26.6-26 所示对话框。

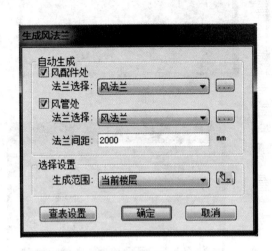

图 26.6-25

图 26.6-26

说明：如图 26.6-27 所示。

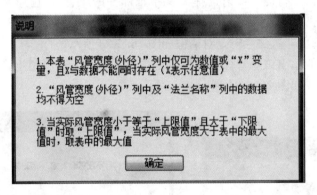

图 26.6-27

参数设置好后单击"确定"按钮，软件根据设置参数在平面图上自动生成风法兰。

（4）导流片

单击中文工具栏中 导流片图标，在"属性工具栏"中选择导流片类型，命令行提示：请选择风管配件，选择好风管配件之后，命令行提示请指定导流片片数，软件默认是 4 片，输入所需要的片数，右键单击，弹出右键菜单，选择"确定"并退出命令。注：导流片支持复制功能。

注：2014V15.2.0 版本新增调整标高后导流片随配件联动。

（5）风帽

单击中文工具栏中 风帽图标，在"属性工具栏"中选择风帽类型；左键点击需要布置风帽的水平风管，软件弹出对话框，如图 26.6-28 所示。

左键点击需要布置风帽的垂直风管，软件弹出对话框，如图 26.6-29 所示。

图 26.6-28

图 26.6-29

1）楼层相对标高：是相对于本层楼地面的高度，可以直接输入参数对它进行调整，也可以点击后面的标高提取按钮自动提取。

标高提取 ：可以通过直接点取软件平面图形来读取该图形的标高参数。

说明：该按钮只能提取 X 方向的构件的标高参数，如风口、设备等，Y 方向如垂直管线的标高参数不能读取。

2）自动生成短立管：去掉前面的"√"，短立管选择框变灰，按软件默认的生成；打"√"，短立管可以选择，如果下拉选择中没有选项，点击 按钮进入构件属性定义对话框，定义之后再选择，如图 26.6-30 所示。

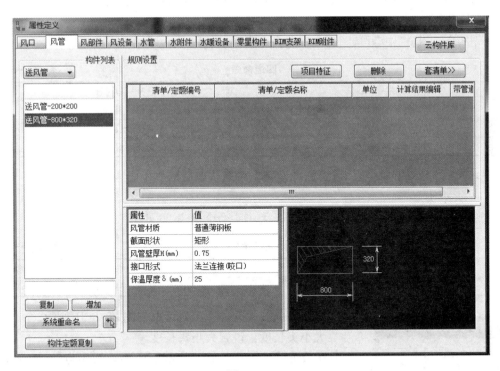
图 26.6-30

3）选择好后，命令行提示请选择插入点，按提示在风管上选择一点即可。该命令可循环，布置完毕，右键单击，命令就退出。

（6）其他部件

单击中文工具栏中 其他部件图标，布置方式同暖通专业"布法兰"。

415

26.6.4　风管配件

（1）弯头

单击中文工具栏中 <img> 弯头图标，弯头命令见表 26.6-3。

弯头命令　　　　　　　　　　　　　　　　　　　　　　表 26.6-3

请选择第一根风管	选择一根风管
请选择第二根风管	选择一根和前一根中心线在同一水平面的风管

选择完成后，软件按照"风管配件设置"中默认弯头形式生成弯头。

（2）三通

单击中文工具栏中 <img> 三通图标，三通命令见表 26.6-4。

三通命令　　　　　　　　　　　　　　　　　　　　　　表 26.6-4

请选择第一根风管	选择一根风管
请选择第二根风管	选择一根风管
请选择第三根风管	选择一根风管

选择完成后，软件按照"风管配件设置"中默认三通形式生成三通。

（3）四通

单击中文工具栏中 <img> 四通图标，四通命令见表 26.6-5。

四通命令　　　　　　　　　　　　　　　　　　　　　　表 26.6-5

请选择第一根风管	选择一根风管
请选择第二根风管	选择一根风管
请选择第三根风管	选择一根风管
请选择第四根风管	选择一根风管

选择完成后，软件按照"风管配件设置"中默认四通形式生成四通。

（4）大小头

单击左边中文工具栏中 <img> 大小头图标，大小头命令见表 26.6-6。

大小头命令　　　　　　　　　　　　　　　　　　　　　表 26.6-6

请选择第一根风管	选择一根风管
请选择第二根风管	选择一根风管

图 26.6-31

选择完成后，软件弹出对话框如图 26.6-31 所示。

大小头长度：设置大小头长度。

生成方式：大小头有"按端面中心连线中点"、"按大截面风管端面"、"按两风管端面"三种方式。

生成大小头之前如图 26.6-32 所示。

按端面中心连线中点生成效果如图 26.6-33 所示。

按大截面风管端面生成效果如图 26.6-34 所示。

按两风管端面生成效果如图 26.6-35 所示。

工程相对标高的垂直风管生成配件，支持侧边对齐的风

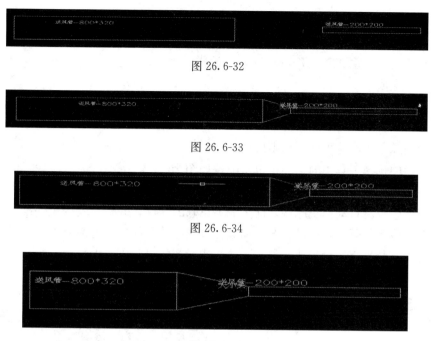

图 26.6-32

图 26.6-33

图 26.6-34

图 26.6-35

管生成大小头效果。

（5）来回弯

点击左边中文工具栏中"生成来回弯"图标 来回弯，来回弯命令见表 26.6-7。

来回弯命令　　　　　　　　　　　　　　　　　　　　表 26.6-7

请选择第一根风管	选择一根风管
请选择第二根风管	选择一根风管

选择完成后，软件弹出对话框如图 26.6-36 所示。

参数设置：包括长度、曲率半径、角度三个参数，此三个参数是联动的，给定其中一个参数，其他两个将计算得出。即来回弯生成条件只需一个参数。

生成方式：来回弯有"按端面中心连线中点"、"按先选择风管端面"、"按两风管端面"三种方式。三种方式生成来回弯效果类比大小头。

（6）楼层生成

单击楼层生成按钮 楼层生成，软件会自动搜寻本层楼层中所有的风管连接点，并按照风管连接方式自动生成相应的弯头、三通、四通、大小头等风管配件。自动按大风管端面生成大小头；风管不相交时不能生成。大小头长度＝风管宽度＋200mm。小端面风管长度＜大小头长度＝风管宽度＋200mm 时，不生成大小头。

（7）工程生成

单击工程生成按钮 工程生成，软件会自动搜寻软件工程中所有的风管连接点，并按

图 26.6-36

417

照风管连接方式自动生成相应的弯头、三通、四通、大小头等风管配件。自动按大风管端面生成大小头；风管不相交时不能生成。大小头长度＝风管宽度＋200mm。小端面风管长度＜大小头长度＝风管宽度＋200mm 时，不生成大小头。

（8）选择生成

单击选择生成按钮 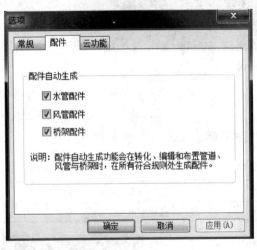选择生成，根据命令行提示选择要生成的风管，鼠标右键确定即可。

（9）随画随生成风管配件自动生成

在菜单栏中选择工具中的选项，单击配件如图 26.6-37 所示，选择风管配件后应用确定即可，在编辑修改后时时自动更新。

注：配件生成会自动修正删除之前生成不正确的配件，并建立新的配件维护系统，拖动相交自动生成新的配件，拖动分开自动改变或删除关联配件规范风管配件生成范围，支持工程相对标高的垂直风管生成配件，支持侧边对齐的风管生成大小头，如图 26.6-38。

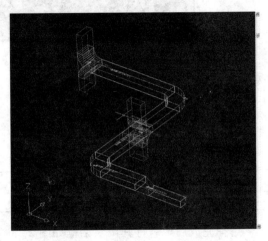

图 26.6-37

图 26.6-38

（10）选择布封头

单击选择布封头按钮 选布封头，根据命令行提示选择要布置风管的封头，鼠标右键确定即可。

26.6.5 水管

布置方式同给水排水专业"水管"布置。

26.6.6 水管附件

布置方式同给水排水专业"水管附件"布置。

26.6.7 水管配件

布置方式同给排水专业"水管配件"布置。

26.6.8　水暖设备

（1）水暖设备

单击左边中文工具栏中 ⨀ 水暖设备图标，布置方式同暖通专业"通风设备"。

（2）散热器

单击左边中文工具栏中 ⊡-▪ 散热器图标，布置方式同暖通专业"通风设备"。

（3）地暖盘管

单击左边中文工具栏中 ⊡ 地暖盘管图标，软件弹出对话框如图 26.6-39 所示。

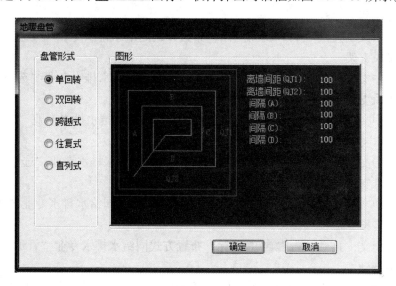

图 26.6-39

1）布置形式：

分为单回转、双回转、跨越式、往复式、直列式共五种。

2）图形：

每种布置形式对应不同的图形和图形参数，图形参数可修改。点击需要修改的图形参数，软件弹出对话框如图 26.6-40 所示，在软件默认值 100mm 处输入数值，点击"确定"按钮。

3）命令行提示见表 26.6-8。

图 26.6-40

地暖盘管	表 26.6-8
请指定矩形区域的第一个角点	点击矩形区域的第一个角点
请指定矩形区域的另一个角点【A-旋转角度】	点击矩形区域的另一个角点
请指定矩形区域的另一个角点【A-旋转角度】a	旋转角度
请输入旋转角度	设置矩形区域的旋转角度
请选择出口方向【R-转换方向】〈回车保持原方向〉：	确定地暖盘管的出口方向，直接回车保持软件默认方向
请选择出口方向【R-转换方向】〈回车保持原方向〉：R	确定地暖盘管的出口方向，与软件默认方向相反

（4）线变地暖

单击命令 线变地暖按钮，选择地暖盘管回路上的任一段线，即可将整个回路转化为地暖盘管构件。转化的地暖盘管是一个整体构件，不会生成管道配件，转化的每个回路可单独计算长度，便于核对工程量。

26.6.9　零星构件

（1）检查井

单击左边中文工具栏中 检查井图标，布置方式同给水排水专业"布检查井"。

（2）任意支架

单击左边中文工具栏中 任意支架图标，布置方式同给水排水专业"任意支架"。

（3）选布风支架

单击左边中文工具栏中 选布风支架图标，布置方式同给水排水专业"选布支架"。

（4）生成风支架

单击左边中文工具栏中 生成风支架图标，布置方式同给水排水专业"生成支架"。

（5）选布水支架

单击左边中文工具栏中 选布水支架图标，布置方式同给水排水专业"选布支架"。

（6）生成水支架

单击左边中文工具栏中 生成水支架 图标，布置方式同给水排水专业"生成支架"。

（7）管道沟槽

单击左边中文工具栏中 管道沟槽图标，布置方式同给水排水专业"管道沟槽"。

（8）设备基础

单击左边中文工具栏中 设备基础 图标，布置方式同电气专业"设备基础"。

第 27 章 图形使用工具之 CAD 转化

27.1 CAD 文件调入

左键点击【CAD 转化】—【CAD 文件调入】命令，弹出如下对话框，如图 27.1-1 所示。

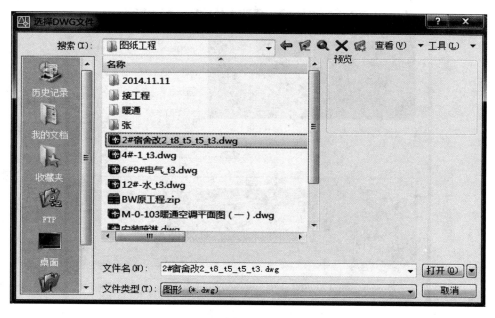

图 27.1-1

在该对话框中找到要调入的 CAD 图，单击"打开"按钮，界面切换到绘图状态下，命令行提示：请选择插入点，左键点击或直接回车确定插入点，CAD 图形调入完成。

27.2 CAD 文件褪色

该命令主要用于调入的 CAD 图纸智能褪色，更好的区分 CAD 线条和布置的构件。点击【CAD 转化】-【CAD 文件褪色】命令或直接点击选择 CAD 文件褪色按钮"<img>"，命令行提示：请输入褪色百分比<50>：，百分比数值范围为：5~95（包括 5 和 95）。"5-95"代表颜色由亮到暗的级数，"5"为图纸初始颜色值，即"褪色文件恢复"的恢复值。当输入的百分比数值为不在 5~95 范围内的整数时，命令行提示："请输入一个介于 5-95 之间的整数"。

27.3 褪色文件恢复

该命令主要用于恢复经过褪色的 CAD 图纸，"5"为图纸初始颜色值，即"褪色文件恢复"的恢复值。点击【CAD 转化】-【褪色文件恢复】命令或直接点击褪色文件恢复按钮"🗒"即可。

27.4 转化设备

选择转化设备快捷按钮"🖱"，软件会根据界面所在专业弹出不同的对话框（此处以电气专业为例），如图 27.4-1 所示。

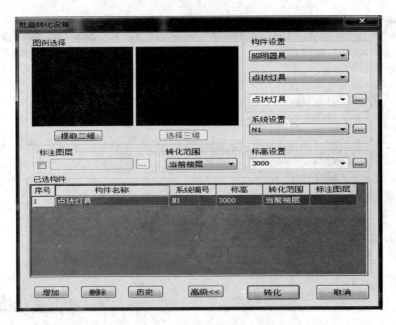

图 27.4-1

对话框下面，已选构件部分显示的构件的信息，不可以直接修改，修改信息需在构件设置、系统设置、标高设置里面。

图 27.4-2

[增加]按钮，只有上一个构件的二维图形设置完成后，才能点击"增加"按钮，否则会提示请选择合适的转化图形，如图 27.4-2 所示。

点击"提取二维"对话框，软件自动跳入绘图界面，鼠标变成小方框，点击 CAD 图形，右击，选择插入点即可。二维提取完成后，软件会默认选择一个三维图形，我们也可以点击"选择三维"对话框进入图库进行挑选，如图 27.4-3 所示。

（1）构件设置：选择构件类型，手动定义构件名称，或点击"🔳"按钮，在图纸中提取名称。

（2）对构件名称的增加遵循以下规则：

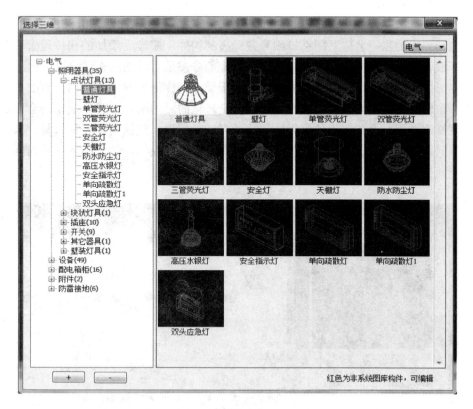

图 27.4-3

1）默认状态下是在属性定义的原有构件的基础上新增构件名称。

2）支持自主输入构件名称，当输入的名称未被定义过时为新增构件，当属性定义中已定义过时会覆盖原来的构件。

（3）楼层相对标高设置：该构件转化后的标高位置，支持直接输入或从图形界面上提取高度。

楼层相对标高对话框分三种情况：

1）对于标高在图形中布置时，直接输入的构件（如喷淋头等），楼层相对标高为该图形标高。

2）对于标高在属性参数中输入的构件，该楼层相对标高是对属性参数里的标高参数进行修改。

3）对于附属构件，当主构件为水平构件，标高仍取主构件的标高，该楼层相对标高无效；当主构件为竖向构件时，该楼层标高为当前附属构件的标高。

楼层相对标高支持"楼层＋－"模式，比如 F（顶）－200mm。

（4）转化范围：转化范围支持全部楼层转化、当前楼层转化、选择楼层转化和当前范围转化，我们可以根据需要选择需要的转化范围。

（5）系统设置：选择系统编号，可以点击"…"按钮进行设置。

（6）标注图层：选中后，点击"⋯"按钮，可以选择构件标注的图层，转化时将标注信息加入构件名称中。

（7）增加：需要增加构件，点击"增加"按钮，重复上述操作，继续提取其他构件。支持添加同一小类相同名称不同系统编号或标高的构件，按最后添加的构件设置转化；如选择了区域转化，则按该区域内选择转化，重叠部分按最后添加的构件设置转化。

（8）历史：设备转化历史可反复调用，便于类似构件信息的重复利用，有效提升转化工作效率；转化成功个数也被记录，可检查历史转化的成功率，未转化成功的会以红色标注，方便修改调用。设备转化条目无法转化的以红色标识，包括构件名称重复、未提取二维信息等问题，若点击转化时仍有问题存在，则进行弹框提示，注明问题内容与问题条目序号，方便校验，如图 27.4-4 所示。

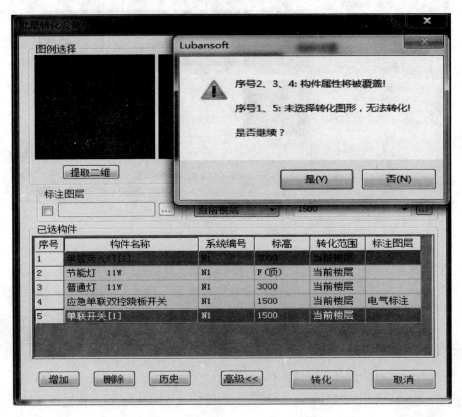

图 27.4-4

（9）高级：点击高级图标可以在里面设置。

区分图层：同样的图形，不同的图层软件提取图形时会区分出来。

区分颜色：同样的图形，不同的颜色软件提取图形时会区分出来。

转化范围：默认为转化整个图形。

区域拾取：拾取需要转化的区域。

各参数设置完成后点击"确定"按钮，软件开始转化，转化完成后弹出对话框如图 27.4-5所示。

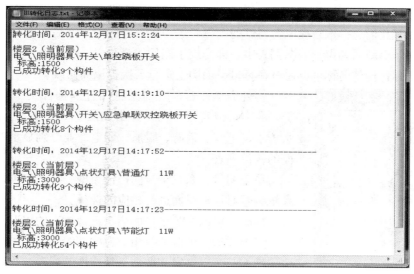

图 27.4-5

27.5　转化图例表

此命令适用于给水排水、电气、暖通、消防、弱电五大专业。以电气专业为例，执行菜单【CAD 转化-转化图例表】命令或点击"📊"按钮，命令行提示：选择对象，左键框选需要转化的图例表，右键弹出如图 27.5-1 所示对话框。

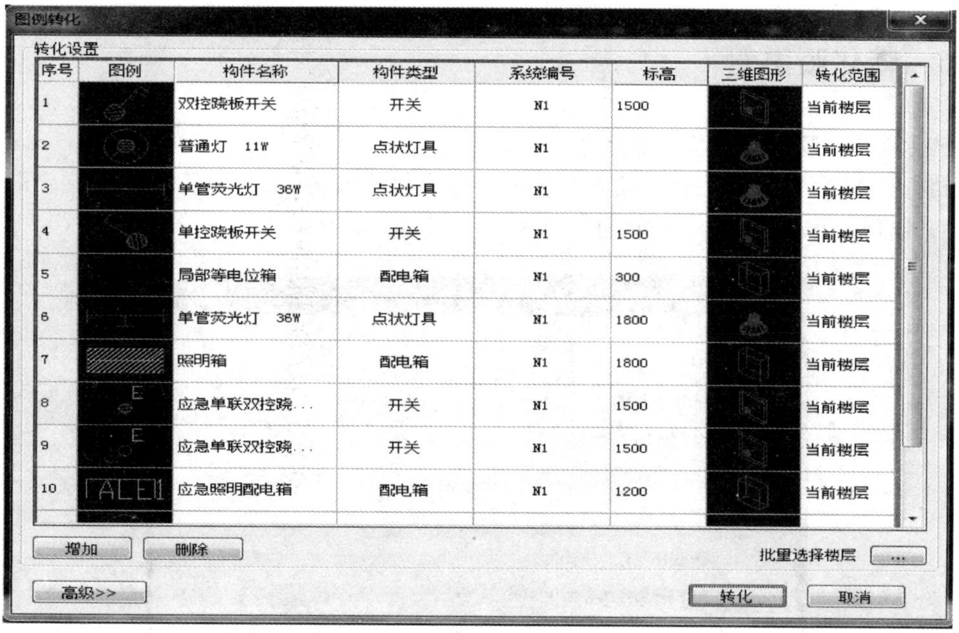

图 27.5-1

转化设置：在转化设置中可以对图中转化的图例进行重新编辑，包括图例、构件名称、构件类型、系统编号、标高、三维图形等项目。

图例：初次提取，构件图例提取分析有误的时候，我们可以单个对此图例进行二次提取。以普通灯为例，直接左键点击已经提取的图例重新进入算量平面图，命令行提示：选择对象、此时我们选择重新提取普通灯的图例，选中后右键确定，然后左键指定普通灯的插入点之后，重新回到识别的图例表中，即完成了图例的修改。

构件名称：构件名称可以通过在算量平面图上进行二次提取而修改。

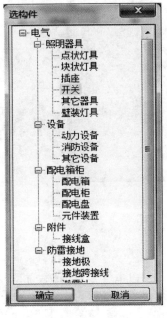

图 27.5-2

构件类型：若需要对某种构件的构件类型进行重新分类，我们可以直接点击，弹出如图 27.5-2 所示对话框。给水排水、电气、消防、暖通、弱电专业分别显示各自专业下面的构件列表。

系统编号：系统编号同构件类型一样，也可以在相应的系统编号对话框里面进行相应的选择。

标高：可以在算量平面图中进行标高的提取修改。

三维图形：可以选择相对应构件的三维图形。

增加：可以自定义增加一种构件的列表。

删除：可以删除选中的构件列表。

批量选择楼层：可以批量选择构件转化的范围。

设置无误之后，点击"转化"按钮，我们就完成了图例表的转化。同时，图例表里面的各类构件在图例表转化完成之后，构件的个数也一并统计出来了，不需要我们再次单独进行转化了。

注：此时转化过来的构件个数不包括图例表中的那一个。

27.6　转化喷淋管

转化前提：喷淋头已经完全转化。

执行菜单【CAD 转化-转化喷淋管】命令或直接点击快捷键"⬚"按钮（在消防专业里面），出现"转化喷淋管"对话框，如图 27.6-1 所示。

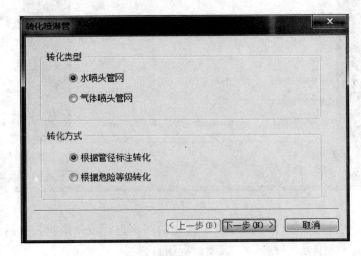

图 27.6-1

选择转化类型，选择为"水喷头"时，仅转化水喷头连接管网；反之，仅转化"气体喷头"连接的管道。

有两种转化方式：

（1）选择"◉根据管径标注转化"对话框，点击"下一步"，出现图 27.6-2 所示对话框。

图 27.6-2

转化范围：默认为转化整个图形。

区域拾取：拾取需要转化的区域。

最大合并距离：指软件自动将同线方向的两条管线合并其允许的最大距离值。

选管线：点击【提取管线】，对话框消失，软件提示：选择需要转化的喷淋管，在图形操作区左键选择已调入的 dwg 图中选取一根喷淋管，选择好后，右键确认，回到该对话框，并把提取的轴线图层显示在该对话框内。

删除：选择已提取的管线图层，点击"删除"，即删除该图层。

选标注：点击【提取标注】，对话框又消失，在图形操作区中左键选择已调入的 dwg 图中选取一个喷淋管线的标注，选择好后，回车确认，回到该对话框，并把提取的标注图层显示在该对话框内。

删除：选择已提取的标注图层，点击"删除"，即删除该图层。

选择完成后，点击"下一步"，出现如图 27.6-3 所示对话框。

管道类别：点击下拉菜单"▾"按钮，可以在下拉菜单中选择管道类型，如图 27.6-4 所示对话框。

喷淋管材质：可以在下拉菜单里面选择材质。支持转化"镀锌钢管"、"无缝钢管"两种材质的管道；根据设计不同，可选择转化为"镀锌钢管"、"无缝钢管"。

依管径范围区分材质：点击小方框，小方框里会出现蓝色小勾，下面对话框高亮显示，如图 27.6-5 所示。

黄色背景区域表示不能更改，区分材质时两种材质类型范围表示会联动：＞＝与＜，或＞与＜＝；管径值联动，镀锌钢管输入数值，无缝钢管数值跟随；范围仅下拉选择不允许输入，管径值仅支持输入整数，最大 5 位数（输入数值超出后自动调转到默认的 100）。

图 27.6-3

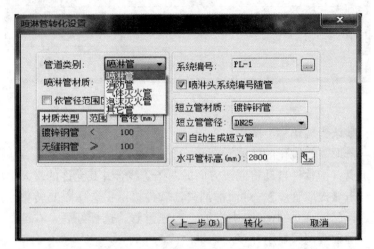

图 27.6-4

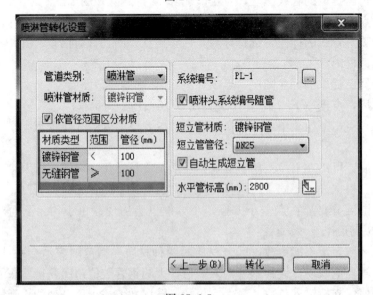

图 27.6-5

系统编号：选择喷淋管所对应的系统编号。

系统编号自动匹配："☑喷淋头系统编号随管"，此复选框勾选时，软件将自动更改已有的与管线相连的喷淋头之系统编号，使之与管线一致。

短立管材质：短立管材质不区分管径范围时，随主水平管道；区分材质时，为"镀锌钢管"。

短立管管径：在下拉菜单里面选择材质。

自动生成短立管：短立管的规格在上面的下拉对话框中可选择，如将"☑自动生成短立管"，前面的钩去掉，则转化好的喷管和喷头不生成短立管，并且短立管管径灰掉，不能选择。

水平管标高：相对于楼层标高，该喷管转化后相对于本层的标高位置，支持直接输入或从图形界面上提取高度。

（2）选择"◉根据危险等级转化"，点击下一步，出现如图 27.6-6 所示对话框。

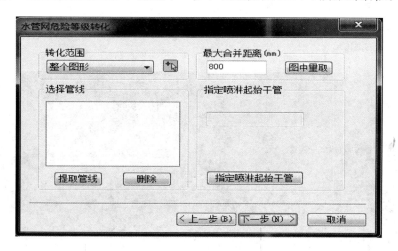

图 27.6-6

转化范围：默认为转化整个图形。

区域拾取：拾取需要转化的区域。

最大合并距离：指软件自动将同线方向的两条管线合并其允许的最大距离值。

选管线：点击【提取管线】，对话框消失，软件提示：选择需要转化的喷淋管，在图形操作中左键选择已调入的 dwg 图中选取一根喷淋管线，选择好后管线会高亮闪烁，右键确认，出现如图 27.6-7 所示对话框，点击下一个软件分析出相关喷淋系统，同时找出起始干管，不需要手动寻找布置，并直接定位到该位置，左键点击其中一条主干管，软件跳出如图 27.6-8 所示的对话框，回到该对话框，并把提取的轴线图层显示在该对话框内。

图 27.6-7

删除：选择已提取的管线图层，点击"删除"，即删除该图层。

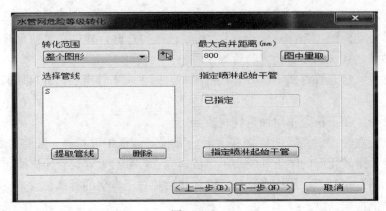

图 27.6-8

按危险等级转化喷淋管时软件自动分析起始干管，软件在提取图层后便会自动分析出相关喷淋系统，同时找出起始干管，不需要手动寻找布置，并直接定位到该位置，如图 27.6-9 所示对话框。

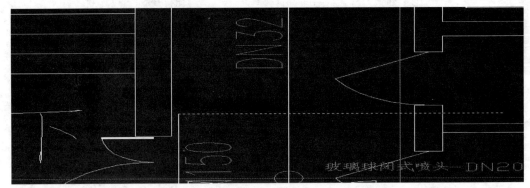

图 27.6-9

点击"下一步"，弹出如图 27.6-10 所示对话框。

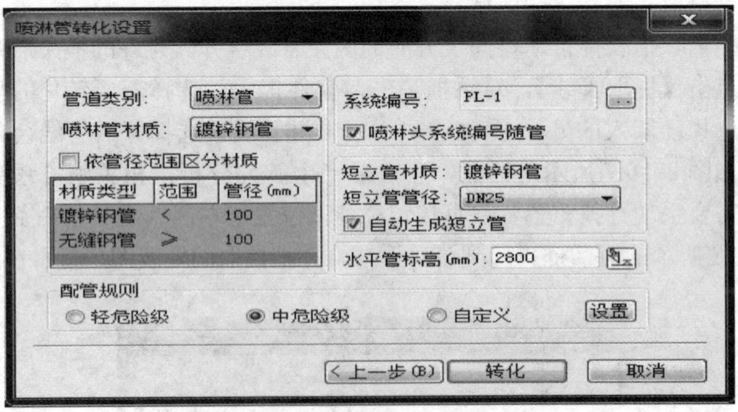

图 27.6-10

管道类别：点击下拉菜单"▾"按钮，可以在下拉菜单里面选择管道类型。

喷淋管材质：可以在下拉菜单里面选择材质。支持转化"镀锌钢管"、"无缝钢管"两种材质的管道；根据设计不同，可选择转化为"镀锌钢管"、"无缝钢管"。

依管径范围区分材质：点击小方框，小方框里面出现蓝色小勾，下面对话框高亮显示，如图 27.6-11 所示对话框。

图 27.6-11

黄色背景区域表示不能更改，区分材质时，两种材质类型范围表示会联动：＞＝与＜，或＞与＜＝；管径值联动，镀锌钢管输入数值，无缝钢管数值跟随；范围仅下拉选择不允许输入，管径值仅支持输入整数，最大 5 位数（输入数值超出后自动调转到默认的 100）。

不区分管径范围：镀锌、无缝两材质读取各自的"管道最大允许喷头数量"，中危、轻危、自定义。

区分管径范围：中危、轻危对应镀锌钢管配管规则，自定义同"镀锌钢管"的自定义规则，即下拉选择材质数值为镀锌钢管类别下数值。

系统编号：选择喷淋管所对应的系统编号。

系统编号自动匹配："☑喷淋头系统编号随管"，此复选框勾选时，软件将自动更改已有的与管线相连的喷淋头之系统编号，使之与管线一致。

短立管材质：短立管材质不区分管径范围时，随主水平管道；区分材质时，为"镀锌钢管"。

短立管管径：在下拉菜单里面选择材质。

自动生成短立管：短立管的规格在上面的下拉对话框中可选择，如将"☑自动生成短立管"前面的"√"去掉，则转化好的喷管和喷头不生成短立管，并且短立管管径灰掉，不能选择。

水平管标高：相对于楼层标高，该喷管转化后相对于本层的标高位置，支持直接输入或从图形界面上提取高度。

配管规则：选择该喷淋管转化的危险等级，软件默认按中危险等级转化。

参数设置好后点击"转化"完成转化。转化出的管道可以选择其属性类别位置。"在喷淋管转化设置"的"喷淋管材质"上方添加"管道类别"选择项。

27.7　转化电气系统图

执行菜单【CAD 转化-转化电气系统图】命令或直接点击快捷按钮"⚡"（在电气专业

中），出现转化系统图对话框，如图 27.7-1 所示。

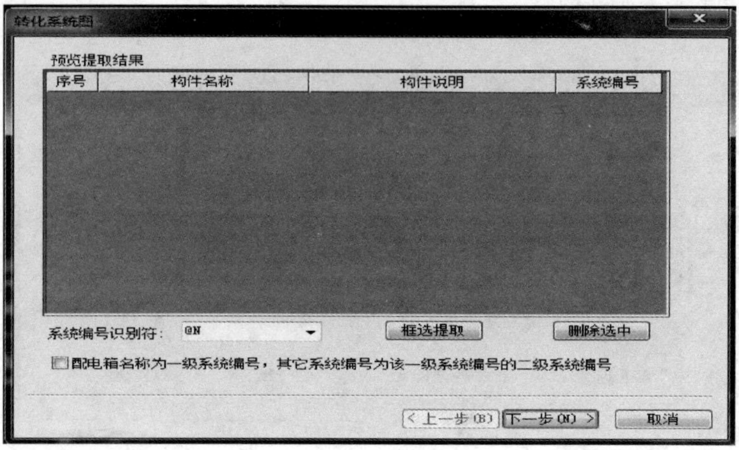

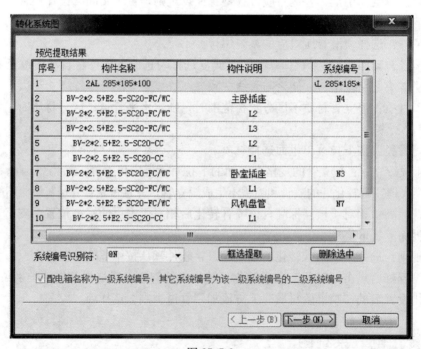

图 27.7-1

支持多个标识符一次输入，之间用半角逗号隔开，支持"@"操作符，识别符前面加"@"，表示该识别符是在系统编号的最前面。转化完成后系统编号识别符只保存当前工程输入的，新建工程或打开上一次工程均为默认值。转化电气逻辑系统图直接读取材质表。

勾选"☑配电箱名称为一级系统编号，其它系统编号为该一级系统编号的二级系统编号"，可将提取的配电箱名称作为一级即 A 级系统编号，该系统图下提取的其他系统编号作为该 A 系统编号下的 B 系统编号。

点击【框选提取】按钮，切换到图形界面下，框选需要转化的电气系统图，系统自动添加信息到对话框中，如图 27.7-2 所示。提取的系统图信息包括构件名称、构件说明、

图 27.7-2

系统编号、配电箱参数等，提取成功以后，可以自由编辑转化。对于不需要的数据，

选中后执行"删除构件"即可删除；定义好后可以预览编辑转化信息，点击图中的【下一步】按钮，即转化成功，列表如图 27.7-3 所示，确定后所有的信息都会自动提取到属性定义及系统编号中，转化进来的系统编号颜色将自动匹配区分，如图 27.7-4 所示。

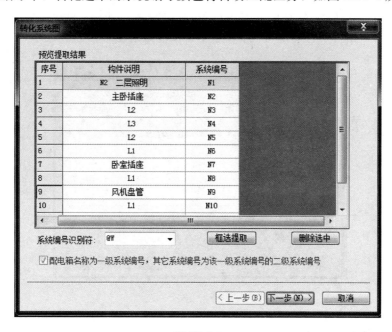

图 27.7-3

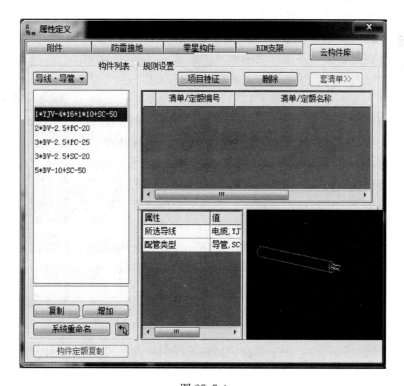

图 27.7-4

27.8　转化电气管线

执行菜单【CAD转化-转化电气管线】命令或直接点击快捷按钮"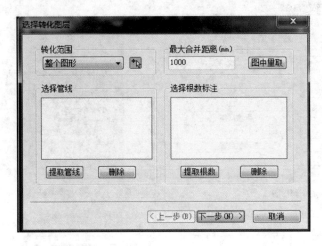"（适用于电气和弱电专业，此处已电气专业为例），如27.8-1对话框所示。

图 27.8-1

转化范围：默认为转化整个图形。

区域拾取：拾取需要转化的区域。

最大合并距离：指软件自动将同线方向的两条管线合并其允许的最大距离值。

选管线：单击【提取管线】按钮，对话框消失，左键选择 dwg 图中其中一根管线，右键确认，回到该对话框，并把提取的轴线图层显示在该对话框内。

删除：选择已提取的管线图层，点击删除即删除该图层。

选根数标注：单击【提取根数】按钮，对话框又消失，在图形操作中左键选择已调用的 dwg 图中选取一个电气管线的标注图层，选择好后，回车确认，回到该对话框，并把提取的标注图层显示在该对话框内。

删除：选择已提取的标注图层，点击删除即删除该图层。

选择好后点击下一步，弹出进度条，开始分析所选择图层上的所有管线回路逻辑关系，分析完弹出如图 27.8-2 对话框。

"回路信息"，显示转化分析的所有回路。双击每个回路的序号，定位到该回路所在位置，<满屏显示回路中所有管线>且高亮显示该组线，点击回车键返回该对话框。

图 27.8-2

系统编号，用于确定该回路的系统编号，单击弹出系统编号，可以进行修改。

水平敷设方式 CC，用于选择该回路导线的敷设方式，下拉单内容为敷设方式列表数据。

垂直敷设方式 WC，用于选择自动生成的竖向管线的敷设方式，下拉单内容为读取垂直敷设方式列表。

| 楼层相对标高 | 3000 |

，指定楼层的相对高度。

| 所选导线 | BV-2.5 ▼ |

，下拉内容为材质表中所有材质类型。

| 未注明导线根数 | 2 |

，指 CAD 图中未有根数标注的导线段根数，可以自己输入修改。

| 导管材质 | SC ▼ |

，下拉单内容为材质中所有导管类型。

| 导管截面 | 20 ▼ |

，下拉单内容根据所选导线材质，读取材质表中相关信息。

添加好相关信息后关闭返回上级对话框。

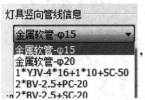

，软件自动在水平管与灯具之间生成竖向管线，竖向管线型号可以在下拉菜单里面进行选择。

| ☑规格同水平管线 |
| 竖向管线根数 | 2 |

，若复选框为勾选状态，转化的短立管会随水平管根数按定义的数值转化。

☑器具系统编号随管线，若此复选框打"√"状态，则转化成功后与管线相连的同一回路的器具（除配电箱）之系统编号更换为与管线相同。

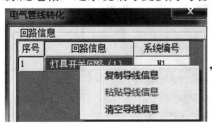

，选中回路信息右击可清空导线信息，清除所在行的回路的导线信息。

设置好后点击转化完成电气管线转化操作。

27.9　转化单回路管线

此命令适用于对整张图纸中的某一条回路一次性识别，前提同样是设备先进行转化。在执行【CAD 转化—转化单回路管线】命令或点击 ▣ 按钮（在电气，弱电专业下），鼠标变成小方框，命令行提示：选择需要进行转化的电气管线；此时左键选择图中需要识别的单回路，右键确定，如图 27.9-1 所示。被分析中的管线显示成虚线，我们还可以对其再次选择，从而剔除掉。回路分析完毕之后，可以直接点击右键，命令行提示选择根数，点击右键，弹出如图 27.9-2 所示对话框。

此对话框里面的设置可以参照转化电气管线。设置完成之后，单击"确定"按钮，完成转化单回路管线。

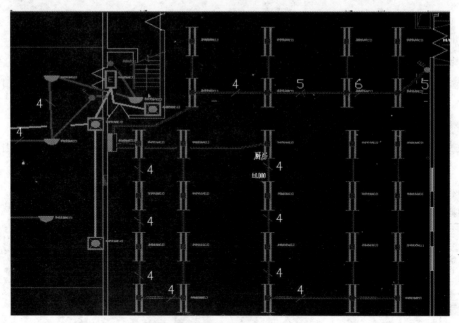

图 27.9-1

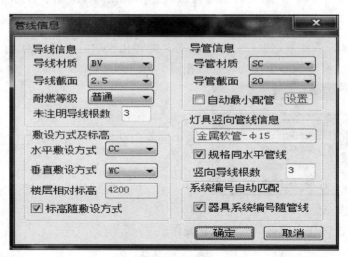

图 27.9-2

（1）电气单回路转化时，软件会自动提取当前系统编号下的管线与导管信息，不用手动输入系统编号。

（2）电气单回路转化支持单独转化导线或者导管。

（3）若当前系统编号中没有管线信息，单回路转化会自动读取上一次转化的管线信息。

27.10　转化风管

风管转化后，即自动生成风管配件，支持大小头的自动生成，自动按"两风管截面"生成大小头。但转化风管的前提是风管实际宽度与标注宽度相符。并且支持与有标注风管相连的无标注风管的转化。

在执行【CAD 转化—转化风管】命令或点击  按钮（在暖通专业下），软件会弹出对话框，如图 27.10-1 对话框所示。

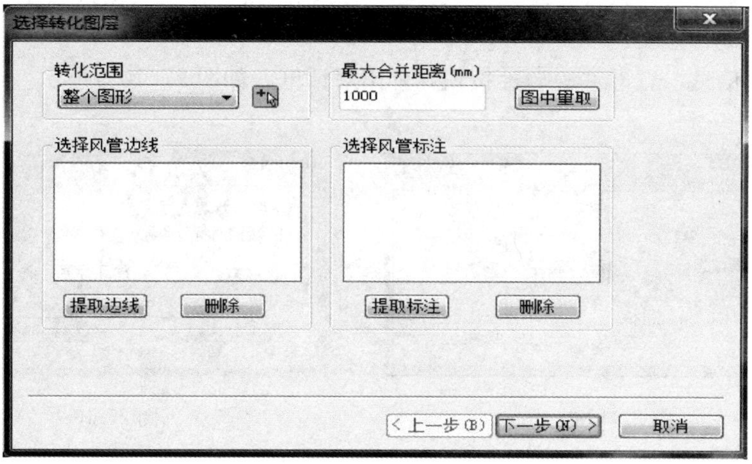

图 27.10-1

转化范围：默认为转化整个图形。

区域拾取：拾取需要转化的区域。

最大合并距离：指软件自动将同线方向的两条管道合并其允许的最大距离值。

选择风管边线：点击【提取边线】，对话框消失，软件提示：选择需要进行转化的风管，在图形操作区中左键选择已调入的 dwg 图中选取一根风管，选择好后，右键确认，回到该对话框，并把提取的轴线图层显示在该对话框内。

删除：选择已提取的管线图层，点击"删除"，即删除该图层。

选择风管标注：点击【提取标注】，对话框又消失，在图形操作区中左键选择已调入的 dwg 图中选取一根风管的标注图层，选择好后，回车确认，回到该对话框，并把提取的标注图层显示在该对话框内。

删除：选择已提取的标注图层，点击"删除"，即删除该图层。

选择好后点击"下一步"，软件开始分析回路，之后会弹出对话框，如图 27.10-2 所示。

图 27.10-2

反查回路位置 选中回路的具体一栏，点击反查回路位置，软件返回绘图界面，高亮闪烁，显示反查到的风管。

选择好需要修改的风管类型，再点击 修改风管类型 按钮，弹出对话框如图 27.10-3 所示，在此对话框中进行修改。

选中风管信息，点击 修改风管信息 按钮，弹出对话框，如图 27.10-4 所示。

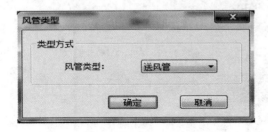

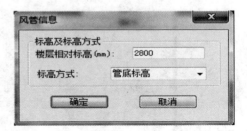

图 27.10-3　　　　　　　　　　　　　　　　图 27.10-4

楼层相对标高(mm)，标高为本楼层楼地面标高，可直接修改。

标高方式：指风管的标高方式，有三种情况，管底标高、中心标高、管顶标高。在下拉菜单里面选择。

清除风管信息，点击命令清除所在行的回路的风管信息，只直接拉选批量删除。

定义好后，点击"下一步"，弹出风管属性定义对话框，如图 27.10-5 所示。

图 27.10-5

设置风管材质、壁厚、接口形式、保温厚度。

风管属性定义对话框中的风管壁厚根据设计规范默认，也可以点击 修改属性值 按钮下拉选择，如图 27.10-6 所示。

构件属性复制，复制风管属性信息到其他风管，如图 27.10-7 所示。

定义好后，直接关闭，软件回到图 27.10-5 界面，点击转化，完成风管转化。

图 27.10-6

图 27.10-7

27.11　转化管道

此命令支持对水管的转化，支持给水排水、消防、暖通三个专业。适合转化给水排水管道、采暖管道、空调水管道、消防管道转化等。在执行【CAD 转化—转化管道】命令或点击■按钮，弹出如图 27.11-1 所示对话框。

转化范围：默认为转化整个图形，可以再在转化的范围中选择当前，到平面上框选范围来进行转化。

最大合并距离：指软件自动将同线方向的两条管线合并其允许的最大距离值，软件默认的为 1000mm，可以自己更改，支持图中量取。

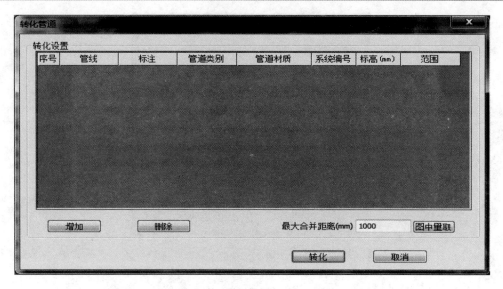

图 27.11-1

　　选择管线：点击"增加"按钮，对话框消失，左键选择 dwg 图中其中一根风管，右键确认，命令行提示选择需要提取需要的标注，提取好之后，右键确认返回到图 27.11-2 中。

　　删除：选择已提取的管道图层，点击"删除"，即删除该图层。

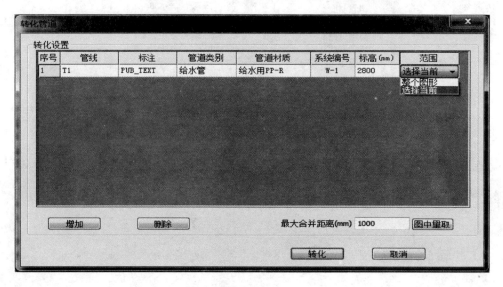

图 27.11-2

　　管道类别：可以在下拉菜单中对转化管道的类型进行选择。

　　管道材质：可以在下拉选项中对转化管道的材质进行选择。

　　系统编号：可以对转化的管道的系统编号进行编辑。

　　标高：可以设置转化管道的水平标高，并支持标高提取。

　　设置好之后，点击"转化"按钮，完成管道的转化。

27.12　转化管道系统图

执行【CAD 转化—转化管道系统图】命令或点击　快捷键（在给水排水、暖通、消防三个专业），进入到绘图区域，命令行提示：框选系统原理图，框选需要转换的系统图。

选定系统图确认后，命令行提示：指定系统名称，进入到绘图区域，提取系统图名称，提取后，弹出如图 27.12-1 的对话框。

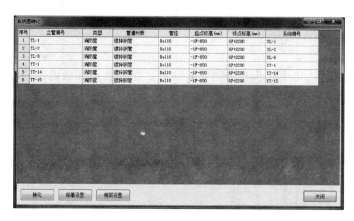

图 27.12-1

序号：双击序号，可反查相对应的立管信息。

立管编号：支持自由输入或者点击按钮　，进入到绘图区域提取系统编号。

类型：支持复选框下拉选择管道的类型。

管道材质：支持复选框下拉选择软件中已添加的管道材质。

管径：支持复选框下拉选择已识别提取的管径信息。

起点标高：支持自主输入新标高值，标高值格式必须为"数字±数字"或"000F±数字"的形式。

终点标高：支持自主输入新标高值（标高值格式同起点标高）。

系统标号：识别到的系统编号信息，支持自由输入。

说明：可以按住键盘 Ctrl＋A 按键（全选），批量修改管道类型、材质、规格等。

转化：将识别到的管道信息按照设置的属性转化成鲁班构件。

标高设置：对管道的起点、终点和变径标高变化值进行批量设置，点击"说明"，可查看各个变化值代表的意义。

楼层设置：对管道经过的各个楼层的楼地面标高值进行批量设置，支持自由输入。

点击"转化"，软件将识别到的管道在相对应的平面图中转化成鲁班构件，已转化立管以深色调高亮显示，未转化立管以浅色调显示。此时点击序号可反查和编辑立管属性。

布置：将当前选择的立管按照当前属性自由布置，也可切换楼层布置（转化窗口可不用关闭）。

标高设置：对管道的起点、终点和变径标高变化值进行批量设置，点击"说明"按钮，可查看各个变化值代表的意义。

楼层设置：对管道经过的各个楼层的楼地面标高值进行批量设置，支持自由输入。

关闭：将当前对话框关闭，结束"转化管道系统图"命令。

27.13 清除多余图层

对于已经绘制完毕的 CAD 图，为了保持图形界面整洁干净，可以通过执行这个命令把不需要再用的 CAD 图形删除。左键点击即删除该楼层中的所有 CAD 图形信息。

27.14 Excel 表格粘贴

执行菜单【CAD 转化-Excel 表格粘贴】命令，可以将剪切板内的内容复制到软件中。

27.15 表格输出

执行菜单【CAD 转化-表格输出】命令，可以将 CAD 平面图中的表格进行输出。

第 28 章　报表及打印预览

28.1　工程量

28.1.1　工程量计算

所有的构件布置和编辑完成后，即可进行整个工程的计算。点击"工程量计算" ！按钮，弹出如图 28.1-1 所示对话框。软件支持按楼层和按系统进行工程量的统计，并且可以一键选择计算全部专业。也可以单独计算某层某个系统单个构件的工程量，在所要计算的楼层和构件前打"√"即可，点击"计算"，软件会自动计算所选构件的工程量。

图 28.1-1

28.1.2　计算规则设置

执行【工程量】→【计算规则设置】命令，弹出对话框如图 28.1-2 所示，软件支持手工修改，可以根据各地区不同的计算规则进行修改，消耗量可以随清单或者随定额。

例如：散热器进、供、回水管长度扣减计算。扣减原理同配电箱扣减计算预留长度，计算规则设置中，默认"否"，不进行扣减计算，点击下拉菜单选"是"，即可实现扣减计算。

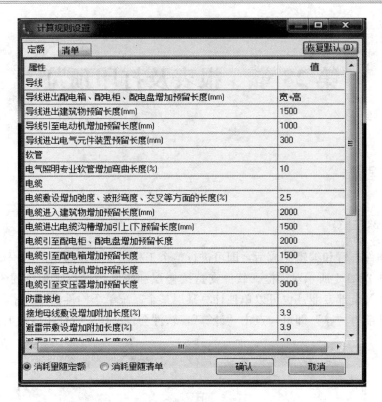

图 28.1-2

说明：管道与散热器相交，扣减相交部分的管道长度。

散热器属性参数尺寸说明：长——散热器片数值 * 散热器单片厚度；宽——散热器单片宽度；高——散热器单片长度。

风管计算规则不扣除风阀所占长度，同样风管保温体积及保温面积、保护层面积的计算均按风管的净长考虑，不扣除风阀所占长度。

28.1.3　计算项目设置

该设置用于对小类构件计算项目进行设置，其设置值保存在工程文件中。单击 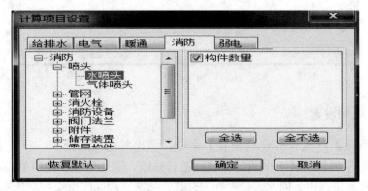 按钮，弹出对话框，如图 28.1-3 所示。

图 28.1-3

构件目录：左边主要是五个专业（给水排水、电气、暖通、消防、弱电）及其每个专业下的每个构件类型。

◀，点击图标专业向左边移动。

▶，点击图标专业向右边移动。

计算项目列表：点击左边的构件，右边是对应的每个构件的计算项目，打"√"的是需要计算的项目，或直接全选。

默认恢复：构件信息如果被修改后，点击恢复默认，即恢复软件默认的设置。

设置完成后，点击"确定"按钮，即计算项目设置完成。

注：计算项目设置可以另存为工程模板信息。

暖通——水暖设备——散热器计算项目，如图 28.1-4 所示。

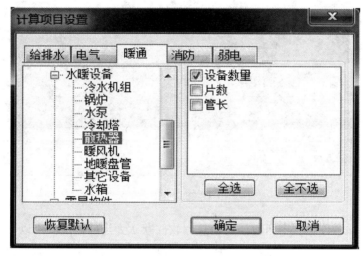

图 28.1-4

电气——电缆桥架——电缆计算项目，如图 28.1-5 所示。

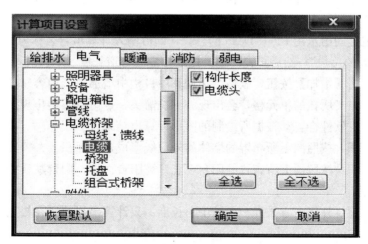

图 28.1-5

电缆头计算规则：电缆端部与配电箱柜、设备两个大类内的构件相连，则计算电缆头，相连计算电缆头的构件小类有：动力设备、消防设备、其他设备、配电箱、配电柜、配电盘、元件装置。

28.1.4　其他项目编辑

编辑的项目会显示在相关专业的类别下，系统编号仅可选当前专业。左键点取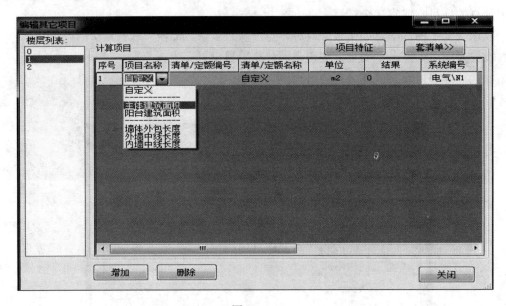图标，出现对话框，如图 28.1-6 所示。

图 28.1-6

楼层列表：显示该工程中所有楼层信息，软件默认为当前楼层，可以自由切换。

计算项目：可以直接调用软件自带的计算项目，也可以自定义。软件自带了 5 种计算项目，当图形上有布置了相应构件后，可以直接提取工程量。比如，在图形上布置好土建专业里的墙体并形成建筑面积线后，在"计算项目选择"对话框中选择"主体建筑面积"，软件就自动提取出图形上的主体建筑面积的工程量。软件里也可以直接输入自定义名称，如要得到一层卫生间给水用 PP-R-De25 的总长，即可输入计算项目名称为"一层卫生间给水用 PP-R-De25 的总长"，然后再在图形上提取相应的管道长度。

（1）左键点击【增加】按钮，软件会在计算项目栏中增加一行内容。在计算项目选择栏中鼠标双击自定义所在的单元格，会出现一下拉箭头，点击箭头会出现下拉菜单：可以选择其中的一项，软件会自动根据所绘制的图形计算出结果。

主体建筑面积：按照图上所布置的墙体的外包线形成建筑面积。

阳台建筑面积：按照图上所布置的阳台汇总计算阳台面积，阳台默认按一半的面积计算建筑面积；

外墙外包长度、外墙中心长度、内墙中心长度：只计算出当前所在楼层平面图中的相应内容。

注："增加"按钮只有一个用处，增加一个不带清单号的项目，不支持增加一个带清单号的项目；此外，这个对话框中不支持清单项目（定额项目可以支持）的插入操作，只能顺序输入，而且新增加项目时不需要点击"增加"按钮，直接输入即可。

（2）点击"套清单"按钮，弹出清单、定额查套的对话框，参见属性定义套清单的操作过程。清单套好后，左键单击【项目特征】空白处，可以输入构件的特征值。且软件自动读取构件清单、定额名称的类型，显示相应的项目特征信息。如选择"镀锌钢管"清单时，软件显示管道的项目信息，如图 28.1-7 所示。

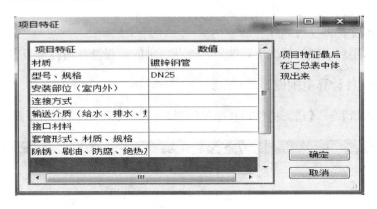

图 28.1-7

当选择"电气配线"清单时，软件显示管线的项目信息，如图 28.1-8 所示。

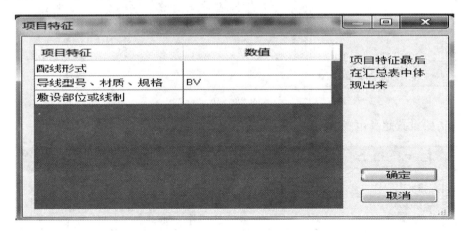

图 28.1-8

（3）"单位"、"结果"软件有默认值，支持直接点击自主修改。

"系统编号"、"平面位置"直接点击选择或输入。

（4）左键单击【计算公式】空白处，出现一个按钮，点击后光标由十字形变为方形，进入可在图中读取数据的状态，在图上选择要提取的图形构件，根据所选的图形，出现长度、面积或体积选项。当所选择的图形是一个三维实体时，当所选择的图形是有多根线条组成的封闭区域时。选择计算选项（不可多选）后，点击"确定"按钮，即把所要的计算结果提取完成，"结果"中显示相应得到的量。软件里支持提取多次，且多次的量分别显示在"计算公式"栏中，以空格符号连接，"结果"栏中显示错误。需要在"计算公式"栏中把每次提取的量用数学符号连接起来，如将默认的空格符修改成加号"＋"，这样软件的"结果"栏中就将我们多次提取的量汇总计算出来了。

也可以在【计算公式】空白处输入数据或表达式，回车或点击"计算"按钮，计算结果里软件会按照所输入的计算表达式自动计算好工程量。

（5）输入完成后点击"关闭"按钮，软件自动保存所设置的信息并退出对话框。

提示：

（1）"编辑其他项目"对话框为浮动状态，可以不关闭本对话框，而直接执行"切换楼层"命令，切换到其他楼层提取数据。

（2）软件不支持多项目删除。

注：不套清单或定额的情况下，编辑其他项目中的工程量在消耗量报表中显示。

28.1.5　超高构件计算范围设置

点击【工程量】→【超高构件计算范围设置】，弹出如图 28.1-9 所示对话框。

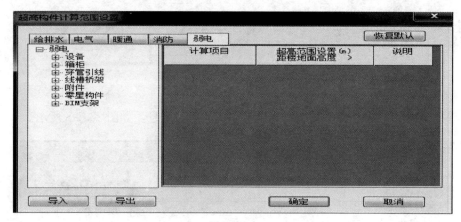

图 28.1-9

选择需要设置超高范围的专业及构件，如图 28.1-10 所示。

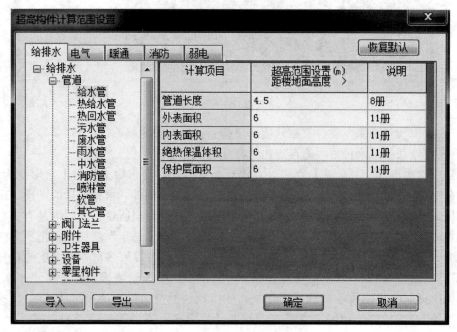

图 28.1-10

在 超高范围设置(m)／距楼地面高度 ＞ 栏里可以设置超高起算距楼地面的高度。

在 说明 栏可以对该超高设置进行说明备注。

28.2　计算报表

鲁班安装报表支持 6 种风格色彩界面切换，报表格式简洁明了，三层级筛选结构，各专业报表分开显示，单张报表不再拥挤垄长，多张报表可批量输出打印，增加报表项目控制、查找、计算机等多个实用功能。

单击 图标，进入到鲁班算量计算书界面，如图 28.2-1 所示。

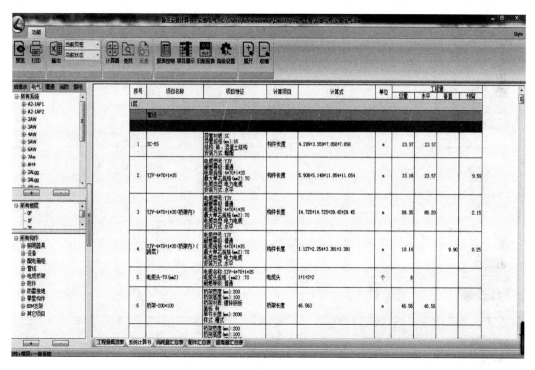

图 28.2-1

28.3　报表的界面介绍

报表的界面介绍见表 28.3-1。

表 28.3-1

报 表 界 面

	将计算结果打印出来

 预览	预览一下要打印的计算结果
 收缩	将计算结果一级一级的收缩，最终收缩到清单总目录的情况
 展开	将计算结果一级一级的展开，最终展开到构件详细计算公式的情况
 XLS OLD 旧版报表	可以调出老版本的计算报表
 查找	支持报表里面查找功能
 报表控制	支持控制报表显示
 项目展示	支持设置报表项目显示
 高级设置	设置设备是否按照系统显示

28.4　工程概览表

　　不分属性、大小类、敷设方式对工程量进行概览，可快速了解工程大体造价情况，管线不分大小类与敷设方式，便于快速得到材料采购参考量，如图 28.4-1 所示。

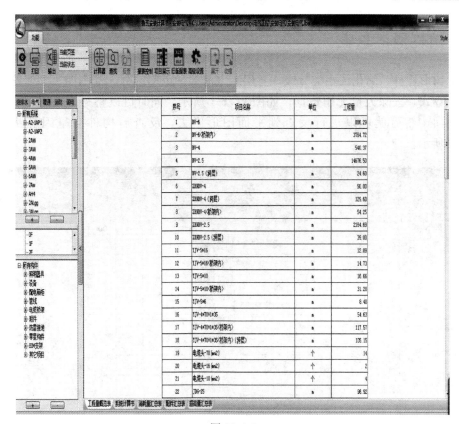

图 28.4-1

28.5　系统计算书

　　优先按系统汇总工程量，区分统计水平、垂直以及预留管线，充分符合手算习惯，同时点状构件可不按系统单层汇总，自由灵活，回路级只展开主项计算式，去除大量无用数据，各层级之前多种色彩区分，清晰明了，如图 28.5-1 所示。

图 28.5-1

28.6 消耗量汇总表

去除树形控件，简化大小类分级，各层级之前多种色彩区分，清晰明了，回路级只展开主项计算式，去除大量无用数据，如图 28.6-1 所示。同时可以将每一项进行展开，展开到具体项，然后就可以进行反查到平面图形中去，反查后构件会呈闪烁状态，如图 28.6-2所示。

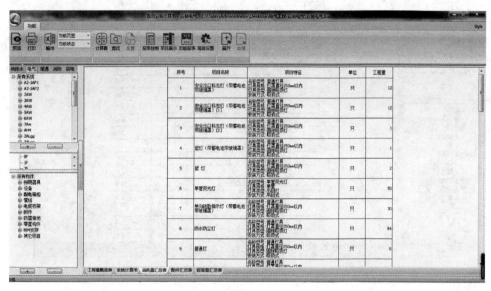

图 28.6-1

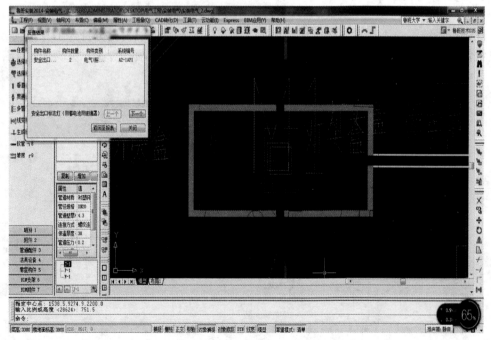

图 28.6-2

28.7　超高量汇总表优化

　　各类配件汇总至所属管道下进行统计，优先按系统进行分级，反查对量时更便捷，各层级之前多种色彩区分，清晰明了，如图 28.7-1 所示。

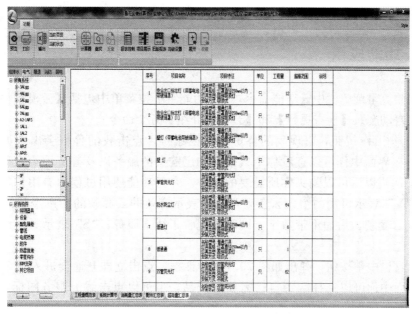

图 28.7-1

28.8　打印及预览

　　单击 按钮，弹出对话框如图 28.8-1 所示，可对页面进行设置，设置好可进行打印或者输出文件。

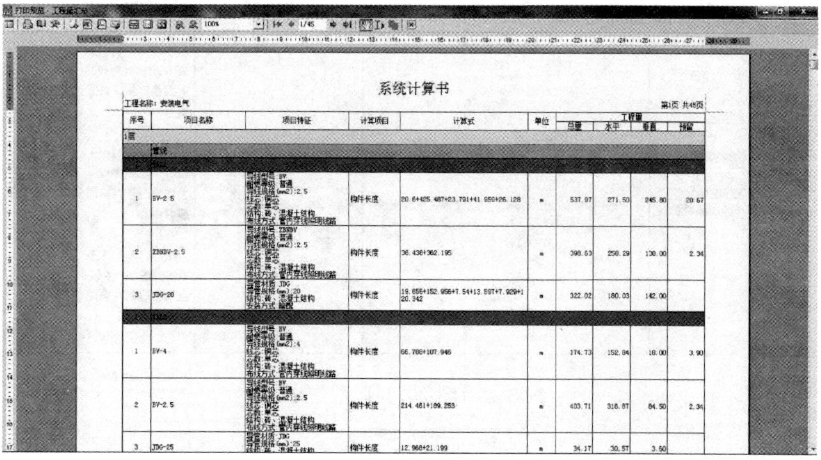

图 28.8-1

第29章 云 功 能

29.1 云功能应用

鲁班安装算量菜单栏中云功能命令，"云功能"下拉菜单中包括【云模型检查】、【云构件库】、【自动套】、【检查更新】和【云功能介绍】五个命令。

单击工具栏 ⧉ 按钮，出现我的鲁班和切换账号，点击我的鲁班会出现如图 29.1-1 所示界面。在界面中你可以查看你个人信息和已购买的服务以及鲁班币剩余数量。在界面当中点击购买以后可以购买你所需要的服务。在云功能使用过程中有用户等级显示功能，其中"V"表示可用的个人云套餐，数字表示有效的云套餐的使用个数；"E"表示可用的企业云套餐，后面不带数字，同时也包含了线上服务；"S"表示具体产品对应的线上服务。

点击工具栏中 ⧉ 按钮，弹出如图 29.1-3 对话框，点击立即开通会进入图 29.1-2 购买界面，在界面中你可以选择购买自己需要的产品，也可以点击线上服务图标，发起临时QQ对话与鲁班技术支持取得联系。

图 29.1-1

图 29.1-2

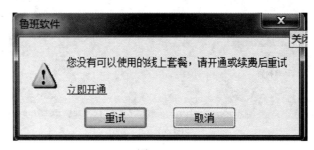

图 29.1-3

29.2 云模型检查概述

云模型检查是综合了合法性检查的 9 大项检查内容，同时提高到现在的 1100 项检查内容，在大幅提升算量准确性同时，还大大减少模型检查和改错工作量。让一个新人快速提升建模质量，提高准确率。鲁班云模型检查功能是由数百位专家支撑的知识库，可动态更新，实时把脉，避免可能高达 10％的少算、漏算、错算，避免巨额损失和风险。

安装版本中云模型检查将错误类型进行了分级。错误类型分为"确定错误"、"疑似错误"、"提醒信息"，大幅度减少疑似错误项目。

（1）当前层检查：

如果您已经完成了当前楼层的工程，本系统可以自动检测当前楼层工程中出现的很多错误，并且检查完成后可定位修改。

（2）全工程检查：

如果您已经完成了整个工程，本系统可以自动检测您制作工程中出现的很多错误，检查完成，云检查对话框内的属性合理性、建模遗漏、建模合理性、计算检查、设计规范会完全地报出您所有建模属性错误，极大地提高建模出量准确性。

（3）自定义检查：

打开云检查模型，第三个窗口命令，可以自定义调节检查所选定的楼层和构件。

29.3 如何使用云模型检查

执行菜单栏中【云功能】→【云模型检查】命令，或者点击右上角 按钮，出现对话框，如图 29.3-1所示。

　　注：云模型检查中开放一些检查规则设置，用户可以根据实际需求自行设置。

图 29.3-1

29.4　选择检查项目及检查范围

　　提示：检查内容大类分为属性合理性，建模遗漏，建模合理性，计算检查，设计规范。

　　检查范围：当前层检查、全工程检查、自定义检查，可选择楼层及构件，如图 29.4-1所示。

图 29.4-1

29.5　修复定位出错构件

检查完成后，进入查询结果界面，检查结果分为必错和疑似错误（可进行"查看详细错误"、"重新检查"），如图 29.5-1 所示。

图 29.5-1

点击查看详细错误，可查找到具体构件，如图 29.5-2 所示。

图 29.5-2

　　提示：点击"定位"按钮，对出错构件或属性进行反查，反查的构件支持高亮闪烁，方便直接修复。

　　查看详细错误界面忽略修改为忽略错误，忽略过的错误下次将不再检查，如图 29.5-3所示。

图 29.5-3

　　信任列表支持信任规则及忽略错误，添加到信任列表中的内容下次将不再检查，如图 29.5-4 所示。

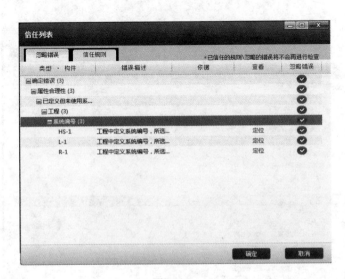

图 29.5-4

提示：忽略错误与信任规则的区别。忽略错误：指具体的某一个错误下次将不再检查，如某个楼层图形上某个具体位置的构件下次将不再提示，但其他位置的该类错误还将提示。信任规则：信任某条检查规则，根据用户的设置，下次整个工程或某些楼层将不再检查此条规则。

29.6 云构件库

点击【云构件库】，软件会自动联网查询构件库，同时云构件库支持企业账号用户可以使用自己企业内部的云构件，如图 29.6-1 所示，选择需要的图形，点击应用即可。

图 29.6-1

点击【构件明细】对话框，支持构件在线预览构件三维，如图 29.6-2 所示。

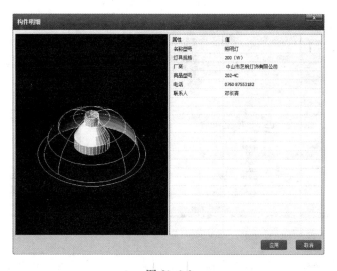

图 29.6-2

29.7　自动套

点击【自动套】命令，软件根据工程设置里面的算量模式，自动联网查询匹配自动套模板，提示"正在查询自动套模板，请稍候…"，如图 29.7-1 所示。

通过在线查询模板，如果云服务端没有相匹配的清单或者定额模板，提示如图 29.7-2 所示。

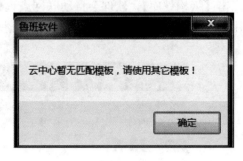

图 29.7-1　　　　　　　　　　　　　　　　　　图 29.7-2

如果云服务端上查询到所套取清单或定额相匹配的模板，软件自动弹出"自动套—云模板"对话框，如图 29.7-3 所示。

说明：用户可根据实际情况的要求，修改构件需要套取的清单或定额。

对需要自动套取清单定额的构件选择及修改后，点击"下一步"，软件弹出选择楼层及构件的提示，用户可根据需要对楼层及构件进行勾选，如图 29.7-4 所示。

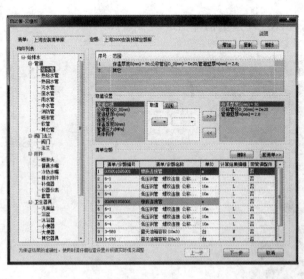

图 29.7-3　　　　　　　　　　　　　　　　　　图 29.7-4

勾选需要套取的构件，使用"覆盖"模式后点击"完成"后，弹出以下对话框，软件提示是否确认自动套取定额，如图 29.7-5 所示。

点击 ，提示如图 29.7-6 所示。

图 29.7-5　　　　　　　　　　　图 29.7-6

说明："覆盖"模式——覆盖已经套取的清单或定额，以本次套取的为模板。

　　　　"增加"模式——新增一个清单或清单模板。

自动套，一次性只能套取当前专业，如需套取其他专业，需切换到相对应专业，再套取。

29.8　检查更新

点击【检查更新】，连接服务器，软件自动搜寻是否有新版本更新。若当前版本为最新版，则提示"目前为最新版本，没有可用更新！"，如图 29.8-1 所示。

图 29.8-1

若当前有可供更新的新版本，软件提示"当前有以下可用更新"，如图 29.8-2 所示。

可点击 更新 按钮，开始安装，软件自动连接到服务器下载更新包，如图 29.8-3 所示。

升级包下载完毕后，点击"完成"按钮，如图 29.8-4 所示，软件智能覆盖旧版软件自动安装。安装过程中需要手动关闭当前已打开的软件，关闭后，软件自动继续，安装更新结束之后，重新启动软件即可使用新版的软件。

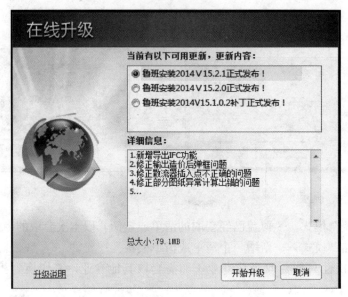

图 29.8-2

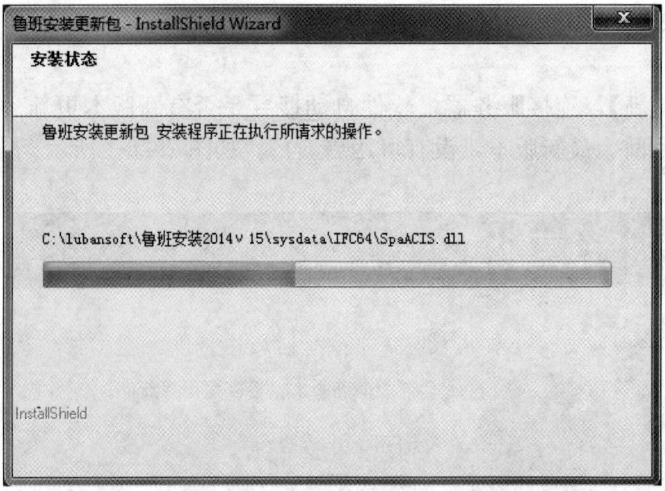

图 29.8-3

图 29.8-4

29.9　云功能介绍

点击"云功能介绍"，可以直接在线了解关于云功能的相应知识，如图 29.9-1 所示。

图 29.9-1

第 30 章　BIM 应用功能

30.1　输出 CAD 图纸

输出 CAD 图纸，支持将鲁班的 CAD 构件根据需要有选择的输出 CAD 图形，方便施工交底、竣工图使用。

点击"bim 应用"，在下拉菜单中点击"输出 CAD 图纸"，如图 30.1-1 所示。

你可以根据需要选择相应的楼层，然后点击"确定"按钮，软件会将楼层中显示的所有构件全部输出。

完成之后，会弹出一个对话框：是否打开工程目录，如图 30.1-2 所示。

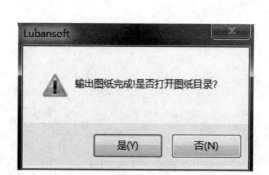

图 30.1-1

图 30.1-2

点击"是"按钮，会自动打开工程文件夹下的 exportdwg 文件夹。

小技巧：配合显示控制命令，可以单独输出你想输出的图形。

（1）让相同系统编号的单独显示，然后输出图纸。

（2）让某些类似构件单独显示，然后输出。

（3）将构件信息显示，然后输出。

30.2　导入 revit

新增加的"导入 revit"，支持完美导入 revit，并直接算量。使用该功能，需安装 tran-

464

srevit 插件，大家可以到鲁班官网上下载。

首先：

（1）打开 revit 插件，导入 revit 工程。

（2）进入附加模块，点击"导出"，如图 30.2-1 所示。

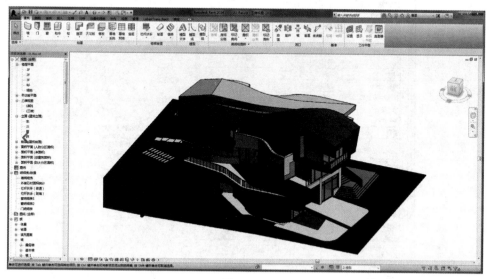

图 30.2-1

（3）首先会弹出"楼层设置"对话框，让你选择导出文件的保存位置，选择后，会弹出标高设置对话框，如图 30.2-2 所示。

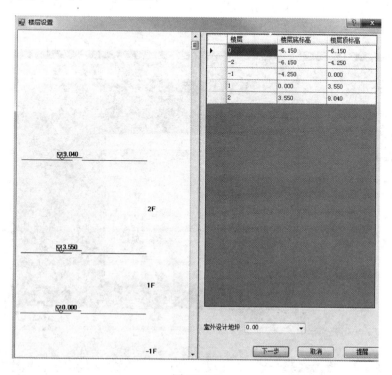

图 30.2-2

（4）设置好了，点击"下一步"按钮，会弹出"导出设置"对话框：设置分土建和安装专业，可以选择对应的专业和相关的导出内容，如图 30.2-3 所示。

图 30.2-3

（5）点击"导出"，就完成 revit 转化成 lbim 格式文件工作。

然后：（1）打开鲁班工程，点击"楼层设置"，将鲁班楼层与 revit 工程的楼层——对应，如图 30.2-4 所示。

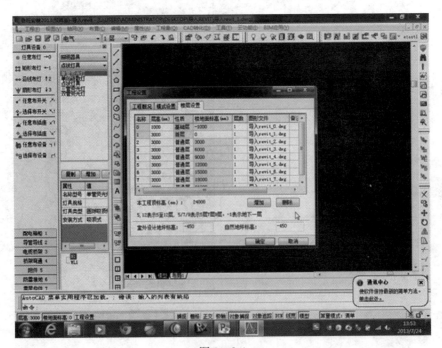

图 30.2-4

（2）点击"导入 revit"，选择上述步骤转化的 lbim 文件。

（3）在弹出的楼层对应对话框中，增加楼层，使 revit 楼层和鲁班楼层一一对应，如图 30.2-5 所示，完成后点击"下一步"。

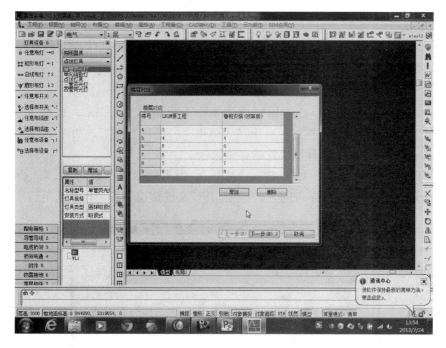

图 30.2-5

（4）在构件列表对话框中，选择需要导入的构件，点击"完成"，如图 30.2-6 所示。

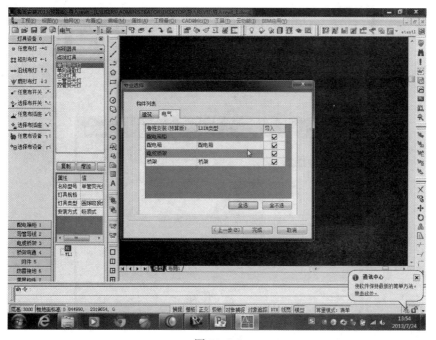

图 30.2-6

鲁班安装软件支持完美导入 revit，导入可以立即计算、出量。

30.3　导入 IFC

导入 IFC 文件，无需插件就可以把 maigCAD 导入到软件中，机电设备、水暖设备、

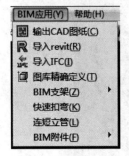

图 30.3-1

管道管线各类构件一键导入，自动匹配属性类型，导入后的工程可以直接计算，大幅度缩短建模时间。

操作步骤：

（1）BIM 应用功能下拉菜单导入 IFC，如图 30.3-1 所示，点击"导入 IFC"，弹出"打开"对话框，如图 30.3-2 所示，选择 IFC 文件的存放路径。

（2）点击"打开"，弹出对话框，如图 30.3-3 所示，有两种导入的方式："按 IFC 文件楼层"和"按当前工程楼层"。

图 30.3-2

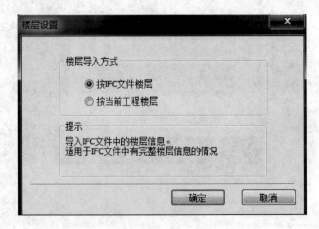

图 30.3-3

（3）点击"按 IFC 文件导入"，弹出"导入方式选择"对话框，如图 30.3-4 所示。

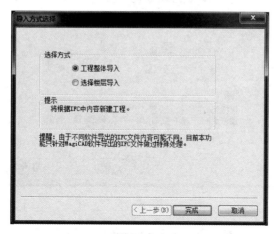

图 30.3-4

（4）点击"完成"，弹出对话框，如图 30.3-5 所示，点击"确定"即可。

图 30.3-5

（5）如图 30.3-4 所示，点击"选择楼层导入"，找到 IFC 的存放路径，点击打开，弹出"楼层设置"对话框，如图 30.3-6 所示，在弹出的楼层对应对话框中，增加楼层，使 IFC 楼层和鲁班楼层一一对应。

（6）点击"下一步"，弹出"专业选择"对话框，如图 30.3-7 所示，在构件里边中可以选择要导入的构件。

（7）点击"完成"，弹出对话框，如图 30.3-8 所示，点击"确定"即可。

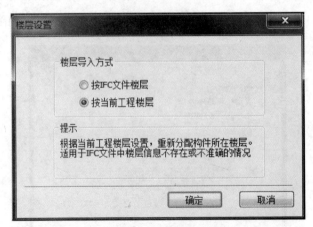

图 30.3-6

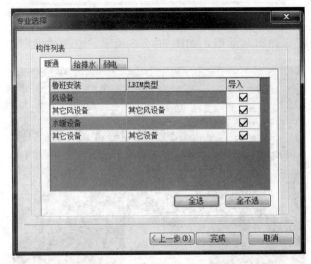

图 30.3-7

图 30.3-8

30.4 导出 IFC

BIM 应用功能下拉菜单导出 DAE，如图 30.4-1 所示，点击"导出"，弹出"导出 DAE"对话框，如图 30.4-2 所示，选择 DAE 文件的存放路径。

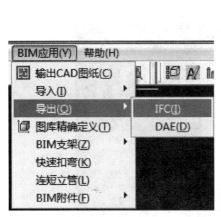

图 30.4-1   图 30.4-2

30.5 导出 DAE

BIM 应用功能下拉菜单导出 DAE，如图 30.5-1 所示，点击导出 DAE 弹出对话框，如图 30.5-2 所示，选择 DAE 文件的存放路径。

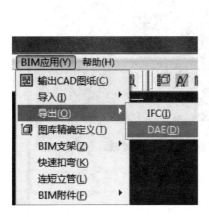

图 30.5-1   图 30.5-2

30.6　图库精确定义

图库的精确定义可以让用户对构件的三维图形的大小、立体构件的三维插入点进行设置，使管线的量更精确。

2014V15.1.0 版本图库精确定义增加自动调整大小选项，用户完全可以根据自己实际需要输入大小尺寸，得心应手。在属性栏中选择构件，然后点击"图库精确定义"，如图 30.6-1 所示。

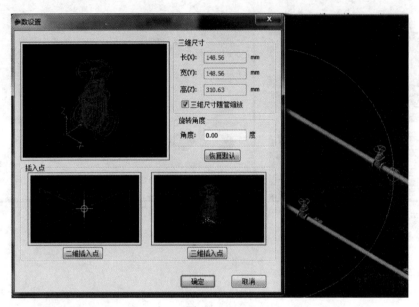

图 30.6-1

可以在这里对构件的三维尺寸：x 轴、y 轴、z 轴进行设置。软件下方按钮，二维插入点、三维插入点是插入点设置按钮，点进去是对参数进行设置，如图 30.6-2、图 30.6-3 所示。

图 30.6-2

图 30.6-3

设置完成后，点击"确定"即可。

Ps：管线不支持图库精确定义。

30.7　BIM 支架

在左边中文工具栏的最下面，或者点击 BIM 应用，可以找到 BIM 支架的相关命令：立布钢架、平布钢架、任布吊杆、任布支撑、任布管卡、任布垫铁、选布钢架、选布吊杆、选布支撑、选布管卡、生成水支架、生成风支架、生成桥架支架。

30.7.1　立布钢架

点击快捷图标，弹出"立布钢架"对话框，如图 30.7-1 所示。

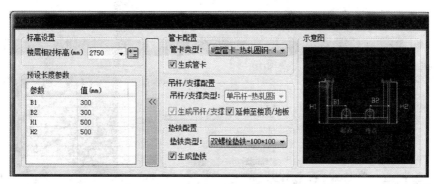

图 30.7-1

在左下角，有预设长度参数，其中的数值 a1、a2、c 对应的位置在右边以图形的形式表达出来，我们可以根据实际情况作出修改，在预设长度上面是标高的设置，可以输入，也可以通过 图标 来设置管线的标高并计算钢架的标高。

对话框中间，我们可以选择是否生成管卡，以及管卡的类型，如图 30.7-2 所示。

中间灰色的部分：表示为不可选择。

设置完成后，我们在图纸上布置一下：先在图纸中选择一点，然后选择最右边的管道即可，对应图中的起点和终点，软件就会在管道上生成相应管卡，如图 30.7-3 所示。

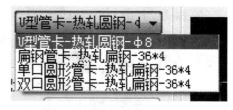

图 30.7-2

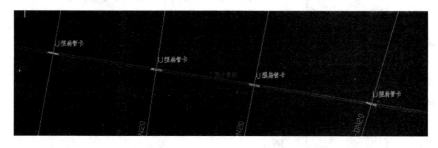

图 30.7-3

点击命令时，命令行会有以下提示，如图 30.7-4 所示，我们可以根据需要输入 d 或 t 或 v，输入 d 是平布钢架与立布支架之间的切换，输入 t 是提取标高，输入 v 是翻转方向。

选择起点位置[切换模式(D)/提取标高(T)/纵向翻转朝向(V)]<退出>:

图 30.7-4

30.7.2　平布钢架

操作的方法与"立布钢架"相同。

30.7.3　任布吊杆

点击"任布吊杆"命令，如图 30.7-5 所示。

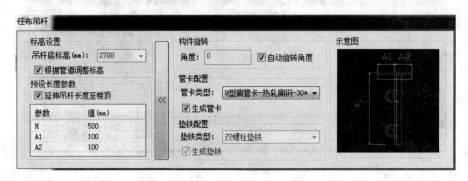

图 30.7-5

在左下角有预设长度参数，其中的数值 a1、a2、h 对应的位置在右边以图形的形式表达出来。

在标高设置中：我们可以根据管道调整标高或者点去 ☑根据管道调整标高 ，然后手动输入。

对话框中间，我们可以选择是否生成管卡，以及管卡的类型。

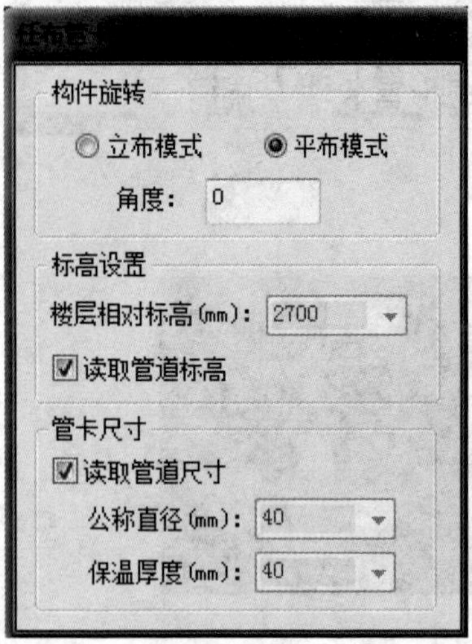

构件旋转：可以自己输入角度或者选择自动调整。

操作步骤：点击任布吊杆，在命令行提示：

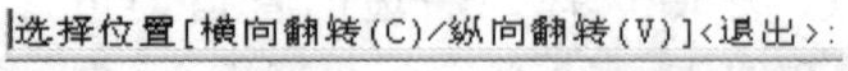

选择位置[横向翻转(C)/纵向翻转(V)]<退出>:

我们可以根据需要输入 c 或 v 进入翻转，然后在需要布置的管道上选择一点，左击即可。

30.7.4　任布支撑

操作方法与"任布吊杆"相同

30.7.5　任布管卡

点击"任布管卡"命令，弹出对话框，如图 30.7-6 所示。

我们可以设置立布模式或平布模式，标高和管卡尺

图 30.7-6

寸可以自定义或者随管道。

点击命令时，命令行提示的切换布置模式即为：立布模式和平布模式，我们根据情况切换，然后在管道上选择相应的位置，左击，即布置成功。

30.7.6　任布垫铁

点击"任布垫铁"命令，弹出"任布垫铁"对话框，如图 30.7-7 所示。

在对话框中可以设置布置方式、角度和标高，布置方式与"任布管卡"一致。

Ps：垫铁的规格大小需要在属性定义里修改。

布置的时候选择的第一点和最后一点要对应弹出的布置对话框中的"起点"和"终点"。

图 30.7-7

30.7.7　选布钢架

点击"选布钢架"快捷图标，弹出对话框，如图 30.7-8 所示。

可以根据需要，在间距设置里面设置水平间距和垂直间距。

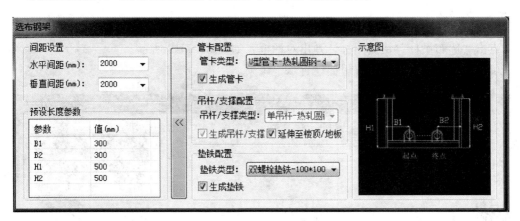

图 30.7-8

操作步骤：点击命令时，命令行会有提示，如图 30.7-9 所示，可以根据需要输入命令 F【切换同系统状态】；输入 D【切换布置朝向】。

请选择一种管线[切换选择同系统状态（F）/切换布置朝向（D）]：

图 30.7-9

选择第一种管线，命令行提示，如图 30.7-10 所法，右键"确定"，完成此次操作，或者继续选择相同类型的管线即可。布置完成后，如图 30.7-11 所示。

右键确定或继续选择相同类型的管线：

图 30.7-10

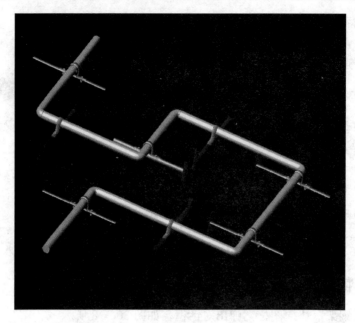

图 30.7-11

30.7.8　选布吊杆

点击"选布吊杆"快捷图标，弹出对话框，如图 30.7-12 所示。

可以根据需要在间距设置里面设置水平距离。

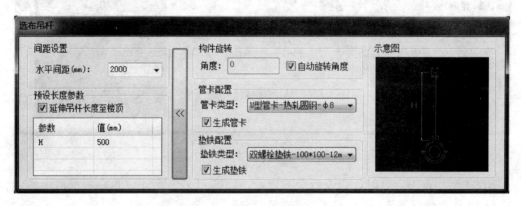

图 30.7-12

操作步骤：点击命令时，命令行会有提示，如图 30.7-13 所示，可以根据需要输入命令 F【切换同系统状态】。

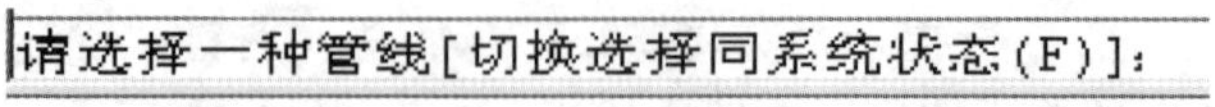

请选择一种管线[切换选择同系统状态(F)]：

图 30.7-13

选择第一种管线，命令行提示，如图 30.7-14 所示，右键确定完成此次操作，或者继续选择相同类型的管线即可。布置完成后，如图 30.7-15 所示。

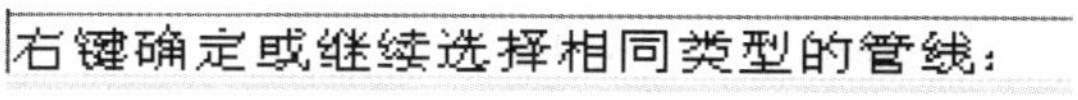

右键确定或继续选择相同类型的管线:

图 30.7-14

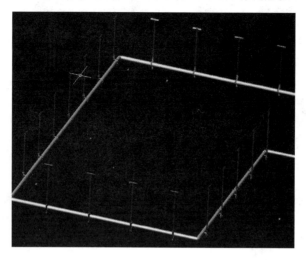

图 30.7-15

30.7.9　选布支撑

选布支撑操作方法与"选布吊架"相同。

30.7.10　选布管卡

点击"选布管卡"快捷图标,弹出对话框,如图 30.7-16 所示,可以调整管卡的水平间距、垂直间距以及旋转角度。

操作步骤同"选布吊杆",布置完成后如图 30.7-17 所示。

图 30.7-16

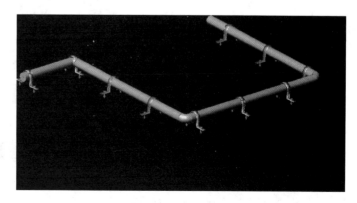

图 30.7-17

30.7.11　生成水支架

点击"生成水支架"快捷图标,弹出"生成水支架"对话框,如图 30.7-18 所示。在类型设置中可以根据需要设置最大公称直径、水平支架、垂直支架、跨层支架,也可以对管道类型

增加删除  。点击 恢复默认值 按钮，就可以恢复到软件默认的数值。

图 30.7-18

点击类型筛选 类型筛选 按钮，弹出对话框，如图 30.7-19 所示，可以根据需要对生成支架的管道进行筛选，如果有不需要生成支架的管道，把前面钩去掉即可。

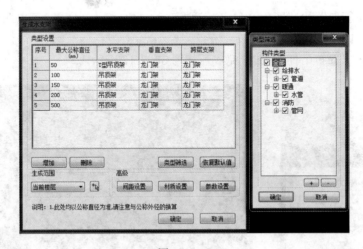

图 30.7-19

支架生成的范围也是可以选择的，如图 30.7-20 所示，也可以点击 按钮，框选支架生成的范围。

在高级中可以对支架的间距、材质、参数进行设置，如图 30.7-21 所示。

单击 材质设置 按钮，弹出"支架间距设置"对话框如图 30.7-22

图 30.7-20

所示，可以生成水支架的管道有冷水管、热水管、排水管。以冷水管为例，根据需要可以选择不同的管道材质进行间距设置，软件支持手动输入数据，也可以点击 [增加] [删除] 按钮，增加序号，进行设置。

图 30.7-21

点击 [恢复默认] 按钮，就可以恢复软件默认的间距，软件默认的间距是根据实际设计进行提取的。

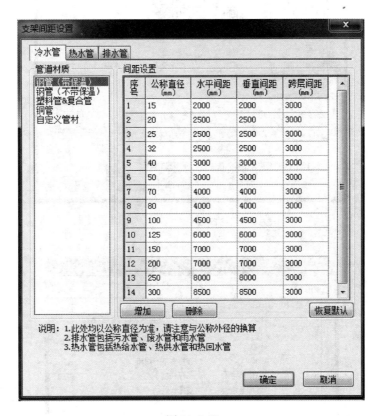

图 30.7-22

单击 [材质设置] 按钮，如图 30.7-23 所示，可以对垫铁、吊杆、支撑、钢架根据需要进行规格设置，也可以点击 [增加] [删除]，增加序号，进行设置。

单击 [恢复默认值] 按钮，就可以恢复软件默认的间距，软件默认的间距是根据实际设计进行提取的。

单击 [参数设置] 按钮，弹出对话框，如图 30.7-24 所示，里面可以自行修改支架的参数数值。

设置完成以后，看命令行提示，如图 30.7-25 所示，点击"确定"，生成水支架，输入 T，选择生成的范围。

生成完成以后，如图 30.7-26 所示。

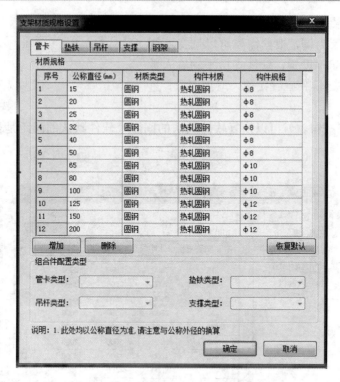

图 30.7-23

图 30.7-24

注：A—代表吊杆/支撑到钢架边缘的距离；B—代表管边到吊杆/支撑的距离；

C—代表管边到钢架的距离；D—代表双排支架的距离；H—代表吊杆长度；T—支撑长度

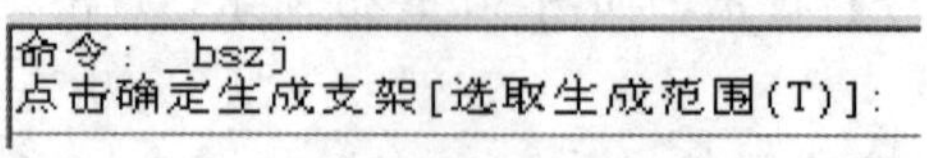

```
命令: _bszj
点击确定生成支架[选取生成范围(T)]:
```

图 30.7-25

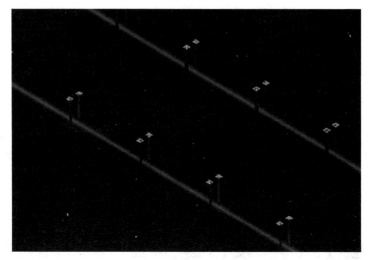

图 30.7-26

30.7.12　生成风支架

生成风管支架操作方法与"生成水支架"相同。

30.7.13　生成桥架支架

生成桥架支架操作方法与"生成水支架"相同。

30.8　BIM 附件

套管类型包括穿墙套管、刚性防水套管、柔性防水套管、法兰套管 4 种，各类套管根据防水套管图集尺寸精准定义，全工程套管一键生成，并且可识别土建墙、梁、板厚度，自动计算出套管长度。套管模型细致入微，甚至到螺栓、螺母都能清晰可见，套管插入点智能校准，穿楼板后自动向上伸出。适用给水排水、暖通、消防专业，具体如图 30.8-1、图 30.8-2、图 30.8-3 所示。

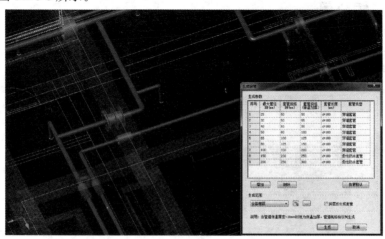

图 30.8-1

图 30.8-2

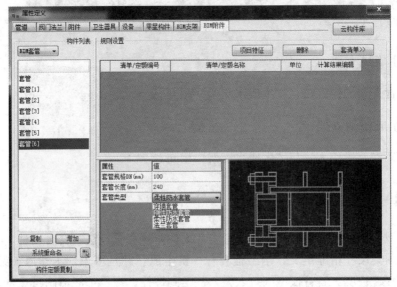

图 30.8-3

30.9 连接短立管

点击"连接短立管"命令，选择两根管道后快速生成连接立管，配合线变管命令使给水排水管道转化更得心应手，具体如图 30.9-1、图 30.9-2 所示。

图 30.9-1

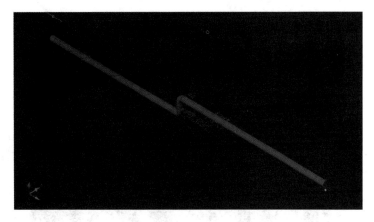

图 30.9-2

30.10　快速扣弯

BIM 应用下拉菜单中的快速扣弯命令，如图 30.10-1 所示。

操作步骤：

点击"快速扣弯"命令，弹出对话框，如图 30.10-2 所示，可以自定义扣弯方向，上

下左右任意进行扣弯 ；开放设置扣弯偏移距离、过弯角度 偏移距离：300 ；

支持生成 90°弯与 45°过弯，并可选择单、双边扣弯 过弯角度：90度双边 。

图 30.10-1

图 30.10-2

点击需要扣弯的管道，命令提示 请选择扣弯起点： ，选择好之后，如图 30.10-3 所示，高亮所选有效管线，便于点选扣弯点，命令行提示 请选择扣弯终点： ，选择完扣弯终点，如图 30.10-4 所示，支持共线异径管的扣弯；支持多跨扣弯，可一次扣过多根管线，并且自动生成配件。三维显示如图 30.10-5 所示。

图 30.10-3

图 30.10-4

图 30.10-5

第四篇 造 价 软 件

第 31 章　软件的运行与安装

31.1　软件的运行环境

鲁班造价（LubanEstimator）软件是按照 Office2007 的格式平台开发，因为计算要消耗大量 CPU 及内存资源，因此机器配置越高，操作与计算的速度将会越快。软件的运行环境见表 31.1-1。

鲁班造价软件运行环境　　　　　　　　　　　　　　　表 31.1-1

硬件与软件	最低配置	推荐配置
处理器	Pentium Ⅲ，800MHz	Pentium4，2.0GHz 或以上
内存	256MB	1GB 或以上
硬盘	500MB 磁盘空间	1GB 磁盘空间或以上
显示器	1024×768 分辨率，16 位真彩	1280×1024 分辨率或以上，32 位真彩
鼠标	标准两键鼠标	标准三键＋滚轮鼠标
键盘	PC 标准键盘	PC 标准键盘
办公软件	Office2003	Office 2003 或以上
操作系统	Windows XP 简体中文版	Windows XP 简体中文版 Windows7 简体中文版
打印机	各种针式、喷墨和激光打印机	各种针式、喷墨和激光打印机

31.2　软件的安装

鲁班造价 2013V7.1.2 软件产品包含了两部分：软件程序和定额库的安装。在安装软件时，先检查电脑磁盘是否有足够的空间，软件大约会占用 130MB 磁盘空间，如果空间不足，先清理磁盘空间，再安装"鲁班造价"。

31.3　软件的卸载

单击计算机左下角"开始"命令按钮，在图 31.3-1 中选择"所有程序"→"鲁班软

图 31.3-1　卸载软件

件"→"鲁班造价"→"卸载鲁班造价 2013"命令，按照提示即可完成卸载工作。

31.4　定额库的安装

定额库在安装前要确保软件程序已安装完成，然后打开软件在项目管理界面的"云功能"下下载。定额库下载（云功能）如图 31.4-1 所示。

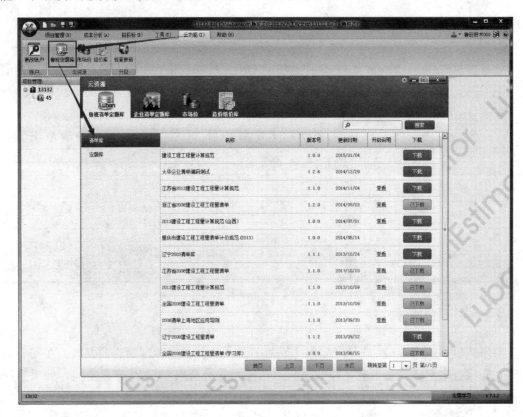

图 31.4-1

注意：

清单定额库有三种下载地址：新建项目时、新建单位工程时、云功能下均可下载。

鲁班定额库包括：鲁班清单定额库、企业清单定额库、市场价、造价组价库。

鲁班清单定额库包括：全国 2008 建设工程工程量清单、2013 建设工程工程量计算规范等清单库，江浙沪等地的定额库等。

企业定额库主要是根据企业内部自己的定额编制的定额库。

31.5　软件更新

软件升级有两个途径：一是打开软件自动弹出升级的窗口；二是在功能选项卡内点击"云功能"下如图 31.5-1 所示的对话框，点击"检查更新"按钮，软件会自动搜索更新升级补丁。如果软件已经是最高版本，软件会提示现在软件是最新版本，如图 31.5-2 所示对话框。

图 31.5-1

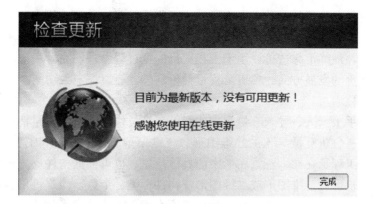

图 31.5-2

第32章　工程计价软件概述

32.1　工程量计价软件的功能

鲁班造价软件是鲁班软件独立自主研发的工程量计价软件，采用多种方式快速生成预算书，根据工程量清单编制的计算顺序建立工程预算书，套取各地的清单和定额，通过组价、取费等情况，最终汇总造价，用于工程项目的全过程管理，充分考虑了工程造价模式的特点及未来造价的发展方向。鲁班工程量计价软件具有以下三大功能。

（1）框图定位

软件可通过手工录入、导入算量等方式帮助预算员快速编制工程量清单预算书。鲁班造价软件能够分析鲁班算量导入的二维图形、三维模型、计算结果等工程数据和人、材、机量，准确定位工程量在二、三维图形中的具体位置，也可根据构件反查定位构件的具体计算式。框图出价可在三维图形或二维图形按构件种类、个数、楼层等信息拆分生成相应的预算书，使技术人员把整个工程数据分析得更直观，方便技术人员快速、准确地进行月度产值审核，对进度款、限额领料有一定的控制。

（2）报表统计智能化

软件可灵活多变地输出各种形式的造价报表，满足不同的需求。软件可以根据各地不同的清单、定额的报表格式，自动汇总数据之间的联系，分析统计各类工程量造价。可满足从工程招标投标、施工到决算的全过程造价统计分析。

（3）检查纠错功能

软件中设置的合法化检查功能，可检查用户编制预算书过程中清单编码、清单名称、项目特征等情况，并提供详细的错误表单，提供参考依据和规范、错误位置信息，并提供批量修改方法，最大程度地保证了模型的准确性，避免造成不必要的损失和巨大风险。

32.2　工程量计价软件的操作流程

鲁班造价软件的操作可按照以下流程进行：在完成安装造价软件后，仔细分析工程的定额库、综合单价、工程模板等关键信息，对整个工程有框架性的认识后输入相关参数，选择计价方式，接着按照算出的工程量进行预算书的编制，完成工程量预算书，汇总造价，最后输出工程所需要的报表。其操作流程如图32.2-1所示。

（1）预算书创建

预算书的创建是首先新建单位工程。内容包括：①名称输入；②计价方式，如清单计价和定额计价；③定额库，如地区、专业、定额库；④综合单价工程模板选择，如建筑装饰、安装、市政、园林；⑤可根据鲁班算量软件输出的 tozj 文件导入，再匹配定额库；⑥

工程概况填写信息，如工程地点、结构类型、建筑规模等信息。

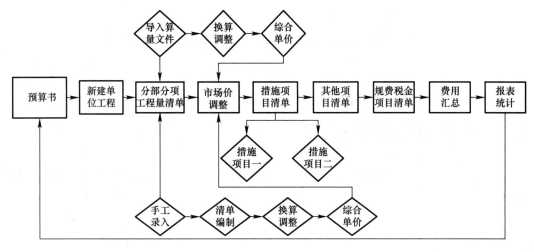

图 32.2-1

（2）编制工程量清单

预算书编制是软件的核心阶段，该阶段既要完成对工程量的录入和换算，也要按照工程的具体情况选择取费的模板。这个过程耗用的时间长，需要通盘考虑整个工程的编制流程。

创建预算书有两种方式：手工录入和外部文件导入。手工录入一般适用于只有蓝图，没有电子图和用非鲁班的算量软件，无法与造价软件对应的时候，通过手工输入工程量，编制成预算书；导入鲁班算量输出的 tozj 文件适用于使用鲁班算量的用户，将鲁班算量建好的二维图形、三维模型、计算结果输出，直接导入鲁班造价软件中，导入的文件会自动识别工程量的数据图形，再按照预算书编制流程操作，从而节省了清单定额及工程量录入的时间。

（3）汇总计算和报表输出

汇总计算是根据已完成的工程预算书的内容汇总造价。电子表格能根据需要，按照分部分项、措施项目、其他项目、规费税金、人材机表等形式汇总，并提供造价的明细，方便检查对账。

第 33 章 工程计价软件操作

33.1 界面解析及功能介绍

鲁班造价软件在计算机中安装完毕后，在操作系统的桌面上有创建软件的快捷图标，双击软件的图标"鲁班造价 2013V7"，正常启动软件初始化界面，如图 33.3-1 所示。

鲁班造价软件的界面分为两个：一个是项目管理界面，如图 33.1-1 所示，可在此界面进行多工程的管理；另一个是预算书界面，如图 33.1-2 所示，即分部分项界面。

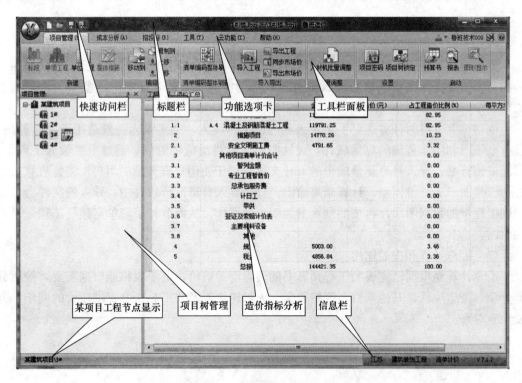

图 33.1-1 项目管理界面

33.1.1 项目管理界面介绍

标题栏：显示软件名称、工程名称、工程路径。

快速访问栏：快捷命令，包括"保存"、"另存为"、"新建"、"打开"等。

功能选项卡：可在项目、清单、组价、工具、iLuban、帮助之间切换。

工具栏面板：在此界面上可以直接使用工具栏中的命令。

造价指标：显示工程的具体造价数据。

项目树管理：管理多个标、单项工程、单位工程。

项目工程显示：显示单位工程的节点。

造价比例视图：工程的各部分数据组成比例图。

信息栏：显示单位工程的地区、计价方式、专业及版本号。

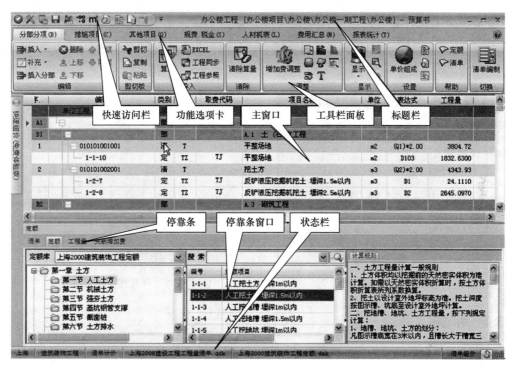

图 33.1-2　预算书界面

33.1.2　预算书界面介绍

标题栏：显示单位工程名称、项目节点、界面名称。

快速访问栏：快捷命令，包括"快捷键设置"、"操作设置"、"导出模板"、"项目管理"等命令。

功能选项卡：在分部分项、措施项目、其他项目、规费税金、人材机表、费用汇总、报表统计之间切换。

工具栏面板：在此界面上可以直接使用工具栏中的命令，单击相应的图标就可以执行相应的操作，从而提高清单编制的效率。

主窗口：显示清单定额的造价数据。

停靠条：显示清单和定额库及清单的子目信息，包括"清单库"、"定额库"、"增加费调整"、"定额子目的工料机组成"、"单价组成"等内容。

停靠条窗口：停靠条内任一内容的显示窗口，图标为定额库的窗口，内容包括：定额库的章节点、定额子目、字目说明。

状态栏：显示单位工程的地区、计价方式、清单库专业、定额库专业。

33.2　建立项目结构

33.2.1　软件的启动

双击软件图标打开"新建项目"对话框，输入名称和编号，单击"确定"按钮，如图 33.2-1 所示，项目保存时需要注意工程默认的保存路径：C:\Lubansoft\LubanEstimator2011V5\工程文件\办公楼项目.lbzj。项目建立完成结构如图 33.2-2 所示。

图 33.2-1　新建项目

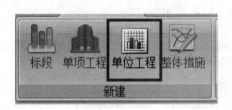

图 33.2-2　项目建立完成结构

33.2.2　新建预算书

软件实现算量数据与造价软件的共享，因此，在新建单位工程时可添加鲁班算量输出的.tozj 文件。土建算量输出.tozj 文件的操作：在菜单栏中，选择"工程"→"导出导入"→"输出造价"命令，输出"×××.tozj"的文件。如图 33.2-3 所示。具体操作如下：

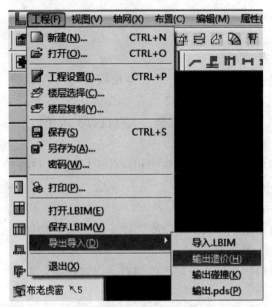 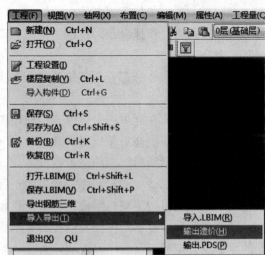

图 33.2-3　输出造价（土建左，钢筋右）

　　第一步，单击单位工程选项，在弹出的"新建单位工程"对话框中，输入工程名称，选择清单计价、工程模板、工程类别、综合单价模板，如图 33.2-4 所示。

　　第二步，算量文件导入。在新建工程对话框中，点击"算量文件"按钮，增加→选择"×××.tozj"→打开，如图 33.2-5 所示。

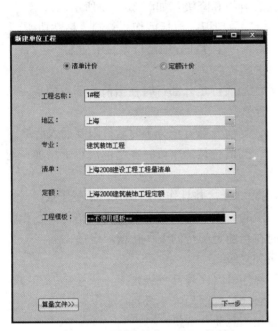

图 33.2-4　"新建单位工程"对话框

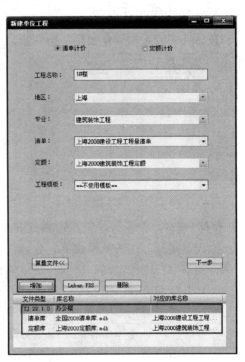

图 33-2-5　导入 tozj

　　第三步：单击"下一步"按钮，显示的是综合单价组成的窗口，如图 33.2-6 所示，详细介绍可参照第 4 章第 3 节；再次点击"下一步"，是工程概况信息窗口，在此输入工程概况信息，点击"确定"按钮，预算书生成。提示：是否进入预算书，点击"是"，如图 33.2-7 所示。

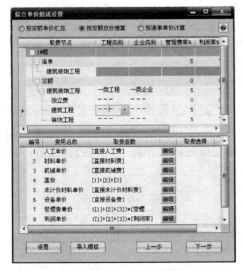

图 33.2-6　工程概况图

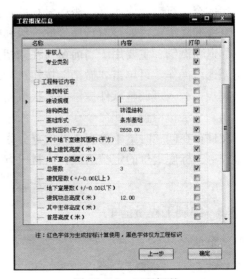

图 33.2-7　工程概况

33.3　编制工程量清单预算书

33.3.1　常用命令解析

在软件中的常用操作包括：剪切板、插入、升级和降级，如图 33.3-1 所示。

图 33-3-1　常用命令

（1）剪切板：包括剪切、复制、粘贴功能。

插入：在分部分项窗口条目中插入一空行。

注意：

① 当前行是分部行时在当前分部行的下一行插入清单。

② 当前分部有子分部时软件限制插入清单。

③ 当前行是清单行时在当前清单下增加一清单行。

④ 当前行是定额行，把此定额行下面的定额劈开，并且作为所插入清单的子层。

插入定额行：在清单模式下，分部行软件限制直接跟定额；当前行是清单行时在当前清单行的下一行增加定额；当前行是定额行时在当前定额行的下一行增加定额。

（2）升级和降级：主要是对行序号的升级和降级。

序号升级：对光标所在的子级编号升为平级序号（序号升一级）。

序号降级：对光标所在的平级编号降为子级序号（序号降一级）。

（3）措施项目、其他项目、规费税金、费用汇总命令解析。

插入：用于在窗口条目中插入一空行。

一级序号：在选定的行下方插入一空行，一级序号行是下一级序号行的父节点。

二级序号：必须在一级序号行下面插入一空行，二级序号行是三级序号行的父节点。

三级序号：必须在二级序号行下面插入一空行，三级序号行是最末级行。

生成合计行：生成所有一级序号行的汇总，当已有合计行时，本命令不可用。

升级和降级：主要是对行序号的升级和降级。

回退和撤销：主要用于当前窗口在未切换的情况下可以回退上一步的操作；如果过后又不回退该操作，可单击"撤销"按钮进行复原回退前的操作。

模板：载入可调整软件提供的模板或用户通过另存的历史模板。

（4）合法化检查：此命令在项目界面中，主要防止因用户操作不当而使其招标文件或投标文件存在问题时给予检查，其检查分为三个部分：①招标清单的关于工程量清单的相关检查；②标底组价的定额组成、人材机方面的相关检查；③招标文件与投标文件一致性的检查。

33.3.2　编制工程量清单

清单的录入方式有三种：直接输入、双击库中清单和补充清单。具体操作方法如下。

第一步，直接输入：

在清单行输入清单编码，如套用
010101001 平整场地清单的后三位，软
件自动产生或用户输入，如图 33.3-2
所示。

第二步，双击库中"清单"：

在清单库中双击所需清单子目。如
套用"独立基础"，可直接双击此清单，
如图 33.3-3、图 33.3-4 所示。

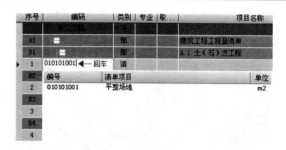

图 33.3-2　清单输入

图 33.3-3　清单库窗口

A3		部		A.3 砌筑工程	
3		清			
A4		部		A.4 混凝土及钢筋混凝土工程	
4	010401002003	清	T	独立基础	m3

图 33.3-4　双击清单库录入

补充清单

清单专业：建筑工程

编码：AB　002　单位：m2

项目名称：

工程量：

显示历史清单≫　　确定　　取消

图 33.3-5　补充清单

（2）解锁状态：前半部可自由输入（≤12 位字符），后半部仍仅可填写三位阿拉伯
数字。

第三步，补充清单：

在清单行右击选择"补充清单"，弹出
窗口后按照所需内容选择专业，输入编码、
单位、名称工程量，单击"确定"按钮，
如图 33.3-5 所示。

注意：

（1）编码：加锁状态 ：前半部为自
动生成，生成方式为清单章册的顺序号＋
"B"，后半部仅可填写三位阿拉伯数字。

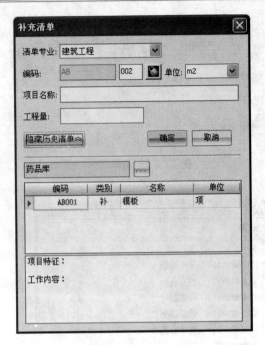

图 33.3-6　历史清单

（3）历史清单：点击"显示历史清单"按钮后，可调用整个建设项目下的所有单位工程补充清单，如图 33.3-6 所示。

33.3.3　项目特征及内容

工程中需要调整项目特征和工作内容，具体操作如下。

第一步，项目特征的设置：

（1）选择工程中已套好的清单条目，切换到"特征及内容"选项卡，如图 33.3-7 所示。

（2）根据工程量清单规范默认的工作特征，在特征值中点击右边的下拉按钮进行选择相应的特征值内容，在"输出"列勾选需要的内容，如图 33.3-8 所示。

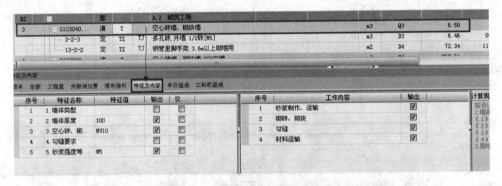

图 33.3-7　选择特征和内容

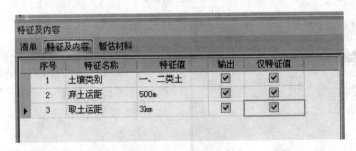

图 33.3-8　特征及内容

第二步，工作内容的调整：

在"工作内容"栏，单击右侧的 ▁ 按钮，在弹出的"工作管理"对话框中调用相应的工作内容或右键增加补充需要的内容，如图 33.3-9 所示。

图 33.3-9　工作内容

第三步，特征内容输出规则：

以上项目特征和工作内容设置完成后，点击左下方的"显示设置"按钮，在弹出的对话框中选择相应的显示方式和序号，如图 33.3-10 所示。设置完成后单击"确定"按钮。对刷新方式选择后，点击"确定"按钮，如图 33.3-11 所示，即可完成项目特征和工程内容的录入。

图 33.3-10　显示设置

图 33.3-11　项目特征刷新

33.3.4　工程量录入

软件中输入清单或定额子目工程量的方法有：直接输入工程量和表达式输入。

（1）直接录入：在工程量（或表达式）的单元格中输入工程量，也可以输入计算式或数值。

（2）表达式：在表达式单元格点击右端按钮，弹出"计算表达式编辑"对话框，如图 33.3-12 所示。

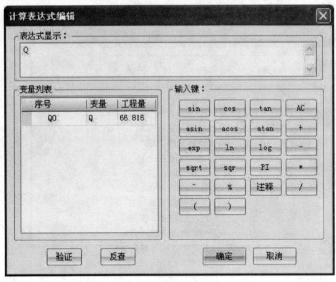

图 33.3-12　表达式编辑

注意：

① 在本工程中定额行的表达式可以调整"Q"变量，表示所属清单的工程量。

② 采用鲁班算量文件导入的方式创建单位工程预算书时，表达式变量根据算量文件自动产生，同时计算式显示在"工程量"选项卡中，如图 33.3-13 所示。

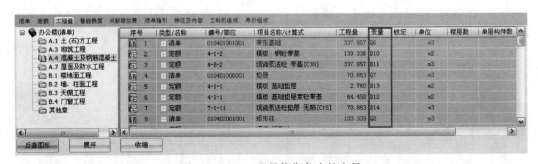

图 33.3-13　工程量停靠条中的变量

33.3.5　定额组价

定额的录入方式：

（1）直接输入：在定额行直接录入土建算量的定额编码"1-1-10"回车，输入定额的工程量，如图 33.3-14 所示。

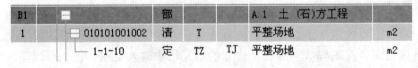

图 33.3-14　直接输入

（2）双击库中的定额：双击定额库中需要录入的定额，如图 33.3-15 所示。

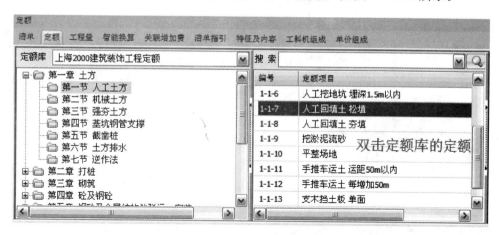

图 33.3-15　定额库窗口

（3）补充定额：在定额行右击，从弹出的快捷键菜单中选择"补充定额"命令，打开"补充定额"对话框，根据需要编辑其内容，如图 33.3-16 所示。

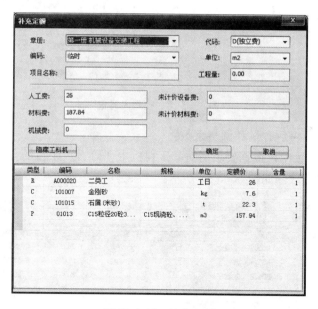

图 33.3-16　补充定额

在"补充定额"对话框中编辑完成后，在"工料机组成"选项卡中可以修改补充定额的人、材、机条目，如图 33.3-17 所示。

33.3.6　定额换算

定额换算有标准换算、直接录入换算、砂浆混凝土换算和智能换算四种方式。

标准换算步骤：

第一步，删除定额组成中的材料条目：

在工程的 3-2-2 定额条目中，根据需求要删除此工料机组成中的"其他工"，右击执行

"删除",则删除选中的"其他工"如图 33.3-18 所示。

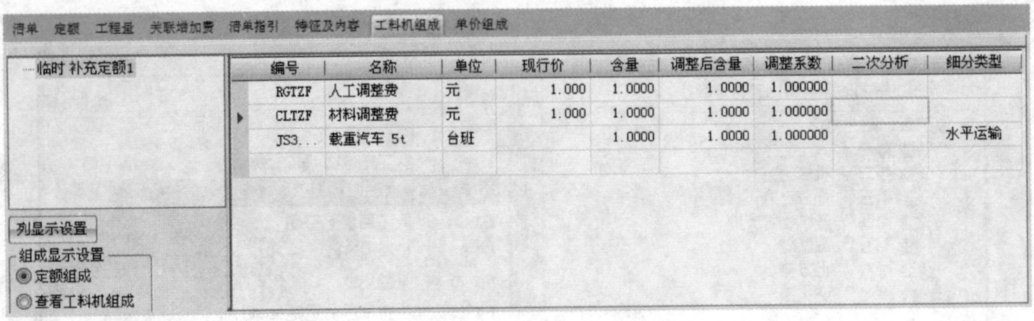

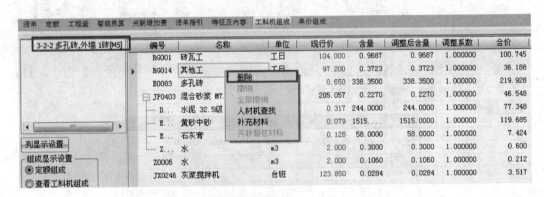

图 33.3-17 工料机窗口

图 33.3-18 删除人材机

第二步,改变调整后含量和调整系数:

在 7-1-7 定额条目中,根据要求需对其工料机中"碎石"条目的含量或系数进行调整,含量在调整后含量内改,如图 33.3-19 所示。

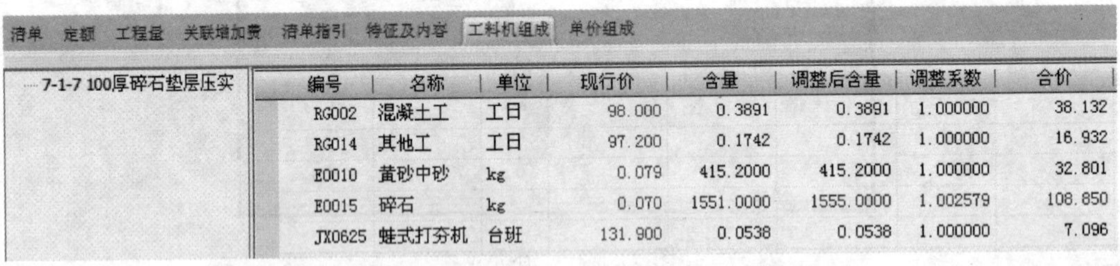

图 33.3-19 含量调整

通过修改"调整后含量",使该条条目在定额中的单位使用含量改变;也可通过修改"调整系数"(调整后含量=含量 * 调整系数),使该条条目在定额中的单位使用含量改变。

第三步,增加或替换定额组成条目:

(1)在定额组成的停靠条界面中,点击编号列单元格,单元格右侧浮动出按键后点击,也可以通过右键执行"人材机查找"命令,如图 33.3-20 所示。

(2)弹出"人材机定额查找"对话框,如图 33.3-21 所示,选择要替换(或增加)的人材机,双击,替换原有子目。

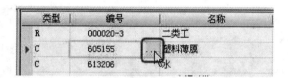

图 33.3-20　人材机查找

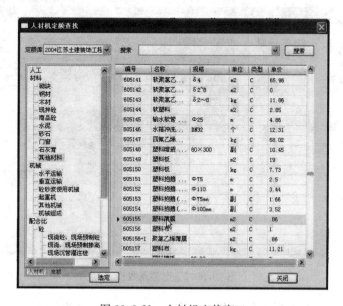

图 33.3-21　人材机查找窗口

33.3.7　直接录入换算

输入子目编号时，可以在定额编号后面跟上一个或多个换算信息来实现快速换算的功能，⊔ 代表空格。具体操作如下：

第一步，输入"定额编号 ⊔ R（C、J）* 系数"，表示定额组成内为人工（材料、机械）的条目含量乘以系数。

第二步，输入"定额编号 ⊔ R * 系数 aJ * 系数 b"，表示定额组成内为人工的条目含量乘以系数 a，机械乘以系数 b。

第三步，输入"定额编号 * 系数"，表示定额组成内所有条目含量乘以系数。

第四步，输入"定额编号 a＋定额编号 b"，表示录入一条定额编号 a 并在其组成内嵌套一条定额编号 b，并支持上述直接录入换算系数。

例如：在分部分项定额行录入定额编号"4-8-1 ⊔ R * 1.15"（表示 4-8-1 子目人工乘 1.15 系数），如图 33.3-22 所示。

注意：定额组人工条目的含量乘以了系数即 $0.2490 \times 1.15 = 0.286$。

33.3.8　砂浆混凝土换算

如混凝土章节定额子目 4-8-2 的现浇泵送混凝土带基的混凝土等级为 C30，而软件默认的是 C15，则需要进行混凝土砂浆换算。具体操作如下：

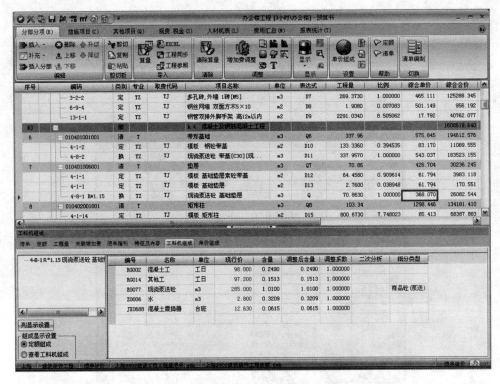

图 33.3-22　定额系数换算

第一步，在工程中混凝土等级与软件默认不一致，需要进行混凝土、砂浆换算的条目→右击混凝土砂浆换算按钮→对所选子目进行调整，选择要换算的材料类型→确定。如图 33.3-23、图 33.3-24 所示。

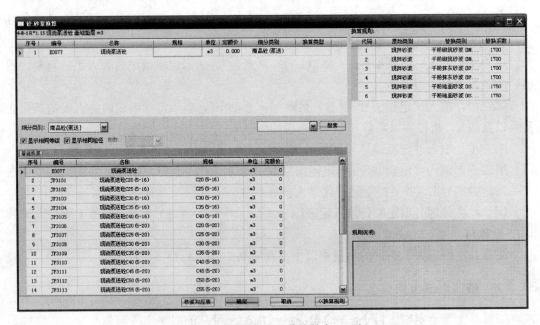

图 33.3-23　混凝土砂浆换算条目选择

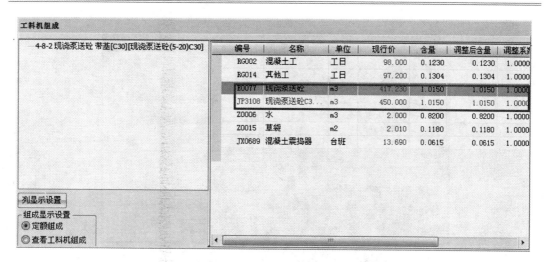

图 33.3-24　混凝土砂浆换算材料类型选择

（1）在批量换算栏中选择一条材料条目，在右侧配合比条目中双击需要替换的条目，则批量换算栏中所选的条目替换为新的条目，来源分析栏中所有相同的材料同时被替换，达到批量换算的目的。

（2）在来源分析栏中选择一条材料条目，在右侧配合比条目中双击需要替换的条目，则来源分析栏中所选的条目替换为新的条目，达到单个换算的目的。

第二步，混凝土砂浆换算弹框及智能换算弹框：当直接输入定额和工程量后，软件自动弹出混凝土砂浆换算窗口，窗口弹出与否可在操作设置中选择。在预算书左上角点击"操作设置"按钮，如图 33.3-25 所示。

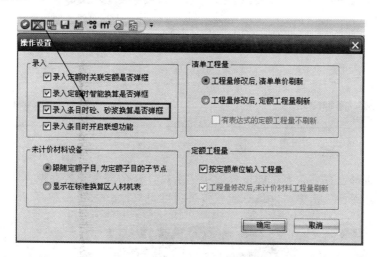

图 33.3-25　混凝土、砂浆智能换算操作设置

33.3.9　智能换算

工程中部分定额子目需要进行换算时，如定额 1-2-7，应考虑到机械挖土方定额中土壤含水率是按天然含水率为准制定的，需进行智能换算设置。

方法一：确保操作设置中，智能换算弹框设置已勾选，如图 33.3-26 所示。

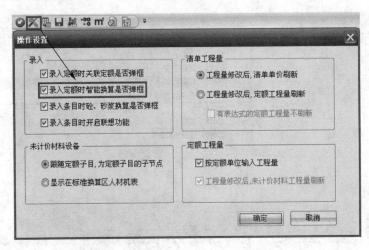

图 33.3-26 定额录入时只能换算操作设置

输入智能换算的定额编号 1-2-7，则弹出智能换算对话框，在该对话框中可以选择"机械土方土壤含水率大于 25％人工"复选框，单击"确定"按钮，如图 33.3-27 所示。

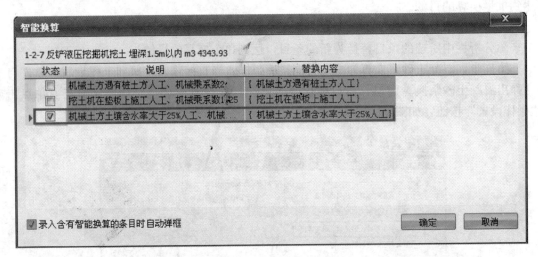

图 33.3-27 智能换算

方法二：选择已存在含有智能换算的定额条目，并切换至"智能换算"选项卡，然后进行智能换算的操作（需要智能换算时双击条目即可），如图 33.3-28 所示。

清单	定额	工程量	智能换算	关联增加费	清单指引	特征及内容	工料机组成	单价组成

状态	说明		替换内容
📄	机械土方遇有桩土方人工、机械乘系数2		{机械土方遇有桩土方人工}
📄	挖土机在垫板上施工人工、机械乘系数1.25		{挖土机在垫板上施工人工}
📄	机械土方土壤含水率大于25%人工、机械乘系数1.15		{机械土方土壤含水率大于25%人工}

	1-2-7	换	TZ	TJ	反铲液压挖掘机挖土 埋深1.5m以内 机械土方土壤含水率大于25%人工	m3
	1-2-8	定	TZ	TJ	反铲液压挖掘机挖土 埋深2.5m以内	m3

图 33.3-28 换算内容

33.3.10　综合单价的组成

综合单价支持在新建工程时导入模板，也可在单加组成中导入。每条定额都读取的单价组成中的取费代码。D 代表独立费，TJ 代表土建工程，ZS 代表装饰工程，如图 33.3-29 所示。

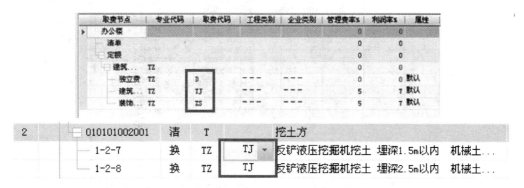

图 33.3-29　取费代码

点击"单价组成"，弹出"综合单价设置"对话框，如图 33.3-30 所示，对其内容进行编辑，也可直接利用此命令载入综合单价模板。

图 33.3-30　综合单价设置窗口

注意：

① 综合单价的模板，可在新建单位工程时对综合单价组成模板进行选择，也可以在预算书的单价组成窗口中选择综合单价模板文件，如图 33.3-31 所示。

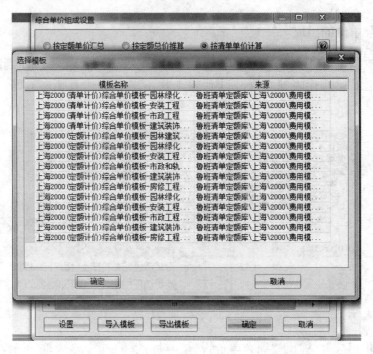

图 33.3-31　模板选择

② 定额子目的综合单价是根据定额的专业和专业下的代码来决定的，如图 33.3-32 所示。

2	010101002001	清	T			挖土方	
	1-2-7	换	TZ		TJ ▼	反铲液压挖掘机挖土 埋深1.5m以内	机械土…
	1-2-8	换	TZ		TJ	反铲液压挖掘机挖土 埋深2.5m以内	机械土…

图 33.3-32　非本专业定额录入

如：1-2-7 子目的综合单价是根据专业 TZ 和代码 TJ 来决定的，所以可以通过修改代码来改变综合单价的取费，也可在定额的综合单价停靠条窗口中直接修改。

③ 当定额的代码为"D"时，代表综合单价按独立费计取（独立费默认不计取管理费和利润）。

④ 管理费率和利润费率可根据工程类别、企业类别的设置自动读取，当管理费率和利润费率给定范围时，软件提供了按下限值、上限值、平均值计取；也可以手工直接赋值。

本工程的单价组成是以直接费为计算基础的，如图 33.3-33 所示。

综合单价＝人工＋材料＋机

单价组成

清单　定额　工程量　关联增加费　清单指引　特征及内容　工料机组成　单价组成

编号	名称	表达式	价格
1	人工单价	[直接人工费]	6.814
2	材料单价	[直接材料费]	0.000
3	机械单价	[直接机械费]	0.000
4	基价	[1]+[2]+[3]	6.814
5	未计价材料	[直接未计价材料费]	0.000
6	设备单价	[直接设备费]	0.000
7	管理费单价	([1]+[2]+[3])*5%	0.341
8	利润单价	([1]+[2]+[3])*7%	0.477
9	综合单价	[4]+[5]+[6]+[7]+[8]	7.632

图 33.3-33　单价组成

械＋管理费＋利润。

管理费＝（人工＋材料＋机械）×5％。

利润＝（人工＋材料＋机械）×7％。

举例：矩形柱的定额组合单价计算，工料机的具体内容如图 33.3-34 所示，管理费费率按照 5％计算，利润率按照 7％计算。

类型	编号	名称	规格及型号	单位	现行价	含量	调整后含量	调整系数	合价	细分类型
R	RG002	混凝土工		工日	76.000	0.8187	0.8187	1.000000	62.221	
R	RG014	其他工		工日	76.000	0.1993	0.1993	1.000000	15.147	
C	JP3108	现浇泵送砼C3…	C30(5-20)	m3	435.000	1.0150	1.0150	1.000000	441.525	商品砼(泵送)
C	Z0006	水		m3	2.800	1.1760	1.1760	1.000000	3.293	
C	Z0015	草袋		m2	2.000	0.0865	0.0865	1.000000	0.173	
JX	JX0689	混凝土震捣器	插入式	台班	13.515	0.1000	0.1000	1.000000	1.352	

编号	名称	单位	现行价	含量	调整后含量	调整系数	合价	细分类型
RG002	混凝土工	工日	98.000	0.8187	0.8187	1.000000	80.233	
RG014	其他工	工日	97.200	0.1993	0.1993	1.000000	19.372	
E0077	现浇泵送砼	m3	417.230	1.0150	1.0150	1.000000	423.488	商品砼(泵送)
JP3108	现浇泵送砼C3…	m3	450.000	1.0150	1.0150	1.000000	456.750	商品砼(泵送)
Z0006	水	m3	2.800	1.1760	1.1760	1.000000	3.293	
Z0015	草袋	m2	2.010	0.0865	0.0865	1.000000	0.174	
JX0689	混凝土震捣器	台班	13.690	0.1000	0.1000	1.000000	1.369	

图 33.3-34　工料机组成

【解答分析】：

第一步，先计算人、材、机的单价，人工单价等于混凝土工与其他工单价之和。

人工单价＝76×0.8187＋76×0.1993＝80.233＋19.372＝77.368（元）

材料单价＝泵送混凝土＋水＋草袋

材料单价＝435×1.015＋2.8×1.176＋2×0.0865＝444.991（元）

机械单价＝混凝土振捣器

机械单价＝13.515×0.1＝1.352（元）

第二步，基价等于人工单价、材料单价、机械单价之和。

基价＝77.368＋444.991＋1.352＝523.711（元）

第三步，管理费单价等于基价乘以管理费费率，利润单价等于基价乘以利润率。

管理费单价＝523.711×5％＝26.186（元）

利润单价＝523.711×7％＝36.660（元）

第四步，综合单价等于基价、管理费单价、利润单价之和。

综合单价＝523.711＋26.186＋36.660＝586.557（元）

33.4　算量产品与鲁班造价对接

软件可根据工程情况用最简单的方法编制工程量清单预算书。第 33.3 节主要是手工直接录入工程量子目，而本部分主要是以鲁班土建算量为例，导入算量输出的造价文件 .tozj，此文件可在新建单位工程导入或在预算书界面导入，具体的导入方法可参照本章第 33.2 节。

×××.tozj 文件导入造价软件后，除对工程进行工程量清单预算书的编制外（可参考第 33.3 节内容），还可核对造价软件中的数据与算量软件的数据对比，反查算量的计算式（可对计算式进行编辑），利用计算式反查图形和利用图形反查计算式，可以根据三维图形分楼层、区域、构件类型、时间节点等进行"框图出价"，根据不同的施工进度得到该时间段的预算书。

算量文件导入的数据格式如图 33.4-1 所示，除工程量直接读取外，其他内容操作与手工录入预算书相同。

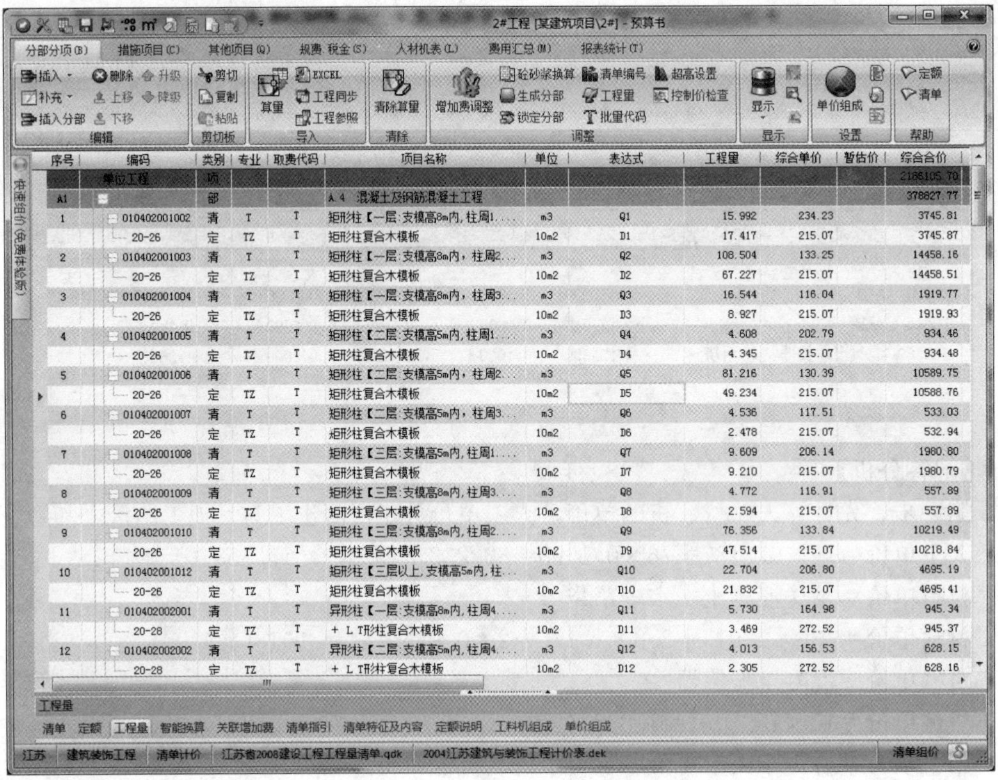

图 33.4-1　tozj 导入造价形成预算书

33.4.1　算量定位

工程导入 tozj 文件生成预算书后，可以反查预算书中清单、定额的工程量是否与算量软件中计算的工程量一致，以方便核查工程量数据。具体操作如下。

在"分部分项"选项卡中点击"算量定位"按钮，如图 33.4-2 所示，命令高亮后，点击定额子目，如编码 010402001005，软件直接反查到工程量停靠条的 010402001005 变量中的工程量，经核查工程量为 4.608m³，预算书中的工程量与 tozj 文件中数据相同。反查完毕后立即关闭此命令。

注意：

① 在工程量停靠条中，工程量为锁定状态，若要编辑，先右键解锁"计算式解锁"或在"锁定栏"列下把勾去掉。计算式编辑好后可以右击锁定，如图 33.4-3 所示。

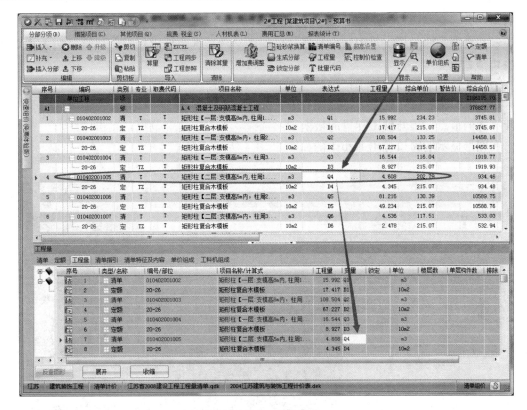

图 33.4-2　算量定位

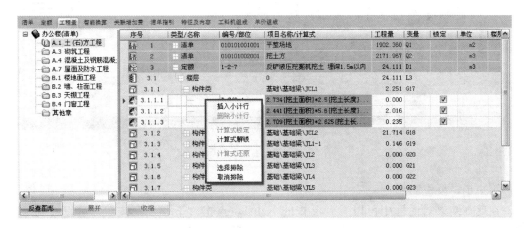

图 33.4-3　工程量编辑

② 在工程量停靠条中，可以将编辑好的计算式在解锁的状态下还原计算式。

③ 在工程量停靠条中，可以将计算式排除或取消排除。

33.4.2　图形反查

从鲁班算量导入的文件，在预算书中可以将单个子目相应的工程量反查至图形中，也可以从图形反查至计算式，使计算式和图形有效结合。

（1）公式查询

公式查询是通过工程量中构件具体计算公式反查二维图形中构件的位置，使工程量和图形相结合。

第一步，选择构件计算书：

切换到"工程量"选项卡，选择查看的定额子目行，根据清单/定额-构建类-部位-具体计算式的节点，展开到工程量的最末端，选择3.1.1.1这个节点，点击"图形反查"命令，在图形显示的窗口弹出Kzb-1的如图33.4-4所示。

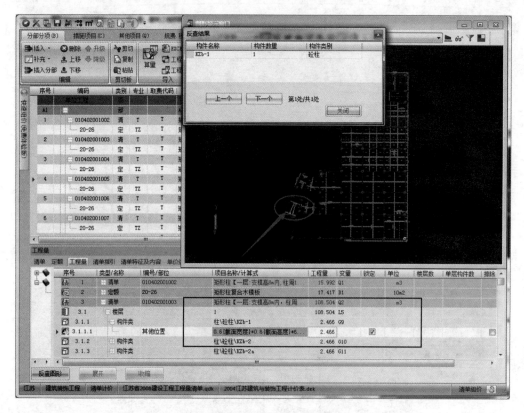

图 33.4-4　工程量反查图形

第二步，反查图形：

在反查结果对话框中可以看到反查的Kzb-1，点击"下一个"按钮，可以看到kzb-1的具体位置，黄色的部分是被反查到的图形，如图33.4-5所示。

（2）图形反查

第一步，区域校验：

在图形显示窗口中单击"区域校验"按钮，点击Lby210（3）构件，在弹出的对话框中可以看到KL4的反查结果，如图33.4-6所示。

第二步，计算式反查：

单击"下一个"按钮，可以查看Lby210（3）的计算方式和构件数据。

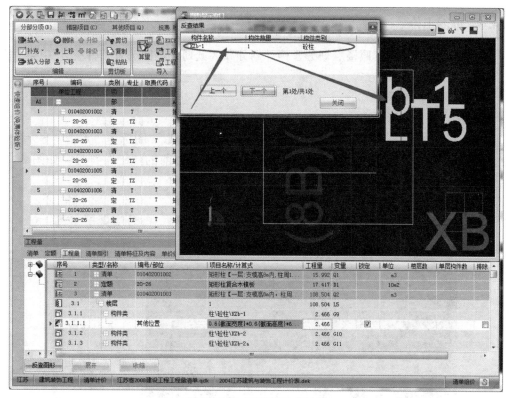

图 33.4-5　工程量反查结果

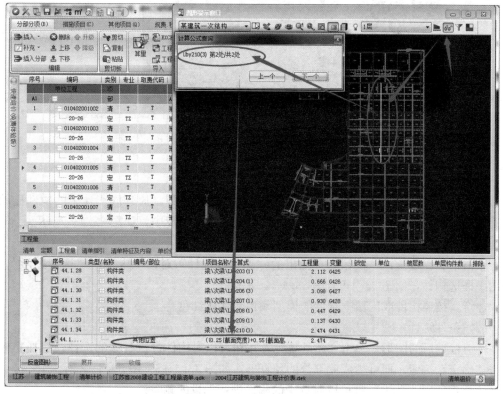

图 33.4-6　构件反查图形

33.4.3 框图出价

框选图形的方法可按照楼层划分、构件划分和区域划分，框选有条件统计和区域框选（三维或二维图形）两种方式。

(1) 按楼层构件框图

第一步，点击图形显示：

在分部分项命令栏中选择"图形显示"，点击"三维图形"图标，点击"显示控制"按钮，在弹出的对话框中，将原始图形展开，点击每层前的"＋"符号，如图 33.4-7所示。

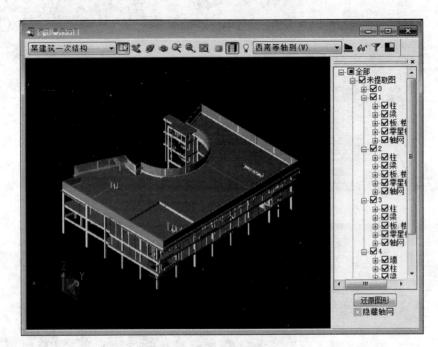

图 33.4-7 构件显示

第二步，按照构件显示：

点击构件显示中的"全部"节点，把前面的"√"去掉（原理同土建中的构件显示），然后勾选所需的相应构件，这样要计算的构件便出现在图形中，如图 33.4-8 所示。

第三步，工程量统计：

单击"工程量统计"按钮，在弹出的"工程量统计"对话框中单击"选择图形"后，在图中框选构件，如图 33.4-9、图 33.4-10 所示。

注意：按照构件或区域框选后的模型颜色会变成红色。

(2) 条件统计

针对框选后的图形，单击"条件统计"按钮可以对构件进行具体的选择，选择完成后单击"确定"按钮，即可生成此部分的预算书，如图 33.4-11、图 33.4-12 所示。

注意：利用"Shift"键可以对选中的构件进行批量的删除。

（3）区域选择

框图出价可框选不同的施工区域生成预算书。具体操作如下。

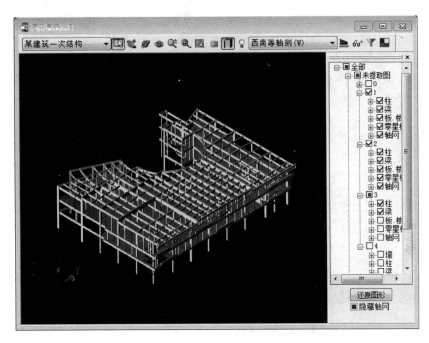

图 33.4-8　选择构件

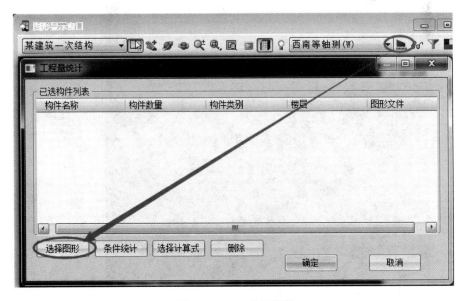

图 33.4-9　工程量统计

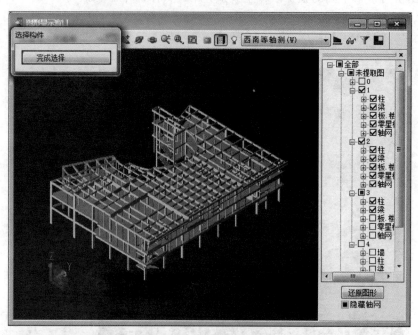

图 33.4-10 框选图形

33.4.4　清除算量

把已经导入的算量文件进行清除，此命令只针对从鲁班算量软件导入的工程，如图 33.4-19 所示。

图 33.4-19　清除算量

33.5　人材机表调整

组价完成后，切换到"人材机表"界面，根据情况进行录入。

33.5.1　市场价调整

将光标移至市场价列，输入材料市场价，软件自动计算价差及价差合计、材料市场价合计等。

（1）直接录入市场价

预算书组价完成后，软件在人材机界面可以根据所需情况不同调整人材机的价格，支持直接在市场价列输入价格。

（2）调整市场价

市场价文件可直接点击"在线下载"命令，下载市场价文件。下载完成后可直接导入到工程中，具体操作如下：

第一步，单击"单个导入"按钮，在弹出的"打开"对话框中，选择"上海 2000 定额" 12 月份的市场价文件，单击"打开"按钮，如图 33.5-1 所示。

第二步，弹出作用范围对话框，选择导入列"市场价"、范围选择"全部载入"、导入方式选择"自动匹配"，单击"确定"按钮，如图 33.5-2、图 33.5-3 所示，完成整个市场价导入的操作。

（3）批量调整市场价

鼠标放到市场价浮动列，选多条材料，执行"批量浮动"命令，弹出"浮动率"对话框，在"浮动率"文本框中输入数据，然后单击"确定"按钮，完成操作，如图 33.5-4 所示。

33.5.2　主材设置

在"材料"选项卡中，对可将当前所选中的条目进行主材设置或在"主要材料"列下进行勾选，如图 33.5-5 所示。

图 33.5-1　选择市场价文件

图 33.5-2　市场价导入的范围和方式

全部	人工	材料	机械	机械用料	二次分析					
序... ▲	编号	名称	单位	数量	市场价	结算价	市场价合价	市场价...	甲供	
1	X0045	其他材料费	%C	18.382	0.135	0.135	2.48	2.48		
2	J0005	防锈漆	kg	34.445	6.837	6.837	235.50	235.50	☑	
3	X0045	其他材料费	%C	847.653	0.105	0.105	89.00	89.00		
4	X0045	其他材料费	%C	3001.669	0.038	0.037	114.06	114.06		
5	L0014	氯化聚乙烯-橡胶...	m2	1660.418	26.130	26.130	43386.72	43386.72	☑	
6	X0045	其他材料费	%C	62.133	0.431	0.430	26.78	26.78		
7	JX0904	石料切割机	台班	7.332	133.430	133.430	978.33	978.33	☐	
8	RG038	木工(装饰)	工日	17.756	120.000	142.000	2130.73	2130.73	☐	
9	Z0006	水	m3	1728.136	2.800	2.010	4838.78	4838.78	☐	
10	JX2039	履带式液压挖掘机	台班	0.089	638.950	638.950	56.69	56.69	☐	
11	E0048	炉碴	m3	37.030	220.000	220.000	8146.54	8146.54	☐	
12	C0017	竹笆	m2	236.767	8.290	8.290	1962.80	1962.80	☐	

图 33.5-3　市场价导入

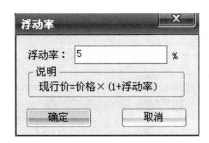

图 33.5-4　批量调整市场价

全部	人工	材料	机械	机械用料	二次分析					
序号	编号	名称	类型	单位	数量	预算价	市场价	市场价浮...	主要材料	价格...
1	X0045	其他材料费	C	%C	875.023		0.054		☐	市场价
2	X0045	其他材料费	C	%C	875.023		0.054		☐	市场价
3	L0014	氯化聚乙烯-橡胶共混...	C	m2	1660...		26.130		☑	市场价
4	X0045	其他材料费	C	%C	1.188		8.880		☐	市场价
5	J0005	防锈漆	C	kg	34.445		6.837		☐	市场价
6	Z0006	水	C	m3	2104...		2.000		☐	市场价
7	E0048	炉碴	C	m3	37.034		220.000		☑	市场价
8	X0045	其他材料费	C	%C	2948...		0.185		☐	市场价
9	J0111	无机建筑涂料	C	kg	2019...		18.517		☑	市场价
10	M0063	氩气	C	m3	13.670		9.050		☐	市场价
11	I0006	不锈钢焊条	C	kg	4.863		27.140		☐	市场价
12	X0045	其他材料费	C	%C	2.481		0.500		☐	市场价

图 33.5-5　主材设置

33.6　措施项目清单

措施项目计算可分为按"计算基础"乘"费率"和按"综合单价"乘"工程量"两种方式计价，把措施项目分为措施项目（一）和措施项目（二）两部分。

33.6.1　措施项目（一）

措施项目（一）是以工程直接费乘以费率计算的计价方式，在工程中按照模板计算，如图 33.6-1 所示。

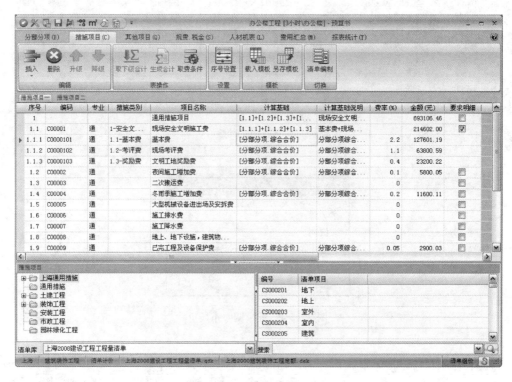

图 33.6-1　措施项目（一）

注意：

在措施项目中，可以用"另存模板"命令把做好的费用模板保存下来，同时可用"载入模板"打开已保存好的模板，这样更方便后续人员使用。

33.6.2　措施项目（二）

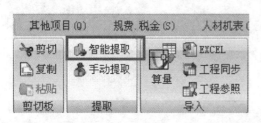

图 33.6-2　智能提取

措施项目（二）是以综合单价乘工程量计算。在实体清单进行组价时，对属于措施清单的相关子目（如脚手架、模板等）一起套在实体清单子目中，措施项目（二）可将分部分项窗口属于措施的清单子目智能或手动提取到措施（二）中。

（1）智能提取

第一步，点击"智能提取"，如图 33.6-2 所示，弹出"智能提取"子目对话框。

第二步，在智能提取子目对话框中，选择"在当前清单位置下放置提取的子目"单选按钮，如图 33.6-3 所示。点击"下一步"，弹出子目类别，选择对话框。

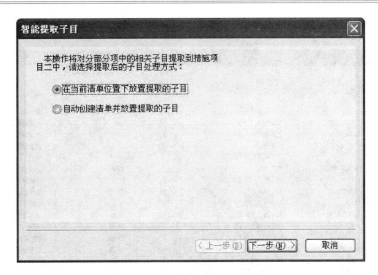

图 33.6-3　智能提取处理方式

注意:

① 当选择"在当前清单位置下放置提取的子目"时，要求当前光标焦点在清单行上，否则，软件将限制操作。

② 当选择"自动创建清单并放置提取的子目"时，所提取的子目软件会根据子目类型自动创建清单并放置所提取的子目。如果自动创建的清单不符合用户的需求，可自行修改。

第三步，在子目类别框中选择需要提取的子目类别后，单击"完成"按钮，如图 33.6-4所示。

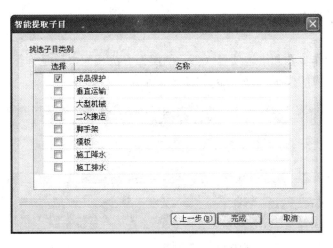

图 33.6-4　智能提取的子目类别

（2）手动提取

第一步，点击"手动提取"按钮，如图 33.6-5所示，弹出手动提取子目窗口。

第二步，在手动提取子目窗口中，在"分部分项"和"措施项目（二）"可进行交互的定额子

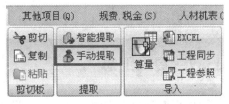

图 33.6-5　手动提取

目选择，然后单击"确定"按钮，如图 33.6-6 所示。

图 33.6-6　手动提取方式

33.7　其他项目清单

一般招标人部分费用允许更改，投标人部分费用在取费基数和费率处输入数据即可。

33.8　规费税金

规费税金的操作步骤和措施项目（一）的操作方法相同，都是计算基础乘以费率计算的。可直接导入相应的模板计算，如图 33.8-1 所示。

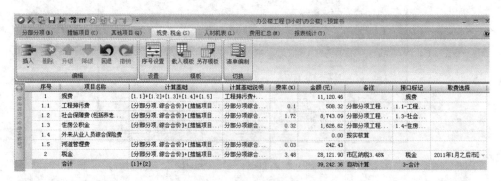

图 33.8-1　规费税金

33.9　费用汇总

费用汇总和措施项目（一）的操作方法相同，如图 33.9-1 所示。

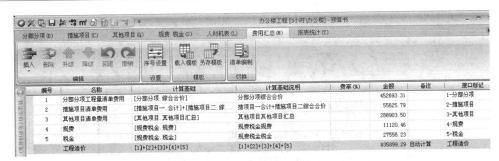

图 33.9-1　费用汇总

33.10　报表预览

工程完成后，可在报表统计中查看报表的格式和数据，以及打印和输出相应的报表。

33.10.1　报表保存调用

加载报表：

第一步，新建一个文件夹，方法如图 33.10-1 所示。

第二步，加载报表：

单击"加载报表"，弹出"选择单位模板"对话框，双击需要加载的模板，在弹出的"选择报表"对话框中选择需要加载的报表，然后单击"加载"按钮，则加载成功，如图 33.10-2、图 33.10-3 所示。

图 33.10-1　增加报表

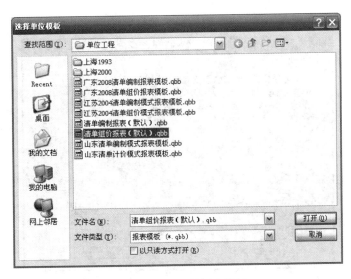

图 33.10-2　选择报表模板

33.10.2　报表打印

点击打印报表按钮，在弹出的"打印"对话框中，选择打印当前右侧报表窗口中预览的报表，如图 33.10-4 所示。

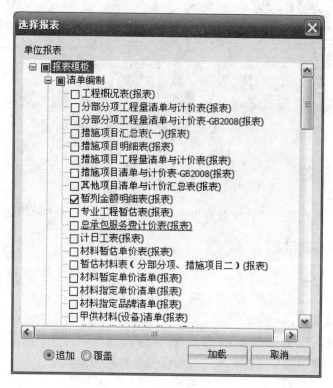

图 33.10-3　选择模板内容

图 33.10-4　连接打印机

注意：在报表名称右边的小方框中点击，框中出现"√"，表示打印此表；再次点击框中"√"将消失，表示不打印此表。

33.10.3　导出报表

软件中的报表可以通过导出外部文件的形式，将报表保存为 Excel 或 PDF、Word，导出方式包括单个导出和批量导出，如图 33.10-5 所示。

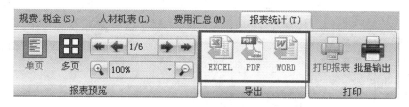

图 33.10-5　报表导出格式

33.10.4　工程报表

工程量清单封面如图 33.10-6 所示，分部分项工程量清单与计价表见表 33.10-1。

<u>　×××项目　</u>工程

工　程　量　清　单

工程造价

招　标　人：<u>　王　某　</u>　　　　咨　询　人：<u>　张　某　</u>

（单位盖章）　　　　　　　　　　　（单位资质专用章）

法定代表人　　　　　　　　　　　法定代表人

或授权人：<u>　杨　某　</u>　　　　或授权人：<u>　邱　某　</u>

（签字或盖章）　　　　　　　　　　（签字或盖章）

编制人：<u>　尹某某　</u>　　　　复核人：<u>　刘某某　</u>

（造价人员签字盖专用章）　　　　　（造价工程师签字盖专用章）

编制时间：<u>2014 年××月××日</u>　　复核时间：<u>2015 年××月××日</u>

图 33.10-6　分部分项工程量清单封面

529

分部分项工程量清单与计价表　　　　　　　　　表 33.10-1

工程名称：×××项目工程

序号	项目编号	项目名称	计量单位	工程量	金额（元）		
					综合单价	合价	其中：暂估价
A1						5533549.452	401063.28
B1		A.1　土（石）方工程				31038.287	
1	010101001001	平整场地	m²	1902.36	7.352	13986.151	
	1-1-10	平整场地	m²	1832.63	7.632	13986.632	
2	010101002001	挖土方	m³	2171.97	7.851	17052.136	
	1-2-7	反铲液压挖掘机挖土埋深1.5m 以内	m³	24.111	6.298	151.851	
	1-2-8	反铲液压挖掘机挖土埋深2.5m 以内	m³	2645.097	6.389	16899.525	
B2		A.3　砌筑工程				251620.019	
3	010304001001	空心砖墙、砌块墙	m³	6.50	506.424	3291.756	
	3-2-3	多孔砖，外墙 1/2 砖［M5］	m³	6.463	509.323	3291.755	
4	010304001002	空心砖墙、砌块墙 200 内墙	m³	262.61	464.25	121916.693	
	3-2-2	多孔砖，外墙 1 砖［M5］	m³	261.775	465.731	121916.733	
	12-2-2	超高其他机械降效系数建筑物高度 45m 以内	台班	1545.182			
5	010304001003	空心砖墙、砌块墙 200mm 外墙	m³	269.37	469.286	126411.57	
	3-2-2	多孔砖，外墙 1 砖［M5］	m³	269.373	465.731	125455.357	
	6-9-4	钢丝网墙双面方木 5cm×10cm	m²	1.908	501.149	956.192	
B3		A.4　混凝土及钢筋混凝土工程				624059.201	401063.28
6	010401001001	带形基础	m³	337.96	543.032	183523.095	154361.86
	4-8-2 换	现浇泵送混凝土带基［C30］［现浇泵送混凝土（5～20）C30］	m³	337.957	543.037	183523.155	154361.86
7	010401006001	垫层	m³	70.86	369.05	26150.883	
	7-1-11	现浇泵送混凝土垫层无筋［C15］	m³	70.863	369.034	26150.856	
8	010402001001	矩形柱	m³	103.34	628.528	64952.084	47200.09
	4-8-6 换	现浇泵送混凝土矩形柱［C30］［现浇泵送混凝土（5～20）C30］	m³	11.06	628.534	6951.586	5051.66
	4-8-6 换	现浇泵送混凝土矩形柱、异形柱、圆形柱［C30］［现浇泵送混凝土（5～20）C30］	m³	92.279	628.534	58000.489	42148.43
9	010403001001	基础梁	m³	154.37	546.041	84292.349	69604.13

序号	项目编号	项目名称	计量单位	工程量	金额（元）		
					综合单价	合价	其中：暂估价
	4-8-8 换	现浇泵送混凝土基础梁[C30][现浇泵送混凝土（5～20）C30]	m³	152.39	550.559	83899.686	69604.13
	4-15-12	墙板[C30]	m³	1.982	198.132	392.698	
10	010403002001	矩形梁	m³	197.03	568.009	111914.813	89991.17
	4-8-9 换	现浇泵送混凝土矩形梁[C30][现浇泵送混凝土（5～20）C30]	m³	191.789	568.023	108940.563	87599.63
	4-8-9 换	现浇泵送混凝土矩形梁、异形梁、弧形梁、拱形梁[C30][现浇泵送混凝土（5～20）C30]	m³	5.236	568.023	2974.168	2391.54
11	010403002002	2号风帽	m³	0.15	568.02	85.203	68.51
	4-8-9 换	现浇泵送混凝土矩形梁[C30][现浇泵送混凝土（5～20）C30]	m³	0.15	568.023	85.203	68.51
12	010403004001	圈梁	m³	10.29	580.154	5969.785	4698.59
	4-8-10 换	现浇泵送混凝土圈梁、过梁[C25][现浇泵送混凝土（5～20）C25]	m³	10.287	580.323	5969.783	4698.59
13	010403005001	过梁	m³	12.06	580.131	6996.38	5506.58
	4-8-10 换	现浇泵送混凝土过梁[C30][现浇泵送混凝土（5～20）C30]	m³	12.056	580.323	6996.374	5506.58
14	010404001001	直形墙女儿墙	m³	43.78	597.309	26150.188	20439.48
	4-8-12 换	现浇泵送混凝土直形墙[C35][现浇泵送混凝土（5～20）C35]	m³	43.777	597.35	26150.191	20439.48
15	010405001001	有梁板	m³	281.23	14.286	4017.652	3226.48
	4-8-13 换	现浇泵送混凝土有梁板、无梁板、平板、弧形板[C30][现浇泵送混凝土（5～20）C30]	m³	7.064	568.738	4017.565	3226.48
16	010405001002	风帽板	m³	0.25	561.912	140.478	112.82
	4-8-13 换	现浇泵送混凝土有梁板、无梁板、平板、弧形板[C30][现浇泵送混凝土（5～20）C30]	m³	0.247	568.738	140.478	112.82
17	010405008001	雨管、阳台板	m³	0.40	926.85	370.74	251.53

续表

序号	项目编号	项目名称	计量单位	工程量	金额（元）		
					综合单价	合价	其中：暂估价
	4-8-15 换	现场泵送混凝土雨篷［C30］［现浇泵送混凝土（5～20）C30］	m³	0.396	675.161	267.364	181.76
	4-8-17 换	现场泵送混凝土栏板［C30］［现浇泵送混凝土（5～20）C30］	m³	0.152	680.108	103.376	69.77
18	010405008002	钢雨篷	m²	31.20	486.681	15184.447	
	4-8-15	现浇泵送混凝土雨篷	m³	31.201	486.665	15184.435	
19	010406001001	直形楼梯	m²	61.25	120.459	7378.114	5602.04
	4-8-14 换	现场泵送混凝土整体楼梯［C30］［现浇泵送混凝土（5～20）C30］	m³	12.265	601.556	7378.084	5602.04
20	010407001001	其他构件	m³	9.04	5212.695	47122.763	
	4-7-27	现场搅拌混凝土零星构件［C30］	m³	9.044	1298.21	11741.011	
	7-1-7	100mm 厚碎石垫层压实	m³	83.963	228.419	19178.744	
	7-2-7	现浇现拌混凝土找平层30mm 厚	m²	83.963	43.855	3682.197	
	7-4-29	铺贴彩釉面砖台阶	m²	83.963	149.123	12520.814	
21	010407001002	其他构件　空调板	m³	3.33	1298.21	4323.039	
	4-7-27	现场搅拌混凝土零星构件空调板［C30］	m³	3.33	1298.21	4323.039	
22	010407001003	其他构件　雨篷	m³	1.64	1300.585	2132.959	
	4-7-27	现场搅拌混凝土零星构件雨篷［C30］	m³	1.643	1298.21	2132.959	
23	010407002002	坡道	m²	10.80	96.824	1045.699	
	7-3-11	水泥砂浆防滑坡道	m²	16.20	64.549	1045.694	
24	010407003001	电缆沟、地沟	m	163.75	197.304	32308.53	
	4-7-27	现场搅拌混凝土零星构件［C30］	m³	24.887	1298.21	32308.552	
B4		A.7　屋面及防水工程				336040.821	
25	010701001001	瓦屋面	m²	1265.78	259.201	328091.442	
	7-1-13	炉渣混凝土找坡层最薄处30mm 厚	m³	25.315	647.535	16392.349	
	7-2-2	1：3 水泥砂浆混凝土及硬基层面20mm 厚	m²	1265.778	15.819	20023.342	
	7-2-7	40mm 厚 C20 细石混凝土内配 ϕ6 钢筋@200 双向	m²	1265.778	43.855	55510.694	
	7-4-40	铺贴陶瓷锦砖，粘结剂楼地面	m²	1265.778	76.414	96723.16	

续表

序号	项目编号	项目名称	计量单位	工程量	金额（元）		其中：暂估价
					综合单价	合价	
	8-2-2	SBS 防水卷材 4mm 厚	m²	1265.778	58.634	74217.627	
	8-2-9	851 焦油聚氨酯防水层，平屋面 2mm 厚（三遍）	m²	1265.778	49.174	62243.367	
	9-2-13	40mm 厚 XPS 保温板	m²	50.631	58.881	2981.204	
26	010702001002	雨篷屋面	m²	16.43	23.822	391.395	
	8-2-31	1.5mm 厚聚氨酯防水层	m²	16.426	23.828	391.399	
27	010702002001	屋面涂膜防水	m²	49.61	152.348	7557.984	
	7-1-13	炉渣混凝土找坡层最薄处 30mm 厚	m³	0.992	647.535	642.355	
	7-2-2	1∶3 水泥砂浆混凝土及硬基层面 20mm 厚	m²	49.613	15.819	784.828	
	7-3-3	20mm 厚 DP20 水泥砂浆保护层	m²	49.613	18.103	898.144	
	8-2-2	SBS 防水卷材 4mm 厚	m²	49.613	58.634	2909.009	
	8-3-28	聚氨酯防水涂膜一布两涂	m²	49.613	46.835	2323.625	
B5		B.1 楼地面工程				209845.121	
28	020101001001	防滑地砖	m²	67.05	87.467	5864.662	
	7-2-1	DP15mm 水泥砂浆找坡层最薄处 20mm 厚抹平	m²	67.05	19.083	1279.515	
	7-2-5	20mm 厚 DP15 干硬性水泥砂浆结合层	m²	67.05	56.819	3809.714	
	8-2-10	1.5mm 厚聚氨酯防水层	m²	67.05	11.565	775.433	
29	020101001002	水泥砂浆楼地面	m²	2254.96	17.59	39664.746	
	7-3-3	水泥浆一道（内掺建筑胶）	m²	2190.999	18.103	39663.655	
30	020101001003	细石混凝土	m²	158.07	73.698	11649.443	
	7-1-10	40mm 厚 C20 细石混凝土	m³	3.162	1154.149	3649.419	
	7-3-1	表面撒 1∶1 水泥砂子随打随抹光	m²	158.074	32.506	5138.353	
	7-3-3	水泥浆一道（内掺建筑胶）	m²	158.074	18.103	2861.614	
31	020105001001	踢脚细石混凝土	m²	10.97	11589.029	127131.648	
	7-1-10	40mm 厚 C20 细石混凝土	m³	109.671	1154.149	126576.675	
	7-3-1	水泥浆一道（内掺建筑胶）	m²	10.966	32.506	356.461	
	7-3-3	水泥砂浆加浆随捣随抹	m²	10.966	18.103	198.517	
32	020105001002	踢脚水泥砂浆	m²	96.60	18.103	1748.75	
	7-3-3	水泥浆一道（内掺建筑胶）	m²	96.60	18.103	1748.75	
33	020105003001	块料踢脚线	m²	8.39	90.035	755.394	
	7-2-2	DP15 水泥砂浆找坡层最薄处 20mm 厚抹平	m²	8.394	15.819	132.785	
	7-2-5	20mm 厚 DP15 干硬性水泥砂浆结合层	m²	8.394	56.819	476.939	

序号	项目编号	项目名称	计量单位	工程量	金额（元）		
					综合单价	合价	其中：暂估价
	8-2-10	1.5mm厚聚氨酯防水层	m²	12.596	11.565	145.673	
34	020107001001	金属扶手带栏杆、栏板	m	38.29	601.475	23030.478	
	7-5-3	不锈钢管栏板扶手不锈钢直管栏杆	m	38.294	601.412	23030.471	
B6		B.2　墙、柱面工程				3632341.549	
35	020201001001	玻化砖	m²	137.19	100.739	13820.383	
	10-1-9	9mm厚DP15水泥砂浆打底压实抹平	m²	140.693	32.125	4519.763	
	10-1-9	素水泥浆一道（内掺建筑胶）	m²	140.693	32.125	4519.763	
	10-1-9	素水泥浆一道	m²	140.693	32.125	4519.763	
	10-1-35	6mm厚DP20建筑胶水泥砂浆粘结层	m²	140.693	1.856	261.126	
36	020201001001	墙面一般抹灰	m²	2019.42	1630.00	3291654.60	
	9-2-20	35mm厚EPS保温板	m³	2114.629	1435.908	3036412.698	
	10-1-30	界面剂砂浆	m²	2114.629	6.442	13622.44	
	10-1-62	5mm厚抗裂砂浆（压入一层耐碱玻纤网格布）	m²	2114.629	84.255	178168.066	
	10-12-9	外墙涂料	m²	2019.416	31.421	63452.07	
37	020201001002	防潮墙面	m²	354.69	98.656	34992.297	
	10-1-9	9mm厚DP20水泥砂浆打底压实抹平（内掺3%超密聚合物防水剂）	m²	363.083	32.125	11664.041	
	10-1-9	4mm厚DP20建筑胶水泥砂浆粘结层（内掺3%超密聚合物防水剂）	m²	363.083	32.125	11664.041	
	10-1-9	素水泥浆一道甩毛（内掺建筑胶）	m²	363.083	32.125	11664.041	
38	020201001003	内墙涂料	m²	2995.97	85.961	257536.577	
	10-1-1	9mm厚1:0.5:3水泥石灰膏砂浆打底扫毛	m²	3075.671	25.804	79364.614	
	10-1-1	5mm厚1:0.5:2.5水泥石灰膏砂浆找平	m²	3075.671	25.804	79364.614	
	10-1-9	素水泥浆一道（内掺建筑胶）	m²	3075.671	32.125	98805.931	
39	020204003001	块料墙面	m²	93.95	365.489	34337.692	
	10-1-11	水泥砂浆外墙裙	m²	93.953	36.018	3383.999	
	10-1-62	混合砂浆零星项目	m²	93.953	84.255	7916.01	
	10-2-80	烧结砖	m²	93.953	122.602	11518.826	
	10-2-80	瓷砖零星项目	m²	93.953	122.602	11518.826	

续表

序号	项目编号	项目名称	计量单位	工程量	金额（元）		
					综合单价	合价	其中：暂估价
40	020210001001	成品百叶	m²	81.81			
B7		B.3　天棚工程				448604.454	
41	020301001001	天棚抹灰	m²	2941.31	149.748	440455.29	
	10-7-13	混合砂浆混凝土天棚	m²	3376.069	26.346	88945.914	
	10-12-25	砂胶喷涂天棚面	m²	10128.213	34.706	351509.76	
42	020301001002	喷白浆二道	m²	186.19	43.768	8149.164	
	10-12-25	喷白浆二道	m²	234.807	34.706	8149.212	
合计					5，533，549.452	401，063.28	

第 34 章　工程实例分析

通过鲁班造价软件操作的讲解，相信读者对造价软件的操作流程有了一定程度的掌握。为了巩固已有的软件造价知识，提高实际操作能力，拓展软件造价的技能，本章将以一个国际大市场项目，就其操作要点、难点来进行指导练习，并采用边回顾、边总结、边吸收的学习方式，举一反三，融会贯通，将所学知识串联起来，完成本工程的造价。

34.1　项目实例说明

34.1.1　工程计价内容

（1）项目说明

1）工程概况：本工程总建筑面积 7962m²，建筑占地面积 1623m²，建筑高度为 18.9m，共 5 层。施工现场临近马路，交通运输便利，建筑物东 50m 处为城市交通道路，西 80m 处有大型的购物商场、娱乐活动场所，南 10m 处是围墙，北 30m 有新建的施工工地。施工必须避免噪声。

2）招标范围：全部建筑及一次装饰工程，且所有材料均由投标人提供。

3）编制依据：《建筑工程工程量清单计价规范》，施工设计文件、施工组织设计等。

4）施工工期：施工工期为一年。

5）施工安全：确保施工现场零事故。

6）工程质量：应达到优良标准。

7）现场环境保护：参照《施工现场环境保护与文明施工管理办法》。

（2）工程图纸

在建模软件中套取装饰部分定额时，需注意装饰部分的做法说明来套取定额的子目内容，这样就更方便地导入到造价软件中。具体施工图纸和施工要求见附录。

34.1.2　工程计价重点简介

工程造价软件中新建预算书分为手工录入和导入外部文件，本实例工程选择的是导入外部文件，也就是将建模软件中输出"六安国际光彩大市场 E01#楼.tozj"的文件导入造价软件中。在使用造价软件时，特别要注意模板的选择和费率的设置。

（1）费率模板

本工程设置的费率模板主要有以下 4 个：

1）综合单价模板：上海 2000（清单计价）综合单价模板-建筑装饰工程.flt

2）措施项目模板：由于上海 2008 清单的措施项目（按照计算基础乘以费率计算的）是根据工程签订的合同内容编写的，没有明确的说明，在此可直接按照软件中的默认模板操作。

3）规费税金模板：上海 2000（清单计价）规费税金模板-建筑装饰工程.gst。

4）费用汇总模板：上海 2000（清单计价）费用汇总模板-建筑装饰工程.fyt。

（2）工程费率取值

1）综合单价的费率：管理费率取 5％，利润率取 7％。

2）措施项目费率，见表 34.1-1，此模板为软件默认的措施项目费率模板，可根据当地的措施项目费率内容进行设置。若修改计算基础或费率可直接在此单元格内修改，增加内容可右击插入行。

措施项目费率表

表 34.1-1

序号	项目名称	计算基础	费率（％）
1	通用措施项目	[1.1]＋[1.2]＋[1.3]＋[1.4]＋[1.5]＋[1.6]＋[1.7]＋[1.8]	
1.1	现场安全文明施工费	基本费＋现场考评费＋文明工地奖励费	
1.1.1	基本费	分部分项综合合价	2.2
1.1.2	现场考评费	分部分项综合合价	1.1
1.1.3	文明工地奖励费	分部分项综合合价	0.4
1.2	夜间施工增加费	分部分项综合合价	0.1
1.3	冬雨期施工增加费	分部分项综合合价	0.2
1.4	已完工程及设备保护费	分部分项综合合价	0.05
1.5	临时设施费	分部分项综合合价	2.2
1.6	企业检验试验费	分部分项综合合价	0.2
1.7	赶工措施费	分部分项综合合价	2.5
1.8	工程按质论价	分部分项综合合价	3

3）规费税金费率，见表 34.1-2，此模板的操作和措施项目费率模板相同。

规费税金费率

表 34.1-2

序号	项目名称	计算基础	费率（％）
1	规费	[1.1]＋[1.2]＋[1.3]＋[1.4]＋[1.5]	
1.1	工程排污费	[分部分项.综合合价]＋[措施项目一.合计]＋[措施项目二.综合合价]	0.1
1.2	社会保障费（包括养老保险费、失业保险费、医疗保险费）	[分部分项.综合合价]＋[措施项目一.合计]＋[措施项目二.综合合价]	1.72
1.3	住房公积金	[分部分项.综合合价]＋[措施项目一.合计]＋[措施项目二.综合合价]	0.32
1.4	危险作业意外伤害保险	[分部分项.综合合价]＋[措施项目一.合计]＋[措施项目二.综合合价]	0
1.5	工程定额测定费	[分部分项.综合合价]＋[措施项目一.合计]＋[措施项目二.综合合价]＋[其他项目.其他项目汇总]＋[1.1]＋[1.2]＋[1.3]＋[1.4]	0.03
2	税金	[分部分项.综合合价]＋[措施项目一.合计]＋[措施项目二.综合合价]＋[其他项目.其他项目汇总]＋[1]－[1.5]	3.48

34.2 建立项目结构

本案例以某活动中心土建工程量为参考，编制工程量清单计价预算书，根据第 33 章的内容讲解并巩固软件的使用方法及技巧。

34.2.1 软件的启动

软件的启动可参考第 33.2 节内容。

34.2.2 新建预算书

由于造价软件可导入鲁班算量输出的造价文件 tozj，本工程直接导入造价文件，具体操作如下：

第 1 步，填写单位工程信息：

单击单位工程，在弹出的对话框中，输入工程名称，选择清单计价、工程模板、工程类别、综合单价模板，如图 34.2-1 所示。

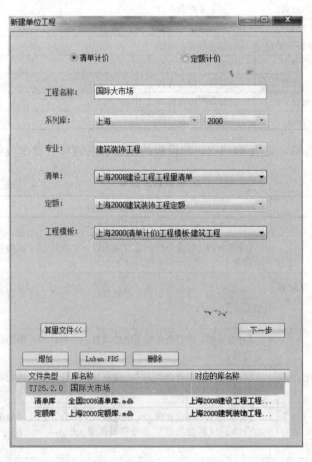

图 34.2-1　导入 tozj

538

第 2 步，导入 tozj 文件：

算量文件导入：在新建工程界面，单击"算量文件"按钮，增加→选择"国际大市场.tozj"→打开，如图 34.2-2 所示。

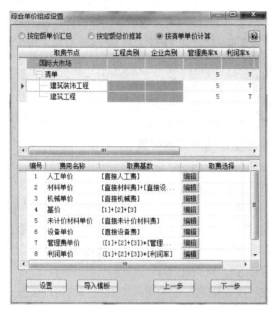
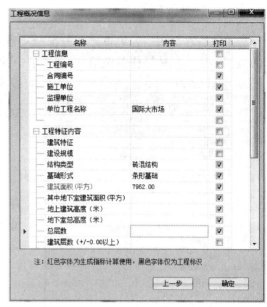

图 34.2-2　综合单价设置（左）工程概况（右）

第 3 步，填写工程概况：

单击"下一步"按钮，在弹出对话框中设置好综合单价组成的相关费率和取费基数，如图 34.2-2 所示，单击"下一步"，填写"工程概况"，最后点击"确定"，生成预算书，同时在项目管理中也增加了该节点，进入预算书。

34.3　编制工程量清单预算书

算量 tozj 文件导入后软件会自动生成预算书，不必一一录入，若需调整，可参照第 33.3.6 节的内容。tozj 文件导入后可直接根据需要进行定额子目的换算。

（1）混凝土砂浆换算

将节需要换算的混凝土砂浆定额子目换算为 C30、C25 的砂浆，具体操作详见第 33.3.8 节。

（2）智能换算

装饰部分要按照工程的装饰说明进行智能换算，装饰定额 7-2-2 厚度需要换为 30mm，如图 34.3-1 所示。具体操作可参照第 33.3.9 节内容。

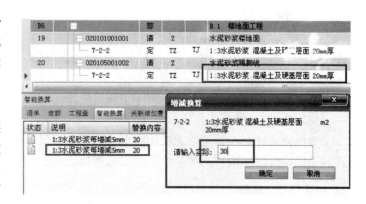

图 34.3-1　智能换算

34.4　算量产品与鲁班造价对接

34.4.1　算量定位

本工程在导入后，可直接在分部分项点击"算量定位"，查看工程量是否与算量软件的数据一致，具体操作参照第 33.3.4 节中的内容。小数点位数不同，可点击小数点设置，设置小数点的位数，如图 34.4-1 所示。

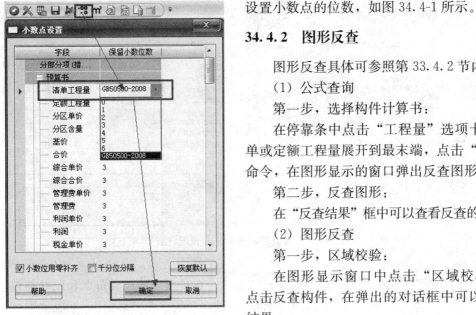

图 34.4-1　小数点设置

34.4.2　图形反查

图形反查具体可参照第 33.4.2 节内容。

（1）公式查询

第一步，选择构件计算书：

在停靠条中点击"工程量"选项卡，选择清单或定额工程量展开到最末端，点击"图形反查"命令，在图形显示的窗口弹出反查图形的结果。

第二步，反查图形：

在"反查结果"框中可以查看反查的构件位置。

（2）图形反查

第一步，区域校验：

在图形显示窗口中点击"区域校验"按钮，点击反查构件，在弹出的对话框中可以看到反查结果。

第二步，计算式反查：

点击"下一个"按钮，可以查看构件的计算方式和构件数据。

34.4.3　框图出价

框图出价可根据不同的施工区域来得到该区域的预算书。具体参照第 33.4.3 节中的内容。

（1）条件统计

第一步，点击图形显示；第二步，按照构件显示；第三步，工程量统计；第四步，条件统计。

（2）区域选择

第一步，点击图形显示；第二步，工程量统计；第三步，构件选择；第四步，创建预算书。

（3）选择公式

选择公式针对在算量中无法用图形法画出的项目，即在"编辑其他项目"命令栏中编辑的子目，可以运用"选择公式"的方式解决。

34.4.4　清除算量

删除算量文件直接点击"清除算量"按钮，可参照第 33.4.4 节内容。

34.5 人材机表调整

在本工程中进行市场价调整，用"单个导入"或"多个导入"命令，导入上海市的信息价文件，如图 34.5-1 所示。

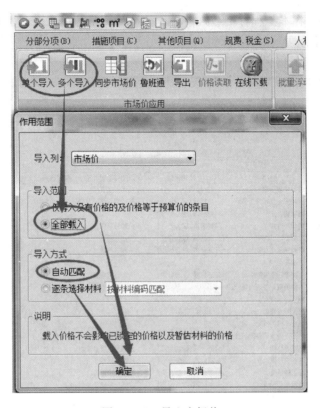

图 34.5-1 导入市场价

市场价文件导入后若还没有市场价的人材机，可在人材机搜索里面直接链接到易材网搜索价格，如图 34.5-2 所示。

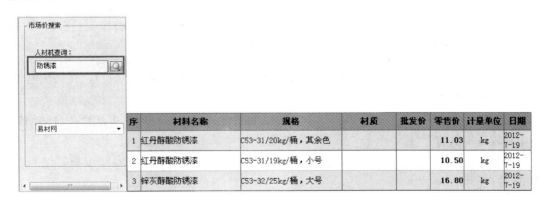

序	材料名称	规格	材质	批发价	零售价	计量单位	日期
1	红丹醇酸防锈漆	C53-31/20kg/桶，其余色			11.03	kg	2012-7-19
2	红丹醇酸防锈漆	C53-31/19kg/桶，小号			10.50	kg	2012-7-19
3	锌灰醇酸防锈漆	C53-32/25kg/桶，大号			16.80	kg	2012-7-19

图 34.5-2 市场价搜索

34.6　措施项目清单

34.6.1　措施项目（一）

措施项目（一）在本工程直接载入模板，按"计算基础"乘以"费率"的计价方式计算，如图 34.6-1 所示。

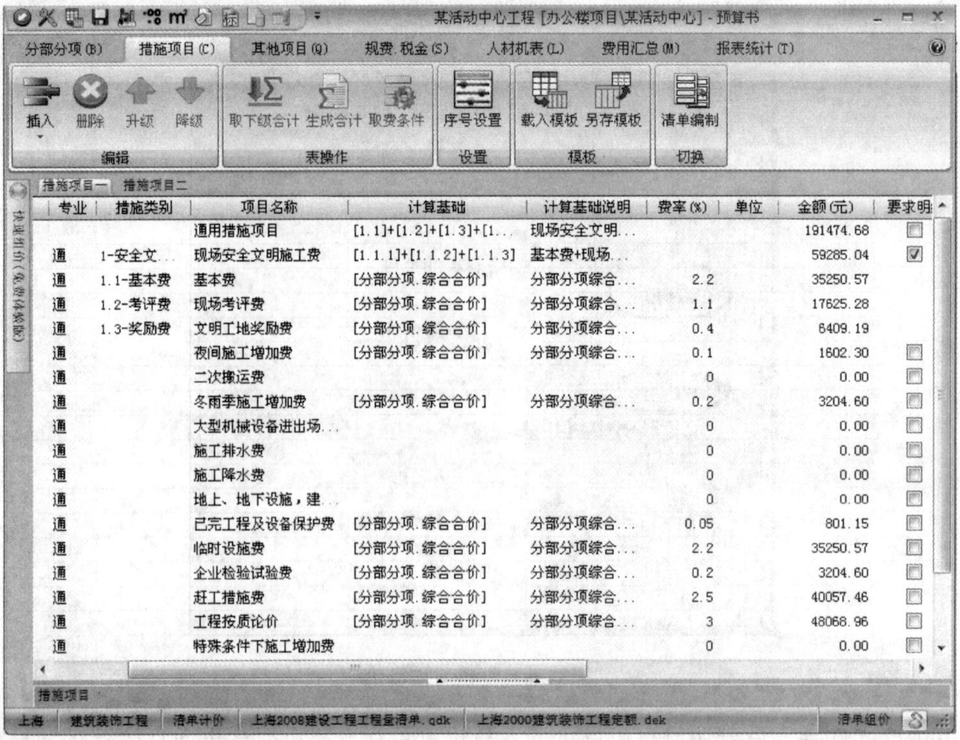

图 34.6-1　措施项目（一）

34.6.2　措施项目（二）

本工程需要把工程分部分项的措施费的定额子目提取到措施项目（二），直接用智能提取。具体操作如下。

第一步，单击"智能提取"按钮，弹框后，在智能提取子目对话框中选择"自动创建清单并放置提取的子目"，单击"下一步"按钮。

第二步，在子目类别中选择需要提取的子目类别后，单击"完成"按钮，结果如图 34.6-2所示。

图 34.6-2　措施项目（二）

34.7　其他项目清单

一般招标人部分费用允许更改，投标人部分费用在取费基数和费率处输入数据即可。

34.8　规费税金

规费税金的操作步骤和措施项目（一）的操作方法相同，都是以计算基础乘以费率计算的。可直接导入相应的模板计算，如图 34.8-1 所示。

序号	项目名称	计算基础	计算基础说明	费...	金额(元)	备注	接口标记
1	规费	[1.1]+[1.2]+[1.3]+[1.4]+[1.5]	工程排污费+...		56,375.18		规费
1.1	工程排污费	[分部分项.综合合价]+[措施项目...	分部分项综合合...	0.1	2,596.55	分部分项工程...	1.1-工程...
1.2	社会保障费(包括养...	[分部分项.综合合价]+[措施项目...	分部分项综合...	1.72	44,660.69	分部分项工程...	1.3-社会...
1.3	住房公积金	[分部分项.综合合价]+[措施项目...	分部分项综合...	0.32	8,308.97	分部分项工程...	1.4-住房...
1.4	外来从业人员综合...				0.00	按实核算	
1.5	河道管理费	[分部分项.综合合价]+[措施项目...	分部分项综合...	0.03	808.97		
2	税金	[分部分项.综合合价]+[措施项目...	分部分项综合...	3.48	95,773.70	市区纳税3.48%	税金
	合计	[1]+[2]			152,148.88	自动计算	3-合计

图 34.8-1　规费税金

34.9 费用汇总

费用汇总和措施项目（一）的操作方法相同，如图 34.9-1 所示。

编号	名称	计算基础	计算基础说明	.	金额
1	分部分项工程量清单…	[分部分项.综合合价]	分部分项综合合价		1602298.50
2	措施项目清单计价合计	[措施项目一.合计]+[措施项…	措项目一合计+措施项目二综合合价		994253.11
3	其他项目清单计价合计	[其他项目.其他项目汇总]	其他项目其他项目汇总		708183.95
4	规费	[规费税金.规费]	规费税金规费		56557.63
5	税金	[规费税金.税金]	规费税金税金		116938.50
	合计	[1]+[2]+[3]+[4]+[5]	分部分项工程量清单计价合计+措施…		3478231.69

图 34.9-1 费用汇总

34.10 报表预览

34.10.1 报表打印

点击"打印报表"按钮，打印当前右侧报表窗口中预览的报表。

34.10.2 导出报表

软件中的报表可以通过导出外部文件的形式，将报表保存为 Excel 或 PDF、Word 格式，导出方式包括单个导出和批量导出。

34.10.3 工程报表

分部分项工程量清单与计价表见表 34.10-1。

分部分项工程量清单与计价表 　　　　　　表 34.10-1

工程名称：国际大市场 　　　　　　　　　　　　　　　第 1 页共 3 页

序号	项目编号	项目名称	计量单位	工程量	综合单价	合价	其中：暂估价
A1						4933506.971	
B1		A.4 混凝土及钢筋混凝土工程				2751894.258	
1	010401002001	独立基础	m³	7.67			
2	010402001001	矩形柱	m³	5.18	2102.641	10891.68	
	4-1-14	模板矩形柱	m²	44.85	86.815	3893.653	
	4-8-6	现浇泵送混凝土矩形柱［C30］	m³	12.96	540.598	7006.15	

续表

序号	项目编号	项目名称	计量单位	工程量	金额（元）		
					综合单价	合价	其中：暂估价
3	010402001001	矩形柱	m³	0.71	1149.696	816.284	
	4-1-14	模板矩形柱	m²	4.96	86.815	430.602	
	4-8-6	现浇泵送混凝土矩形柱〔C30〕	m³	0.71	540.598	383.825	
4	010402001001	矩形柱	m³	4.90	1588.348	7782.905	
	4-1-14	模板矩形柱	m²	25.01	86.815	2171.243	
	4-8-6	现浇泵送混凝土矩形柱〔C30〕	m³	10.37	540.598	5606.001	
5	010402001001	矩形柱	m³	10.80	2393.649	25851.409	
	4-1-14	模板矩形柱	m²	109.47	86.815	9503.638	
	4-8-6	现浇泵送混凝土矩形柱〔C30〕	m³	30.24	540.598	16347.684	
6	010402001001	矩形柱	m³	1.08	2283.087	2465.734	
	4-1-14	模板矩形柱	m²	10.47	86.815	908.953	
	4-8-6	现浇泵送混凝土矩形柱〔C30〕	m³	2.88	540.598	1556.922	
7	010403002001	矩形梁	m³	196.05	1694.346	332176.533	
	4-1-20	模板矩形梁	m²	2322.72	69.706	161907.52	
	4-8-9	现浇泵送混凝土矩形梁	m³	347.34	490.197	170265.026	
8	010404001001	直形墙	m³	1296.00	901.556	1168416.576	
	本页小计					1，548，401.121	
	4-1-28	模板直形墙	m²	11231.06	58.971	662306.839	
	4-8-12	现浇泵送混凝土直形墙	m³	159.43	504.964	80506.411	
	4-8-12	现浇泵送混凝土弧形墙直形墙	m³	842.86	504.964	425613.957	
9	010404001002	直形墙连梁	m³	103.45	1021.947	105720.417	
	4-1-28	模板直形墙	m²	955.18	58.971	56327.92	
	4-8-12	现浇泵送混凝土直形墙连梁	m³	97.81	504.964	49390.529	
10	010405001001	有梁板	m³	511.51	1130.57	578297.861	
	4-1-31	模板有梁板	m²	4251.04	66.94	284564.618	
	4-8-13	现浇泵送混凝土有梁板无梁板平板弧形板	m³	598.20	491.017	293726.369	
11	010405001001	有梁板	m³	225.92	1251.897	282828.57	
	4-1-31	模板有梁板	m²	2251.83	66.94	150737.50	
	4-8-13	现浇泵送混凝土有梁板无梁板平板弧形板	m³	269.01	491.017	132088.483	
12	010405006001	栏板	m³	23.00	1726.269	39704.187	
	4-1-41	模板栏板	m²	230.04	114.27	26286.671	
	4-8-17	现浇泵送混凝土栏板	m³	23.00	583.545	13421.535	
13	010405007001	天沟、挑檐板	m³	1.22	644.195	785.918	

545

续表

序号	项目编号	项目名称	计量单位	工程量	金额（元）		
					综合单价	合价	其中：暂估价
	4-1-47	模板挑檐天沟	m³	2153.451			
	4-7-24	现浇现拌混凝土挑檐天沟	m³	1.22	644.195	785.918	
14	010405008001	雨篷、阳台板	m³	38.62	1566.212	60487.107	
	4-1-38	模板雨篷	m²	351.08	108.466	38080.243	
	4-8-15	现浇泵送混凝土雨篷	m³	38.62	580.131	22404.659	
15	010405009002	台阶	m³	289.12	469.049	135611.447	
	4-1-45	模板台阶	m²	272.05	39.102	10637.699	
	4-7-22	现浇现拌混凝土台阶	m²	1343.87	92.995	124973.191	
16	010407002001	散水	m²	10.00	5.763	57.63	
		本页小计				1，203，493.137	
	7-3-6（G）	地面砂浆（干粉）混凝土散水一次抹面	m²	10.00	5.763	57.63	
B2		B.1 楼地面工程					
17	020101001001	水泥砂浆楼地面	m²	1161.50			
18	020102001001	花岗岩地面	m²	145.02			
19	020105001001	水泥砂浆踢脚线	m²	101.41			
B3		B.2 墙、柱面工程				16357.135	
20	020210001	带骨架幕墙	m²	64.78	161.668	10472.853	
	10-6-5	玻璃幕墙开启窗框	m	68.20	153.561	10472.86	
21	020201001001	内墙涂料内墙面	m²	39.38			
22	020201001001	内墙涂料内墙面	m²	551.16			
23	020201001001	内墙涂料内墙面	m²	1541.99			
24	020210001001	带骨架幕墙	m²	36.34	161.923	5884.282	
	10-6-5	玻璃幕墙开启窗框	m	38.32	153.561	5884.458	
25	020210001001	带骨架幕墙	m²	32.03			
B4		B.3 天棚工程					
26	020301001001	内墙涂料顶棚	m²	1673.97			
B5		B.4 门窗工程				2165255.578	
27	020401001001	镶板木门	樘	102.00			
28	020402001001	金属平开门	樘	64.00	20253.55	1296227.20	
	6-3-2	铝合金门安装平开门、推拉门	m²	720.37	1799.394	1296229.456	
29	020402007001	钢质防火门	樘	15.00	238.915	3583.725	
	6-11-22	防火门	樘	15.00	238.915	3583.725	
30	020406001001	金属推拉窗	樘	153.00	5656.501	865444.653	
	6-3-13	铝合金窗安装固定窗	m²	541.01	1599.679	865442.336	
		本页小计				2，181，612.713	
		合计				4，933，506.971	

第五篇　BIM

第 35 章　BIM 概念

35.1　BIM 的定义

BIM（Building Information Modeling，建筑信息模型），即在规划设计、建造施工、运维过程的整个或者某个阶段中，应用 3D 或者 4D 信息技术，进行系统设计、协同施工、虚拟建造、工程量计算、造价管理、设施运维的技术和管理手段。应用 BIM 技术可以消除各种可能导致工期拖延和造价浪费的设计隐患，利用 BIM 技术平台强大的数据支撑和技术支撑能力，提高项目全过程精细化管理水平，从而大幅度提升项目效益。

35.2　BIM 的特点与核心能力

从 BIM 的定义来看，BIM 可以包括三大特点：（1）设施（建筑物）物理和功能特性的数字表达，可以包括几何、空间、量等物理信息，还包括空间的能耗信息、设备的使用说明等功能性信息；（2）设施（建筑物）信息的共享知识资源，可以在不同专业、不同利益相关方等之间进行信息的传递与共享；（3）为该设施从概念到拆除的全生命周期中的所有决策提供可靠依据与信息。

根据鲁班咨询的研究，BIM 主要有两大特点。首先，是可视化。不同于传统的二维平面图纸，BIM 是三维可视化的，可见即所得，也就拥有了二维图纸所不可比拟的优势。利用 BIM 的三维空间关系可以进行碰撞检查，优化工程设计，减少设计变更与返工；三维可视模型可以在施工前提前反映复杂节点与复杂工艺，为施工班组进行虚拟交底，提升沟通效率；此外，在 BIM 的三维模型上加以渲染并制作动画，给人以真实感和直接的视觉冲击，用于业主展示，提升中标概率。

其次，BIM 是一个多维的关联数据库。BIM 是以构件为基础，与构件相关的信息都可以存储在模型中，并且与构件相关联。利用 BIM 这一海量数据库，可以快速算量，并进行拆分、统计、分析，有效进行成本管控、材料管理，支持精细化管理；项目所有相关人员都可以利用统一一致的 BIM 里的数据进行决策支持，提高决策的准确性，提高协同效率；项目竣工后，竣工模型成为有效的电子工程档案，可以提交给业主为运维管理提供信息；BIM 中的数据进行积累、研究、分析后，可以形成指标、定额等知识，为未来的项目管理提供参考或控制依据，并成为企业的核心竞争力。

第36章 鲁班BIM体系

鲁班 BIM 体系包括：

鲁班项目基础数据分析系统 | LubanPDS。

系统客户端：LubanMC-管理驾驶舱 | LubanMC。

LubanBE-BIM 浏览器 | LubanBIM Explorer。

Luban BIM Works 鲁班碰撞检测系统。

Luban BIM Works 虚拟施工漫游系统。

Luban PDS 后台管理端。

配套使用的建模软件：鲁班造价软件 | Luban Estimator。

鲁班土建软件 | Luban Architecture。

鲁班钢筋软件 | Luban Steel。

鲁班安装软件 | Luban MEP。

鲁班施工软件 | Luban PR。

36.1 LubanPDS-项目基础数据分析系统 | LubanPDS

鲁班基础数据分析系统（Luban PDS）是一个以 BIM 技术为依托的工程成本数据平台。它创新性地将最前沿的 BIM 技术应用到了建筑行业的成本管理当中。只要将包含成本信息的 BIM 模型上传到系统服务器，系统就会自动对文件进行解析，同时将海量的成本数据进行分类和整理，形成一个多维度的、多层次的，包含三维图形的成本数据库。通过互联网技术，系统将不同的数据发送给不同的人。总经理可以看到项目资金使用情况，项目经理可以看到造价指标信息，材料员可以查询下月材料使用量，不同的人各取所需，共同受益。从而对建筑企业的成本精细化管控和信息化建设产生重大作用。

36.1.1 Luban PDS 架构原理

Luban PDS 架构原理如图 36.1-1 所示。

36.1.2 Luban PDS 运行原理

Luban PDS 运行原理如图 36.1-2 所示。

（1）通过算量软件和造价软件建立算量和造价 BIM 模型。

（2）企业所有项目算量、造价 BIM 模型汇总到企业总部 Luban PDS 服务器并进行共享。

（3）通过两个客户端：管理驾驶舱（Luban MC）和 BIM 浏览器（Luban BE）查询所需要的数据。

36.1.3 Luban PDS 系统改变传统信息交互方式

如图 36.1-3 所示。

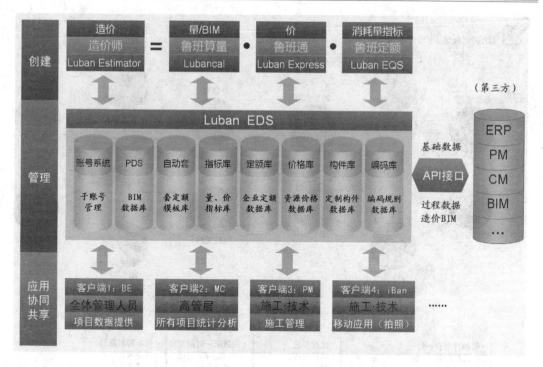

图 36.1-1

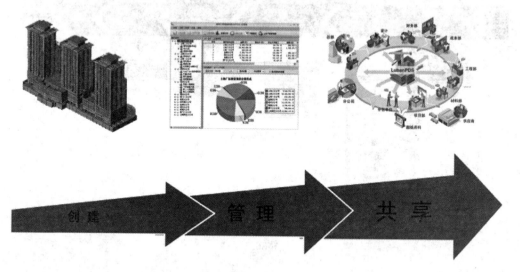

图 36-1-2

36.1.4　Luban PDS 系统实现与 ERP 对接

如图 36.1-4 所示。

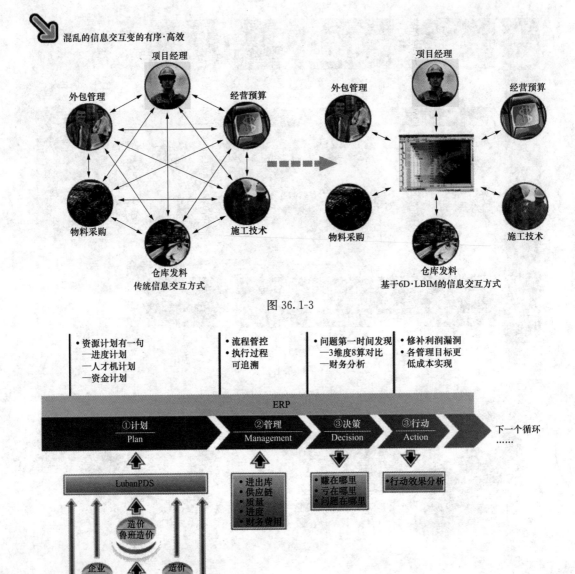

图 36.1-3

图 36.1-4

36.2 LubanMC-管理驾驶舱│LubanMC

鲁班管理驾驶舱（Luban Management Cockpit），Luban PDS 系统的客户端之一，用于集团公司多项目集中管理、查看、统计和分析，以及单个项目不同阶段的多算对比，主要由集团总部管理人员应用。将工程信息模型汇总到企业总部，形成一个汇总的企业级项目基础数据库，企业不同岗位都可以进行数据的查询和分析。为总部管理和决策提供依据，为项目部的成本管理提供依据。

36.2.1　建立企业级项目基础数据库（BIM）

如图 36.2-1、图 36.2-2 所示。

图 36.2-1

36.2.2　智能汇总·统计·分析

（1）自动汇总分散在各项目中的工程模型，建立企业工程基础数据库，如图 36.2-3 所示。

（2）自动拆分、统计各部门所需数据，为决策做依据。如图 36.2-4、图 36.2-5 所示。

（3）自动分析工程人、材、机数量，形成多工程对比，如图 36.2-6 所示。

（4）多工程审核分析，马上清楚工程是赚是赔，如图 36.2-7 所示。

36.2.3　协同·共享

建立共享的数据平台，用于材料采购、计划审批、施工管理等，提高各部门间协同效率，如图 36.2-8、图 36.2-9、图 36.2-10 所示。

36.2.4　5D 虚拟施工展示

按照时间进度展示工程形象进度和产值的关系：以 BIM 技术为依托的工程成本数据平台，将最前沿的 BIM 技术应用到了建筑行业的成本管理当中。只要将包含成本信息的 BIM 模型上传到系统服务器，系统就会自动对文件进行解析，同时将海量的成本数据进行分类和整理，形成一个多维度的、多层次的、包含三维图形的成本数据库。

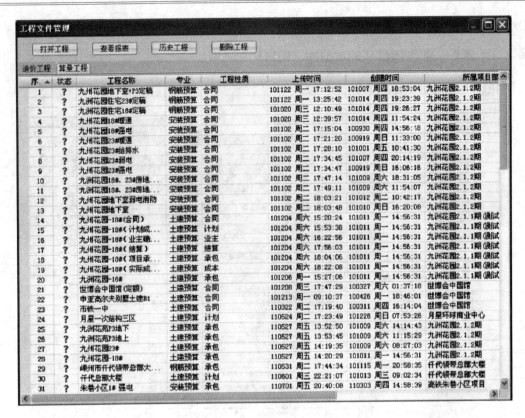

图 36.2-2

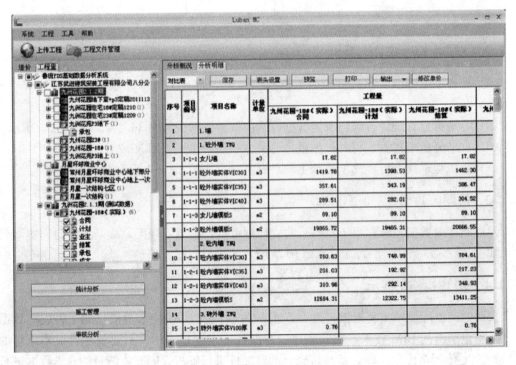

图 36.2-3

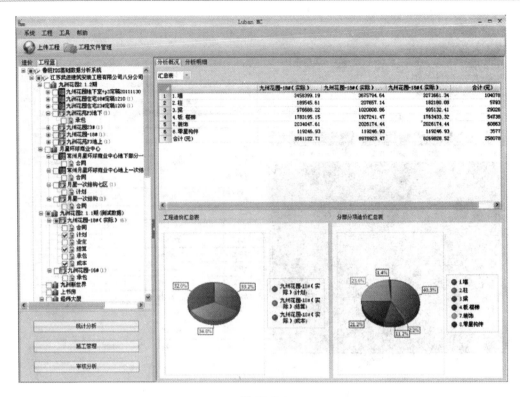

图 36.2-4

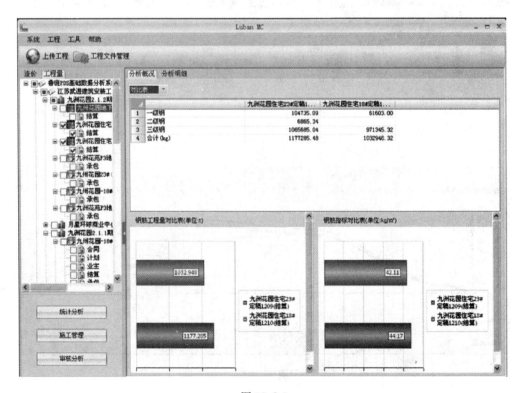

图 36.2-5

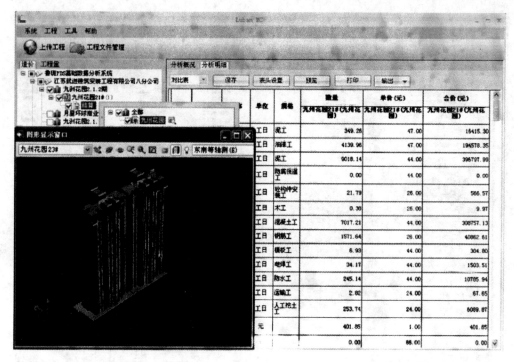

图 36.2-6

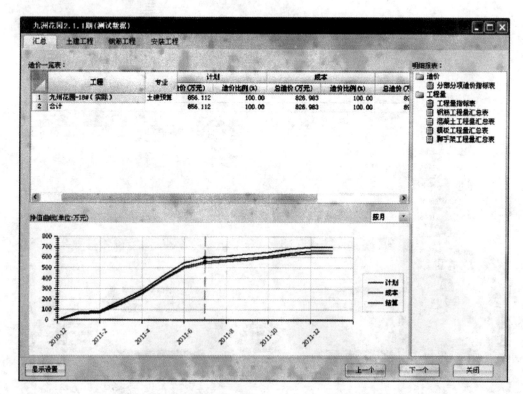

图 36.2-7

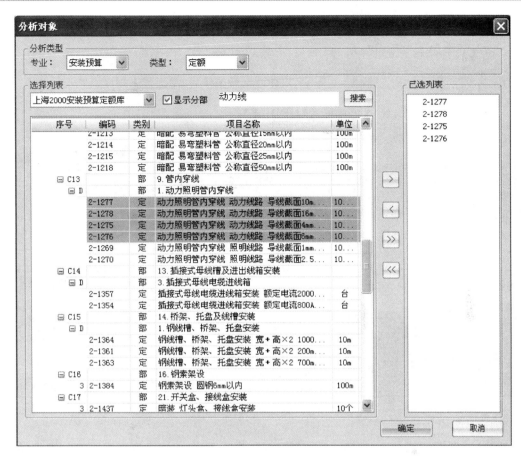

图 36.2-8

图 36.2-9

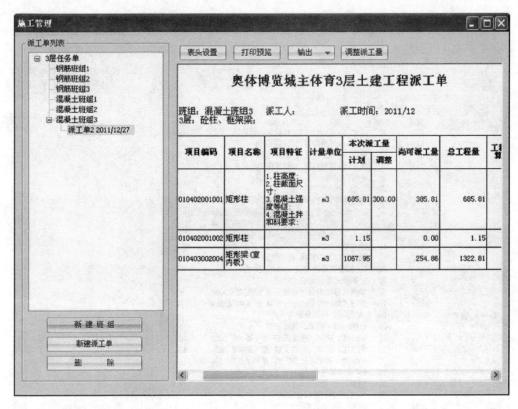

图 36.2-10

BIM 模型中，融入 3D 实体，1D 时间，1D 投标工序，1D 进度工序，加上建造成本，可以使管理者轻松掌控项目进展，做到心中有数，如图 36.2-11 所示。

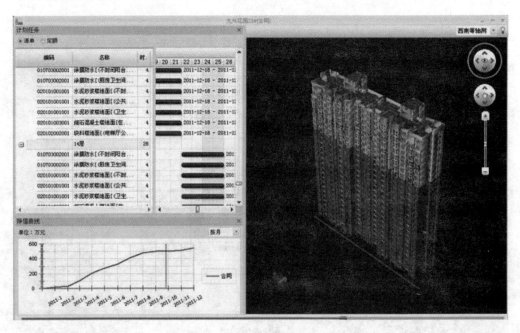

图 36.2-11

36.3 LubanBE-BIM 浏览器 │ LubanBIM Explorer

即鲁班建筑信息模型浏览器，是系统的前端应用。通过 Luban BE 浏览器，工程项目管理人员可以随时随地快速查询管理基础数据，操作简单方便，实现按时间、按区域多维度检索与统计数据。在项目全过程管理中，使材料采购流程、资金审批流程、限额领料流程、分包管理、成本核算、资源调配计划等方面及时准确地获得基础数据的支撑，如图 36.3-1所示。

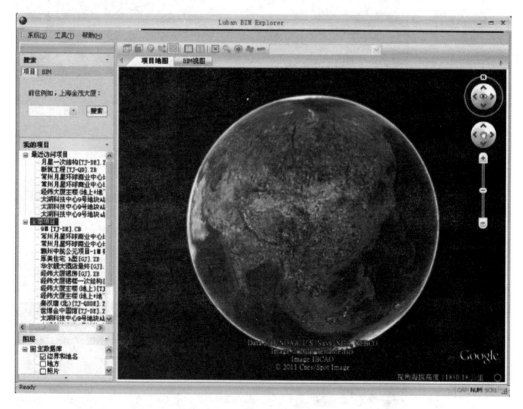

图 36.3-1

Luban BE 浏览器资料存储模块，可以存储与项目相关的所有工程图纸、变更、隐蔽记录、合同、材料设备合格证书、实验报告、现场照片等所有项目资料，实现无纸化文件管理和基于网络的快速查询、浏览，提高协同工作效率和减少管理成本，如图 36.3-2～图 36.3-6 所示。

教学模型库概述：基于鲁班系列软件，建立以单项工程施工工艺为单个模型的数据库，以实现建筑构件图纸、实物、模型三位一体同步展示的虚拟数据库。利用教学模型库完成知识要点、施工图纸、建筑模型、建筑实物之间的多重转换，让学生理解更直观、生动，教师授课更轻松。教学模型库，以建筑工程专业为框架，教师对模型进行分类检索；以单项工程施工工艺为单个模型的内容展示。教师授课从施工图、施工现场图、知识点和三维模型间相互切换，培养学生识图能力，如图 36.3-7～图 36.3-10 所示。

图 36.3-2

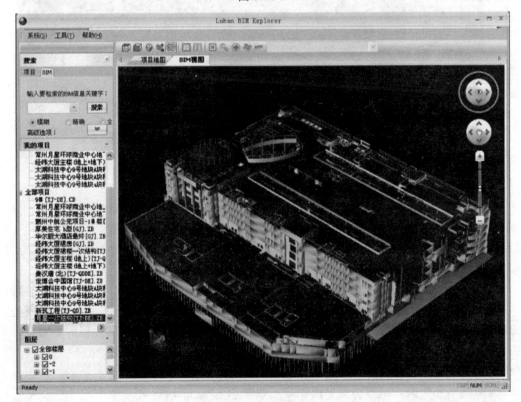

图 36.3-3

图 36.3-4

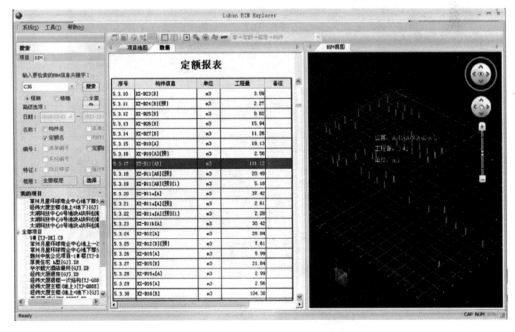

图 36.3-5

561

图 36.3-6

图 36.3-7

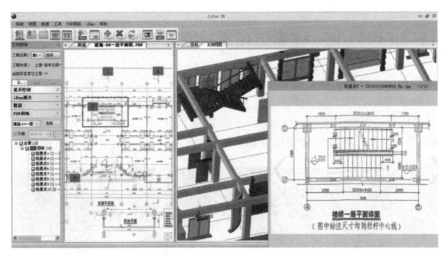

图 36.3-8

图 36.3-9

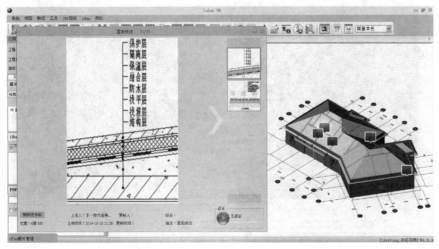

图 36.3-10

36.4　Luban BIM Works 鲁班碰撞检测系统介绍

碰撞检查是指在电脑中提前预警工程项目中各个不同专业（结构、暖通、消防、给水排水、电气桥架等）空间上的碰撞冲突。Luban BIM works 充分发挥 BIM 技术和云技术两者相结合的优势，把原来分专业的二维平面图纸转化成三维 BIM 模型，并通过 Luban BIM Works 云计算功能查找工程中的碰撞点，如图 36.4-1 所示。

图 36.4-1

36.4.1　碰撞价值

设计阶段：通过碰撞信息，提前发现图纸中存在的问题，可以辅助设计优化，使得图纸问题的发现、讨论、修改和验证过程的周期大为缩短，同时减少施工阶段可能存在的返工风险。建造阶段：鲁班碰撞检测定位于建造阶段，完整考虑了以下设计阶段无法考虑的因素：

（1）深化设计：结合现场实际情况、施工工艺需对设计方案进行完善，如图 36.4-2、图 36.4-3 所示。

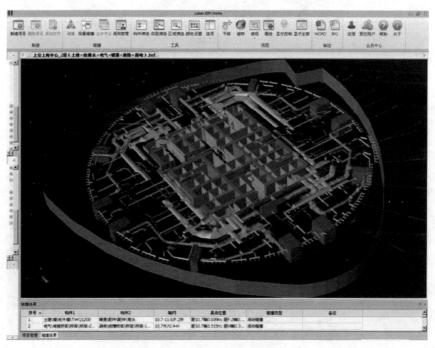

图 36.4-2

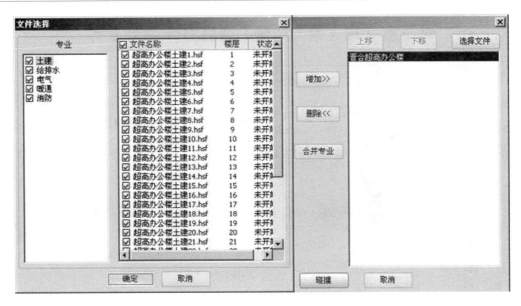

图 36.4-3

（2）施工方案：根据甲方、监理单位、分包班组意见进行的方案调整，管理支架调整等，如图 36.4-4 所示。

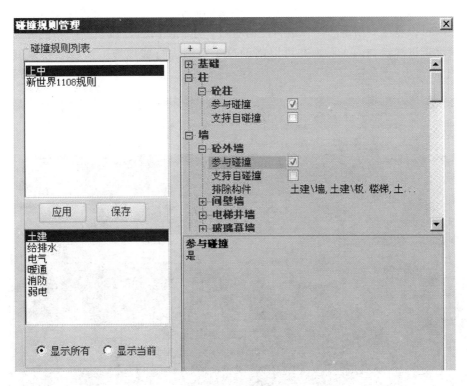

图 36.4-4

（3）结构偏差：结构施工偏关、结构扰度，如图 36.4-5 所示。

地下室-2层（梁与风管）碰撞报告,共计6点

名称：碰撞 79

构件一：暖通\风管\送风管\送风管-1000*400

构件二：土建\梁\框架梁\KL-B1-30

位置:距 CB 轴 2589.07mm;距 CB 轴 1854.89mm

备注：框架梁\KL-B1-30 底标高为 2900，送风管-1000*400 顶标高为 3650

图 36.4-5

36.4.2　Luban BIM Works　虚拟漫游系统介绍

系统可以指定路径和速度，用户可以根据实际需求，对漫游路径和速度进行提前指定规划，之后可以直接对指定的路径进行漫游查看，速度随时可以调整。此功能方便用户模拟真实情况走进建筑物内查看，并可以借助这个系统进行虚拟施工演示和技术交底等工作，如图 36.4-6、图 36.4-7 所示。

图 36.4-6

图 36.4-7

36.5　iBan

　　iBan 是手机或 PAD 的 APP 应用客户端，iBan 移动应用可以把项目现场发现的质量、安全、文明施工等问题进行统一管理，并与 BIM 模型进行关联，方便核对和管理，如图 36.5-1 所示。

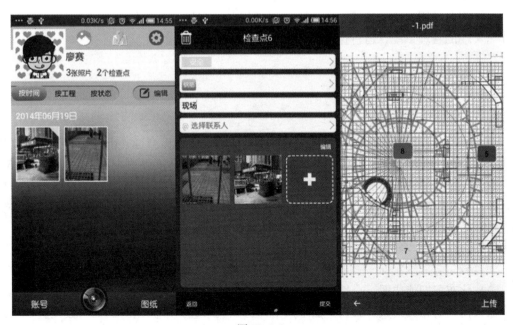

图 36.5-1

通过 iBan 移动应用，可在施工现场使用手机拍摄施工节点，将有疑问的节点照片上传到 PDS 系统，与 BIM 模型相关位置进行对应，在安全、质量会议上解决问题非常方便，大大提高工作效率，如图 36.5-2 所示。

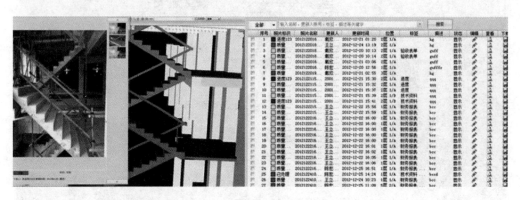

图 36.5-2

iBan 移动应用具备以下特点：

（1）缺陷问题的可视化：现场缺陷通过拍照来记录，一目了然。

（2）将缺陷直接定位于 BIM 模型上：BIM 模型定位模式，让管理者对缺陷的位置准确掌控。

（3）方便的信息共享；让管理者在办公室即可随时掌握现场的质量缺陷、安全风险因素。

（4）有效的协同共享，提高各方的沟通效率：各方根据权限，查看属于自己的问题。

（5）支持多种手持设备的使用：充分发挥手持设备的便捷性，让客户随时随地记录问题，支持 iphone、ipad、android 等智能设备。

（6）简单易用，便于快速实施：实施周期短，便于维护；手持设备端更是一教就会。基于云＋端的管理系统，运行速度快，可查询各种工程相关数据。

36.6　鲁班施工

鲁班施工｜Luban PR

鲁班施工软件，是一款用于项目施工组织设计的三维建模软件，内含丰富的施工常用图例模块，个性化的图元库，参数化布置，鼠标拖曳即能绘制成图，富含脚手架、塔吊、临时设施等专业图形。可帮助工程技术人员快速、准确、美观地绘制施工现场平面布置图，并计算出工程量，还可以三维多角度审视，形象生动，并输出平面布置图、施工详图、三维效果图。

36.6.1　产品特点

参数化布置即能成图、个性化的图元库。

输入构件的相关参数后，在平面上点击即可完成布置。个性化的三维参数设置，满足不同的项目场地情况，如图 36.6-1、图 36.6-2 所示。

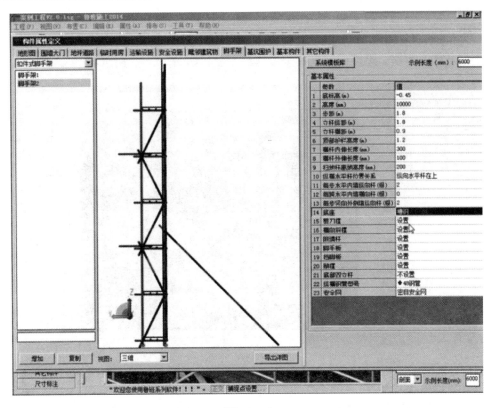

图 36.6-1

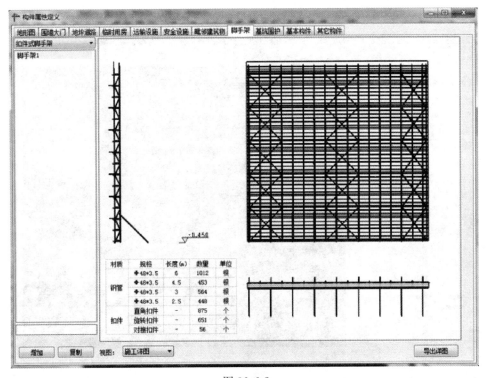

图 36.6-2

（1）富含地形图、脚手架、塔吊等专业图形。

根据传统项目的各个专业设置专业图形，专业齐全丰富。包含了地形图、地坪道路、围墙大门、临时用房、运输设施、安全设施等专业，如图 36.6-3 所示。

图 36.6-3

（2）可以导入 CAD 格式的平面布置图。

可以导入已经完成的 CAD 平面布置图，再对其进行相关构件的转化，形成三维平面布置图，动态直观。建好的三维平面图可以导出平面布置图、施工详图、三维效果图，如图 36.6-4 所示。

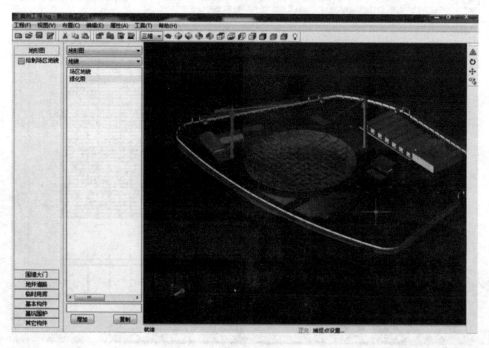

图 36.6-4

（3）可以模拟脚手架排布、砌块排布，输出排列详图。

鲁班施工可以模拟脚手架排布、砌块排布，指导现场实际施工。如图 36.6-5 所示。

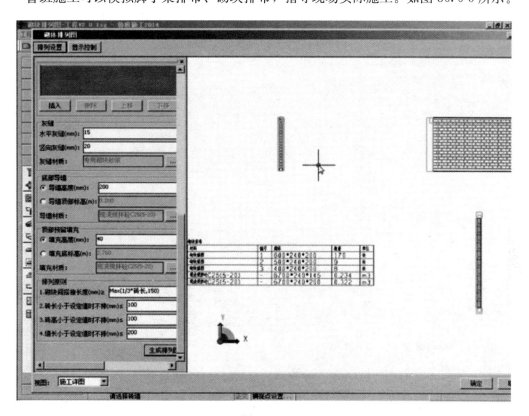

图 36.6-5